Was für ein Affentheater

Richard Conniff studierte in Yale und verbrachte längere Zeit mit Tierstudien in Afrika. Der mehrfach ausgezeichnete Wissenschaftsjournalist schreibt unter anderem für *National Geographic, Atlantic Monthly, Time Magazine* und *Smithsonian*. Er lebt in New York und Connecticut. Auf Deutsch erschien von ihm bisher *Magnaten und Primaten. Über das Imponiergehabe der Reichen*.

Richard Conniff

Was für ein Affentheater

Wie tierische Verhaltensmuster unseren Büroalltag bestimmen

Aus dem Englischen
von Jürgen Neubauer

Campus Verlag
Frankfurt/New York

Die englische Originalausgabe erschien 2005 bei Crown Business unter dem Titel *The Ape in the Corner Office. Understanding the Workplace Beast in All of Us.*

This translation is published by arrangement with Crown Publishers, a division of Random House, Inc.

Bibliografische Information der Deutschen Bibliothek
Die Deutsche Bibliothek verzeichnet diese Publikation in der Deutschen Nationalbibliografie. Detaillierte bibliografische Daten sind im Internet über http://dnb.ddb.de abrufbar.
ISBN-13: 9-783-593-37905-0
ISBN-10: 3-593-37905-8

Redaktion der deutschen Ausgabe: Dr. Kirsten Reimers
Umschlaggestaltung: Andreas Heilmann und Gundula Hißmann, Hamburg
Umschlagmotiv: getty images/Tim Flach
Producing: Dr. Jürgen Neubauer, Dr. Kirsten Reimers
Satz: Fotosatz L. Huhn, Maintal-Bischofsheim
Druck und Bindung: Druck Partner Rübelmann, Hemsbach
Gedruckt auf säurefreiem und chlorfrei gebleichtem Papier.
Printed in Germany

Besuchen Sie uns im Internet: www.campus.de

Inhalt

Leben im Dschungel: Warum es uns nicht schwer fällt, uns wie Tiere aufzuführen

In freier Wildbahn sind Tiere einer Vielzahl von Zwängen und Notwendigkeiten unterworfen. Sie leben in einer gnadenlosen gesellschaftlichen Hierarchie und in einer Umwelt, in der ein Überangebot an Furcht einem Unterangebot an Nahrung gegenübersteht, ununterbrochen müssen sie ihre Lebensräume verteidigen und Parasiten erdulden.

Yann Martel, Schiffbruch mit Tiger

Klingt nach einem ganz normalen Tag im Büro, oder? Zwänge, Notwendigkeiten, eine gnadenlose gesellschaftliche Hierarchie, Parasiten ... Ach, und nicht zu vergessen: das Überangebot an Furcht.

Letzteres konnte ich am eigenen Leib spüren. Wie Schmetterlinge, die in meinem Bauch flatterten, und Ameisen, die auf meinen Nervenenden Ringelreih tanzten. Ich stand vor der versammelten Führungsmannschaft der US-Niederlassung eines bekannten europäischen Markenfabrikanten. Wir waren in einem Örtchen in den Grand Tetons zusammengekommen, einer Bergkette südlich des Yellowstone Nationalparks. Dort streifen bis heute Bären und Wölfe umher, und ich befürchtete, dass man mich diesen spätestens nach meinem Vortrag zum Fraß vorwerfen würde. Ich sollte nämlich darüber sprechen, inwieweit sich das Verhalten von Geschäftsleuten dem von Tieren vergleichen lässt, und war gelinde gesagt ein wenig nervös.

Der Oberpavian der Firma, ein großer, grober Klotz, saß in der ersten Reihe, die Arme über der Brust verschränkt. Neben ihm saßen seine Frau (blond, klug und reizend) und der Leiter der Verkaufsabteilung (klein, rund und reizbar). Beim Essen am Abend zuvor waren mir viele der Leute im Raum mit Vornamen vorgestellt worden. Ich erinnerte mich an ein Zitat, das sinngemäß besagt, Geschäftsleute könnten es nicht ausstehen, wenn man sie mit rotärschigen Affen vergleiche. Ich atmete tief durch.

Natürlich wussten meine Zuhörer längst, dass das Genmaterial des Menschen zu 99 Prozent mit dem des Schimpansen übereinstimmt. Es gibt sogar Schätzungen, nach denen sich die beiden Arten in weniger als 50 Genen unterscheiden, und das bei 25 000 gemeinsamen. Doch kaum jemand in der Unternehmenswelt scheint sich je Gedanken darüber gemacht zu haben, ob diese Ähnlichkeiten irgendwelche Auswirkungen auf unser Arbeitsleben haben könnten. Im Gegenteil, viele Manager versuchen, die Firma in eine perfekt surrende Maschine zu verwandeln und den Faktor Mensch so weit wie möglich auszuschalten, vom Faktor Tier ganz zu schweigen. Zuhause setzen die Arbeitnehmer selbst den Kampf gegen ihre ureigenste menschliche Natur fort, indem sie sich die Haare von der Brust reißen oder sich welche auf die Glatze pflanzen lassen, indem sie ihr Erfolgs-Outfit anlegen wie eine Rüstung und sich die größte Mühe geben, zumindest nach außen hin so zu wirken, als hätten sie den Stress im Griff. (Lag es an der Botoxbehandlung, dass die Stirn der Frau in der ersten Reihe von jeder Denkfalte ungetrübt erstrahlte? Mir schien es jedenfalls noch zu früh, als dass sie schon vor Langeweile hätte erstarrt sein können.)

Ich bat die Zuhörer, sich einmal zu überlegen, inwieweit ihr ganz alltägliches Verhalten am Arbeitsplatz noch durch Triebe und Anlagen bestimmt sein könnte, die wir durch die lange Evolution vom Tier über den Stammesmenschen mitbekommen haben. Durch Angst. Durch Zorn. Durch die primitive Sehnsucht nach Verbündeten und nach Status. »Stellen Sie sich vor«, forderte ich die Anwesenden auf, »Sie sind Teil einer hierarchisch organisierten Primatengesellschaft, die sich an 30 Millionen Jahre alte Regeln der Herrschaft und Unterdrückung, der Kriegsführung und der Friedenserhaltung hält, und Sie bemerken es gar nicht. Stellen Sie sich vor, dass das Alphamännchen, ganz egal, ob Schimpanse oder Vorstandsvorsitzender, seine Autorität noch immer mit derselben Körpersprache durchsetzt, der Körperhaltung, dem Schritt, dem gehobenen Kinn und dem direkten Augenkontakt, und dass er den widerspenstigen Untergebenen noch immer mit demselben finsteren Blick zur Räson bringt.«

Im Laufe meines Vortrages wurde der Chef in der ersten Reihe sichtlich munterer. Als ich erklärte, was uns die politischen Strategien der Schimpansen über Auseinandersetzungen in einer Vorstandssitzung verraten, hielt es ihn kaum noch auf dem Stuhl. Am Ende des Vortrags sprang er auf, rannte strahlend auf mich zu und begann aus dem Stand, eine Naturgeschichte der Vorstandsversammlung zu entwerfen. In den oberen Etagen der Firmenleitungen seien die Konferenztische nicht rechteckig, sondern rund, um den Eindruck zu erwecken, alle Teilnehmer seien gleich. »Alles Quatsch!«, rief er aus. Tatsächlich gebe es nämlich sehr wohl eine klare Hierarchie, jeder wisse, wo jeder andere steht beziehungsweise sitzt. Die runde Form mache lediglich den Kampf ein wenig offener. Er erzählte, in ein oder zwei Wochen müsse er nach Europa, um an der Sitzung eines Gremiums teilzunehmen, dessen Vorsitzender kürzlich seinen Stuhl geräumt habe. »Keiner wird ein Wort sagen. Alle werden auf diesen Stuhl starren und sich fragen, wer den Platz wohl einnehmen wird und ob irgendjemand den Schneid hat, sich dort hinzusetzen.«

»Sie sollten dort Platz nehmen«, schmeichelte der Leiter der Verkaufsabteilung.

»Nein, dann wäre ich genau wie der Pavian, der versucht, drei Schritte auf einmal nach oben zu klettern. Die würden mich glatt da weghauen.« Er war Realist, aber er freute sich schon auf den Kampf. »Ich finde das klasse«, erklärte er. »Manchmal, bevor die Beute geschlagen wird, zögern alle einen Moment lang, weil sie nicht wissen, ob es nun passiert oder nicht.«

Ich machte große Augen.

»Aber dann nehmen alle die Witterung auf, und sie wissen, dass es okay ist, wer den Anführer macht und wer die Beute schlägt.«

»Es ist wie in der Serengeti«, nickte der Verkaufsleiter. »Der runde Tisch macht es nur einfacher, bei der Tötung zuzuschauen.«

»Au weia«, entfuhr es mir.

»Keine Sorge«, warf die Frau des Chefs ein und fasste ihn zärtlich am Ellenbogen. »*Ich* habe hier das Sagen.« Alle lachten.

Diese Firma ist ein Affenhaus

Vielleicht hätte es mich gar nicht überraschen sollen, dass Geschäftsleute entgegen des klugen Zitats sofort bereit sind, sich mit rotärschigen Affen vergleichen zu lassen. Im Gegenteil, sie wollen genau diese dominanten, räuberischen, rotärschigen Affen sein. Vergleiche mit der Tierwelt haben sich in der Wirtschaft schon immer großer Beliebtheit erfreut: Da rennt der Gorilla schon mal mit der Hundemeute, schwimmt im Haifischbecken, und wenn er nicht schlau ist wie ein Fuchs, dann wird er den Krokodilen zum Fraß vorgeworfen.

Als Richard Kinder 1996 den Energiekonzern Enron verließ, um sein eigenes Unternehmen zu gründen, verpackte er seine Frustration über den Führungsstil von Enron-Vorstandschef Kenneth Lay in einen Tiervergleich: »Wenn du nicht der Alpha-Wolf bist, dann hast du gar keinen Einfluss.« Auch Ross Perot ließ sich von der Tierwelt inspirieren, als er sich über den armen Roger Smith, den Vorstandsvorsitzenden von General Motors, mokierte: »General Motors wiederbeleben zu wollen ist so, als wollte man einen Elefanten dazu bringen zu steppen.« Und der clevere Satiriker Scott Adams vergleicht fast jeden in der Arbeitswelt seines Antihelden Dilbert mit einem Wiesel.

In Wahrheit sind Tiere nicht annähernd so einfach gestrickt, wie wir immer gedacht haben. Dafür ist umgekehrt das Leben am Arbeitsplatz nicht annähernd so kompliziert, wie wir uns gern glauben machen. Trotzdem haben die beiden Welten eine Menge gemeinsam, und das nicht nur bei oberflächlicher Betrachtung. Viele kampfeslustige Manager gefallen sich in Vergleichen mit der Tierwelt, weil sie die freie Wildbahn mit einem Kriegsschauplatz verwechseln. Sie sehen die Welt der Wirtschaft gern als Urwald und fühlen sich angeturnt von der Vorstellung, sie seien die Anführer einer wild gewordenen Affenhorde, die »mit ihren Fängen und blutigen Krallen« das Gesetz des Dschungels walten lässt. Bitte verstehen Sie mich nicht falsch. Diese Vorstellung kann äußerst unterhaltsam sein, und ich werde an verschiedenen Stellen dieses Buches noch genüsslich darauf eingehen. Wie der Oberpavian von eben lieben wir alle einen Kampf, bei dem so richtig die Federn fliegen – vor allem aus sicherer Entfernung.

Doch so amüsant diese Sichtweise sein mag, so wenig hat sie mit der Wirklichkeit zu tun. Bei genauerem Hinsehen hält die Tierwelt nämlich einige überraschende Lektionen bereit: Selbst Schimpansen verbringen nur 5 Prozent ihres Arbeitstages mit Streitereien. Dagegen verwenden sie ganze 20 Prozent auf die Körperpflege von Verwandten, Freunden und sogar untergeordneten Tieren. Wenn sie sich mit einem Rivalen innerhalb der Truppe gestritten haben, dann tun sie oft alles, um sich ein Versöhnungsküsschen zu geben, sobald sich der Staub ein wenig gelegt hat. Sie werden sich vielleicht fragen, warum Sie als arbeitender Mensch sich darüber Gedanken machen sollten, welche Strategien der Konfliktbewältigung die Schimpansen entwickelt haben. Die Antwort ist ganz einfach: Weil unser Sozialverhalten auf dieselben Wurzeln zurückgeht wie das der Schimpansen, und weil wir noch immer mehr oder weniger dieselben Regeln befolgen. Am Arbeitsplatz treiben die menschlichen Chefs, ähnlich wie die Alpha-Schimpansen, ihre Untergebenen oft bis an die Grenze des Erträglichen und darüber hinaus; vielleicht könnten sie im Privatleben und im Beruf weiterkommen, wenn sie wüssten, wie viel selbst ein scheinbar blöder Affe unternimmt, um sich nach einem Streit wieder zu versöhnen.

Einige beliebte Tiervergleiche

Unter Geschäftsleuten werden seit jeher völlig sinnlose Vergleiche mit der Tierwelt angestellt. Trotz ihres Rufes als kühle Realisten haben sie offenbar Schwierigkeiten, die Wahrheit von albernen Märchen zu unterscheiden. Das können Sie besser:

Strauße stecken ihren Kopf nicht in den Sand. Tatsächlich ist es so, dass diese Riesenvögel den Kopf möglichst tief nach unten strecken, um nicht entdeckt zu werden. Gleichzeitig halten sie die Augen offen, um rechtzeitig Gefahren zu erspähen. Einige Biologen nehmen an, die Riesenvögel versuchten auf diese Weise, ihren 200 Kilogramm schweren Körper als Termitenhügel zu tarnen. In ihrer Heimat, der afrikanischen Savanne, den Kopf in den Sand zu stecken, wäre der sichere Weg, von einem Löwen in den Hintern gebissen zu werden – ein klarer Fall dessen, was Biologen »unangepasstes Verhalten« nennen.

Lemminge begehen keinen Massenselbstmord, indem sie sich von einer Klippe ins Meer stürzen. Wenn geburtenstarke Jahrgänge für beengte Verhältnisse sorgen, dann tun diese arktischen Nager das einzig Vernünftige: Sie machen sich in Scharen auf die Suche nach einer neuen Heimat. Es kann gut sein, dass dabei der eine oder andere im unbekannten Gelände über irgendwelche Felsen stolpert. Das Märchen vom Massenselbstmord hat sich erst in den Fünfzigern durch Filmemacher von Disney in den Gehirnen festgesetzt, die auf die ausgesprochen bescheuerte Idee kamen, für einen besonders dramatischen Effekt gefangene Lemminge eine Klippe hinunterzutreiben.

Handelsvertreter in den USA sprechen gelegentlich davon, einen »Lachstag« hinter sich zu haben. »Den ganzen Tag schwimmst du gegen den Strom, dann wirst du gefickt und stirbst.« Die traurige Wahrheit ist, dass Lachse nicht einmal gefickt werden. Sie legen lediglich ihre Eier und Samen auf dem Boden des Flusses ab und überlassen den Spaß den kleinen Zellen. Inzwischen treibt das glückliche Elternpaar schon längst mit dem Bauch nach oben im Wasser und wird von einem Bären verspeist. Wenn Sie Tiervergleiche trotzdem mögen, dann ist dies vermutlich gar keine so schlechte Beschreibung für den Alltag eines typischen Handelsvertreters ■

Gefühlsgesteuerte Tiere

Wenn wir den Arbeitsplatz durch die Brille der Tierwelt und der Evolutionsgeschichte betrachten, dann ist das nicht nur ein plumper Trick, um schlechte Angewohnheiten zu entschuldigen oder Machtmissbrauch durch Vorgesetzte zu rechtfertigen. Es kann uns auch helfen, in der Arbeitswelt zu überleben. Aus diesem Blickwinkel lässt sich jeder Arbeitsplatz besser verstehen, ganz egal ob die Arbeitnehmer nun am Eingang eines Wal-Mart in Los Angeles den Kunden die Hand schütteln, ob sie im Londoner Kunstmuseum Tate Modern Bilder von Andy Warhol an die Wand hängen oder ob sie in einer Fabrik im chinesischen Qingdao Toaster ausstanzen. Wenn wir lernen, die Verhaltensweisen zu durchschauen, die wir Menschen uns in den Jahrmillionen der Evolution angeeignet haben, dann kann uns das helfen, besser mit Konflikten umzugehen, nützliche Bündnisse zu schmieden, Beckmessereien zu vermeiden, Mordanschläge im Konferenzraum zu überleben und die unausgesprochenen Gefühle der Menschen um uns herum zu begreifen.

Gelegentlich kann es auch für ein Unternehmen sehr nützlich sein, sich bei der Gestaltung des Arbeitsplatzes ein paar Gedanken über den Menschen und sein natürliches Verhalten zu machen. So hält zum Beispiel die Firma W. L. Gore & Co., Hersteller von Gore-Tex, ihre Fabrikationsstätten und Büros auf einer überschaubaren Größe von unter 200 Mitarbeitern. In Einheiten dieser Größenordnung hat sich die menschliche Gesellschaft entwickelt, und es gibt Biologen, die behaupten, unsere Gehirne seien genau auf Gemeinschaften dieser Dimension eingestellt. (Leider meinen das die wenigsten Unternehmen, wenn sie von »Anpassungen der Betriebsgröße« sprechen.) Die Angestellten bei Gore & Co. jedenfalls sagen, es sei genau die richtige Größenordnung, um effektiv zusammenzuarbeiten.

Auf der anderen Seite kann es ziemlich schlimme Folgen haben, wenn evolutionäre und biologische Tatsachen unter den Tisch gekehrt werden. Die US-Armee ist beispielsweise traditionell in Kompanien von der Größe eines Stammesverbandes organisiert. Die kleinste Untereinheit ist der Zug, in dem etwa 30 Soldaten zusammen ausgebildet werden und das enge Zusammengehörigkeitsgefühl entwickeln, das später im Einsatz so wichtig wird. In den sechziger Jahren wurde dieses Organisationsprinzip von Managertypen über den Haufen geworfen, die den Faktor Mensch möglichst ausschalten wollten. Manager waren schon immer angetan von der merkwürdigen Vorstellung, Wirtschaft hätte etwas mit Krieg zu tun. Es war jedoch ein fataler Irrtum, anzunehmen, man könne Krieg nach den Spielregeln der Wirtschaft führen.

Damals wurden in der Armee Fließbandtechniken eingeführt. Das bedeutete, dass man Soldaten für jeweils zwölf Monate als Einzelkämpfer in den Vietnamkrieg schickte und nicht mehr als Teil einer festgefügten Truppe. Die Offiziere rotierten sogar noch schneller: Nach jedem Einsatz bekamen sie ihre Auszeichnungen und kletterten auf der Karriereleiter nach oben, sodass ihr Leben nicht mehr am Überleben und Erfolg ihrer Soldaten hing. Eines der Opfer dieser Philosophie meinte später, das Militär wäre vermutlich besser bedient gewesen, wenn es die Soldaten buchstäblich wie Hunde behandelt hätte: »Ist schon komisch: Ich bin nur deshalb mit meiner eigenen Einheit nach Vietnam gekommen, weil ich in der Hundestaffel war. Die Armee hat gewusst, dass es die Hunde deprimiert, wenn man sie auseinanderreißt, also haben sie sie zusammengelassen. Und deswegen sind die Trainer auch zusammengeblieben. Die anderen sind alle alleine da rein. Austauschbare Teile, wie Munitionsgürtel oder Mörsergranaten.«

Das ist der typische Fehler unserer Tage: Wir sind der festen Überzeugung, dass wir nicht Tiere sind, sondern rationale Wesen. Wir sehen uns sogar schon am Ruder einer postbiologischen Welt. Unter keinen Umständen wollen wir zulassen, dass unsere Biologie oder unsere Gefühle die Kontrolle übernehmen. »Gefühle habe ich nicht im Angebot«, erklärte Scott McNealy, Vorstandsvorsitzender von Sun Microsystems unlängst verächtlich. »Das überlasse ich Barry Manilow.« Aus dieser Sicht ist Arbeit (genauso wie Krieg) nichts als ein rein logisches Gegeneinanderabwägen verschiedener Optionen mit dem Ziel der Gewinnmaximierung und der Verlustminimierung. Tatsächlich ist jedoch das Gegenteil der Fall: Wir sind durch und durch gefühlsgesteuerte Tiere. Ein evolutionäres und anthropologisches Verständnis des Arbeitsplatzes ist Voraussetzung für das Überleben in einem Konkurrenzkampf, der immer darwinistischere Züge annimmt.

Unser Arbeitsplatz ist an die Stelle des Stammes, der Gemeinschaft und sogar der Familie getreten. Er ist heute unser Lebensmittelpunkt, und hier leben wir all die Verhaltensweisen aus, die in diesen früheren Zusammenhängen entstanden sind. In einer Welt, in der unsere Arbeitsplätze immer unsicherer werden, ist es umso wichtiger, unsere evolutionären und anthropologischen Veranlagungen zu verstehen. Angefangen beim einfachen Fließbandarbeiter über den Reparaturfachmann zur Ingenieurin und bis hinauf zur Führungskraft hat sich die Erkenntnis durchgesetzt, dass jeder Job jederzeit nach Bangalore outgesourct werden kann, wo bereits jemand in den Startlöchern steht und mit Kusshand dieselbe Arbeit für weniger Geld übernimmt. Doch auch die Arbeitnehmer in Bangalore wissen nur zu gut, dass ein schlechter Wechselkurs oder politische Unruhen jederzeit dafür sorgen können, dass ihr Job nach Kuala Lumpur oder Ciudad Juárez ausgelagert wird.

Selbst wenn wir unseren Arbeitsplatz behalten dürfen, arbeiten wir heute oft per Telefon und Internet mit Menschen aus diesen fernen

Ländern zusammen. Von Bewerbern wird heute erwartet, dass sie in der Lage sind, über kulturelle Grenzen hinweg zusammenzuarbeiten. Zwischen verschiedenen Kontinenten sollen sie mithilfe von virtuellen Medien ein Verhältnis des Vertrauens, der Kooperation oder der Hierarchie herstellen, wie es früher nur im direkten Miteinander in der Familie, dem Clan oder der Nachbarschaft vorkam. Wenn wir in diesem Job bestehen wollen, dann müssen wir wissen, welche Bedürfnisse Menschen haben – und warum.

Der Schimpanse im Unternehmen

Es wird nicht jedem gefallen, eine Darstellung über die biologischen Grundlagen unseres Verhaltens zu lesen. Wir machen uns gern über Manager lustig und behaupten, sie verhielten sich wie Schimpansen, doch wir sind gleichzeitig der festen Überzeugung, dass wir im Zeitalter der Hochtechnologie leben und die biologischen Zwänge weit hinter uns gelassen haben. Wir verbringen unsere Tage vor dem Computerbildschirm und jonglieren im Cyberspace. »Längst haben wir unsere Körper verlassen, zermürbt von Hunger, Schlaflosigkeit und den Schmerzen von der stundenlangen Sitzerei an Tastatur und Maus«, schrieb Ellen Ullman, Programmiererin in Silicon Valley, 1997 in ihrem Buch *Close to the Machine.* »Man hat unsere physische Existenz zertrümmert. Jetzt begegnen wir uns nur noch in einem einzigen Medium: dem Code.«

In einigen Jobs sehen sich die Kollegen untereinander so selten, dass es in den USA ein Modewort dafür gibt: »face time«. In Meetings werden so genannte »Bio-Pausen« eingelegt, als ob der Griff nach etwas Essbarem oder der Gang zum Klo das Einzige wäre, was uns noch entfernt mit einer körperlichen Existenz verbindet. In einer US-Versicherungsgesellschaft runzeln die Kollegen sogar die Stirn, wenn man zwischen zwei Meetings ein Häppchen zu sich nimmt. Früher, so ein ehemaliger Manager des Unternehmens, war der, der als Erster den Konferenzraum verließ, um aufs Klo zu gehen, definitiv der »Beta-Hund«. Heutzutage gehen Sitzungen bis spät in die Nacht nahtlos ineinander über, und die Firma bezahlt selbstverständlich keine Mahlzeiten für die Teilnehmer.

In der Unternehmenskultur gilt es als Zeichen der Schwäche, eine Stulle auszupacken. »Etwas essen zu müssen ist heute so schlimm wie früher das Aufs-Klo-Gehen«, so der Ex-Manager.

Doch uns schlottern die Knie, knurren die Mägen und flattern die Herzen wie eh und je.

Wir haben bestenfalls ein oder zwei Jahrhunderte des Angestelltendaseins hinter uns. Bis zur Industriellen Revolution in der ersten Hälfte des 19. Jahrhunderts waren rund 80 Prozent aller Arbeitskräfte als Selbstständige tätig. Das heißt, sie lebten in kleinen Gemeinschaften, so wie Menschen zu fast allen Zeiten, sie arbeiteten mit Freunden und Verwandten, folgten dem Rhythmus der Jahreszeiten und hielten immer die Augen offen, ob sich nicht irgendwo eine gute Gelegenheit ergab. Als William H. Whyte 1956 sein Buch *The Organization Man* (zu deutsch: *Herr und Opfer der Organisation*) veröffentlichte, machten die Selbstständigen in den Industrienationen gerade noch 18 Prozent der arbeitenden Bevölkerung aus. Heute ist diese Zahl auf 10 Prozent zurückgegangen, und das trotz der angeblich befreienden Wirkung von Internet, Mobiltelefonie und Telependelei.

Wir verbringen unseren Arbeitstag unter Bedingungen, die unsere menschlichen und äffischen Vorfahren als völlig widernatürlich empfunden hätten. Anders gesagt, das Leben im Büro, im Labor oder in der Fertigungsanlage ist ungefähr so artgerecht wie das Leben eines Schimpansen im Zoo. Und in manchen Firmen ist es so artgerecht wie das Leben einer Henne in der Legebatterie, die von einer gefiederten Tyrannin halb zu Tode gepickt wird. Das Einzige, was sich nicht verändert hat, ist das Tier in uns.

Wenn Ullman den Programmierer als reinen, körperlosen Intellekt darstellt, dann meint sie das nicht wirklich ernst. Sie weiß nur zu gut, wie allgegenwärtig das Tier in uns ist. In einer Szene ihres Buches beschreibt sie, wie sie ihren Regenmantel ablegt und sich zu einem Kollegen in einem Sushi-Imbiss setzt: »Er warf seinen Kopf zurück und kniff die Augen zu einem Schlitz zusammen. Er nahm die Witterung auf und schnüffelte – einmal, zweimal, dreimal. Und dann grunzte er doch tatsächlich. Ich hatte so etwas in meinem ganzen Leben noch nie erlebt, doch ich war noch Primatin genug, um die Bedeutung zu verstehen: Brian wollte mich vögeln.« Nach Abermillionen Jahren der Evolution sind wir in erster Linie

Affen und in zweiter Jäger und Sammler. Und was glauben Sie, wo diese uralten Verhaltensmuster bleiben, wenn Sie ins Büro gehen?!

Natürlich haben wir neuzeitlichen Konzernbewohner uns seit der Zeit unserer äffischen Vorfahren um einiges weiterentwickelt. Zum Beispiel haben wir einen freien Willen. Die Natur zwingt uns keineswegs dazu, in einer vorprogrammierten Art und Weise zu handeln. Unsere Gene sind keine Computerprogramme, die wir einfach so abspulen würden. Selbst bei Ratten, die man darauf gezüchtet hat, besonders ängstlich zu reagieren, kann das fürsorgliche Verhalten einer guten Mutter den Schaltplan der Gene stark verändern und den Jungen ein besser angepasstes und weniger verängstigtes Verhalten ermöglichen. Und wenn eine gesunde Umgebung einer verschüchterten Ratte auf die Beine hilft, dann kann die Hoffnung für die mittlere Führungsebene doch noch nicht ganz verloren gegeben werden, oder?

Natürlich wäre es naiv anzunehmen, Gene hätten überhaupt keinen Einfluss auf unser Verhalten. Naturwissenschaftler gehen davon aus, dass bestimmte Veranlagungen wie eine Neigung zu Aggression oder Depression zur Hälfte auf unser genetisches Erbe zurückgehen. Bei genauerem Hinsehen stellt sich heraus, dass wir am Arbeitsplatz keineswegs aus den Launen des Augenblicks heraus handeln, sondern dass wir in der Tat Verhaltensmuster an den Tag legen, die nach Jahrmillionen der Evolution fest in unserer Biologie verwurzelt sind. Es kann ein echter Augenöffner sein, diesen Wurzeln einmal nachzugehen.

Die Evolution des Lächelns

Nehmen wir etwas ganz Einfaches, ein Lächeln.

Die Angestellten einer Firma in New York City schüttelten den Kopf über einen neuen Kollegen namens Chip. Der Junge grüßte jeden im Büro, »indem er enthusiastisch grinste, dabei mit den Schultern zuckte, den Kopf einzog und mit der Hand wedelte, als wolle er vor Gericht einen Eid ablegen«, erzählt einer seiner früheren Kollegen. Chip wiederholte seine Grins- und Winkroutine »jedes Mal, wenn er dich sah. Jedes Mal, wenn er an deinem Büro vorbeikam oder du an seinem.« Der siebte Gruß kam noch genauso begeistert wie der erste. Es sollte niemanden überraschen, dass die Kollegen ein wenig verunsichert waren. Kein biologisches Signal erweckt so viel Vertrauen wie ein echtes Lächeln zur richtigen Zeit und am richtigen Ort. Doch es gibt wenig, was uns mehr aus dem Konzept bringen kann als ein falsches und deplaziertes Lächeln.

Das Lächeln ist unser ältester und natürlichster Ausdruck, und wie andere Gesichtsausdrücke entwickelte es sich zu einem ganz bestimmten Zweck: Wir reagieren damit auf die Menschen in unserer Umgebung und wollen ihr Verhalten beeinflussen. Primatologen sehen eine enge Verwandtschaft zwischen dem menschlichen Lächeln und dem so genannten »Angstgrinsen« bei Affen und nehmen an, dass unsere Vorfahren dieses Verhalten vor mehr als 30 Millionen Jahren entwickelt haben. Wenn sich beispielsweise einer Gruppe von Makaken ein Alphamännchen nähert, dann ducken sich die untergeordneten Tiere häufig und ziehen die Mundwinkel zurück, sodass ihre Zähne sichtbar werden. Dieses Signal bedeutet: »Lass mich in Ruhe, ich bin keine Gefahr für dich.«

Auch wir Menschen wollen unsere Artgenossen, vor allem unsere Vorgesetzten, mit unserem Lächeln entwaffnen und ihnen Vertrauen einflößen. Und je schneller desto besser: Ein Abbau des Bedrohungspotenzials durch Alphatiere ist für unser Überleben offenbar so wichtig, dass das Lächeln tief in die Struktur unseres Gesichts eingebaut ist. Die Muskeln, die wir zum Lächeln benötigen, bestehen zu 90 Prozent aus gestreiften Muskelfasern, die extrem schnell reagieren. Der Muskel, mit dem wir die Stirn runzeln – Darwin nannte ihn den »Problemmuskel« –, besteht dagegen nur zur Hälfte aus diesen gestreiften Fasern. In der afrikanischen Savanne war es offenbar wichtiger, »ich bin nicht bedrohlich« signalisieren zu können als »das verstehe ich nicht«. In vielen modernen Konzernen hat sich daran bis heute wenig geändert.

Natürlich haben wir seit dem Makakenleben einiges dazugelernt. Wir Menschen kennen nicht weniger als 50 verschiedene Arten des Lächelns, von denen einige hochspezialisiert sind und zum Beispiel nur beim Flirten zum Einsatz kommen. Diese biologisch programmierten Gesichtsausdrücke sind eine Art universeller menschlicher Sprache. Doch das genetische Erbe ist wie immer nur ein Teil der Geschichte.

Um dem Leben etwas mehr Würze zu geben, haben verschiedene Kulturen ganz unterschiedliche Regeln dafür entwickelt, wann und wie wir unser biologisches Repertoire einzusetzen haben. Als beispielsweise der japanische Baseballspieler Hideki Matsui in seinem allerersten Spiel für die New York Yankees seinen ersten Homerun schlug, lief er ums Feld, ohne eine Miene zu verziehen. In Japan wäre es nämlich eine Beleidigung für den Werfer gewesen, wenn er seine Freude über den Schlag gezeigt hätte. Erst als er in den Armen seiner Teamkollegen lag, strahlte er. Und deren jubelnde Gesichter sagten: »Willkommen in Amerika. Hier geht es darum, es dem Werfer so richtig zu zeigen.«

Wie Matsui schaffen es die meisten Menschen ziemlich schnell, in einer bestimmten Situation die richtige Mischung aus biologischen Signalen und kulturspezifischen Regeln zu finden, und so kommen sie unbeschadet durch den Arbeitstag. Doch zurück zu Chip, dem es nicht gelang, über sein Angstgrinsen mit den furchtsam zurückgezogenen Lippen hinwegzukommen. Seine Unterwerfungsgesten wirkten weder entwaffnend noch vertrauenserweckend, sondern machten deutlich, dass er ängstlich und unsicher war. Der Grund war einfach. Der Boss hatte ihn im Fitnessstudio kennen gelernt und ihn danach ohne weitere Umstände eingestellt. Ihm hatte Chips muskulöser Körper gefallen, und er hatte sich gedacht, »es wäre doch ganz nett«, so jemanden im Büro um sich zu haben. Für den Job war Chip leider völlig ungeeignet. Mit seinem Gegrinse und Gewinke wollte er jedem den Wind aus den Segeln nehmen, der ihm andernfalls vielleicht wegen seines Unvermögens Schwierigkeiten gemacht hätte.

Bleiben wir einen Moment lang beim Lächeln und machen wir die Sache noch ein wenig komplizierter, indem wir zur Biologie und Kultur noch die Geschlechterfrage hinzunehmen. Frauen lächeln nämlich besser als Männer. Obwohl Männer im Durchschnitt 15 Prozent mehr Körper- und Muskelmasse haben, besitzen Frauen einen kräftigeren *Zygomatic major*, den wichtigsten Lächelmuskel, der vom Auge zum Mundwinkel verläuft. Niemand kann genau sagen, warum Frauen besser lächeln. Mit anderen Worten, es weiß niemand, wie und warum sich im Laufe der Evolution diese zusätzlichen Muskelfasern gebildet haben. Es kann gut sein, dass das zusätzliche Gewebe ein kulturelles Nebenprodukt ist und daher rührt, dass Frauen ein Leben lang mit sauertöpfischen Männern umgeben sind, die sie mit ihrem Lächeln beschwichtigen müssen. Vielleicht ist es eine Kombination aus Genen und Erziehung, so wie bei einem geborenen Sportler, der viel Gelegenheit zum Training bekommt.

Wie dem auch sei, Frauen lächeln tendenziell häufiger als Männer. Dabei sind sie sich in den seltensten Fällen bewusst, dass sie mit diesem Lächeln auch einen Unterton der Unterwürfigkeit und Beschwichtigung – oder, um es positiv zu wenden, der Kooperation – transportieren, was wiederum beachtliche Auswirkungen auf ihre Stellung am Arbeitsplatz hat. »Es ist ein echtes Dilemma«, seufzt Marianne LaFrance, Psychologin an der Universität Yale im US-Bundesstaat Connecticut. »Frauen bleibt gar nicht anderes übrig, als zu lächeln. Wenn sie nicht lächeln, will jeder wissen, ob etwas nicht stimmt. Und wenn sie lächeln, tappen sie in die Geschlechterfalle, und niemand nimmt sie mehr ernst.«

Für Probleme dieser Art gibt es keine Lösung – außer die, bewusster mit unseren biologischen Anlagen umzugehen. Bislang haben wir diese biologische Komponente in unserem Verhalten ignoriert. »Marx verlangt, wir müssten uns mit den letzten paar hundert Jahren unserer Geschichte auseinander setzen«, erklärt Deborah Waldon, Professorin für Management an der Universität Auckland in Neuseeland. »Aber was ist mit den Abertausenden und Millionen von Jahren unserer vergessenen Vorgeschichte?« Mit anderen Worten, wenn wir in eine intelligentere, menschlichere und vielleicht auch profitablere Zukunft steuern wollen, dann müssen wir uns darüber klar werden, welche Veranlagungen wir aus den Jahrmillionen dunkler Prähistorie mitgenommen haben. Wir haben eine einfache Wahl: Wir können bewusst mit diesen Veranlagungen umgehen und sie verändern, oder wir können dem Affen in uns das Ruder überlassen.

In diesem Buch stelle ich das Leben am Arbeitsplatz einmal aus einer völlig anderen Sicht dar. Dazu habe ich eine Reihe nicht ganz alltäglicher Quellen herangezogen.

Ich stütze mich auf die *Arbeiten von Tierverhaltensforschern und Anthropologen*. Die Methoden dieser beiden ähneln sich oft auf frappierende Weise, denn beide beobachten Tausende von Stunden lang mit Argusaugen und Klemmhaltern, wer wem was wie oft antut. Biologen sind dabei, die Trennlinie zwischen Tiergehege und Arbeitsplatz zu verwischen, was seinen Niederschlag in Aufsätzen mit Titeln wie »Arbeitsbezahlung bei Affen« oder »Die Service-Ökonomie der Schimpansen« findet. Wirtschaftswissenschaftler tragen das Ihre zu dieser Vermischung bei, indem sie zum Beispiel aus Beobachtung des

Stöberverhaltens von Tieren ein Modell zur Entscheidungsfindung in der Wirtschaft entwickelt haben.

Entsprechend stellen immer mehr Anthropologen fest, dass die Methoden einer bei den Bongo-Bongo entwickelten Feldstudie wunderbar geeignet sind, um die Sozialstrukturen eines Dotcoms in Silicon Valley zu verstehen. »Vielleicht kennen Sie die Geschichte des Stammes der Arioi in Tahiti«, erläutert die Unternehmensanthropologin Karen Stephenson. »Die Stammesmitglieder sind in sieben Klassen oder Kasten aufgeteilt, die sich durch Tabus voneinander unterscheiden. Diese Tabus werden immer komplizierter, je höher man in der Hierarchie steht. Wenn jemand diesem Stamm beitreten möchte, muss er sich merkwürdige Kleidung anziehen und sich benehmen, als hätte er einen Dachschaden. Erinnert Sie das vielleicht irgendwie an Rituale in Unternehmen?«

Neueste Erkenntnisse aus den Naturwissenschaften helfen uns, die Angelegenheit in ihrer ganzen Komplexität zu erfassen. Mit ihrer Hilfe können wir verstehen, was genau in einem Menschen vorgeht, während er etwas tut oder während ihm etwas angetan wird. Wirtschaftswissenschaftler arbeiten heute regelmäßig mit Biologen zusammen und verwenden dabei eine Technik namens Magnetresonanztomographie (MRT). Mit dieser Technik lassen sich Aufnahmen des Gehirns machen, während die Testpersonen bestimmte Experimente durchspielen. Und welche Erkenntnisse ziehen sie daraus? Eine Studie stellte unlängst fest, dass unsere Vorfreude auf das Monatsende und den Zahltag mit einer Hirnregion namens *Nucleus accumbens* zusammenhängt, die auch bei Alkohol- und Drogensucht eine wichtige Rolle spielt. Andere Untersuchungen haben beispielsweise gezeigt, wie unser Gehirn auf Belohnung reagiert und warum unregelmäßige und unvorhersehbare Belohnungen uns möglicherweise stärker motivieren als ein regelmäßiges Monatsgehalt.

Wieder andere Experimente haben ergeben, dass ein schlechter Chef bei seinen Mitarbeitern zu einer erhöhten Ausschüttung des Stresshormons Cortisol führen kann. Das ist vielleicht keine völlig überraschende Neuigkeit. Diese Erkenntnis wird jedoch interessanter, wenn man erfährt, dass ein chronisch erhöhter Cortisolwert zum Absterben von Zellen in einer Hirnregion namens Hippocampus führt, was wiederum katastrophale Auswirkungen auf das Wohlbefinden der betroffenen Person hat. Wenn Sie also unter Ihrem Chef leiden und sich überlegen, ob

Sie sich das noch länger antun wollen, oder wenn Sie ein solcher Chef sind und sich fragen, warum die Menschen um Sie herum so wirken, als seien sie hirntot, dann lesen Sie weiter.

Schließlich greife ich auf *neueste Erkenntnisse von Evolutionsbiologen* zurück, um die typischen Verhaltensweisen im Büro oder an der Fertigungsstraße in einen größeren Zusammenhang zu stellen. Damit will ich zeigen, wie sowohl Unternehmen als auch die Menschen, die dort arbeiten, auf lange Sicht überleben und erfolgreich sein können. Nehmen wir das Thema Angst: Am Arbeitsplatz ist Angst ein hochgefährliches Instrument, und doch scheint es zumindest eine Zeit lang zu funktionieren. Evolutionsbiologen helfen uns herauszufinden, wie Angst wirkt und welche Folgen sie haben kann.

Ehrlicherweise sollte ich an dieser Stelle erwähnen, dass es noch einen weiteren wichtigen Grund gibt, unsere Arbeitswelt durch die Brille der Tierwelt zu betrachten und unsere Kollegen mit Schimpansen oder Schleimaalen zu vergleichen: Es macht Spaß und gibt unserem Bürodasein eine ungeahnte Buntheit. Und wenn wir über uns selbst (und vor allem über unseren Oberpavian) lachen, dann schlucken wir den schwer verdaulichen Brocken vielleicht etwas leichter, dass wir unterm Strich nämlich nichts anderes sind als große Affen. Doch es soll gar nicht nur um die Welt der Primaten gehen: Auch von Clownfischen oder Amseln können wir einiges lernen. Ich glaube, dass sich unser Leben am Arbeitsplatz mit einem breiten Spektrum von tierischen Verhaltensweisen vergleichen lässt (bei einigen Kollegen ist das Spektrum vielleicht breiter als bei anderen). Und wir können unsere Arbeitswelt ganz neu entdecken, wenn wir verstehen, wie die unterschiedlichsten Tierarten mit ihrer speziellen Version des Hamsterrades umgehen.

Mit welcher Gattung aus der Tierwelt lässt sich der neue stellvertretende Personalchef wohl am ehesten vergleichen? Ein möglicher Kandidat ist der auf dem Meeresgrund lebende Schleimaal, der durch jede beliebige Körperöffnung in sein Opfer eindringt, sich dort breit macht und seinen Wirt von Innen heraus aussaugt, bis nur noch ein leerer Hautsack übrig bleibt. Vielleicht sollte man das nicht zu laut sagen – die Idee könnte ihm gefallen

Der nette Affe: Auf der Suche nach dem selbstlosen Gen

> Führen ist wie eine Taube in der Hand halten. Wenn man sie zu fest hält, dann bringt man sie um, und wenn man sie nicht fest genug hält, fliegt sie davon.
>
> *Tommy Lasorda, Baseballmanager*

Es wäre nur gerecht, wenn sich Verhaltensforscher bei all denjenigen entschuldigten, die jemals unter einem Chef mit überdimensioniertem Ego zu leiden hatten. (Es tut mir wirklich leid. Aber bitte rufen Sie nicht an!) Ihre Bücher über das Leben in der Savanne und im Dschungel hatten einen beachtlichen Einfluss auf das Verhalten von Unternehmen und deren Führungskräften.

Wenn ich behaupte, dass uns ein Blick durch die Brille der Naturgeschichte unser Verhalten am Arbeitsplatz verständlicher macht, dann sollte ich mich doch eigentlich nicht darüber beklagen, oder? Leider ist die ganze Sache nur bedingt erfreulich.

Zum einen sind Naturwissenschaftler auch nur Menschen und finden in der Natur für gewöhnlich genau das, was sie dank ihrer Modelle und Meinungen sowieso schon wussten. Dazu kommt, dass selbst die beste biologische Theorie immer nur bruchstückhaft ist. Und was davon schließlich in der Vorstandsetage oder im Chefzimmer ankommt, ist meist bis zur Unkenntlichkeit verzerrt und entstellt.

Bis heute bringen die meisten Unternehmer den Namen Darwin mit einem einzigen Stichwort in Verbindung, das nicht einmal von ihm selbst stammt: dem »Überleben des Stärksten«. Dieses Schlagwort wird meist dann zitiert, wenn die Gehälter der Vorstände den Expressaufzug in Richtung Dachterrasse nehmen, während die Arbeiternehmer aus den unteren Etagen per Gabelstapler in den Abgrund befördert werden. (Darwin hat diesen Satz übrigens vom englischen Philosophen Herbert Spencer übernommen. Er war allerdings nie der Auffassung, gesellschaftsschädigendes Verhalten sei ein Zeichen der Stärke, im Gegenteil, er machte sich gern darüber lustig, wenn jemand derlei behauptete. »In einer Zeitung aus Manchester habe ich einen guten Witz gelesen«, schrieb er in einem Brief an einen befreundeten Kollegen. »Dort steht, ich hätte bewiesen, dass der Stärkere immer Recht hat und dass deswegen Napoleon Recht hätte und jeder schlitzohrige Geschäftsmann auch.«)

Mitte des 20. Jahrhunderts gab die Wissenschaftsgemeinde der Vorstellung vom Manager als gewissenlosem Raubtier weiteren Auftrieb. Biologen, die den Zweiten Weltkrieg erlebt hatten, stellten unsere menschlichen Vorfahren für gewöhnlich als brutale, blutrünstige Killer dar. Jeder Student las damals *Das sogenannte Böse: Zur Naturgeschichte der Aggression*, in dem Konrad Lorenz behauptete, Menschen seien von Natur aus gewalttätig. Und wer dieses Buch nicht kannte, der stolperte anderweitig über die Idee des Menschen als Killeraffen. Zum Beispiel in William Goldings Roman *Herr der Fliegen*, in dem auf einer Insel gestrandete Schuljungen sich nach und nach in teuflische Wilde verwandeln. Oder in Stanley Kubricks Kinoklassiker *2001: Odyssee im Weltraum*, in dessen Anfangsszene ein haariger Vorfahr einen Artgenossen niederknüppelt und seine blutige Waffe, einen Knochen, in die Luft schleudert. Der Knochen überschlägt sich ein paar Mal und verwandelt sich dann wie von Zauberhand in eine Raumstation. Die Botschaft ist eindeutig: Unsere kulturellen Errungenschaften sind nur die Oberfläche, und wenn man ein wenig daran kratzt, kommt darunter die animalische Gewalttätigkeit zum Vorschein. Diese Vorstellung setzt sich bis heute in einer Vielzahl von Bildern fort, die Manager, Berater oder Politiker in der Pose eines Killeraffen, mit verschränkten Armen und zusammengepressten Lippen darstellen: *Keine Scherze. Ich Alpha. Böse Welt.*

Wütende Egos

Während der letzten Jahrzehnte wurde keine biologische Theorie so häufig missverstanden und hatte derartig fatale Auswirkungen auf das

Verhalten von Wirtschaftsbossen wie das Schlagwort vom »egoistischen Gen«. Im Jahr 1976 veröffentlichte der Evolutionsbiologe Richard Dawkins von der Universität Oxford ein Buch mit ebendiesem reißerischen Titel. Dort behauptete er, wir seien lediglich das Produkt unserer Gene, und diese Gene wiederum hätten nur deshalb überlebt, weil sie im Überlebenskampf so ruppig mit der Konkurrenz umgesprungen seien wie einst Al Capone.

Der Buchtitel war eine Metapher. Gene sind weder egoistisch noch selbstlos – sie haben gar keine Motive. Das wusste natürlich auch Dawkins. Er wollte mit dem Titel lediglich zum Ausdruck bringen, dass ein Gen vor allem daran interessiert ist, so viele Kopien wie möglich von sich selbst an die nächste Generation weiterzugeben, egal mit welchen Mitteln. Bis zu seinem Tod hat er wieder und wieder beteuert, er habe niemals behaupten wollen, egoistisches Verhalten sei der beste Weg, um dieses Ziel zu erreichen. »Versuchen wir, Großzügigkeit und Selbstlosigkeit zu *lernen*«, schrieb er in seinem Buch, »denn wir kommen egoistisch zur Welt.«

Doch die Vorstellung, wir seien alle geborene Egoisten, klang irgendwie logisch, genau wie die Vorstellung vom »Überleben der Stärksten«, daher griffen viele Leute das neue Schlagwort begeistert auf. Seit Aristoteles waren Händler und Geschäftsleute als Egoisten abgekanzelt worden. Nachdem sich die Zunft zwei Jahrtausende lang gegen derlei Anwürfe verteidigt hatte, konnte sie plötzlich erwidern: »Ja, und? Was genau wollen Sie damit sagen?«

»In den vergangenen 20 Jahren ist etwas Merkwürdiges passiert«, bemerkte John Kay, Professor für Management an der Universität Oxford in einem Vortrag im Jahr 1998. »Die sehr unvorteilhafte Darstellung des Unternehmertums, wie sie früher von denjenigen vertreten wurde, die ihm feindlich gegenüberstanden, wurde plötzlich von den Unternehmern selbst begeistert aufgegriffen. Sie fühlten sich nicht mehr genötigt zu leugnen, dass ihre Motive egoistisch, ihre Interessen eindimensional und ihr Verhalten instrumentalistisch waren. Sie betonten nun gebetsmühlenartig, dass Profit per definitionem der Zweck jeder unternehmerischen Tätigkeit sei.« Kay sah die Verantwortung dafür nicht bei seinem Kollegen Richard Dawkins. Es gab ausreichend andere Stimmen, denen man die Schuld dafür in die Schuhe schieben konnte. Dem Wirtschaftswissenschaftler Milton Friedman von der Universität Chicago etwa, der 1970 verkündete: »Die gesellschaftliche Verantwortung eines Unternehmens ist es, seinen Profit zu mehren.« Damit sagte Friedman allerdings nur das, was man von einem Vertreter einer Theorie der freien Marktwirtschaft ohnehin erwarten würde.

Dawkins war dagegen Biologe, und auch wenn er andere Absichten gehabt haben mag, lieferte er den Unternehmern Argumente dafür, warum egoistisches Verhalten mehr sein könne als bloßes wirtschaftliches Vorteilsdenken. Eigennutz war *natürlich*. Und wenn etwas natürlich ist, warum sollte man es dann nicht offensiv vertreten?

Und warum sollte man den Gedanken nicht bis zu Ende denken, und sei die Konsequenz noch so hanebüchen? Warum sollte man nicht eine Firma, in diesem Fall Tyco, dem Zweck umwidmen, der Gemahlin des Vorstandsvorsitzenden Dennis Kozlowski eine Geburtstagsfeier auf Sardinien zu spendieren, in der unter anderem eine aus Eis gemeißelte Kopie von Michelangelos David Wodka pinkelt? Warum sollte man dann nicht die Telefongesellschaft WorldCom zur Privatschatulle von Gründer und Vorstandschef Bernie Ebbers umfunktionieren?

Was aber wäre, wenn wir gar nicht von Natur aus egoistisch sind?

Zugegeben, das klingt vielleicht ein wenig zu optimistisch. Lassen Sie mich das anders formulieren: Was wäre, wenn wir zwar alle mit wütenden kleinen Egos zur Welt kommen (jeder, der versucht hat, um drei Uhr morgens einen kreischenden Säugling zu beruhigen, weiß, wovon ich spreche), wenn es uns aber gleichzeitig angeboren wäre, unsere egoistischen Bedürfnisse zu befriedigen, indem wir uns gesellschaftsverträglich und kooperativ, vielleicht sogar selbstlos verhalten? Diese Vorstellung ist nicht ganz einfach zu schlucken, vor allem nicht für Bosse, die glauben, sie müssten möglichst viel »Härte« und »Ellenbogen« unter Beweis stellen, um erfolgreich zu sein oder schlicht zu überleben.

Um ehrlich zu sein, diese Vorstellung ist auch für mich gar nicht so leicht zu schlucken. Als ich das letzte Mal selbst als Chefredakteur einer Zeitschrift in einem Chefsessel gesessen habe, hatte ich kritisch und fordernd zu sein. Oft genug war ich auch grob, wie mir frühere Kollegen bis heute ungefragt bescheinigen. In meiner späteren Karriere als Autor hatte ich, wie die meisten Journalisten, eine ausgeprägte Vorliebe für deutliche Worte, schlechte Nachrichten und fliegende Fetzen. Wenn ich über Unternehmen schreibe, dann mit Vorliebe über saftige Skandale. Und wenn ich über Tiere in freier Wildbahn schreibe, geht es meistens ums Fressen und Gefressenwerden.

Als Autor der Zeitschrift *National Geographic* bin ich in Botswana hinter Wildhunden hergerannt, um möglichst nah dran zu sein, wenn sie ihre Beute zur Strecke brachten. In der Serengeti konnte ich beobachten, wie Geparden an einem einzigen Tag sechs Gazellen erlegten. Und ich kann Ihnen versichern, dass es in meinem Artikel genau um diesen einen Tag ging, und mit keinem Wort um die drei vorangegangenen Wochen, die ich damit zubrachte, die Geparden dabei zu beobachten, wie sie sich das Fell leckten und faul in der Sonne dösten. Das Dichterwort von der Natur mit ihren »Fängen und blutigen Krallen« hat mit dem tatsächlichen Leben von Tieren reichlich wenig zu tun, aber es ist nun mal genau das, was die Leute lesen wollen. Und wie die meisten Autoren besitze auch ich ein wütendes kleines Ego und habe einmal ein Buch mit dem Motto »Schert euch alle zum Teufel« veröffentlicht. Meine eigenen Neigungen waren es also nicht, die mich dazu gebracht haben, im Dschungel der Arbeitswelt nach kooperativem Verhalten zu suchen. Doch während ich meine Nachforschungen für dieses Buch betrieb und Menschen und andere Tiere beobachtete, kam ich zu dem Schluss, dass wir bislang vielleicht eine der wichtigsten Tatsachen unseres Zusammenlebens übersehen haben: Die Natur hat uns geschaffen, nett zueinander zu sein.

Blauer Dampf

Die Vorstellung nett zu sein, und sei es nur aus strategischen Gründen, um andere damit zu manipulieren, mag für den einen oder anderen im Zusammenhang mit Arbeit und Wirtschaft wie eine Zumutung klingen. Doch im Grunde liegt der Gedanke nahe. Jeder kennt den Wert von persönlichen Beziehungen und weiß, wie wichtig es ist, ein gutes Verhältnis zu den Menschen an unserem Arbeitsplatz zu pflegen. Kluge Unternehmen haben diesen Gedanken schon immer umgesetzt, und sei es in noch so kruder Form.

Ken Wine, der heute in der Verkaufsabteilung des Bekleidungsfabrikanten Land's End arbeitet, begann sein Berufsleben in einem Metallwalzwerk in Rhode Island. »Am ersten Tag haben sie mir einen 20-Liter-Eimer in die Hand gedrückt, auf dem ›Blauer Dampf‹ stand. Mit dem haben sie mich in die Buchhaltung geschickt, um blauen Dampf zu holen. In der Buchhaltung hatten sie aber keinen blauen Dampf, also haben die mich in die Herstellung weitergeschickt. Auf dem Weg durch den Betrieb hat mich jeder gefragt, wer ich bin und was ich mache. Auf die Weise haben sie einem geholfen, die Kollegen kennen zu lernen, und einen gleichzeitig lächerlich gemacht. Wer keinen Sinn für Humor hatte, der gehörte da nicht hin.«

Ganz ähnlich sah der erste Arbeitstag von Ellen Moore in der Marketingabteilung von W. L. Gore in Maryland aus: »Sie haben mir eine Liste mit 50 Namen gegeben und mir gesagt: ›Geh rum und lern diese Leute kennen.‹« Die ersten sechs Monate verbrachte Moore damit, sich mit Kollegen zu unterhalten, ihnen bei der Arbeit über die Schulter zu sehen und »einfach abzuhängen«. Jeder Effizienzexperte hätte die Hände über dem Kopf zusammengeschlagen.

Eine der ersten Aufgaben von Ellen Moore war die Markteinführung eines neuen Produkts namens Pac-Lite. Das wichtigste Verkaufsargument sollte sein, dass man dieses Produkt besser im Rucksack verstauen könne als das der Konkurrenz. Zwei Tage, bevor Pac-Lite zum ersten Mal auf einer Messe präsentiert werden sollte, kam jemand auf die Idee, das Material von Gore und das Konkurrenzprodukt in durchsichtige Zylinder zu stecken und mit großen Metallgewichten zusammenzudrücken, um auf diese Weise zu demonstrieren, dass sich Pac-Lite besser komprimieren ließe. Man hätte Moore jetzt mit einiger Berechtigung vorhalten können, wenn sie weniger mit ihren neuen Kollegen gekuschelt und mehr an ihrem Schreibtisch gesessen und gearbeitet hätte, dann wäre ihr diese Idee lange vor der Deadline gekommen. Was sollte sie jetzt tun?

»Es gab einen Ingenieur, der in der Firma für die Wartung der Maschinen zuständig war. Mit dem habe ich mich immer unterhalten. ›Wie war dein Wochenende? Wie geht's der Familie?‹, so in der Art. Ich wollte ein paar Gewichte, am besten verchromt, damit sie im Zylinder gut aussehen. Ich habe ihm erzählt, die Messe wäre in zwei Tagen. Er hat große Augen gemacht, denn er hatte ja auch noch andere Sachen zu tun, und das war eine echte Ingenieursaufgabe. Er musste die Gewichte genau in den Zylinder einpassen. Aber er hat nur geantwortet: ›Für dich schaff ich das.‹ Und das hat er dann auch, und das nur wegen unserer persönlichen Beziehung.«

In China funktionieren Geschäft und Sozialleben nach einem System namens *guanxi* (wörtlich »Beziehungen«), einem ausgeklügelten Austausch von Geschenken und Gefälligkeiten, der in jeder geschäftlichen Transaktion – vom Kauf von Frischfisch auf dem Markt bis zum Millionen-Dollar-Geschäft – eine Rolle spielt. Und selbst in der schmierigen, halsabschneiderischen Welt des internationalen Investmentbankings haben manche Menschen begriffen, dass es sich auszahlen kann, nett zu sein, und nicht nur zu den Leuten weiter oben in der Hierarchie.

»Der gute Partner erkennt vom ersten Tag an, wie wichtig eine gute Beziehung zu den Leuten im Copy-Center ist«, schreiben John Rolfe und Peter Troob in ihrem Buch *Monkey Business*, in dem sie ihre Zeit an der Wall Street als Unterlinge bei Donaldson, Lufkin & Jenrette verarbeiten. »Der gute Partner sorgt dafür, dass alle Rädchen gut geschmiert sind, auch wenn er gerade keinen Eilauftrag für das Copy-Center hat. Der gute Partner bestellt alle paar Wochen fünf oder sechs Pizzas und schickt zwei davon ins Copy-Center. Der gute Partner geht einmal im Monat zum Laden an der Ecke, kauft einen Kasten Bier und bringt ihn persönlich bei den Jungs im Copy-Center vorbei. An Weihnachten steckt der gute Partner jedem der Jungs im Copy-Center einen Zwanziger zu und sorgt für gute Laune, oder er steckt ihnen einen Fünfziger zu und sorgt für doppelt gute Laune. Und wenn der gute Partner dann tatsächlich einen Eilauftrag für das Copy-Center hat, dann wird er feststellen, dass sein Auftrag allen anderen vorgezogen wird, während der arrogante, übellaunige Partner Gift und Galle speit, weil er seine Kopien erst drei Stunden nach Ablauf der Deadline bekommt. Eine Hand wäscht eben die andere.«

Ein paar eigennützige Gründe, uneigennützig zu handeln

Nettigkeit – und sei es aus strategischen Überlegungen – ist eine natürliche Verhaltensweise unter Affen, Investmentbankern und vielen anderen

Tieren, die man vor gar nicht allzu langer Zeit noch für primitiv gehalten hat. Affen leben normalerweise in Verbänden aus Familienangehörigen, Freunden und Bekannten und verbringen unverhältnismäßig viel Zeit damit, einander zu striegeln und zu lausen. Ein Affe kann 20 Minuten am Stück damit zubringen, einen anderen zu streicheln, zu kraulen, ihm sorgfältig die Haare abzusuchen und gelegentlich mit einigem Tamtam so zu tun, als hätte er einen Floh oder ein Stückchen Dreck gefunden. Die Empfänger dieser Fürsorge räkeln sich wohlig, schließen die Augen und genießen die Behandlung sichtlich. Sie sehen ein wenig aus wie die Besucher eines Wellness-Studios – man könnte sie fast beneiden.

Biologen haben in den letzten 40 Jahren viel Zeit damit zugebracht, eine plausible Erklärung dafür zu suchen, warum Affen oder Geschäftsleute überhaupt je nett, großzügig oder sogar uneigennützig im Umgang miteinander sein sollten. Sie konnten beobachten, dass dies im wirklichen Leben dauernd vorkam, doch von der Warte des Darwinismus aus ergab dieses Verhalten einfach keinen Sinn. Jemandem einen Gefallen zu tun, seine Beute mit der Gruppe zu teilen, einer anderen Mutter bei der Aufzucht des Nachwuchses zu helfen – das alles bedeutete doch, eigene Ressourcen zu verschenken. Und das, obwohl der typische Darwinsche Affe mit Ellenbogen doch angeblich an nichts anderes denkt als daran, wie er seine Ressourcen vermehren kann. (Was stand doch gleich auf dem Aufkleber, den Ihr idiotischer Nachbar auf seinen Geländewagen geklebt hat? »Wer mit den meisten Spielsachen stirbt, gewinnt.«)

In Anbetracht dieses merkwürdigen Widerspruchs haben Biologen versucht, uneigennütziges Handeln als eine Form des Eigennutzes zu erklären. Das mag auf den ersten Blick merkwürdig erscheinen. Doch Großzügigkeit wäre nie Teil unserer menschlichen Natur geworden, wenn das gebefreudige Individuum nicht selbst irgendeinen Nutzen davon hätte. Das heißt, Generosität muss unseren Vorfahren geholfen haben zu überleben und ihre Gene an künftige Generationen weiterzugeben. Sonst wäre die Selbstlosigkeit allmählich aus dem menschlichen Genpool verschwunden. Ausgehend von dieser Grundüberlegung haben Biologen drei unterschiedliche Erklärungen für uneigennütziges Verhalten entwickelt.

Die *Theorie des gegenseitigen selbstlosen Handelns* beruht auf der Vorstellung, dass ein Individuum einem anderen etwas Gutes tut, in der Hoffnung, dass die Gefälligkeit irgendwann erwidert wird. Unter Primaten ist die gegenseitige Körperpflege eine Art gesellschaftlichen Networkings, und es funktioniert: Wenn es zum Kampf kommt, dann eilt dem Opfer viel eher ein Freund zu Hilfe, dem er regelmäßig den Pelz gelaust hat, als ein bloßer Bekannter. Am Arbeitsplatz beginnt selbstloses Handeln in den seltensten Fällen damit, dass sich Kollegen gegenseitig auf Ektoparasiten absuchen. Unsere Form der Körperpflege besteht stattdessen in nettem Small Talk unter Kollegen, freundlichen Worten für den Maschinenmeister oder Bier für die Jungs vom Copy-Center. Einige Biologen behaupten, Menschen hätten die Sprache als Ersatz für das gegenseitige Lausen entwickelt und damit einen verbesserten sozialen Klebstoff erfunden.

Die *Theorie der Verwandtenselektion* besagt, dass der Einzelne vor allem seinen Verwandten zu Hilfe kommt, weil er auf diese Weise wenigstens einen Teil des eigenen genetischen Erbes an zukünftige Generationen weitergeben kann. Daraus folgt, dass unsere Hilfsbereitschaft direkt proportional zum Verwandtschaftsgrad ist, oder wie ein Biologe einmal scherzhaft meinte: »Ich bin bereit, für zwei Brüder, vier Cousins oder acht Cousins zweiten Grades in den Tod zu gehen.« Wenn Sie nun meinen, dass das wenig bis nichts mit der Welt der Wirtschaft zu tun hätte, dann erinnern Sie sich daran, dass rund 80 bis 90 Prozent aller Unternehmen in Familienhand sind. Unter den Fortune 500-Unternehmen sind es immerhin 185 Firmen, darunter Johnson & Johnson, Marriott, Nordstrom und Wal-Mart. Und unter den Fortune Global 500 befinden sich Firmen wie BMW, SAP, Suntory, Hutchinson Whampoa und J. Sainsbury in Familienbesitz.

Verwandtenselektion bedeutet, dass die alte Matriarchin eines Makakenclans ihren Status an eine Enkelin abtritt, oder dass der Urenkel des Firmengründers, William Clay Ford jun., Vorstandsvorsitzender bei Ford wird und den Veteranen Jacques Nasser aus der Baumkrone vertreibt (wobei dieser mit einem goldenen Fallschirm sanft zu Boden gleitet).

Die dritte Theorie, das so genannte *Handicap-Prinzip*, ist die jüngste der drei Theorien und erscheint intuitiv am wenigsten einleuchtend. Sie besagt nämlich, dass Tiere und Menschen sich auf gefährliche Verhaltensweisen – wie eben auch die Großzügigkeit – einlassen, nur um anderen zu beweisen, dass sie es draufhaben. Je größer und mutiger die öffentlich zur Schau gestellte Tat, desto mehr Status lässt sich damit gewinnen. Das prächtige Gefieder des Pfaus ist das klassische Beispiel für ein solches Handicap. Es ist aufwändig in der Pflege und derart unhandlich, dass es dem Pfauenmännchen extrem schwer fällt, seinen Fressfeinden zu entkommen. Aber wenn der Pfau sein Rad schlägt und seine absurden Federn schüttelt, dann sind die Weibchen in seinen Bann gezogen und andere Vogelmännchen erblassen vor Neid.

Das Handicap-Prinzip wird in den riskanten Freizeitaktivitäten des gehobenen Managements wie etwa Helikopterskifahren, Autorennen oder Weltumrundungen im Stratosphärensegler besonders schön deutlich. Doch laut dieser Theorie unterscheiden sich Helikopterskifahrer und Philanthropen gar nicht so sehr voneinander. Es war eine klare Zurschaustellung eines Handicaps, als der Fabrikant Aaron Feuerstein aus Massachusetts seine Arbeiter weiterbezahlte, nachdem seine Textilfabrik bis auf die Grundmauern abgebrannt war. Für diese gute Tat erhielt er den Spitznamen »der gute Mensch von Madden Hills«. Auch CNN-Gründer Ted Turner sammelte Gutmensch-Punkte, als er seine Absicht kundtat, den Vereinten Nationen eine Milliarde US-Dollar schenken zu wollen. Leider musste Feuerstein schon bald Konkurs anmelden, und Turner konnte kurz nach seiner großzügigen Spende buchstäblich zusehen, wie seine Unternehmungen in Milliardenschritten an Wert verloren. Auf diese Weise erbrachten beide den Beweis, wie riskant die öffentliche Zurschaustellung von Großzügigkeit sein kann.

Der Organisationsinstinkt

Es gibt aber noch eine weitere neue Erklärung für selbstloses Verhalten, die zumindest auf Feuerstein und Turner zutrifft. In den vergangenen Jahren haben Biologen, Anthropologen und Wirtschaftswissenschaftler einiges an Aufheben um diese Theorie gemacht. Die Hypothese besagt, dass wir gar nicht die kernigen Individualisten sind, für die wir uns gern halten. Im Gegenteil, allein verkümmern wir schnell. Und das ist durchaus wörtlich zu nehmen: Ein Mensch, der unter Herzerkrankungen, chronischem Stress, AIDS und anderen Krankheiten leidet, baut schneller ab, wenn ihn niemand in seinem Umfeld unterstützt. Kann sein, dass jemand mehr Spielsachen hat als andere – dafür stirbt er eben früher. Erst in der Gemeinschaft und zusammen mit anderen Menschen werden wir wirklich zum Menschen.

Diese Feststellung machen viele alternde Unternehmer typischerweise dann, wenn sie ihre Firma abgeben, die sie über ein ganzes Leben hinweg aufgebaut haben. Plötzlich stellen sie fest, dass sie keine Alphamännchen mehr sind, sondern einsame alte Männer. Auch Rentner und Menschen, die ihren Arbeitsplatz verloren haben, werden häufig von Trennungsängsten und einem zutiefst beunruhigenden Gefühl des Verlustes befallen. Dieselbe Erfahrung macht auch ein Polizist, dessen Kollege nach vierzehn Jahren der gemeinsamen Streife plötzlich in die Drogenabteilung versetzt wird.

Wie die meisten Affen sind wir hochgradig soziale Tiere. Wir haben geradezu einen Instinkt, uns mit anderen zusammenzutun. Und wenn wir uns mit anderen zusammenschließen, dann neigen wir dazu, trotz aller gegenteiliger Beteuerungen, ein wenig zu mutieren, unsere äußere Form zu verändern und unsere Gedanken mit denen der anderen zu verschmelzen. Unsere Gefühle haben Auswirkungen auf die Menschen um uns herum, und ihre Gefühle stecken wiederum uns an, unmittelbar und unbewusst. Wir fangen an, dieselben Kleider zu tragen wie unsere Kollegen, wir übernehmen die Firmensprache und bluten blau für IBM. Bei Nike nennen sich junge Einzelhandelsvertreter »Ekins« (Nike rückwärts geschrieben) und lassen sich das Nike-Logo tätowieren. Sie sind wie der Teenager im Kinofilm *High Fidelity*, der angestellt wird, um zwei Mal die Woche in einem Plattengeschäft auszuhelfen, und der dann jeden Tag im Laden erscheint. Der Arbeitsplatz ist unsere Herde, unser Stamm, und wir teilen die Welt schnell in »wir« und »die«.

Ob das nun gut ist oder schlecht, die Verbindung ist buchstäblich körperlich und verändert uns bis in die Eingeweide: Die Menschen in unserer Umgebung beeinflussen unseren Blutdruck, die Produktion von Biochemikalien wie Serotonin, Dopamin, Cortisol und Testosteron, unsere Schaltkreise im Gehirn und vielleicht sogar unsere Fruchtbarkeit. Die Reaktion der Hinwendung und Kontaktaufnahme ist genauso natürlich wie die Kampf-oder-Flucht-Reaktion. Nett zu sein, anderen

Menschen mit Fürsorge zu begegnen und selbst fürsorglich behandelt zu werden, ist für uns genauso wichtig wie saubere Atemluft.

Der Beweis für diese Theorie findet sich in unseren Gehirnen.

Stille Freude?

Wenn die Arbeit auch ein Hamsterrad ist, wie wir so oft klagen, dann hindert uns das nicht daran, unsere Mit-Hamster zu mögen. Weil wir aber so sehr mit unseren täglichen Auseinandersetzungen, Frustrationen und dem unglaublichen Stumpfsinn unserer Arbeit beschäftigt sind, vergessen wir das allzu oft, oder vielleicht bemerken wir es erst hinterher. Doch die Natur hat es so eingerichtet, dass wir Gesellschaft mögen, und so ist es kein Zufall, dass wir rund 80 Prozent des Tages mit anderen Menschen verbringen. Es macht uns Spaß, mit Kollegen zusammenzuarbeiten und Allianzen mit ihnen zu schmieden. Es macht uns auch gesünder.

Wir wissen, dass die Zusammenarbeit mit anderen Menschen tief in unserer Geschichte verwurzelt ist, denn die positive Reaktion darauf lässt sich in der primitivsten und evolutionsgeschichtlich ältesten Hirnregion nachweisen. In einem bekannten Rattenexperiment setzten Wissenschaftler Ratten Elektroden ins Striatum, eine Hirnregion im Mittelhirn mit besonders vielen Rezeptoren für Dopamin – der natürlichen Glücksdroge des Gehirns. Wenn die Ratten einen Knopf drückten, konnten sie über die Elektroden positive Gefühle in ihrem Gehirn auslösen. Den Ratten gefiel das so gut, dass sie ununterbrochen den Knopf drückten und darüber sogar das Fressen vergaßen.

Dumme Ratten, oder? Doch auch der Mensch besitzt ein Striatum, und freundschaftliche Begegnungen sorgen dort für gute Gefühle. Unlängst maßen Verhaltensforscher der Emory University in Atlanta im US-Bundesstaat Georgia mithilfe der Magnetresonanztomographie (MRT), was in den Gehirnen von Frauen passiert, wenn sie miteinander in sozialen Austausch treten. Die Frauen hatten die Wahl, selbstlos mit anderen zusammenzuarbeiten oder sie zu übervorteilen. Es handelte sich um ein typisches Laborspiel namens »Gefangenendilemma«: Zwei Teilnehmer treffen sich kurz, dann sitzen sie in unterschiedlichen Räumen und spielen per Computer 20

Runden. In jeder Runde kann sich die Spielerin neu entscheiden, selbstsüchtig zu handeln oder mit der anderen zu kooperieren. Wenn beide sich egoistisch verhalten, bekommt jede von beiden einen Dollar. Entscheidet sich eine der beiden für Kooperation und die andere für Egoismus, dann geht die erste leer aus und die zweite bekommt drei Dollar. Entscheiden sich beide zur Zusammenarbeit, bekommt jede zwei Dollar.

Wenn die Spielerinnen zusammenarbeiteten, dann war in ihrem Striatum gesteigerte Aktivität messbar. Die Frauen schienen durch die Zusammenarbeit dieselbe Befriedigung zu empfinden wie die Ratten, die den Knopf drückten. Die Testpersonen berichteten nachher, sie hätten sich besser gefühlt, wenn sie sich selbstlos verhalten und mit der Partnerin zusammengearbeitet hätten. Die Wissenschaftsautorin Natalie Angier fasste die Ergebnisse so zusammen: »Es ist schwer zu glauben: In diesen Zeiten der Gier und der gezückten Messer finden Wissenschaftler heraus, dass ein kleiner, mutiger Akt der Zusammenarbeit mit einem anderen Menschen, eine Entscheidung für Vertrauen und gegen Zynismus, für Großzügigkeit und gegen Gier, dafür sorgt, dass unser Gehirn in stiller Freude aufleuchtet.«

Es bleiben jedoch einige kleine Fragezeichen. Die Wissenschaftler können beispielsweise nicht sagen, warum sich die Zusammenarbeit gut anfühlt. Es kann sein, dass das Gehirn nicht etwa deshalb Dopamin ausschüttet, weil zwei Menschen zusammenarbeiten, sondern weil etwas Unerwartetes passiert. Experimente mit Männern stehen noch aus, und es ist gut möglich, dass Männer anders ticken und ihre Gehirne stärker auf Machtausübung als auf Zusammenarbeit gepolt sind. Manager der mittleren Führungsebene wurden ebenfalls noch nicht untersucht. Es kann gut sein, dass irgendwo bereits ein ambitionierter Jungmanager darüber nachdenkt, wie man die Ergebnisse der Hirnforscher verwenden kann, um bei Ralph Lauren Karriere zu machen, indem man die Kosten in den Sweatshops der Dritten Welt senkt: »Dieser Mikrochip hier in der Nähmaschine schneidert das Hemd, ja? Also bauen wir einen kleinen Sender ein und schicken Signale zur Elektrode im Striatum der Näherin. Jedes Mal, wenn sie die Maschine bedient, stimuliert sie ihre Dopaminrezeptoren. Hier steht, sie würden eher verhungern, als mit der Arbeit aufzuhören.« Es ist ganz gut, dass die Kosten der Gehirnchirurgie das Ganze wenig profitabel erscheinen lassen. Noch.

Es gibt jedoch Belege, die einen hoffnungsvolleren Schluss zulassen, dass nämlich Männer genauso wie Frauen auf Zusammenarbeit gepolt sind. Auf Fairness. Sogar auf moralisches Handeln. Letzteres ist möglicherweise ebenso natürlich wie die egoistische Gier. »Moral ist kein schmückendes Beiwerk, das wir uns gegen Ende der Evolution geleistet haben«, erklärt der Primatologe Frans de Waal. »Moral hat mit unserer uralten Sehnsucht nach Zärtlichkeit und Zusammenleben zu tun, die wir mit allen möglichen Tierarten teilen.«

Die Chemie des Vertrauens

Präriewühlmäuse sind kleine, mausähnliche Vegetarier, die in den weiten Grassteppen im Herzen der Vereinigten Staaten von Amerika und Kanadas zuhause sind. Für Wissenschaftler sind diese possierlichen Tierchen ein Schlüssel zum Verständnis dessen, was bei gesellschaftlichen Bindungen im Gehirn passiert. Mit ihrer Hilfe lässt sich erklären, warum wir gesellschaftliche und sexuelle Bindungen eingehen und warum wir eine so tiefe Befriedigung empfinden, in einem Team mitzuspielen oder in einer Gruppe zu arbeiten, in der die Chemie stimmt. Hier findet sich auch eine Erklärung dafür, warum die Personalabteilung gelegentlich die Wichtigen Leute von ihrer Wichtigen Arbeit wegholt und sie Teilen und Lieben üben lässt. (»Schließ die Augen und lass dich einfach nach hinten fallen«, fordert der Team-Spirit-Coach mit beschwörender Stimme auf. »Die Leute aus deinem Team fangen dich auf ...«) Selbst Wirtschaftswissenschaftler haben begonnen, sich für diese Wühlmäuse zu interessieren, weil sie sich Erkenntnisse darüber versprechen, was passiert, wenn Verhandlungen gut laufen. Man könnte damit beispielsweise erklären, was zu einem der wichtigsten Durchbrüche in Friedensverhandlungen im Nahen Osten geführt hat. Doch dazu später.

Präriewühlmäuse sind extrem gesellige Tiere, sie leben zu zehnt oder zu zwölft in einer Höhle zusammen. Außerdem sind sie überzeugte Monogamisten. Männchen und Weibchen schließen einen Bund fürs Leben und bleiben trotz gelegentlicher Seitensprünge tatsächlich bis ans Ende ihrer Tage zusammen. Beide beteiligen sich an der Aufzucht der Jungen. Im

Gegensatz zu diesen familienorientierten Nagern verhalten sich ihre nahen Verwandten, die Bergwühlmäuse, wie Cowboys. Sie geben nicht viel auf Gesellschaft, außer zur Paarungszeit, aber dann stürzen sie sich mit lautem Jippijeh auf jeden Artgenossen anderen Geschlechts, um zu vögeln. Manchmal fressen sie auch ihre eigenen Jungen. (Memo an die Personalabteilung: »Hat das Zeug zum Manager.«) Da die beiden Arten 99 Prozent ihres Genoms gemeinsam haben, fragte sich Tom Insel, heute Leiter des US National Institute of Mental Health, warum sie sich so extrem gegensätzlich verhalten. Er führte die Unterschiede schließlich auf zwei Peptidhormone namens Oxytocin und Vasopressin zurück, die im Gehirn erzeugt werden.

Ärzte spritzen schwangeren Frauen häufig Pitocin, eine künstlich hergestellte Variante von Oxytocin, um die Wehen einzuleiten. Oxytocin sorgt auch dafür, dass die Mutter Milch produziert und sich um ihre Kinder kümmert. Aber auch bei jungen Vätern steigt die Produktion von Oxytocin an, ebenso wie die von Vasopressin. Neben körperlichen Folgen wirken sich diese Hormone auch auf den Gefühlshaushalt und das Verhalten aus. Oxytocin reduziert die Herzfrequenz, die Atemtätigkeit und den Blutdruck und erzeugt Ruhe sowie eine größere Bereitschaft zur Zuneigung. Vasopressin steigert die Aufmerksamkeit und erzeugt ein Bedürfnis, das neue Familienmitglied zu beschützen und zu umsorgen. Diese hormonellen Veränderungen erlauben es den Eltern, eine enge Beziehung mit ihrem Baby herzustellen, das ihnen andernfalls wie ein lärmender und stinkender kleiner Alien vorkommen könnte.

Auf dieselbe Weise bereiten Hormone die Knüpfung sexueller Bande vor (noch so ein Fall von lärmenden Aliens). Mit dem Beginn einer Beziehung steigen bei Männern und Frauen die Blutwerte von Oxytocin, Vasopressin und Dopamin an. Neben den körperlichen Veränderungen nehmen bei beiden die gesellschaftlichen Hemmungen ab, und sie fühlen sich zunehmend wohler dabei, den anderen nahe an sich herankommen zu lassen. Bei Präriewühlmäusen sind genau diese Hormone der Schlüssel zum Bund fürs Leben. Wenn Wissenschaftler den Tierchen mehr Hormone einspritzen, dann verlieben sich die Nager noch leidenschaftlicher ineinander. Bei Bergwühlmäusen hat die Gabe von Oxytocin und Vasopressin jedoch keinerlei Auswirkungen auf ihr ausschweifendes Sexualleben und führt nicht dazu, dass sie ihr Cowboy-Dasein gegen ein Leben in trauter Zweisamkeit eintauschen. Die Hormone allein sind es also nicht.

Insel fand heraus, dass sich die Gehirnstruktur der beiden Arten erheblich voneinander unterscheidet. Bei Präriewühlmäusen befinden sich die Rezeptoren für Oxytocin und Vasopressin verstärkt in Regionen, die auch mit Belohnung und Verhaltensverstärkung in Zusammenhang stehen. Wenn also Männchen und Weibchen sich paaren und ihnen ein Hormonschub die Sinne raubt, dann werden sie buchstäblich voneinander abhängig. Der Anblick und der Geruch der oder des Geliebten sorgt offenbar für einen berauschenden Cocktail aus Oxytocin und dem Glückstransmitter Dopamin. Bei Bergwühlmäusen liegen die Rezeptoren an anderen Stellen im Gehirn, und deshalb verlieren sie ihr Herz nicht an einen ihrer Partner. Für sie ist eine Wühlmaus so gut wie die andere, und die sozialen Bindungen sind gleich null.

Und wie verhält es sich beim Menschen, dem man ja ebenfalls nachsagt, er sei monogam? Haben unsere Gehirne etwas mit denen von Präriewühlmäusen gemeinsam? Oder sind wir eher verkleidete Bergwühlmäuse? Wenn Wissenschaftler Testpersonen untersuchen, die von sich sagen, sie seien über beide Ohren verliebt, dann zeigt die Magnetresonanztomographie eine verstärkte Aktivität in Gehirnregionen, die auch mit Suchtverhalten in Verbindung gebracht werden. Die Gehirne von Verliebten haben überraschende Ähnlichkeit mit denen von Kokainschnüfflern.

Handel mit Gefühl

Von gelegentlichen Fällen von Liebe am Arbeitsplatz einmal abgesehen, ist es nicht anzunehmen, dass Sie in sämtliche Ihrer Kollegen verliebt sind. Was soll also diese Hormonforschung mit dem Arbeitsplatz zu tun haben? Die Antwort ist überraschend: Selbst bei Menschen, die einander nicht kennen, führt ein kleines Signal des Vertrauens zu einem überraschend starken Anstieg von Oxytocin im Blut. In einem Experiment mit Studenten der Claremont University in Kalifornien steckten Wissenschaftler einander nicht weiter bekannte Studenten willkürlich paarweise in einem Computerlabor zusammen. Die Forscher gaben dem »Entscheider 1« (E1) 10 US-Dollar und sagten ihm, er könne einen beliebig großen Anteil davon, von 0 bis 10 US-Dollar an »Entscheider 2« (E2) weitergeben, der tatsächlich das Dreifache dieses Betrages erhalten würde. Dann war es an E2 zu entscheiden, ob er das Geld für sich behalten oder einen Teil zurückgeben wollte. An dieser Stelle endete das Experiment. Die beiden Teammitglieder kommunizierten ausschließlich via Computer, nicht von Angesicht zu Angesicht.

Wenn man nach der gängigen Wirtschaftstheorie – dem Modell vom »rational handelnden Homo oeconomicus« – geht, müsste das Vertrauen zwischen den beiden Beteiligten gleich null sein. Auch die evolutionärbiologischen Modelle von der gegenseitigen Selbstlosigkeit und der Verwandtenselektion lassen wenig Hoffnung zu, dass so etwas wie uneigennütziges oder vertrauensvolles Verhalten zu erwarten sein könnte. E2 wird E1 niemals begegnen und kann keinerlei nachteilige Auswirkungen erwarten, wenn er sich geizig gibt. E1 weiß das natürlich und könnte nun eigentlich einfach die 10 US-Dollar einstecken und gehen. Aber in Hunderten von Versuchen stellte Paul J. Zak, Direktor des Centre for Neuroeconomic Studies an der Claremont University fest, dass rund 75 Prozent der E1 ihr Geld teilten. Noch beachtlicher ist, dass 90 Prozent der E2 dieses Zeichen des Vertrauens erwiderten.

Warum waren diese Leute so nett zueinander? Auch wenn allgemein angenommen wird, wir würden uns in wirtschaftlichen Angelegenheiten rein rational verhalten, behaupten Neuroökonome wie Zak, dass unsere Gefühle oft eine viel größere Rolle spielen als die harten Fakten. Und diese Gefühle werden vermutlich durch das Hormon Oxytocin beeinflusst. Zaks Studie beinhaltete einen Bluttest, der zeigte, dass das Oxytocinniveau bei den E2s umso höher war, je mehr sie vom jeweiligen E1 bekamen, und je höher das Oxytocinniveau, umso mehr gaben sie zurück. Zak folgert daraus, dass das Oxytocinniveau ansteigt, wenn wir das Vertrauen eines anderen Menschen spüren, und dass das Vertrauen, das wir selbst empfinden, uns wiederum vertrauenswürdiger für andere macht. Die Präriewühlmäuse haben den Verdacht aufkommen lassen, dass wir Menschen möglicherweise einen von der Evolution angelegten Hang zum Vertrauen haben. Wenn »Vertrauen« heute in Führungskreisen ein so beliebtes Schlagwort ist, dann heißt das noch lange nicht, dass dahinter nur eine leere Begriffshülse steckt. Es ist möglicherweise Ausdruck unserer menschlichen Natur und Ergebnis von Jahrmillionen des

Zusammenlebens in Gemeinschaften und Stämmen, wo das Vertrauen in andere Mitglieder des Clans über Leben und Tod entscheiden konnte.

Natürlich gibt es auch hier einige Einwände. Rein technisch ist es ziemlich schwer nachzuweisen, ob die erhöhten Oxytocinwerte im Blut irgendwelche Schlüsse auf die Oxytocinwerte im Gehirn zulassen, da es eine »Blut-Hirn-Schranke« gibt, eine Gruppe von Zellen, die kontrollieren, welche Stoffe ins Gehirn kommen und welche nicht. Wenn man die tatsächlichen Oxytocinwerte im Gehirn messen wollte, müsste man ein Loch in die Schädeldecke bohren und Proben entnehmen, und verständlicherweise bringen die wenigsten Testpersonen so viel Vertrauen auf, um dem zuzustimmen. Tierversuche lassen allerdings den Schluss zu, dass tatsächlich ein Zusammenhang zwischen den Oxytocinwerten im Blut und im Gehirn besteht. Wissenschaftler bestätigten diesen Zusammenhang außerdem bei Untersuchungen der Rückenmarksflüssigkeit von Autisten, deren Unfähigkeit zu normalen menschlichen Bindungen auf einen Oxytocinmangel zurückzuführen sein könnte.

Schwerer wiegt da schon der Einwand, dass das Labor nichts mit dem wirklichen Leben zu tun hat. In den Versuchen in Claremont ging es um Peanuts, nicht um Bauaufträge im Wert von 50 Millionen US-Dollar. Und selbst bei derart lächerlichen Summen waren nur 75 Prozent aller E1 großzügig.

Was war mit den anderen 25 Prozent? Waren die Geizkrägen die klassischen Rationalisten vom Typ Homo oeconomicus und machten später Karriere im mittleren Management? Auch die E2s verhielten sich nicht alle vertrauensvoll, trotz ihrer Oxytocinwerte. Ein E2, der im Labor bald den Spitznamen »der Dicke« weg hatte, war so übergewichtig, dass die Schwester viermal ansetzen musste, ehe sie eine Vene fand, um ihm Blut abzuzapfen. Die Dame, die ihn befragte, notierte, er sei »übermäßig gut gelaunt«. In der Befragung gab der »Dicke« an, er habe 30 US-Dollar von seinem E1 bekommen und jeden Cent für sich behalten. In seinem Blut waren große Mengen Oxytocin nachweisbar, so Zak. »Aber das hat er einfach unterdrückt, er hat es einfach abgestellt.« Oxytocin mag dem Vertrauen eine Steilvorlage geben, aber es kann das Handeln nicht diktieren.

Die Claremont Studie machte Schlagzeilen. In einem Chat für Wirtschaftswissenschaftler witzelten einige Beiträger, man solle nur noch

Verträge abschließen, wenn der Partner am Verhandlungstisch ein Oxytocin-Schwergewicht sei. Einige spekulierten über die Zukunft von künstlich hergestelltem Oxytocin oder einem Oxytocin-Saft, der verabreicht werden könnte, um in einer Gemeinschaft Harmoniegefühle herzustellen. (Tatsächlich wäre das wegen der Blut-Hirn-Schranke mit herkömmlichen Methoden kaum möglich.) Einer der Beiträger meinte ein wenig zynisch, so lange müsse man gar nicht warten. »Es gibt eine gute Low-Tech-Methode. In der nächsten Verhandlung hältst du deinem Gegenüber einfach ein süßes Baby unter die Nase. Und du konzentrierst dich auf die stinkende Windel.«

Das war natürlich ein Witz. Aber so ähnlich wurden schließlich die berühmtesten Friedensverhandlungen im Nahen Osten erfolgreich beendet. Am dreizehnten Tag der Verhandlungen zwischen dem ägyptischen Präsidenten Anwar as-Sadat und dem israelischen Ministerpräsidenten Menachem Begin 1978 in Camp David weigerte sich Begin standhaft, seine Unterschrift unter den Friedensvertrag zu setzen. Die Koffer waren gepackt, die Delegationen standen kurz davor, enttäuscht nach Hause zu reisen. Der US-Präsident Jimmy Carter, der zwischen den Kontrahenten vermittelte, tat in diesem Moment zwei Dinge, die sich später als entscheidend herausstellen sollten.

Zunächst ließ er einen neuen Vertrag entwerfen, in dem einige der Reizworte fehlten, ohne dass jedoch die Essenz verändert worden wäre. Dann setzte er sich hin, um die Erinnerungsfotos von sich mit Sadat und Begin zu signieren, die Begin sich für seine Enkelkinder gewünscht hatte. »Da Susan [Clough, Carters Sekretärin] wusste, wie viele Probleme wir mit den Israelis hatten«, schrieb Carter später, »hatte sie es übernommen, die Vornamen der Enkelkinder zu recherchieren, um die Autogramme ein wenig persönlicher zu machen.« Anschließend ging Carter zu Begin, der auf der Veranda seiner Hütte saß.

Was folgte, war Oxytocin pur. »Ich gab ihm die Fotografien. Er nahm sie und dankte mir. Als sein Blick zufällig über die Bilder streifte, sah er, dass auf dem obersten der Name seiner Enkelin stand. Er sprach den Namen laut aus, dann sah er sich jedes der Fotos einzeln an und sprach den Namen des Enkelkindes aus, den ich dort hingeschrieben hatte. Seine Lippen zitterten, und ihm standen Tränen in den Augen. Er erzählte mir ein wenig von jedem der Kinder, besonders über eines, das sein Lieblingsenkel zu sein schien. Wir waren beide sehr gerührt, als wir uns einige Minuten lang auf sehr innige Weise über Enkelkinder und über Krieg unterhielten.« Als Carter ging, ließ er Begin den neuen Vertragsentwurf da. Dann ging er zu Sadat, um ihm die schlechte Nachricht zu überbringen. Während die beiden sich noch unterhielten, rief Begin an und sagte, er habe seine Meinung geändert und wolle dem Friedensvertrag nun zustimmen.

Es ist natürlich ein wenig einfach zu glauben, es brauche nur ein paar Milligramm Oxytocin, um Menschen zueinander zu bringen. Wir wissen noch sehr wenig über die Neurophysiologie des Vertrauens, und die Zusammenhänge sind vermutlich viel subtiler und komplizierter, als wir uns das vorstellen. Doch wir können festhalten, dass wir von der Evolution mindestens genauso gut für das Miteinander ausgestattet worden sind wie für das Gegeneinander. Unser Handlungsmodus der Wahl ist nicht der Eigennutz, sondern strategische Uneigennützigkeit.

Das wirft jedoch eine Frage auf: Wenn gesellschaftliche Gruppen so wichtig sind für unser Identitätsgefühl, unser Wohlbefinden, unser Sicherheitsgefühl und unser Selbstbewusstsein, und wenn der Arbeitsplatz heute derjenige Ort ist, an dem wir mehr als an jedem anderen unser Gruppendasein ausleben – wie kommt es dann, dass wir so oft ausgebrannt, unzufrieden und niedergeschmettert von der Arbeit nach Hause kommen?

Es war ein ganz gewöhnlicher Tag auf einer staubigen Insel im weiten, überfluteten Okawango-Delta. Eine Truppe von Pavianen – und mit ihr unsere kleine Gruppe von Forschern, die sie beobachtete – hatte sich den ganzen Morgen über unschlüssig in Richtung Flussufer bewegt und dabei die Augen nach den üblichen Gefahren, den Wasserbüffeln, Elefanten und Löwen, offen gehalten. Sollten die Paviane sich dafür entscheiden, den Fluss zu überqueren, um zur nächsten Insel zu gelangen, dann mussten wir wohl oder übel hinter ihnen her waten. Wir konnten nur hoffen, dass dies nicht einer dieser scheußlichen Tage war, an dem Krokodile wie Raketen aus dem schlammigen Boden des Flusses heraufschossen oder aufgeschreckte Nilpferde alles niedertrampelten, was ihnen in den Weg kam.

Die Paviane versammelten sich allmählich am Ufer, sprangen ziellos umher und murmelten »hunh, hunh«, als würden sie sich genau wie wir über diese wenig erfreulichen Szenarien Gedanken machen und debattieren, ob sie den Fluss überqueren oder doch lieber umkehren sollten. Vor einiger Zeit hatten sie mit ansehen müssen, wie ein Löwe ein Mitglied aus ihrer Gruppe an genau dieser Furt gerissen hatte, und die Erinnerung daran klingelte ihnen noch in den Ohren. Einige der Paviane kletterten auf Bäume, um ein paar Beeren zu futtern und auf den trügerischen Fluss zu spähen, um nach möglichen Gefahren Ausschau zu halten.

Ein Vorstandsvorsitzender einer Pavian-AG hätte vielleicht von einem »Wendepunkt« gesprochen, einem kritischen Moment der Entscheidungsfindung in einem sich rasch verändernden Markt. Gehen wir vorwärts ins Unbekannte? Riskieren wir es, einem hungrigen Räuber zu begegnen? Oder ziehen wir uns besser zurück?

Doch was die Paviane an jenem Morgen am Flussufer durchlebten, war nicht nur irgendein kritischer Moment der Entscheidungsfindung. Es handelte sich um die Ur-Entscheidung. Ein Moment, der in unserer entfernten Vergangenheit so häufig vorkam, an so vielen vergessenen Wasserlöchern und Furten, und der mit so viel Angst und Blutverlust verbunden war, dass er sich tief in unsere Gehirne eingebrannt hat. So wie wir uns einst den Wasserlöchern genähert haben, so gehen wir bis heute alle unsere Entscheidungen an. Aus diesem Grund hat unser Gehirn nach wie vor eine Vorliebe für alles Negative, es sucht die Umgebung nach dem lauernden Leoparden ab und findet immer zehn gute Gründe, etwas besser bleiben zu lassen.

Am Ufer war inzwischen eine ältere Paviandame, die für ihre furchtlosen Attacken auf Leoparden bekannt war, bis zu den Achseln ins Wasser gewatet. Ein Grunzen ging durch die Truppe wie das Murren der Neinsager auf den Hinterbänken des Parlaments. Dann trat ein älterer Grandseigneur in die Bugwellen der Dame, und bald folgten andere nach. Jeder zauderte, und jeder dachte: Mann, die werden mich mit Haut und Haaren fressen.

Dann stieg einer nach dem anderen hinein in das trübe Wasser ■

Der geborene Pessimist: Warum alles schlimmer aussieht, als es (hoffentlich) ist

Menschen sind äußerst merkwürdige Tiere – eine Mischung aus der Nervosität eines Pferdes, der Sturheit eines Esels und der Bösartigkeit eines Kamels.

T. H. Huxley

Als ich mich einmal mit meinem Vater über kooperatives Verhalten am Arbeitsplatz unterhielt, fing dieser prompt an, mir eine Reihe von Anekdoten aus seinem Arbeitsleben im New York der fünfziger Jahre zu erzählen. Eine der Hauptrollen spielte dabei ein beleibter Abteilungsleiter, der sich – aus Gründen, die besser unerwähnt bleiben – »Häuptling Kupferbrust« nannte. »Damals waren Drei-Martini-Lunches angesagt«, erinnerte sich mein Vater. »Ganz egal wie gut oder wie schlecht der Bartender war, Häuptling Kupferbrust warf die metallenen Tabletts durch die Gegend, auf denen die Drinks serviert wurden, und schrie: ›Sag dem blinden Wichser, wenn er die Martinis nicht bis zum Rand voll macht, dann schneide ich ihm die Eier ab!‹«

Ich lachte höflich, räusperte mich und warf ein: »Aber mir ging es eigentlich um kooperatives Verhalten ...«

»Ach so«, antwortete mein Vater und schwieg zum ersten Mal, seit ich das Thema angesprochen hatte. »Na ja, er hat immer gute Trinkgelder gegeben«, sagte er schließlich. »Das war der einzige Grund, warum sie den Idioten am nächsten Tag wieder reingelassen haben.«

Ich führte die Reaktion zunächst auf die ganz eigene Psychopathologie meines Vaters und zu viele Drei-Martini-Lunches zurück. Doch wenn ich das Thema kooperatives Verhalten mit anderen Menschen ansprach, zumeist gegenüber gut integrierten Angestellten in großen Unternehmen, dann schwiegen auch sie häufig. Oder sie sprachen über Zusammenarbeit im Team und verwendeten dabei unbewusst Vokabeln des Konflikts.

Eine Managerin eines Fortune-500-Unternehmens erzählte mir von einem ihrer ersten Arbeitstage als Sicherheitsbeauftragte eines wissenschaftlichen Labors. Sie verabredete einen Antrittsbesuch mit dem Leiter der Wachtruppe, mit dem sie in Fragen der Feuersicherheit, des Strahlenschutzes und der Notfallmaßnahmen zusammenarbeiten sollte.

»Was wollen Sie?«, fragte der Wachmann, als sie zum Treffen erschien.

»Ich will nur Teil des Teams sein«, erwiderte sie etwas lahm.

»Hören Sie mir gut zu«, antwortete der Wachmann. »Sie sind entweder Teil des Teams, oder das Team rollt glatt über Sie weg.«

Sie grinste, vielleicht war es auch mehr eine Grimasse, machte ein bisschen fröhlichen Small Talk und trat dann eilig den Rückzug an. Wieder in ihrem Büro, versuchte sie, nicht daran zu denken, wie sie wohl als Pfannkuchen aussehen würde. Ihre neuen Kollegen meinten aufmunternd, der Wachmann sei ein Irrer, ein früherer Polizist, der in seinem Wachhäuschen eine Maschinenpistole hätte. Diese Auskunft trug nicht dazu bei, sie zu beruhigen.

Als sie am Abend nach Hause kam, legte sie sich eine Strategie zurecht, wie sie diese negativen Schwingungen überwinden könnte. Sie hatte das Gefühl, es sei dringend und wichtig. In seiner paranoiden Vorstellung von Einbruchssicherheit hatte der Wachmann die Notausgänge von außen mit Ketten verriegelt. Lassen wir die Frau eine Weile mit ihrem Dilemma allein, und sehen wir uns später an, welche Strategie sie entwickelte, um mit dem Wachmann umzugehen.

Gute Nachrichten sind langweilig

Es macht ganz den Eindruck, als wären wir so gestrickt, eher in den Begrifflichkeiten des Gegeneinander als des Miteinander zu denken. In gewisser Hinsicht erscheint das sogar sinnvoll. Zusammenarbeit ist unser täglich Brot, aber genau aus diesem Grund kann es auch furchtbar langweilig sein. Fragen Sie eine Juniormanagerin aus der Buchhaltung, was an dem Tag passierte, an dem ihre Firma nach einem dreiviertel Jahr aus den roten wieder in die schwarzen Zahlen kam, und sie wird ihnen vermutlich antworten: »Keine Ahnung, daran erinnere ich mich gar nicht.« Aber wenn Suky seinem Konkurrenten Kyle einen Klienten abjagt, dann gibt es in der Teeküche tagelang nur noch ein Thema.

Paul Rozin, Wissenschaftler an der University of Pennsylvania, beschäftigt sich mit der Frage, warum sich Menschen auf negative Ereignisse konzentrieren. Er behauptet, gute Nachrichten seien langweilig, und meint, »kaum jemand genießt seine Klimaanlage, aber wenn sie kaputt ist, fällt es ihm sofort auf«. Oder mit Schopenhauers Worten: »Wir fühlen den Schmerz, aber nicht die Schmerzlosigkeit.«

Tatsächlich liegt es in unserer biologischen Natur, zuerst das Schlechte zu sehen und uns auf die eine dumme Sache zu konzentrieren, die schief gelaufen ist, statt auf die fünf oder zehn, die gut waren. Innerhalb einer zehntel Sekunde unterscheiden wir zwischen einem negativen und einem positiven Ereignis, und die negativen nehmen unsere Aufmerksamkeit als Erste in Beschlag.

Wenn Testpersonen zum Beispiel ein Bild mit lauter lächelnden Smileys und einem einzigen grimmigen Smiley sehen, dann konzentrieren sie sich sofort auf das böse Gesicht. Im umgekehrten Experiment brauchen die Testpersonen sehr viel länger, um das eine lächelnde Gesicht unter den vielen grimmigen Smileys zu finden. Und wenn ein Chef in einem Bericht über einen Angestellten vier positive Kommentare macht und an einem Punkt etwas herumzumäkeln hat, dann wird sich der Beurteilte fast unweigerlich auf die Kritik konzentrieren. Neurologen sprechen davon, dass wir Menschen eine Tendenz zum Pessimismus hätten, und behaupten, es handele sich dabei um einen Überlebensmechanismus. Wenn wir den Dingen Aufmerksamkeit schenken, die schief gehen können, dann sind wir eher in der Lage, eine Gefahr abzuwenden. Ein böses Gesicht nehmen wir schneller wahr als ein Lächeln, denn es könnte ein Bedrohung für uns darstellen.

Dieser Pessimismus wurde in Jahrmillionen der Evolution in unsere Gehirne eingebrannt, denn die Tiere und Urmenschen, die diesen Hang nicht hatten, bekamen eine kurze, blutige Lektion in Sachen natürliche Auslese. Die kleine Thomsongazelle, die ohne sich umzusehen unbekümmert graste, blickte früher oder später auf und sah sich von Löwen umrundet: »Einen wunderschönen guten Morgen, die Herren! Was für große Zähne Sie doch ...«

Ein Übermaß an Unbekümmertheit wurde rasch ausgesiebt und

nahm von Generation zu Generation immer weiter ab, denn, wie Rozin es so dezent formuliert, »die Bedrohung durch ein Raubtier ist eine endgültige Bedrohung«. Wer am Leben bleiben wollte, hielt Augen und Ohren offen, um den leisesten Schatten im Gras zu erspähen – den heranpirschenden Leoparden, das Trio hungriger Geparden oder den griesgrämigen Steuerfahnder. Wer sich durch Schreckhaftigkeit und einen Hang zum Negativen auszeichnete, der überlebte.

Genauer gesagt haben wir mindestens drei voneinander unabhängige neuronale Schaltkreise, die mit der Flucht vor Gefahren befasst sind. Auf der Ebene des Rückenmarks zucken wir instinktiv vor Schmerz zurück. Auf der Ebene des limbischen Systems ist unser tierisches Repertoire von Flucht und Verteidigung angesiedelt. Und auf der Ebene der Hirnrinde machen wir uns bewusst Gedanken über all die furchterregenden Dinge, die uns jederzeit und überall zustoßen können.

Wenn wir jedoch die ganze Zeit über schreckhaft wären, würden wir vermutlich morgens nicht aus dem Bett steigen. Wir kämen nie auf die Idee, ein Unternehmen zu gründen. Wir würden nie in den Bus steigen, um zur Arbeit zu fahren. Und selbst wenn, dann würde wir vermutlich im Büro die Tür hinter uns verrammeln und uns unter unserem Schreibtisch verkriechen, um allen Problemen aus dem Weg zu gehen – eine Verhaltensweise, die unter neuen Managern nicht unbekannt ist. Neurologen gehen daher davon aus, dass die Evolution uns auch mit einem ausgleichenden Optimismus ausgestattet hat, mit dem uns unser Gehirn ermuntert, eine Sache aus der Nähe anzusehen. Durch diese Neigung zum Positiven bringen wir den Mumm auf, jemanden zu einem Rendezvous einzuladen, uns auf eine vielversprechende Stellenanzeige zu bewerben oder uns in eine überfüllte Bar zu drängen.

Wenn man John C. Cacioppo von der University of Chicago glaubt, dann sind die beiden Systeme der Flucht und der Annäherung im Gehirn genauso voneinander getrennt wie die Schaltkreise für Hören und Sehen. Und wie diese sind sie so konstruiert, dass sie gleichzeitig funktionieren. Diese »Koaktivierung«, das Nebeneinander von Pessimismus und Optimismus ermöglicht es uns, jeden Tag im Angesicht der Gefahr unseren notwendigen Verrichtungen nachzugehen. »In der Savanne muss ein Tier ans Wasserloch kommen, um zu trinken, auch wenn sein Feind dort schon wartet«, schreibt Cacioppo.

Ein Individuum, das nicht nur nacheinander, sondern gleichzeitig über die verlockenden und die beängstigenden Aussichten nachdenken kann, ist in der Lage, sehr viel differenziertere Entscheidungen darüber zu treffen, wann es sich heranpirschen kann und wann es besser die Beine in die Hand nimmt. Die erfolgreiche Gazelle bringt genügend Pessimismus mit, um sofort reagieren zu können, wenn ein Löwe eine tatsächliche Gefahr darstellt, und genug Optimismus, um sich anzunähern und zu trinken, wenn sie sieht, dass der Löwe voll gefressen ist und wie die anderen Tiere auch einfach am Wasserloch herumhängt. So überlebt die Gazelle in einer Welt der Angst.

Warum das Negative so wichtig ist

Die Vorstellung, dass es so etwas geben könnte wie einen biologisch verankerten Pessimismus, wurde in Wissenschaftskreisen erstmals in den sechziger Jahren debattiert. Rozin weist jedoch darauf hin, dass der überproportionale Pessimismus im Alltag schon bei Shakespeare zu finden ist (»Was Menschen Übles tun, das überlebt sie, das Gute wird mit ihnen oft begraben.«) und sich wie ein roter Faden durch die Volksweisheiten aus aller Welt zieht (in Russland heißt es beispielsweise: »Ein Löffel Teer verdirbt ein Fass Honig, aber ein Löffel Honig verschwindet spurlos in einem Fass Teer«). Der menschliche Hang zum Negativen ist ein Diskussionsthema, seit Neurologen und Wirtschaftswissenschaftler versuchen, scheinbar irrationale menschliche Verhaltensweisen zu erklären. Es sieht immer mehr so aus, als hätte unsere evolutionäre Grundausstattung nach wie vor einen großen Einfluss darauf, wie wir in der modernen Welt leben und wie wir unsere Geschäfte führen.

Es ist beispielsweise das Schicksal der Meinungsforscher und Marketingexperten, dass ihre Fokusgruppen erst eine Sache sagen und dann das genaue Gegenteil davon tun. In einer Gallup-Befragung aus dem Jahr 1993 gaben beispielsweise 85 Prozent aller US-Bürger an, sie könnten sich durchaus vorstellen, Organe zu spenden. Tatsächlich sind jedoch nur 28 Prozent aller Bürger als Organspender gemeldet. Wie erklärt sich dieser Unterschied? Cacioppo schiebt es auf unseren eingebauten Pessimismus – in diesem Fall kommt zu der normalen Furcht vor dem Tod die irrationale Befürchtung, Organspender könnten in der Notaufnahme frühzeitig auf Ersatzteile geplündert werden. Für einen primitiven Teil unseres Gehirns sind die Notärzte offenbar die modernen Hyänen am Wasserloch.

Wenn wir um unseren natürlichen Pessimismus wissen, so Cacioppo, dann können wir ihm etwas entgegensetzen. Wir können Menschen beispielsweise besser aufklären und sie darauf hinweisen, dass kein Notarzt je auf diese Idee käme und sowieso in den seltensten Fällen weiß, ob ein Notfallpatient einen Organspendeausweis in der Tasche hat oder nicht.

Die natürliche Tendenz zum Pessimismus erklärt auch, warum wir uns über die Maßen vor wirtschaftlichen Verlusten fürchten, Gewinne dagegen emotional relativ unbeteiligt wegstecken. Wir erinnern uns an den Schwarzen Montag von 1987 und den Schwarzen Freitag von 1929. Aber wo sind der Weiße Mittwoch oder der Sonnige Donnerstag? Verschwunden, davongesegelt auf einer blässlichen Wolke langweiliger jubelnder Aktienhändler.

Unsere Besessenheit von Verlusten erklärt auch, warum in Zeiten wirtschaftlicher Rezession bei Wahlen die Regierungspartei Verluste erleidet, während sich in Zeiten des Aufschwungs kein gegenteiliger Effekt bemerkbar macht. Es wird verständlich, warum Angestellte sich in dem Moment an freiwilligen Sonderleistungen ihres Arbeitgebers festkrallen, in dem sie sie aufgeben sollen, auch wenn sie bis dahin nie besonderen Wert darauf gelegt haben. Wenn Testpersonen in Experimenten einen beliebigen Gegenstand erhalten und wenig später gebeten werden, ihn wieder zurückzuverkaufen, dann verlangen sie doppelt so viel, wie sie für ihn ausgeben würden, wenn sie ihn neu kaufen wollten. Wirtschaftswissenschaftler sehen in dieser überproportionalen Abneigung gegen Verluste eine grundlegende psychologische Eigenschaft, die zur Folge hat, dass wir in wirtschaftlichen Fragen völlig irrationale Entscheidungen treffen.

Wenn wir beispielsweise vor ein und derselben wirtschaftlichen Entscheidung stehen, dann fällt diese völlig anders aus, je nachdem, ob es um einen Verlust oder um einen Gewinn geht. Nehmen wir an, jemand bietet Ihnen an, Sie könnten entweder 1 000 Euro sofort einstecken, oder an einer Lotterie teilnehmen, in der Sie mit 50-prozentiger Wahrscheinlichkeit 2 500 Euro gewinnen. Die meisten Menschen entscheiden sich für die 1 000 Euro. Wenn man sie aber vor die Wahl stellt, entweder 1 000 Euro zu verlieren oder sich auf ein Spiel einzulassen, bei dem sie mit einer 50-prozentigen Wahrscheinlichkeit 2 500 Euro verlieren, dann entscheiden sich die meisten für die zweite, riskantere Option. Das heißt, wenn es um die Vermehrung unserer Gewinne geht, handeln wir konservativ. Doch die Möglichkeit eines Verlustes erschreckt uns derart, dass wir große Risiken eingehen, um ihn zu vermeiden.

Ein Unternehmen, das diesen Mechanismus versteht, kann sich vor dem Untergang bewahren. Die Bereitschaft eines Angestellten, ein extrem hohes Risiko einzugehen, um einen Verlust wettzumachen, brachte die Barings Bank zu Fall. Im Jahr 1995 verlor Nick Leeson, gefeierter Wertpapierhändler in Singapur, 1,2 Milliarden US-Dollar bei dem Versuch, einen Verlust von 317 Millionen US-Dollar wieder hereinzuholen. Barings, die älteste Investmentbank Großbritanniens, brach nach 250 Geschäftsjahren zusammen.

Experimente zeigen, dass unser Hang zum Pessimismus keinen Einfluss darauf hat, wie wir die Intelligenz eines Menschen beurteilen. Das erklärt, warum Aufsichtsräte Leute wie Leeson so häufig falsch einschätzen oder warum Unternehmen, die sich etwas auf ihre Intelligenz einbilden, häufig über die dümmsten Fehler stolpern. »Ein Mensch, der sich in einem Fall hochintelligent und in drei anderen saudumm verhält, gilt noch immer als intelligent«, behauptet Rozin. Er erklärt dieses Phänomen mit der Knappheit der Ressource Intelligenz: Jemand kann im Jahr eine gute Idee und fünf schlechte haben, doch da gute Ideen so rar sind und man mit ihnen viel Geld verdienen kann, bleibt man ihm treu. »Wenn wir die Befähigung eines Menschen einschätzen, dann messen wir ihn an seiner besten Leistung.«

Wenn es dagegen um die Moral geht, greift unsere Schwarzseherei wieder, und wir messen einen Menschen an seinem schlimmsten Schnitzer. Für ein Herdentier, wie wir es nun einmal sind, ist der Mangel an Vertrauenswürdigkeit fast so gefährlich wie die Bedrohung durch ein Raubtier. Daher ist der Makel durch eine schlechte Tat so groß und bleibt so lange haften. Diese Tendenz der öffentlichen Meinung zu verstehen, ist nach einem Wirtschaftsskandal oder einem Produktionsfehler besonders wichtig. Selbst wenn der Skandal auf das Konto von nur einem oder zwei Managern geht, oder wenn der Fehler nur einen winzigen Teil der Produktion betrifft, kann er einem Unternehmen erheblichen Schaden zufügen. »In der öffentlichen Meinung haben solche Ereignisse fast den gleichen Stellenwert wie ein Mord«, erklärt Rozin.

Je nachdem wie ein Unternehmen mit dieser moralischen Empfindlichkeit der Öffentlichkeit umgeht, können die Auswirkungen für den Ruf extrem unterschiedlich ausfallen, und das bei fast identischem Vergehen. Im Jahr 2000 kam zum Beispiel heraus, dass die Software-Firma Oracle Detektive damit beauftragt hatte, den Müll von Bürgerinitiativen zu durchforsten, die vom Konkurrenten Microsoft unterstützt wurden. Oracle jammerte, man habe sich doch gar nichts Illegales zu Schulden kommen lassen, und Vorstandschef Larry Ellison erklärte gar, es sei seine Pflicht und Schuldigkeit als Bürger, eine Auge auf die »Kampfverbände von Microsoft« zu haben. In einem Leitartikel des *Wall Street Journal* wurde die Leugnungsstrategie von Oracle prompt als »schleimige Kasperei« angeprangert.

Kaum ein Jahr später fand John Pepper, Vorstandsvorsitzender von Procter & Gamble heraus, dass seine Firma sich derselben Praktiken bediente. Doch anders als die Detektive von Oracle waren die Spione von Procter & Gamble im Müll der Forschungsabteilung für Haarpflege beim Konkurrenten Unilever fündig geworden. Pepper wollte unmissverständlich klar machen, dass Vorfälle wie dieser nicht zum Tagesgeschäft seines Unternehmens gehörten. Er feuerte die drei verantwortlichen Manager und informierte den Konkurrenten Unilever über den Vorfall. Procter & Gamble erklärte sich bereit, 10 Millionen US-Dollar Schadenersatz an Unilever zu zahlen und die illegal gewonnenen Erkenntnisse nicht zu verwenden. Und dies zu einem Zeitpunkt, als Procter & Gamble am Aktienmarkt unten durch war und Milliarden an Wert verloren hatte.

Obwohl Verbraucher in Sachen Fehlverhalten ein Elefantengedächtnis haben, hielt Procter & Gamble sich an sein Image der Aufrichtigkeit und Gradlinigkeit. Im Jahresrückblick lobte das Magazin *Fortune* die Offenheit des Unternehmens. Über diesen Vorfall spricht heute kein Mensch mehr, doch beim Wort »Firmenspionage« haben noch heute viele das Bild von Larry Ellison vor Augen, der sich mit der Armani-Sonnenbrille auf der Nase durch Müllcontainer wühlt.

Der eingebaute Pessimismus kann auch auf andere Art und Weise

Schaden anrichten, zum Beispiel wenn er dafür sorgt, dass Individuen und Unternehmen sich wie besessen in den Kampf gegen einen Konkurrenten stürzen. Ellison erklärte beispielsweise: »Wir wählen unsere Feinde sehr sorgfältig aus. Das gibt uns einen Fokus. Wir wissen nicht, ob wir gewinnen oder verlieren, wenn wir uns nicht dauernd mit der Konkurrenz vergleichen.« Doch seine Besessenheit von dem Konkurrenten Microsoft war rein persönlicher Natur: Zum Zeitpunkt des Zwischenfalls am Müllcontainer hatten beide Firmen relativ wenig gemeinsame Konkurrenzfelder. Außerdem sind in der wirklichen Welt Feinde häufig auch Verbündete: Wie die Gazelle am Wasserloch ist ein Unternehmen erfolgreicher, wenn es kluge Entscheidungen darüber trifft, wann es einen Schritt vorwärts tut, und wann einen zurück.

In ihrem Buch *Co-opetition* aus dem Jahr 1996 weisen die Wirtschaftswissenschaftler Adam Brandenburger und Barry Nalebuff darauf hin, dass Menschen sich häufig derart in einen blutigen Konkurrenzkampf hineinsteigern, dass sie die gemeinsamen Interessen gar nicht mehr erkennen (oder wessen Blut fließt). Die Citibank war beispielsweise Vorreiter in der Einführung der Geldautomaten. »Als andere Banken ihre eigenen Geldautomaten einrichteten, boten sie der Citibank an, sich ihrem Netzwerk anzuschließen«, berichten die beiden Autoren. »Damit wären die elektronischen Scheckkarten aller beteiligten Banken immens aufgewertet worden. Wenn die Banken in einem gemeinsamen Netzwerk sind, dann ergänzt jede fremde Maschine das eigene Netz. Doch die Citibank weigerte sich. Sie wollten nichts tun, was der Konkurrenz irgendwie genutzt hätte. Sie wollten Dr. Jekyll nicht helfen, wenn sie damit auch Mr. Hyde halfen.« Die anderen Banken übernahmen schon bald die Marktführerschaft, und die Citibank musste 1991 schließlich zähneknirschend einlenken, nachdem sich ihre Kunden zunehmend über die vielen Unannehmlichkeiten beklagt hatten.

Es ist nicht der Zwecke eines Unternehmens, einen Feind zu besiegen. Es ist der Zwecke eines Unternehmens, Geld zu verdienen, und das bedeutet, in einer sich ständig verändernden Landschaft der Zusammenarbeit und der Konkurrenz den richtigen Kurs zu finden. Brandenburger und Nalebuff erklären die Besessenheit von Konkurrenzkämpfen mit einer Mentalität, die Wirtschaft und Krieg gleichsetzt. Doch die Wurzeln unseres Pessimismus liegen viel tiefer.

Ist Ihr Feind auch Ihr Freund?

In der israelischen Negev-Wüste kann das Vorkommen von essbaren Samen im Boden von einer Stelle zur anderen äußerst stark variieren. Eine schlaue Wüstenmaus sollte also dort suchen, wo die meisten Samen vorkommen, nicht wahr? Doch wenn diese Stelle ungeschützt ist, dann könnte diese Wüstenmaus leicht zur Mahlzeit einer Eule werden. Und wenn die Stelle geschützt unter einem Busch liegt, dann könnte dort schon eine Sandviper auf sie warten. Auf ihrer Suche nach Nahrung muss sich die schreckhafte Wüstenmaus auf unvollständige Informationen über einen unglaublich komplexen und trügerischen Markt stützen, in dem ein kleiner Fehler mit dem Tod geahndet wird. Kommt Ihnen das bekannt vor? Joel Brown von der University of Illinois spricht deshalb von einer »Ökologie der Angst«.

Betrachten wir das Ganze aber einmal aus Sicht des Jägers: Eule und Schlange sind auf den ersten Blick Konkurrenten, doch in Wirklichkeit sind sie Verbündete. Die Angst vor der Schlange jagt die Maus in die Fänge der Eule, und die Angst vor der Eule treibt sie geradewegs in das Maul der Schlange. Wie Aldi und Wal-Mart, die Katz und Maus mit einem hungrigen Lieferanten spielen.

Konkurrenten erzeugen etwas, was Biologen den »Geliebter-Feind«-Effekt nennen. Bei vielen Tierarten – von Singvögeln bis hin zu Füchsen – vermeiden die Hausherrn eines Territoriums den Konflikt mit ihren Nachbarn. Sie scheinen zu verstehen, dass Grenzstreitigkeiten mit dem Typen von nebenan nur ablenken und andere Eindringlinge geradezu einladen. Die »geliebten Feinde« tun sich sogar oft zusammen, um einen Neuankömmling in einer gemeinsamen Räumungsaktion zu vertreiben. Der Agrarindustriekonzern Archer Daniels Midland betrieb Mitte der neunziger Jahre eine illegale Geliebter-Feind-Strategie, als er sich mit Konkurrenten auf fünf Erdteilen absprach, um die Preise für wichtige Lebensmittelgrundstoffe in die Höhe zu treiben. Ein inoffizielles Firmenmotto lautete: »Unsere Konkurrenten sind unsere Freunde, und die Verbraucher sind unsere Feinde.« ■

Warum können wir uns nicht einfach alle lieb haben?

Wenn Menschen heute an Wasserlöchern und Kaffeemaschinen zusammenkommen, und sei es in den Teeküchen der besten Firmen, dann verbringen sie die meiste Zeit mit Mosern. Dabei ist es völlig gleichgültig, wie angenehm ein Außenstehender die Arbeitsbedingungen finden mag. Die Autoren und Fotografen, die von der Zeitschrift *National Geographic* für ihre Reportagen in die atemberaubendsten Landschaften der Erde geschickt werden, verbringen ein Gutteil ihrer freien Zeit damit, sich über Dummheiten in der Zentrale in Washington D. C. zu mokieren. Wenn sie sich nicht gerade untereinander streiten. In der Zentrale regen sich die Angestellten unterdessen über die Dummheiten der egomanischen Autoren und Fotografen in aller Welt auf. Oder sie streiten sich untereinander.

Unternehmen sehen sich gern als große, glückliche Familie, aber sie sind es meist nur in dem Sinne, dass die Angehörigen die meiste Zeit aufeinander einhacken. Hier ist der natürliche Pessimismus endgültig im Alltag angekommen und färbt den Umgang mit jedem anderen Menschen außer uns selbst. (Aber warum sollten wir uns eigentlich ausnehmen? Wir haben doch alle diese rabenschwarzen Tage, an denen wir allein auf der Toilette stehen, uns im Spiegel ansehen und murmeln: »Der ist auch gegen mich.« Selbst Tiere jagen manchmal ihrem eigenen Schwanz hinterher.) Der Stress verschlimmert unsere Quengeligkeit noch. Wir bringen Menschen gegen uns auf, selbst wenn wir es gar nicht wollen, weil wir das Gefühl haben, dauernd an allen Orten gleichzeitig sein und viel zu viel in zu wenig Zeit erledigen zu müssen. Wie ein Pepsi-Manager es formulierte: »Wir sind alle so beschäftigt wie ein Hündchen, das einen Knochen im Marmorfußboden vergraben will.«

Was also sollen wir tun? Wie können wir uns weniger sorgen und streiten? Wie können wir die Welt ein klein wenig positiver sehen? Es gibt eine gute und eine schlechte Nachricht. Für den Manager mit den Ellenbogen ist es sicher eine schlechte Nachricht, dass das Mittel gegen die gegenseitige Beckmesserei und Augenaushackerei sich ein bisschen anhört wie ein Lied aus einem kitschigen Broadway-Musical, zum Beispiel »Happy Talk« aus *South Pacific* von Rodgers und Hammerstein. Die gute Nachricht wird für ihn sein, dass der *happy talk* wenigstens messbar ist. Denn die Wissenschaftler, die sich mit diesen Dingen beschäftigen, stimmen darin überein, dass es ein festes Verhältnis von positiven und negativen Interaktionen geben muss, damit ein Arbeitsumfeld erfolgreich ist. Ab diesem magischen Verhältnis überwinden Gruppen ihren natürlichen Pessimismus und arbeiten produktiv zusammen. Darunter zanken, brüten und versagen sie.

Der Organisationspsychologe Marcial Losada verbrachte zehn Jahre in Ross Perots Unternehmen Electronic Data Systems und beobachtete verschiedene Führungsteams bei der jährlichen Erstellung ihrer Strategiepläne. Electronic Data Systems gab 20 Millionen US-Dollar aus, um die technischen Gerätschaften anzuschaffen und Beobachtungsräume mit speziellen einseitigen Spiegeln auszustatten, damit Losada seine Beobachtungen durchführen konnte. Letztlich unterschied sich Losadas Arbeit nicht von der eines Primatologen: Aus sicherer Entfernung beobachtete er große, gefährliche Tiere und legte eine riesige Datensammlung über ihre komplexen Verhaltensweisen an.

Wissenschaftler aus Losadas Team werteten die Videoaufzeichnungen der Konferenzen aus und zählten positives Verhalten (wie etwa die Aussage »das ist ein guter Gedanke«) und negatives Verhalten (wie etwa den Satz »das ist so ungefähr das Dümmste, was ich je gehört habe«). Unabhängig davon erstellten andere Wissenschaftler ein Ranking der Teams, indem sie etwa Wertschöpfung, Kundenzufriedenheit und Beurteilung durch Kollegen heranzogen. Dann verglich Losada die beiden Untersuchungen miteinander.

Es stellte sich heraus, dass in den 15 Teams mit der besten Performance im Durchschnitt 5,6 positive Interaktionen auf eine negative kamen. Die 19 schlechtesten Teams kamen gerade einmal auf ein Verhältnis von 0,363 zu 1, das heißt, hier kamen auf eine positive Interaktion drei negative.

Eine Schlussfolgerung drängt sich geradezu auf. Da Menschen sich auf Spitzfindigkeiten, Herabwürdigungen, Ehrabschneidungen, verächtliche Gesten, skeptische Blicke und versteckte Drohungen stürzen, brauchen sie eine Menge Streicheleinheiten, um Vertrauen zu fassen.

Es reicht aber nicht, nur das Gute herauszustreichen. Losada stellte fest, dass das Team weniger effektiv wurde, wenn die positiven Interaktionen weit über das 5,6 zu 1 Verhältnis hinausgingen. Offenbar sind also auch die negativen Interaktionen wichtig für das Funktionieren eines Teams. Sie dienen als notwendige Korrektur, obwohl es natürlich unbestreitbar besser ist zu sagen, »ich glaube, an diesem Punkt gibt es noch einiges nachzubessern« als »was sind Sie nur für ein unglaublich armseliges Spatzenhirn«.

Es wäre also falsch anzunehmen, ein Team hätte versagt, nur weil seine Mitglieder ihre unterschiedlichen Meinungen offen aussprechen. Reibereien und Auseinandersetzung führen oft zum Fortschritt. Oder wie Harry Lime in *Der Dritte Mann* sagte: »In den dreißig Jahren unter den Borgias hat es nur Krieg gegeben, Terror, Mord und Blut, aber es gab Michelangelo, Leonardo da Vinci und die Renaissance. In der Schweiz herrschte brüderliche Liebe, 500 Jahre Demokratie und Frieden. Und was haben wir davon? Die Kuckucksuhr!« Andere Wissenschaftler haben herausgefunden, dass ein Konflikt in der frühen Entscheidungsphase gut ist, in der Umsetzungsphase jedoch schlecht. Genauso ist er in der Anlaufphase einer anspruchsvollen neuen Aufgabe nützlich, in der Routinephase jedoch kontraproduktiv.

Wie immer ist der Kontext alles. Wenn eine Gruppe von Menschen erfolgreich zusammenarbeitet, dann liegt das am *Verhältnis* von positiven zu negativen Interaktionen, von guten Schwingungen zum weißem Rauschen.

Das richtige Verhältnis hinzubekommen ist nicht nur wegen unseres natürlichen Pessimismus so wichtig, sondern auch weil wir soziale und gefühlsgesteuerte Tiere sind. Ganz egal was wir uns einreden, es geht nie nur darum, eine Arbeit gut zu machen und am Monatsende unser Geld aufs Konto zu bekommen. Wissenschaftler haben beispielsweise festgestellt, dass positives Feedback allein die Produktivität um 10 Prozent steigern kann. Das mag logisch klingen, denn Feedback klärt die Aufgabenstellung und die Erwartungen. Doch die Anerkennung für eine gute Arbeit kann die Leistung um bis zu 17 Prozent steigern, einzig und allein aus dem rein emotionalen Grund, dass es Vertrauen schafft und die Bindung zwischen dem Einzelnen und der Gruppe stärkt.

Soziale Werkzeuge wie Anerkennung und Lob wirken, »selbst in gut bezahlenden Organisationen, die meinen, sie würden ihre Führungskräfte und Angestellten mit finanziellen Anreizen überhäufen«, schreibt Fred Luthans, Wirtschaftswissenschaftler an der University of Nebraska. Finanzielle Anreize allein können die Leistung um bis zu 23 Prozent steigern. Doch wenn Führungskräfte Geld mit Feedback und sozialer Anerkennung verbinden, können sie die Produktivität um bis zu 45 Prozent steigern.

Die Forderung nach einem 5:1-Verhältnis von positiven und negativen Interaktionen legt die Latte für den Durchschnittsarbeitsplatz ziemlich hoch. Das sind eine verdammte Menge Streicheleinheiten. Es wird noch unheimlicher, wenn wir hören, dass das 5:1-Verhältnis genauso wichtig ist, wenn wir von der Arbeit nach Hause kommen und die Energie für eine erfolgreiche Ehe aufbringen sollen. John Gottman von der University of Wisconsin hat nämlich herausgefunden, dass Ehepaare mit weniger als fünf positiven Interaktionen pro einer negativen auf dem besten Weg zur Trennung sind. Diese magische Zahl fünf scheint sogar bei Affen und deren positiven (Körperpflege, Futter teilen, zusammensitzen) und den negativen Verhaltensweisen (etwa einen Kontrahenten in den Hintern beißen) zu bestimmen. Fast möchte man meinen, das 5:1-Verhältnis sei ein Grundbedürfnis bei allen Primaten.

Eingebaute Schwarzsicht

Im Labor der University of Wisconsin in Madison liegt ein Freiwilliger auf dem Rücken auf einer Pritsche, sein Kopf steckt in der ringförmigen Öffnung eines Magnetresonanztomographen (MRT), der klickt und kreischt, während die riesige, unsichtbare Magnetspule herumwirbelt und sein Gehirn in 30 feine Scheibchen zerschneidet. Es ist schon ein wenig surreal, den Kopf der lebenden Testperson auf der einen Seite der Glasscheibe zu sehen, und auf einem Bildschirm auf der anderen ein Bild seines körperlosen Gehirns, das sich auf Knopfdruck des Technikers um 360 Grad dreht oder nach vorn und hinten kippt.

Das MRT ermöglicht eine Live-Aufnahme des menschlichen Geistes. Um genauer zu sein: Er zeichnet die Blutströme und andere Stoffwechseldaten auf, um auf diese Weise die Aktivität in bestimmten Hirnregionen festzustellen. Dahinter steht die Annahme, dass eine Region, die bei einer bestimmten Tätigkeit verstärkt aktiv ist, mehr Sauerstoff benötigt und deshalb mit mehr Blut versorgt werden muss. Neben vielen anderen

Dingen können Neurologen mithilfe des MRT auch den natürlichen Pessimismus im Gehirn lokalisieren.

Wenn wir emotional unter Druck stehen – wenn wir ängstlich, ärgerlich oder niedergeschlagen sind –, dann wird besonders der rechte Vorderstirnlappen und die Amygdala (auch Mandelkern genannt), eine Region im Kerngebiet des Gehirns und eine Art Angstzentrale, durchblutet. Sind wir dagegen guter Dinge – optimistisch, begeistert oder tatendurstig –, dann passiert in diesen Regionen so gut wie nichts, und die Aktivität findet vor allem im linken Vorderstirnlappen statt.

Richard Davidson, Neurowissenschaftler an der University of Wisconsin, zeigt, dass diese verstärkte Durchblutung des linken Vorderstirnlappens mit einer ganzen Reihe von Verhaltensweisen in Zusammenhang steht, unter anderem mit der Art und Weise, wie wir auf ein Objekt deuten, uns auf es zubewegen, es in die Hand nehmen und benennen. Die linke Gehirnhälfte hat sich auf dieses Verhalten der Annäherung spezialisiert, während unsere Vorfahren in der Savanne lebten und es immens wichtig war, sich zu entscheiden, ob man sich einem Wasserloch nähert oder auf unbekanntes Gebiet vorwagt. Die rechte Seite verlegte sich hingegen darauf, Gefahren zu erkennen und gegebenenfalls den Rückwärtsgang einzulegen.

Laut Davidson hat jeder Mensch seinen ganz bestimmten »emotionalen Fixpunkt«, eine individuelle Neigung, sich einer Sache anzunähern oder sich lieber zurückzuziehen. Das MRT bietet die Möglichkeit, diesen Fixpunkt zu finden. An einem Ende der imaginären Skala befinden sich Menschen mit einem besonders aktiven rechten Vorderstirnlappen, die mit relativ großer Wahrscheinlichkeit im Laufe ihres Lebens eine Phase klinischer Depression oder Angst durchleben. Am anderen Ende der Skala sind Menschen, deren linker Vorderstirnlappen besonders aktiv ist; diese Menschen werden selten von trüben Stimmungen heimgesucht und wenn, dann erholen sie sich rasch wieder. Die meisten von uns befinden sich irgendwo zwischen diesen beiden Extremen und erleben die übliche Mischung aus Sonne und Regen.

Lange war man der Überzeugung, das erwachsene Gehirn würde sich nicht mehr verändern, wenn man von dem erbarmungslosen Niedergang absieht, der eintritt, wenn die altersschwachen Neuronen nach und nach dahinsiechen. Davidson fand jedoch heraus, dass der emotionale Fixpunkt eines Menschen keineswegs stabil ist. Nur weil eine Chefin bei bestimmten Problemen überreagiert, heißt das noch lange nicht, dass sie ihr Leben lang ihre Mitarbeiter anschreien wird. Und nur weil ein Programmierer kontaktscheu ist und Konflikten aus dem Weg geht, ist er keineswegs dazu verdammt, bis an sein Lebensende ausschließlich mit dem Flachbildschirm seines Computers eine erfüllte Beziehung zu haben. Wissenschaftler haben unlängst herausgefunden, dass sich selbst in den Gehirnen von alten Menschen noch neue Zellen bilden können, und zwar vor allem im Hippocampus, einer Region, die für Lernprozesse und das Erinnerungsvermögen zuständig ist. Davidson beschreibt das Gehirn daher als dasjenige Organ, das »besser als jedes andere Organ des Körpers darauf eingestellt ist, auf neue Erfahrungen zu reagieren«. Wir selbst können die Struktur unseres Gehirns verändern, und zwar mit Hilfe von Sport, kognitiver Psychotherapie, Arzneimitteln wie Prozac, und Davidsons Lieblingstechnik zur Bewusstseinsveränderung – der Meditation.

Ein Mantra für das Affenhirn?

Auf den ersten Blick passt Meditation nicht in eine Welt, in der es den meisten nur darum zu gehen scheint, ein möglichst fetter Gorilla zu werden. Oder, wie ich Davidson ein wenig provokativ fragte: »Welches Interesse kann ein Unternehmen daran haben, dass sich seine Angestellten einen buddhistischen Mönch zum Vorbild nehmen, jemanden also, der nichts leistet?«

»Halten Sie den Dalai Lama für jemanden, der nichts leistet?«, fragte Davidson ebenso provokativ zurück. An der Wand seines Büros hing ein Foto, auf dem er dem Dalai Lama die Hand schüttelt und die beiden sich voreinander verbeugen, Davidson ein wenig tiefer. Ich verkniff mir die Bemerkung, seine Heiligkeit könnte möglicherweise ein wenig zu weit entwickelt sein, um eine Stelle bei Honda antreten zu können, wo die Arbeiter eine Zeit lang jeden Morgen sangen: »Wir zertrampeln, zerquetschen, zerfleischen Yamaha!«

Doch Davidson hat die Wirkung der Meditation in einem extrem konkurrenzorientierten Arbeitsumfeld getestet. Einen halben Tag in der Woche lernten Freiwillige in einem Chemiekonzern namens Promega Meditationstechniken: still sitzen, die Hände im Schoß ruhen lassen, an nichts denken, nur den Atem beobachten und dabei völlig ruhig werden. Zusätzlich dazu meditierten diese Freiwilligen jeden Tag 45 Minuten zuhause.

»In der Unternehmenskultur ist man geradezu besessen davon, ins Fitnessstudio zu gehen, um möglichst gut sichtbare Veränderungen am Körper zu bewirken«, erklärt Davidson. »Doch es gibt unzählige Beweise dafür, dass wir für unseren Geist genauso sorgen müssen wie für unseren Körper. Positive Empfindungen wie Großzügigkeit, Glück und Mitgefühl sind erlernbar. Es sind Fähigkeiten, nicht unveränderbare Eigenschaften.«

Acht Wochen nach Beginn des Promega-Experiments zeigten MRT-Untersuchungen, dass sich bei Testpersonen, die regelmäßig meditiert hatten, die Hirnaktivitäten um 10 bis 15 Prozent verschoben, und zwar weg von der rechten Seite, der Bastion des Negativen und des Rückzugs, und hin zur positiven, optimistisch nach vorn blickenden linken Seite. Die Übungen schienen sich auch positiv auf die körperliche Gesundheit der Testpersonen auszuwirken. Je stärker sich die Hirnaktivität von der rechten auf die linke Seite verschob, umso stärker wurde das Immunsystem, gemessen an der Produktion von Antikörpern. Davidson maß nicht, ob Meditation Auswirkungen auf die Produktivität am Arbeitsplatz hatte. Doch Führungskräfte, die regelmäßig meditieren, berichten von ebendieser Erfahrung.

Eine von Davidsons Testpersonen, ein leitender Wissenschaftler bei Promega namens Michael Slater, berichtet, zu Beginn des Programms hätten viele der Teilnehmer zunächst mehr Stress empfunden, denn plötzlich hätten sie in ihrem voll gepackten Terminkalender jeden Tag eine dreiviertel Stunde Zeit finden müssen, um zu meditieren. Der Prozess der Meditation selbst, der die Aufmerksamkeit auf das eigene Innenleben lenkt, habe außerdem dazu geführt, dass eine Reihe von Mitarbeitern gekündigt hätte. »Einige haben wohl erkannt, dass sie nicht dort hingehören, dass sie nicht ihr eigenes Leben leben«, berichtet Slater.

Bei sich selbst stellte Slater jedoch im Laufe der Meditationskurse eine gesunde Veränderung fest. Er beschreibt sich als jemanden, der sich gern über alles Mögliche Sorgen macht und gleichzeitig neue Erfahrungen und Herausforderungen sucht. Er surft gern und fährt ein schnelles Motorrad.

Durch die Meditation habe er gelernt, nicht sofort zu urteilen, sondern in Begegnungen mit anderen Menschen »aktives Zuhören« zu praktizieren. »Ich reagiere nicht mehr so heftig, wenn jemand an meine wunden Punkte kommt. Stattdessen frage ich mich, warum mich etwas ärgert, und dann überlege ich, wie ich mich verhalten kann. Das ist kein langer innerer Dialog, es dauert vielleicht eine halbe Sekunde.« Er beschreibt es als ein »Verhindern, dass das Affenhirn einen in Aufregung versetzt, dieses dauernde Geschnatter, das in den Köpfen der meisten Menschen stattfindet«.

Für Slater bedeutet größere innere Ruhe auch größeres Selbstvertrauen. Seine Erzählung erinnert an die Wahl zwischen Annäherung und Rückzug: »Ich denke, es ist grundsätzlich gut, nicht vor einem Konflikt zurückzuschrecken, sich nicht zurückzuziehen, und zu verstehen, dass ein Fehler immer auch eine Möglichkeit bietet, weiter zu wachsen. Der Vorwärtsgang ist immer besser für ein Unternehmen, das wachsen will.«

Das mag natürlich alles so stimmen. Doch wenn Davidson von Großzügigkeit, Glück und Mitgefühl spricht, dann fragt sich der Skeptiker unweigerlich, in welcher Stellenbeschreibung diese Worte heutzutage vorkommen, außer vielleicht unter der Rubrik »nicht benötigte Eigenschaften«. Es klingt so, als wäre Meditation nicht ganz von dieser Welt.

Sehen wir uns deshalb eine andere Geschichte an. Als Bill George 1989 seine Stelle bei Medtronics antrat, hatte der Hersteller von Herzschrittmachern einen Marktwert von rund einer Milliarde US-Dollar. Als er im Jahr 2001 als Vorstandsvorsitzender in den Ruhestand ging, hatte das Unternehmen seine Produktpalette erweitert und galt in den Worten des *Economist* als »innovativste und kreativste Firma« auf dem hart umkämpften Markt der medizinischen Geräte. Der Marktwert war auf 63 Milliarden US-Dollar gestiegen – das entspricht einer Wachstumsrate, wie sie IBM in seinen goldenen Jahren hatte. *Business Week* nahm George in seine Liste der 25 besten Manager auf, und die Wharton School of Economics nannte ihn einen der herausragenden Unternehmensführer des vergangenen Vierteljahrhunderts.

George, der bis heute in verschiedenen Aufsichtsräten und gemeinnützigen Organisationen tätig ist, hat ganz offensichtlich einiges um die Ohren. Doch zweimal am Tag findet er Zeit zu meditieren. Nach dem Frühstück setzt er sich aufrecht hin und legt die Hände in den Schoß, egal ob zuhause oder im Flugzeug 20 Minuten vor dem Start. Am späten

Nachmittag meditiert er noch einmal. George berichtet, die Meditation sei wie ein Muntermacher, sie gebe ihm die Kraft, sich abends noch einmal an den Schreibtisch zu setzen und bis Mitternacht konzentriert Leistung bringen zu können. Er hat auch ein Mantra, doch das benutzt er nur zu Zeiten extremer Anspannung als Hilfsmittel.

George begann 1975 als junger Unternehmensführer mit der Meditation. Damals hatte er eine lange Liste von Dingen, die er erreichen wollte, und konnte seine Angestellten mitunter ziemlich unerbittlich antreiben. Um es mit seinen eigenen Worten zu sagen, er war »ungeduldig, einschüchternd und taktlos«, wenngleich er rasch hinzufügt, diese Eigenschaften hätten für ein Unternehmen positive wie negative Seiten. Durch die Meditation habe er diesen stürmischen Angang unter Kontrolle bekommen und ihn »fokussiert und besänftigt«. Durch sie habe er einen klaren Blick für die wichtigen Dinge, und könne dieses ohne unnötigen Stress erledigen.

Bei Medtronics setzte er das Ziel, innerhalb von zwei Jahren 70 Prozent des Umsatzes mit Produktneuheiten der jeweils vorangegangenen beiden Jahre zu erwirtschaften. Nachdem es in der Firmengeschichte nie größere Zukäufe gegeben hatte, veranlasste er in einem einzigen Jahr den Kauf von sechs weiteren Unternehmen in einem Wert von 9 Milliarden US-Dollar.

Klingt das nach genug Stress? George erzählt, um entspannt zu bleiben, jogge er außerdem an vier bis fünf Tagen in der Woche und lasse sich regelmäßig massieren. Doch die meiste innere Ruhe gebe ihm die Meditation. Die Massage löse Anspannungen im Körper, die Meditation löse die Anspannung im Gehirn. »In den Medien wird Meditation immer als etwas Verrücktes dargestellt«, sagt er. »Ich verstehe nicht warum. Für mich ist es etwas ganz Natürliches. Wenn es ein Medikament wäre, dann würde man jeden Arzt, der es nicht verschreibt, wegen unterlassener Hilfeleistung verklagen.«

Annäherungen an das Positive

Zu den vielen absonderlichen Geschichten, die in der Unternehmenswelt über die Natur herumgeistern, gehört auch die folgende: »Jeden Morgen erwacht in Afrika eine Gazelle. Sie weiß, dass sie schneller laufen muss als der Löwe, um nicht getötet zu werden. Jeden Morgen erwacht in Afrika ein Löwe. Er weiß, dass er schneller laufen muss als die Gazelle, um nicht zu verhungern. Es ist egal, ob Sie Gazelle sind oder Löwe. Wenn die Sonne aufgeht, sollten Sie losrennen.«

Der Autor dieses Sinnsprüchleins ist anonym geblieben, vermutlich aus Scham. Er war ganz offensichtlich nie in Afrika, wo Jäger und Beute in allernächster Nähe zusammenleben und immer im Dialog miteinander stehen, und zwar ganz einfach um sich unnötige Herumrennerei zu ersparen.

Oft sieht man eine Herde Gazellen abwechselnd grasen und wachsam umherblicken. Ihre Körper zeigen wie Nadeln eines Kompasses in Richtung des Jägers, der sich abseits im Gras ausruht. Wenn das Raubtier schließlich aufsteht, ziehen sich die Gazellen aus seiner unmittelbaren Reichweite zurück und grasen weiter. Gelegentlich ruft eine Gazellengruppe dem Jäger etwas zu, so als wollten sie sagen: »Wir sehen dich, alter Knabe. Glaub nicht, du kannst uns überraschen!« Es kann sogar passieren, dass ein oder zwei Tiere auf ihn zugehen, als wollten sie den Feind inspizieren und auskundschaften, was er vorhat. Wenn die Jagd beginnt, springen manche Gazellen direkt vor der Nase des Räubers mit allen Vieren in die Luft, eine Verhalten, das als Prellsprung bekannt ist. Die Botschaft an den Jäger ist: »Oh, bitte. Gib dir keine Mühe. Du bekommst mich sowieso nicht.« Der Jäger versteht die Botschaft und hält sich an das Tier, das nicht die Kraft zum Prellsprung hat.

Was können wir daraus lernen? Jeder Arbeitnehmer, der den ganzen Tag nur herumrennt, ist ein Opfer der Angst und des natürlichen Pessimismus. Früher oder später wird er von jemandem gefressen werden, der es besser weiß (vielleicht tut er auch allen einen Gefallen und rennt dem Löwen freiwillig ins Maul). Nicht derjenige überlebt, der den ganzen Tag in Angst und Schrecken lebt, sondern derjenige, der gelassen die Landschaft überblickt, hellwach, aber unerschütterlich. Ein Weg zu dieser gelassenen Wachheit kann die Meditation sein. Vielleicht genügt es aber auch schon, zum Mittagessen in ein Restaurant um die Ecke zu gehen, zu einer vernünftigen Uhrzeit nach Hause zu kommen und darauf zu achten, dass einem das Privatleben nicht abhanden kommt. (Der Physiologe

Robert Sapolsky fand heraus, dass Paviane Stress abbauen, indem sie mit ihren Jungen spielen.) Wenn dann am Arbeitsplatz Gefahren auftauchen, ist es allein Ihre Entscheidung, wie Sie damit umgehen.

Entwaffnete Irre

In diesem Sinne saß die Sicherheitsbeauftragte in ihrem neuen Büro, grübelte darüber nach, wie sie Teil des Teams werden und sich nicht von ihm überrollen lassen könnte. Wie so oft am Arbeitsplatz war die Versuchung groß, unserem natürlichen Pessimismus nachzugeben und das Problem einfach zu ignorieren, in der Hoffnung, dass es sich schon irgendwie von alleine erledigen würde. Auf keinen Fall wollte sie unnötigen Streit mit dem Chef der Wachtruppe. Doch in den Gebäuden unter ihrer Verantwortung waren überall Labors, in denen Wissenschaftler mit explosiven Materialien hantierten. Sie musste daran denken, dass im Falle eines Feuers niemand durch die Notausgänge nach draußen kam, weil sie von außen mit Ketten versperrt waren. Und diese Ketten waren nicht einmal notwendig, denn das Gebäude lag geschützt mitten auf dem Campus, es war mit Stacheldraht umzäunt und von Wachmännern bewacht, die möglicherweise Maschinenpistolen in ihrem Wachhäuschen hatten.

Spät am Abend spielten die Sicherheitsbeauftragte und ihr Mann das Gespräch durch, das sie mit dem Wachmann führen wollte. »Ich dachte, es würde ein Schreiwettbewerb«, gibt sie zu. Doch sie wusste auch, »dass es viel leichter ist, etwas zu erreichen, wenn man sich in die Lage des anderen hineinversetzt. So bringen Sie selbst Leute auf Ihre Seite, die für ihr Leben gern streiten.« Zusammen mit ihrem Mann fand sie schließlich das richtige Eröffnungsgambit.

Am nächsten Tag setzte sie sich wieder mit dem Wachmann zusammen und erklärte: »Sie sehen die Sicherheit des Gebäudes von außen nach innen, ich sehe sie von innen nach außen.«

Noch Jahre später ist sie überrascht über den Wandel, den diese einfache Bemerkung im Wachmann bewirkte. »Es veränderte den Ton unseres Gesprächs völlig. Weil ich seine Sicht kannte, brachte ich ihn dazu, die

Dinge aus meiner Sicht zu sehen. Er sagte: ›Es gibt eine neue Technik. Es gibt eine Sicherheitstür, die von außen verschlossen ist und deren Griff innen mit der Alarmanlage verbunden ist. Die könnten wir einbauen.‹«

So wurde die Sicherheitsbeauftragte nicht überrollt, sondern Teil des Teams. Sie sah dem Problem nicht nur in die Augen, sondern sie löste es. Die Ketten verschwanden von den Notausgängen, und der Geist der Kooperation feierte einen glanzvollen Sieg.

Und wenn sie nicht gestorben sind, dann meckern und zetern sie noch heute.

Der natürliche Pessimismus ist einer der Gründe, warum so viele Tiere der Herde mit derart blinder Begeisterung folgen. Während eines Besuches in der Antarktis saß Peter Brueggeman von der Scripps Institution of Oceanography inmitten eines Staus von Adelie-Pinguinen und beobachtete, wie die Vögel unentschlossen am Ufer hin- und herwackelten. »Worauf warten sie, warum springen sie nicht einfach rein?«, fragte sich Brueggeman in seinem Weblog. »Sie schauen ins Wasser und warten darauf, dass eine größere Gruppe von Pinguinen in Sichtweite kommt. Dann werden die Adelie-Pinguine plötzlich laut.« Sie schieben und drängen sich nach vorn, streiten, hacken in alle Richtungen, schlagen mit den Flossen aufeinander ein und debattieren lautstark. »Dann beginnt eine plötzliche Kettenreaktion, das Warten hat ein Ende, und alle rennen los und springen gleichzeitig ins Wasser.«

Warum die ganze Aufregung? Die Pinguine haben allen Grund, die Dinge von ihrer negativen Seite zu sehen. Hungrige Seeleoparden und Killerwale patrouillieren das Ufer auf der Suche nach einer Pinguin-Mahlzeit. Doch auch die Pinguine wollen fressen, und das bedeutet, dass sie früher oder später, wenn sie genügend Optimismus entwickelt haben, ins Wasser müssen. Wenn schon eine Menge anderer Pinguine im Wasser sind, dann kann das bedeuten, dass die Luft rein ist. Also versucht die schwankende Masse am Ufer möglichst gleichzeitig ins Wasser zu hopsen. Vermutlich werden trotzdem einige gefressen. Doch die soziale Angepasstheit zahlt sich aus: Die Wahrscheinlichkeit ist größer, dass es einen anderen erwischt ■

Im Reich der wilden Tiere: Das Moore'sche Gesetz und das Gesetz des Dschungels

Andy hat nur gebellt und nicht gebissen. Ich habe nie gebellt, dafür habe ich gebissen.

Der ehemalige Intel-Vorstandschef Craig Barnett über seinen Vorgänger Andy Grove

Als Andy Grove Intel regierte, galt er als intelligent, redegewandt und diszipliniert. Casey Powell, früherer Intel-Manager und Opfer eines der schlimmeren Führungsfehler von Grove, beschreibt seinen früheren Chef bis heute als »unglaublich effektiv und absolut brillant. Er ist jemand, der dir im Gespräch unter vier Augen in die Brust greift, das Herz herausholt und direkt zu ihm spricht.« An einem guten Tag. An einem schlechten Tag konnte Grove einem auch das Herz herausnehmen und durch den Fleischwolf drehen.

Grove prahlte gern, er habe Intel mit Angst und Paranoia groß gemacht, mit der »Angst, einen Fehler zu machen, und der Angst zu verlieren«, denn Angst sei »das Gegenteil von Selbstgefälligkeit«. Er behauptete, er wolle die Streitlust auf die Konkurrenz richten und warnte später davor, Manager aus der mittleren Führungsebene derart einzuschüchtern, dass sie Angst hätten, eine schlechte Nachricht zu überbringen. Doch die Intel-Kultur der »konstruktiven Konfrontation« hinterließ auch im Unternehmen selbst tiefe Wunden. In seinem Ehrgeiz, die Konkurrenz platt zu machen, zerriss Grove auch gern mal einen seiner Mitarbeiter.

Anfang der achtziger Jahre startete er ein Programm namens »Operation Crush«, das nach Auskunft eines Angestellten den einzigen Zweck hatte, dem Konkurrenten Motorola »das Licht auszupusten«. Als Motorola den Anschlag aus unerfindlichen Gründen überlebte, erfand Grove das »Project Checkmate«. Casey Powell, der damals als Direktor der Mikroprozessor-Abteilung bereits eine 80- bis 100-Stunden-Woche hatte, bekam zusätzlich den Auftrag, Checkmate zu organisieren. Doch Powell musste bald feststellen, dass er mit dem Projekt nicht so schnell vorankam, wie Grove sich das vorstellte. Operation Crush war als Überlebenskampf des gesamten Unternehmens inszeniert worden, Leute aus der Personal-, Marketing- und Entwicklungsabteilung waren in so genannte »SWAT-Teams« zusammengefasst und in aller Welt aufgestellt worden, um Aufträge zu gewinnen. Doch nachdem Motorola selbst nach Einführung von Intels neuestem Produkt, dem 286er Mikroprozessor, ein Comeback geschafft hatte, war es schwierig, dieses Niveau der Angst und Intensität bei Intel noch einmal zu erreichen.

Powell erinnert sich, wie er einen Bericht bei einem Mittelsmann namens Jack Carsten ablieferte, der ihn hasste und der offenbar alles daransetzte, auch Grove gegen ihn einzunehmen. Noch Jahrzehnte später denkt Powell mit Groll an Carsten: »Er knechtete die Leute, die für ihn arbeiteten. Er erniedrigte sie in aller Öffentlichkeit. Wenn du ihm in den Hintern gekrochen bist, dann hat er sich um dich gekümmert. Aber er hat dich trotzdem erniedrigt, nur damit du es nicht vergisst.« Carsten beharrt dagegen darauf, er und Powell seien immer »gute Freunde« gewesen, öffentliche Berichte von ihrer Entzweiung bezeichnet er als Märchen.

Powell berichtet, Carsten habe schon bald ein Meeting auf Führungsebene einberufen, um den Stand von Checkmate zu besprechen. Eine Woche vorher warnte ein leitender Manager Powell: »Grove wird dich fertig machen.« Als Powell in den Konferenzraum kam, war offensichtlich, dass auch die anderen Manager um den U-förmigen Tisch Bescheid wussten. Powell stand in der Mitte und skizzierte einige der Probleme, die er mit Checkmate hatte.

In seinem Enthüllungsbericht *Inside Intel* schreibt der Journalist Tim Jackson, Powells Stimme habe gezittert, und Carsten habe sofort zugeschlagen: »Bist *du* nicht das eigentliche Problem?«

»Carsten – *peng!* – gibt von der Seitenlinie den ersten Schuss ab«, erinnert sich Powell. »Das war das Startzeichen für Grove, der sofort auf mich eindrosch. ›Ich habe dir den Job gegeben, und ich kann ihn dir auch wieder wegnehmen ...‹ Es war fürchterlich. Ich habe bei der Akademie der Handelsmarine studiert und hatte das Gefühl, ich bin wieder im ersten Semester. Ich stand stramm, ohne eine Miene zu verziehen, und hörte zu. Ich war stinksauer.«

Grove wurde immer wütender und brüllte, Powell sei unfähig und Schlimmeres. Selbst gemessen an Intels kämpferischer Kultur (in der ein anderer Manager die Angewohnheit hatte, mit einem Baseballschläger zu Konferenzen zu kommen, »um die Diskussion in eine produktive Richtung zu lenken«), war dieser Ausbruch ohnegleichen. Schließlich stand einer der Vizepräsidenten auf und sagte: »Das ist doch Bockmist. Andy, wenn du dem Mann das antun willst, dann geh mit ihm raus und mach es nicht hier vor allen anderen.« Als ein weiterer Manager seinen Stift auf den Tisch warf und den Raum verließ, sagte Grove: »Okay, ich höre auf.« Dann wandte er sich wieder an Powell: »Sag mir, was du tun willst, um das Problem zu lösen.«

Powell riss sich zusammen und brachte seine Präsentation zu Ende. Darunter waren auch einige Lösungsvorschläge.

»Okay, gut«, sagte Grove.

»Bist du zufrieden?«, fragte Powell.

»Warten wir's ab«, antwortete Grove.

»Okay, dann sprechen wir jetzt über *mein* Problem«, sagte Powell und konnte spüren, wie die Stimmung im Raum noch explosiver wurde. »Es ist offensichtlich, dass ich als Manager ein ›Packt's nicht‹ bin.« So nannte man bei Intel jeden, der den Anforderungen des Unternehmens nicht gerecht wurde. »Stimmt's, Jack?« Powell erinnert sich, dass Carsten sofort antwortete: »Stimmt.«

Powell fuhr fort: »Es ist auch offensichtlich, dass ich ein ›Packt's nicht‹ als Ehemann und als Vater bin. Aha. Hier stimmt doch was nicht.« Powell hatte sein ganzes Leben lang alle an ihn gestellten Erwartungen übertroffen, und wenn das plötzlich anders sein sollte, dann konnte das nicht nur an ihm liegen. »Also, wie willst du mein Problem lösen?«

»Was meinst du denn, was ich tun soll?«, fragte Grove.

»Oh, *ich* soll also das Problem lösen? Ich kann das Problem einfach so lösen.« Powell schnippte mit den Fingern. Er starrte Grove an, als wären die beiden allein im Raum. Jeder der Anwesenden spürte die Gefahr in der Luft.

Jemand sagte: »Wir beenden das Meeting an dieser Stelle«, und Grove vertagte die Konferenz rasch. Einige Manager versammelten sich um Grove und lobten ihn dafür, wie er mit der Situation umgegangen sei. Andere standen um Powell herum, um ihm zu erklären, wie peinlich ihnen der Vorfall war.

Als Powell um den Tisch herumging, um den Raum zu verlassen, stand Grove in der Tür. Die beiden standen einander Auge in Auge gegenüber.

»Es tut mir leid«, erklärte Grove. »Es tut mir wirklich leid, dass ich so weit gegangen bin.«

Powell sah ihn an. »Ich wusste nicht, ob ich heulen oder ihm eine reinhauen sollte. Ich sagte zu ihm: ›Ich habe schon vor einer Woche gewusst, dass du das tun würdest. Wie kannst du behaupten, dass es dir leid tut?‹« Dann verließ er das Gebäude, holte eine seiner Töchter zu Hause ab, verbrachte den Rest des Tages in einem Freizeitpark und versuchte, nicht an die Arbeit zu denken.

Sechs Monate später brachte Project Checkmate genau die Ergebnisse, die Powell versprochen hatte. Grove schickte ihm eine Dankesnote, in der er seine Arbeit lobte.

Dann verließ Powell Intel, nahm 17 Angestellte mit und gründete sein eigenes Computerunternehmen namens Sequent, das rasch mehrere Milliarden US-Dollar wert war. Anfangs kaufte er seine Prozessoren bei National Semiconductor, nicht bei Intel.

»Andy dachte, ich wollte mich an ihm rächen«, erzählt Powell. »Ich wollte es ihm *zeigen.*« Er denkt einen Moment lang nach, dann fügt er hinzu. »Trotzdem bewundere ich ihn mehr als irgendjemanden sonst, für den ich je gearbeitet habe.«

Schimpansenpolitik

Intel ist vermutlich eines der größten Hochtechnologie-Unternehmen des Computerzeitalters. Trotzdem folgte jede Bewegung, jedes Detail der Konfrontation in der eben beschriebenen Szene denselben Regeln, die auch zwei rivalisierende männliche Schimpansen im Dschungel befolgen. Jeder Schimpanse hätte sofort die routinemäßige Aggression erkannt, mit der das Alphamännchen seine Untergebenen einschüchtert, die politischen Tricks des Betamännchens, das die Gelegenheit nutzt, um einem Rivalen eins auszuwischen, die Schwäche des Untergebenen, die das Alphamännchen zum Angriff ermutigt, die finsteren Blicke, die Beschimpfungen, den Einsatz von aggressivem Gehabe statt körperlicher Gewalt, bis hin zum gescheiterten Versöhnungsversuch und dem unvermeidlichen Abgang des Untergebenen, der seine eigene Truppe gründet.

Intel hat dem Computerzeitalter eines seiner wichtigsten Gesetze mitgegeben: Das Moore'sche Gesetz ist die sich selbst erfüllende Prophezeiung, dass Computerchips alle 18 Monate ihre Speicherkapazität verdoppeln. Doch die Führungskräfte bei Intel spielen noch immer nach Primatenregeln, die 30 Millionen Jahre alt sind.

Um genau zu sein, wir alle spielen nach diesen Regeln.

In dem Jahr, in dem Project Checkmate ganz Intel in Aufruhr versetzte, eröffnete ein unbekannter niederländischer Wissenschaftler namens Frans de Waal mit seiner Forschung über das Sozialleben der Schimpansen völlig neue Einblicke in die Welt der Arbeit. De Waals Einfluss auch außerhalb der Wissenschaftsgemeinde lässt sich vielleicht daran ermessen, dass sein Labor an der Emory University in Atlanta im US-Bundesstaat Georgia seither unter anderem von einem der reichsten Alphamännchen der Welt, dem Microsoft-Gründer Bill Gates besucht wurde – wenngleich nicht bekannt ist, ob der Besuch irgendwelche Auswirkungen hatte. *Business Week* hat der Arbeit de Waals einen Titelbericht unter der Überschrift »Manager schau, Manager tu« gewidmet, in dem unter anderem ein Kasten mit den »Managementgeheimnissen der Schimpansen« abgedruckt war. Der *New Yorker* und die *New York Times* haben de Waals Forschungsberichte über Fairness unter Primaten breit gewürdigt, um den Sturz von Richard Grasso, dem skandalös überbezahlten Chef der New Yorker Börse, zu kommentieren.

Die meisten dieser Berichte verhehlen nicht, dass es ihnen beim Vergleich mit den Schimpansen vor allem um die Häme geht. Doch de Waals Arbeiten gehen sehr viel tiefer. Der Biologe E. O. Wilson von der Harvard University würdigte de Waal dafür, dass er »die großen Affen näher an das Niveau der Menschen heranführte, als man noch vor zwei Jahrzehnten für möglich gehalten hätte«. Ohne dass es seine Absicht gewesen wäre, hat de Waal gleichzeitig bewiesen, wie überraschend wenig sich unser Verhalten über das unserer Mitaffen hinausentwickelt hat.

De Waal begann als junger Biologe in den siebziger Jahren im Zoo von Arnhem. Damals waren Wissenschaftler noch peinlich bemüht, Tieren auf keinen Fall so etwas wie Gefühle, Gedanken oder gar Individualität zuzugestehen. Dieses Tabu, mit der jede Form von Anthropomorphismus belegt war, sollte verhindern, dass auf naive Art und Weise menschliche Gemütszustände auf Tiere übertragen würden. Doch de Waal fühlte sich von dieser absoluten Trennung zwischen menschlichem und tierischem Verhalten eingeengt. So verwandele man Tiere in Roboter, blinde Darsteller in einem Theaterstück, das nur wir Menschen verständen.

Während er Tausende von Stunden damit zubrachte, das Verhalten von Schimpansen zu beobachten, hatte de Waal den Eindruck, Tiere in freier Wildbahn könnten so nicht agieren. Einer seiner Lieblingsaffen war beispielsweise ein entthrontes Alphamännchen namens Yeroen, dessen lautstarkes Dominanzgehabe niemanden mehr beeindruckte, weil er sich danach erst einmal hinsetzen musste und mit geschlossenen Augen nach Luft schnappte. Doch selbst als Opa war Yeroen noch Intrigant genug, die jungen Männchen gegeneinander auszuspielen und in der Rolle des Königsmachers zu überleben. Er verbündete sich mit einem jüngeren Männchen namens Nikkie und half ihm, die Rolle des Alpha zu übernehmen. Im Gegenzug duldete Nikkie Yeroens Techtelmechtel mit den Weibchen der Gruppe, die eigentlich allein dem Alphamännchen vorbehalten sind.

Yeroen hätte allen Grund zur Dankbarkeit gehabt. Doch um seinen Chef immer ein wenig im Ungewissen zu lassen, ergriff er gelegentlich Partei für Nikkies Rivalen Luit. In der Seifenoper, die sich zwischen den dreien entspann, war er alles andere als ein blinder Darsteller.

Es bedarf eigentlich kaum der Erwähnung, dass Yeroens Strategie auch in der Unternehmenswelt weit verbreitet ist, Techtelmechtel inklusive. Boeing holte beispielsweise Harry C. Stonecipher aus dem Ruhestand zurück, um das Unternehmen aus dem Taumelflug zu retten, in den es der vorige Vorstandsvorsitzende mit seinen Finanz- und Sexskandalen gestürzt hatte. Der Kolumnist Colin McEnroe schrieb später: »Als er Harry aus der Mottenkiste holte, muss der Aufsichtsrat wohl gedacht haben: ›Der Mann ist alt, der wird sich doch nicht mehr die Hosen runterreißen.‹« Doch auch Stonecipher hatte seine Yeroen-Instinkte nicht im Griff und musste nach einem Sexabenteuer im Frühjahr 2005 seinen Stuhl räumen. Doch verweilen wir noch ein wenig bei den haarigeren Affen.

Zu Beginn sah de Waal das Schimpansenleben wie die meisten seiner Kollegen als endlose Abfolge von Machtkämpfen. Doch bald stellte er fest, dass es nicht immer die Stärksten waren, die als Sieger hervorgingen. Bei der Beobachtung von Tieren wie Yeroen bemerkte er, dass Schimpansen durch gegenseitige Körperpflege, durch Gefälligkeiten, durch Bündnisse mit Familienmitgliedern oder Freunden und andere mehr oder weniger gesunde soziale Verhaltensweisen nach Macht angelten. Wenn sie kämpften, dann versöhnten sie sich oft schon bald wieder, um den Frieden in der Gruppe zu wahren. Ein Alpha wurde nicht nur durch Kraft und Größe zum Alphamännchen, sondern auch durch seine Soft Skills. »Machiavelli ist seitenweise direkt auf Schimpansen übertragbar«, schrieb de Waal in seinem Buch *Chimpanzee Politics* (die deutsche Ausgabe erschien unter dem Titel *Wilde Diplomaten*), in dem er seine Arbeit in Arnhem beschreibt.

Der Titel geht auf Desmond Morris zurück, Autor des Buches *Der nackte Affe* und Freund und Mentor von de Waal. Morris erinnert sich, dass es damals geradezu unerhört war, das Wort »Politik« in der Tierforschung zu verwenden. Auch de Waal habe sich zuerst dagegen gesträubt, »musste dann aber zugeben, dass das genau das war, was er beobachtet hatte«. Wenn Machiavellis *Der Fürst* das erste Buch war, das Machtkämpfe und Manipulationen in menschlichen Hierarchien beschrieb, dann war *Wilde Diplomaten* das erste Buch, das zeigte, wie tief dieses Verhalten in unserer Evolutionsgeschichte verankert ist.

Unter den gesellschaftlichen Manövern, die de Waal beobachtete, waren folgende:

- Hochrangige Schimpansen taten sich manchmal zusammen (wie Nikkie und Yeroen), um einen möglichen Rivalen auszubooten. Oft holten sie andere Affen zu größeren Koalitionen zusammen (wie ein Büroangestellter, der nach einem Meeting einen möglichen Verbündeten beiseite nimmt). Sie pflegten diese Bündnisse, um an die Macht zu kommen und sich gegen Herausforderer zu verteidigen. Untergebene wiederum nutzten diese Koalitionen, um sich die Machthaber wohlgesonnen zu machen. Wenn ein Alphamännchen zu brutal vorging, dann schlossen sich Weibchen zu Bündnissen zusammen und vertrieben es, indem sie einem rivalisierenden Männchen den Vorzug gaben.

- Schimpansen schauspielern, um das Verhalten der anderen zu manipulieren. Nachdem beispielsweise Nikkie Yeroen in einem Kampf verletzt hatte, humpelte Yeroen – doch nur, wenn Nikkie in der Nähe war. Es schien, als wolle er den Alpha besänftigen oder Schuldgefühle wecken. Ein anderes Mal bedrohte Nikkie seinen Rivalen Luit von hinten, und de Waal beobachtete, wie ein nervöses Grinsen über Luits Gesicht huschte. Luit drückte sich die Hand auf den Mund, presste die Lippen zusammen, und erst dann drehte er sich zu seinem Rivalen um – wie ein Manager, der ein Pokerface aufsetzt, ehe er in ein schwieriges Meeting geht.
- Die Schimpansen zettelten manchmal innerhalb der eignen Truppe brutale Kämpfe an. Doch wie beim Intel-Meeting traten andere Mitglieder der Gruppe oft dazwischen, um zu verhindern, dass eine Auseinandersetzung außer Kontrolle geriet. In den frühen achtziger Jahren waren die Spitzenmanager bei Intel fast ausschließlich Männer. In dieser Hinsicht waren die Schimpansen etwas weiter: Die Weibchen übernahmen oft wichtige Funktionen als Schlichter und Bündnispartner in Koalitionen.

Kurz gesagt, viele der Verhaltensweisen, die man früher als »Büropolitik« bezeichnet hätte, sind in Wirklichkeit nichts anderes als Primatenpolitik. Der Gedanke der Schimpansenpolitik erregte großes Aufsehen, nicht zuletzt unter Journalisten, die de Waal fragten: »Was glauben Sie, wer ist der größte Schimpanse in der derzeitigen Regierung?«
De Waal ließ sich jedoch nicht auf solche Vergleiche ein. »Die Leute wollen sich damit über Politiker lustig machen«, sagt er heute. »Aber ich habe das Gefühl, sie beleidigen eher meine Affen.«

De Waal und der Biologe Richard Wrangham von der Harvard University sind heute die beiden führenden Wissenschaftler auf dem Gebiet der Primatologie, und sie vertreten zwei extrem unterschiedliche Positionen. Im Jahr 1996 veröffentlichte Wrangham zusammen mit seinem Koautor Dale Peterson ein Buch mit dem Titel *Demonic Males: Apes and the Origins of Human Violence* (die deutsche Ausgabe erschien unter dem Titel *Bruder Affe*), in dem er behauptet, Schimpansen und Menschen seien von Männern dominierte, territoriale Gattungen mit einer Vorliebe für blutige und oftmals tödliche Überfälle auf die Nachbargemeinschaft.

De Waal betont dagegen in den Büchern nach *Wilde Diplomaten* vor allem die Friedensstrategien der Primaten und ihre angeborene Neigung, sich nach einem Streit wieder zu versöhnen. Wranghams Gesellschaftsordnung ist viel autoritärer und basiert auf systematischer Grausamkeit gegenüber den Untergebenen. De Waals Gesellschaftsordnung ist zwar ebenfalls gelegentlich grausam, doch sie ist auch egalitär. Koalitionen aus Weibchen können eine wichtige Rolle spielen, und es gibt so etwas wie Kooperation und gemeinsame Werte, die die Gemeinschaft zusammenhalten.

Merkwürdigerweise entsprechen diese beiden Sichtweisen zwei grundlegenden Einstellungen zur Führung großer Unternehmen, wie sie manchmal von Managementtheoretikern formuliert werden. Die »X-Theorie« basiert auf Angst und Konflikt. Unternehmen, die nach der »Y-Theorie« geführt werden, fördern dagegen Kooperation und beteiligen die Arbeitnehmer in der Gestaltung des Arbeitsplatzes. Doch beide Theorien haben wenigstens zwei Dinge gemeinsam: Ob sie gemein und hinterhältig sind oder nett bis zum Erbrechen, alle Unternehmen und alle Schimpansengruppen durchleben Konflikte. Und gleichgültig, wie egalitär sie sich geben mögen, alle haben sie starke Hierarchien. Konflikt und Hierarchie hängen eng zusammen, wenn auch nicht nach einem einfachen Prinzip von Ursache und Wirkung, wie wir oft annehmen.

Unnatürliche Angst vor Konflikten

Vom Militär einmal angesehen, behandeln die meisten menschlichen Organisationen aggressives Verhalten als Tabu. Personaler fordern regelmäßig positive Kritik. Sie wollen, dass sich alle an den Händen nehmen und lieb zueinander sind. Wenn es Ärger gibt, bezahlen sie Berater, um Meetings zu begleiten und zu helfen, Kommentare auf drei Flip-

Charts zu schreiben. Auf Flip-Chart Nummer eins sammeln wir »Was gut war«, oder WGW. Nummer zwei ist für »Noch besser, wenn« oder NBW. Nummer drei ist der »Parkplatz«, eine Art Vorhölle, wo man zähneknirschend die Kommentare der unverbesserlichen Miesmacher zur Kenntnis nimmt, die beharrlich darauf pochen, dass die ganze Soße ein einziges Desaster war, das die Firma 30 Millionen gekostet hat.

»Guuuuuut«, erwidert der Berater lahm nach einer kurzen, angespannten Pause. »Wie können wir das etwas konstruktiver formulieren?« Alles, um uns nur ja wieder ans sichere Ufer des NBW zu retten.

Leider bringen Nettigkeit und Freundlichkeit allein in den seltensten Fällen die gewünschten Ergebnisse. Oder, wie es Nigel Nicholson von der London Business School in einer Ausgabe der *Harvard Business Review* beschreibt: »Ein sicheres Zeichen für eine gescheiterte Begegnung – ein typisches ›Ja-Chef‹-Meeting – ist, dass der Mitarbeiter den Raum verlässt, ohne eine Gegenmeinung geäußert zu haben.« Oder der Mitarbeiter äußert seine Gegenmeinung, aber nicht zu einem zentralen Thema. Oft gestattet ein Chef seinen Mitarbeitern, sich auf einem Nebenkriegsschauplatz auszutoben, um den Anschein eines gründlichen Meinungsaustausches zu geben, ohne tatsächlich einen Konflikt zu riskieren.

Ein frustrierter Mitarbeiter erzählt, sein Chef habe die »schmerzhafte, aber extrem wirkungsvolle Strategie, die Zeit damit zu vertrödeln, die dümmsten Fragen der dümmsten Teilnehmer eines Meetings zu beantworten, damit die Leute mit den wirklich kniffligen Fragen nur noch das Bedürfnis haben, möglichst schnell da raus und an ihren Schreibtisch zurückzukommen«.

Die Vorstellung, dass Menschen in funktionierenden Beziehungen Konflikte und Aggression vermeiden würden, hat nichts mit der Wirklichkeit zu tun. Die meisten von uns kennen Ehen, Freundschaften, Mannschaften oder Arbeitsgruppen, in denen das dauernde Nett-sein-Müssen zum Krampf wird, und andere, in denen eine Atmosphäre der gesunden Auseinandersetzung herrscht. Betrachten wir zwei Beispiele.

In einer Regierungskommission war die Vorsitzende aggressiv höflich, besonders gegenüber einer Abgeordneten, deren Intelligenz gelegentlich aufgrund ihres Kindergesichts und ihrer Piepsstimme unterschätzt wird. Bei einer Anhörung sagte das Kindergesicht, sie wolle einige ihrer

Aufgaben an andere Kommissionsmitglieder abtreten. Die Vorsitzende beugte sich vor und fragte langsam: »Sind Sie sich *sicher*, dass das die richtige Entscheidung ist? Ich mache mir Sorgen um Sie, Kleines. Sind Sie sich *wirklich* ganz *sicher*?« Das Kindergesicht war derartige Herablassung gewöhnt und hätte es fast überhört. Dann sah sie, wie einem der anderen Kommissionsmitglieder vor Schreck die Kinnlade herunterklappte, und sie spürte ihre eigene unterdrückte Wut. Trotzdem war sie zu höflich, etwas zu erwidern. Doch das erschrockene Kommissionsmitglied schickte eine wütende E-Mail an die Vorsitzende, die daraufhin bei Kindergesicht anrief, um sich mit tränenerstickter Stimme zu entschuldigen. »Sie setzte die Tränen ein, weil sie dachte, dass das bei mir zieht«, erklärte das Kindergesicht. »Und ich hätte es ihr sogar fast abgenommen, wenn sich irgendetwas an ihrem Verhalten geändert hätte.« Doch beim nächsten Meeting war die Vorsitzende so herablassend wie eh und je.

Der Obermotz eines Unternehmens wird bei Meetings regelmäßig laut und bedient sich eines Vokabulars, das Manager für gewöhnlich nicht verwenden sollten. Trotzdem ist die Stimmung in den Meetings von einer derben Fröhlichkeit, Kollegialität und Herzlichkeit, so beschreibt es zumindest eine Managerin der mittleren Führungsebene, die für diesen gütigen Tyrannen arbeitet. Alle stecken ein und teilen aus. Besagte Managerin gibt zu, dass es sie manchmal ärgert, wenn sie vor ihren Mitarbeitern bloßgestellt wird. »Und weil ich weiß, dass er ein Jahr in Frankreich verbracht hat, sage ich dann zu ihm: ›*Je t'encule.*‹« Frei übersetzt heißt das so viel wie »Schieb's dir doch hinten rein«, obwohl es auf Französisch vielleicht noch eine Spur persönlicher klingt. »Dann lachen wir beide, und es ist wieder gut.«

Ein Personaler hätte möglicherweise seine Schwierigkeiten damit, diese Kritik konstruktiv umzuformulieren. Wir sind weit jenseits des NBW, und vermutlich nicht einmal mehr auf dem Parkplatz. Trotzdem hat die Bemerkung konstruktive Auswirkungen auf die Cortisolspiegel aller Beteiligten am Tisch. Und das Team scheint auf seine chaotisch-fröhliche Weise besser zusammenzuarbeiten als die überhöfliche Regierungskommission. Der Unterschied ist, dass sie sich mögen und eine echte Beziehung zueinander haben, und wenn sie sich in die Haare bekommen, dann raufen sie sich nachher auch wieder zusammen. Das mag komisch klingen, doch wir Menschen sind genau solche Wichtigtuer wie die Schimpansen, und eine ehrlich gemeinte Beleidigung bringt uns einander manchmal näher als Tränen und geheuchelte Gefühle.

Aus Schwäche oder Unsicherheit vermeiden viele Manager Konflikte. Viele befürchten, wenn sie eine echte Debatte zulassen, könnte die Situation außer Kontrolle geraten. Offene Worte können, wie jede andere Form der Aggression, zu Feindschaften führen, wie an jenem Tag, an dem Andy Grove in Rage geriet und Casey Powell vor versammelter Mannschaft zur Schnecke machte. Auch wenn wir noch so sehr versuchen, uns auf Ziele und Sachfragen zu konzentrieren und nicht persönlich zu werden – wir sind nun mal gefühlsgesteuerte Tiere, und jede Diskussion hat immer auch eine persönliche Dimension. Verlierer spüren, wie ihnen das Cortisol in den Augäpfeln brodelt. Und Geschrei und Aufruhr kochen leicht in die Flure über und überfluten das gesamte Unternehmen.

Weichen Sie Konflikten nicht aus. Konfrontationen oder schwierigen Entscheidungen aus dem Weg zu gehen, ist nichts anderes als der gelebte Pessimismus. Die Herausforderung besteht darin, Konflikte direkt anzugehen, ohne dass emotional allzu viele Federn fliegen.

Intel verdankt seinen Erfolg zum Teil der Tatsache, dass alle Meinungsverschiedenheiten ausführlich und unmissverständlich besprochen wurden. Das Unternehmen legte nie Wert darauf, interne Konflikte herunterzuspielen, auch wenn es natürlich erwartete, dass am Ende alle hinter einer bestimmten Marschrichtung standen. Das Motto der Unternehmenskultur war: »Ich bin anderer Meinung, aber ich bekenne mich.«

Dies ist mehr oder weniger das, was sich Schimpansen in einer Truppe an jedem Tag ihres lärmenden Lebens sagen.

Konflikt ist ganz normal

Vor einiger Zeit beobachtete de Waal seine Studienobjekte von einem gelben, eckigen Turm neben einem Freiluftgehege im Primatenzentrum an der Emory University in Atlanta, wo de Waal heute Psychologie lehrt. Das Gehege ist halb so groß wie ein Handballfeld, hat einen Boden aus Gras und Erde und ist umgeben von Stahlwänden und Maschendraht. Die Schimpansen lungerten auf Plastiktonnen, Röhren und alten Reifen herum. Trennwände teilten den Raum in verschiedene Bereiche ein, um den Schimpansen eine Möglichkeit zu geben, sich gegenseitig aus dem Weg zu gehen, ein bisschen wie die Schreibtischboxen in einem Großraumbüro. (Die Zwischenwände, so de Waal, »lassen die Untergebenen außerdem kopulieren, ohne dass das Alphamännchen etwas davon mitbekommt«.)

Es war ein warmer, träger Nachmittag. Unten ging ein Schimpanse an einem anderen vorbei und versetzte ihm ganz beiläufig einen Schlag, der einen Rugby-Spieler ins Krankenhaus befördert hätte. Ein anderer Affe saß gemütlich auf einem Untergebenen. Wieder andere bewarfen einander mit Dreck, griffen an, blufften und verscheuchten sich gegenseitig von ihren lauschigen Plätzchen. Einer der Schimpansen stieß ein lautes, wütendes »Waaaa!« aus, die anderen stimmten nach und nach ein, und das Gekreisch wurde immer lauter und lauter. Dann erstarb es wieder in der Trägheit des Nachmittags, und die Affen gingen zum gegenseitigen Lausen über. Es war wie eine Vorstandssitzung am Ende eines miserablen Quartals.

De Waal, an den Schläfen schon leicht angegraut, trug eine runde, rahmenlose Brille und ein T-Shirt mit der Aufschrift »Rettet den Kongo«. Er lächelte hinunter auf das scheinbar anarchische Treiben im Affengehege. »Ich bin in einer Familie mit sechs Jungs aufgewachsen, Aggression und Streit haben mich nie besonders erschreckt«, erklärte er. »Das ist vielleicht der Unterschied zu Leuten, die Aggression immer als gemein und schlecht darstellen. Ich zucke nur die Schultern und sage: ›Eine kleine Prügelei, nichts weiter. Solange sie sich nicht gegenseitig umbringen ...‹«

De Waal stellte fest, dass aggressives Verhalten nur etwa 5 Prozent eines Schimpansentages ausmacht. Er versucht aber auch nicht, die Bedeutung von aggressivem Verhalten beim Kampf um Plätze in der Hierarchie herunterzuspielen. Im Gegenteil. Wenn andere Biologen und Soziologen Aggression als asozial, schädlich und Ausdruck individueller Psychopathologie beschreiben, nennt de Waal sie einen »gut integrierten

Bestandteil des Soziallebens ... Sie kommt in den besten Beziehungen vor.«

Den Kampf, den ein Jungtier beim Abstillen um die Muttermilch führt, beschreibt er als »die erste Verhandlung im Sozialleben eines jungen Säugetieres«. Der Säugling, der nicht an die nährende Brust herankommt, kann das Gesicht verziehen, wimmern oder schreien, was letztlich nichts anderes ist als eine Form der Aggression. Die Mutter kann ihn von der Brust wegstoßen oder seine Forderungen immer wieder ärgerlich zurückweisen. So wie in jeder Beziehung, die wir im Rest unseres Lebens eingehen werden, ist ein Interessenkonflikt entstanden, und Aggression ist nichts weiter als eines der Werkzeuge, um diesen Konflikt zu lösen.

Doch Mutter und Kind haben weit mehr gemeinsame Interessen als trennende Konflikte. Also versöhnen sie sich wieder. Eine Schimpansenmutter erlaubt ihrem Kleinen zum Beispiel, an ihrer Lippe oder ihrem Ohrläppchen zu saugen, genau wie eine Menschenmutter ihrem Kind in der Entwöhnungsphase einen Schnuller in den Mund steckt. Sie gurren und kitzeln einander, sie umarmen sich, und durch dieses »Hin und Her zwischen positiven und negativen Interaktionen« kommen sie zu einer Übereinkunft über die Regeln, die in ihrer Beziehung gelten. De Waal bezeichnet dies als das »Beziehungsmodell« oder »Konfliktlösungsmodell« des Sozialverhaltens. Die Bedeutung für den Arbeitsplatz liegt auf der Hand: Wir streiten, aber wir finden einen gemeinsamen Weg. Wir sind anderer Meinung, doch wir bekennen uns.

De Waals Forschung zeigt, dass wir im Laufe der Evolution gelernt haben, Aggression als normales »Wettbewerbs- und Verhandlungsinstrument« zu gebrauchen. Wichtiger allerdings sei, erklärt er uns, wie wir Aggression klug einsetzen und am nächsten Tag immer noch zusammenarbeiten können. Wesentlich ist nicht, ob Schimpansen miteinander kämpfen, sondern entscheidend ist »der Wert, der einer Beziehung beigemessen, und die Art und Weise, in der ein Konflikt beigelegt wird«. Das heißt, wie sie einander vor und nach der Prügelei behandeln.

Und unter Affen und Managern wird es mal mehr und mal weniger kompliziert, je nachdem wer das Sagen hat.

Wenn die Nickligkeiten unter den Kollegen unerträglich werden, trösten Sie sich mit dem Gedanken, dass es Ihnen wenigstens besser geht als dem Tigerhai, der noch in der Gebärmutter Kannibalismus unter seinen Geschwistern betreibt. Der erste kleine Hai, der in Mamas Uterus schlüpft, futtert die anderen Eier und frischgeschlüpften Fischchen – seine Brüder und Schwestern. Das verschafft dem Kleinen eine gesunde Ernährung und dünnt die Konkurrenz um die mütterlichen Ressourcen aus.

Wenn sich Ihre Kollegen nicht wenigstens ein bisschen kooperativer zeigen, dann betrachten Sie's als Hinweis: Suchen Sie sich eine neue Heimat und wechseln Sie den Job ■

Der Krieg der Krapfen: Wie Hierarchie funktioniert

Hunde schauen zu Ihnen auf. Katzen schauen auf Sie herab. Ich liebe Schweine. Die schauen Sie nur an und erkennen ihresgleichen.

Winston Churchill

In einem kleinen Ort an der Küste Neuenglands öffnet jeden Sommer eine Saisonbäckerei namens Beach Donut Shop seine Türen, um frittierte Teigwaren für die Sommergäste und Ferienjobs für die Schüler im Ort anzubieten. Ein Lädchen wie dieses eröffnet dem angehenden Jungmanager kaum Möglichkeiten, seine Träume von der Weltherrschaft zu verwirklichen. Also streitet man sich stattdessen mit seinen Kollegen darüber, wie Himbeermarmelade in einen Krapfen zu pumpen ist oder wie man das zuckerbestreute Fettgebäck auf ein Tablett stapelt. Es ist wie ein Vorbereitungskurs für die Arbeitswelt, die vor ihnen liegt.

»Jeff und Dylan lassen keine Gelegenheit aus, sich darüber zu streiten, wer der Bessere ist«, berichtet ein dritter Ferienbäcker. »Neulich bin ich ins Hinterzimmer gekommen und habe gesehen, wie sie beide auf ein Tablett mit Zimtschnecken gestarrt haben. Ich hab gleich gewusst, jetzt gibt's wieder Zoff. Unsere Zimtschnecken sind ziemlich groß und dick mit Vanilleguss bestrichen. Aber auf dem Tablett war die eine Hälfte der Schnecken komplett mit einer hauchdünnen Schicht Zuckerguss bestrichen und die andere hatte einen dicken Klecks oben in der Mitte. Jeff stand neben denen mit der dünnen Schicht, Dylan neben denen mit dem dicken Klecks, wie zwei Boxer jeder in seiner Ecke.«

»Was hast du dir bloß *dabei* gedacht?«, fragte Jeff und zeigte auf Dylans Schnecken.

»So sieht es aus, wenn man eine Zimtschnecke glasiert, mein Freund«, antwortete Dylan.

»So was hab ich ja noch nie gesehen, und ich bin schon 'ne Weile länger hier als du.«

»Sieht so aus, als hättest du in der Zeit nicht allzu viel gelernt«, erwiderte Dylan.

»Dieser Dinger sehen aus wie totale ...«

»Den Kunden ist es völlig egal, wie die Dinger aussehen. Die wollen nur einen Haufen Guss und fertig.«

»So ein Quatsch. Es ist ihnen überhaupt nicht egal! Vorhin hast du erst getönt, wie toll deine Himbeerkrapfen aussehen und wie die Kunden darauf abfahren.«

Es folgte ein Moment peinlicher Stille. Dann tat Dylan einen Schritt zurück, machte eine melodramatische Verbeugung und sagte: »Du hast ja so Recht, mein Freund. Aber ich habe Wichtigeres zu tun, als mich hier mit dir herumzustreiten. Ich habe Bestellungen zu erledigen.«

Der Zeuge dieser Szene kommentiert: »Jeff grinste von einem Ohr zum anderen. In seinen Augen zeigten die Zimtschnecken, dass er der Bessere ist. Aber mir war klar, dass die Streiterei weitergeht. Mir macht es Spaß zuzuschauen, denn ich weiß ja, dass ich die besten Krapfen mache.«

Jungs, ich bitte euch! So sollte das Leben im Kräppelladen nun wirklich nicht aussehen (schon gar nicht, weil trotz aller Balgereien der Jungs eines der Mädchen den Laden führte). Aber leider wissen wir alle, dass es eben doch so aussieht, und wir können schon ahnen, dass diese drei in zehn oder zwanzig Jahren auf den Fluren eines weltweit operierenden Unternehmens erschreckend ähnliche Kämpfchen ausfechten werden, wenngleich vermutlich mit etwas mehr Übung und Geschick.

Macht die Maschinengewehre klar

Nach der Fusion, die 1998 zur Bildung der Citigroup führte, wurde eine Machtteilung verabredet. Ein leitender Manager namens Jamie Dimon bemerkte seinerzeit: »Macht schon mal die Maschinengewehre klar. Jeder der Vorstandschefs wird alles tun, um zu gewinnen, und Cliquen werden versuchen, sich gegenseitig abzusägen und die Karrieren der anderen zu zerstören.«

Dimon hatte völlig Recht. Der Vorstandsvorsitzende Sandy Weill von der Travellers Insurance Company und John Reed von Citicorp gerieten sofort aneinander, und Weill brauchte weniger als zwei Jahre, um Reed zu vertreiben. Dimon, einer von Weills Schützlingen, machte unterdessen jedoch den unverzeihlichen Fehler, Weills Tochter Jessica Bibliowicz nicht zu fördern, die in der Börsenabteilung von Citicorp eine leitende Funktion innehatte. Doch damit nicht genug, er beging darüber hinaus den Fauxpas, sie in Gegenwart von Kollegen zu kritisieren. Dimon war Banker, kein Psychologe. Trotzdem war es bemerkenswert naiv von ihm zu glauben, bei der Tochter des Chefs käme es auf die Leistung an, und nicht auf die Familienbande.

Bibliowicz verließ das Unternehmen schon bald. Kurz darauf wurde Dimon in einen Machtkampf mit einem Rivalen von Citicorp verstrickt. Weill, der die Schmach seiner Tochter noch nicht verwunden hatte, ergriff Partei für Dimons Gegenspieler und brachte Dimon in Verruf, was dessen Karriere fast beendet hätte. Dimon musste das Feld räumen und wurde Direktor von Bank One in Chicago.

Bei Rangeleien wie diesen geht es in den allerseltensten Fällen darum, ein Produkt zu verbessern (und zum Beispiel die perfekte Zimtschnecke herzustellen) oder die Unternehmensstruktur zu optimieren. Das ist nur die Nebelkerze, unter deren Schutz wir um die Dinge kämpfen, die uns wirklich am Primatenherzen liegen. Es liegt in unserer Natur, mit anderen Menschen zusammenarbeiten zu wollen und uns zugehörig zu fühlen. Aber genauso sehnen wir uns nach Rangabzeichen, Herrschaft, sozialem Status und Macht über unsere Kollegen. So lächerlich es klingen mag, eines der zentralen Streitgespräche, das wir von Geburt bis zum Tod immer wieder führen, lautet: »Ich bin der Boss!« – »Nein, bist du nicht!« Das ist uns ein dauerndes Anliegen, selbst wenn wir tausendmal wissen, dass der andere Recht hat. Und wenn es gar nicht anders geht, greifen wir zum allerletzten Ausweg des geschmähten Gerechten und ziehen uns schmollend zurück: »Du hast ja so Recht, Mann. Deine Krapfen sind die besten.«

Es wird ein noch viel wichtigeres Anliegen, wenn einer der Gegenspieler das Feld nicht freiwillig räumt. Bleiben wir bei Jamie Dimon, der sich bei Bank One als dynamischer Chef entpuppte. In einem Porträt des Magazins *Fortune* wird beschrieben, wie er bei einer Pep Rallye des

Unternehmens zum Lied »Born to Be Wild« von Steppenwolf auf die Bühne sprang. Dort rief er: »Was halte ich von unserer Konkurrenz? Ich hasse sie! Ich will sie bluten sehen!« Im Jahr 2004 fusionierte Bank One mit J. P. Morgan zu einer Gruppe, die es mit der Citigroup als der führenden Bank des Landes aufnehmen konnte. Der Deal führte Dimon als designierten Vorstandsvorsitzenden zurück nach New York City. Dort machte er unverzüglich klar, wen er wirklich bluten sehen wollte: Sandy Weill und Citigroup. In einem Interview mit der *New York Times* sagte er mit einem Raubtierlachen: »Wenn er das nicht versteht, dann wird er es verstehen lernen.«

Der Managementberater W. Edwards Deming verdient gutes Geld damit, in seinen Büchern und Vorträgen ein Klagelied über die endlosen Keilereien und Konkurrenzkämpfe innerhalb von Unternehmen anzustimmen. Deming, ein theatralischer Redner mit einer dröhnenden Stimme, hatte eine Zeit lang eine Lieblingsgeschichte, die er bei jeder Gelegenheit erzählte. Ein fünfjähriges Mädchen geht zu einer Halloween-Party. Sie hatte jede Menge Spaß auf der Feier, bis (dunkler Trommelwirbel) »ein Preis für das schönste Kostüm verliehen werden soll«. Im Flüsterton erzählte Deming weiter, wie das kleine Mädchen, und all die anderen, die leer ausgingen, in Tränen aufgelöst nach Hause kamen. Deming beendete seine Geschichte jedes Mal mit dem heiseren, leidenden Ausruf: »Warum muss eigentlich immer irgendjemand gewinnen?«

Offenbar ist nie jemand aus dem Publikum aufgestanden, um Deming die Antwort zu geben: weil wir Primaten sind.

Fahrstuhl zur C-Ebene

Samuel Johnson, dieser große gelehrte Affe in der Londoner Literatenszene des 18. Jahrhunderts, unterschätzte das menschliche Bedürfnis nach hierarchischen Ordnungen, als er sagte: »Zwei Männer können keine halbe Stunde zusammen sein, ohne dass einer der beiden dem anderen gegenüber eine sichtbare Überlegenheit erlangt.« Es dauert keine halbe Stunde. In einer Studie der Stanford University im US-Bundesstaat Kalifornien sollten Gruppen von männlichen Erstsemesterstudenten ein

Problem lösen; sie brauchten weniger als 15 Minuten, um erkennbare Hierarchien zu bilden. Ab einem Alter von fünf Jahren bilden Kinder spontan gesellschaftliche Rangordnungen, ob mit oder ohne Preisverleihung für das schönste Kostüm. Auch wenn die Kriterien mehr als vage sind, wer nun der oder die Stärkste, Coolste oder Beliebteste ist, stimmen sie darin überein, wer wo steht. Diese Hierarchien bleiben über die Jahre bemerkenswert stabil.

Später, am Arbeitsplatz, rangeln wir weiter um bessere Positionen. Der Mensch lebt nicht von Brot allein, sondern auch vom Status. Schon der Anschein einer besseren Stellung befriedigt ein Bedürfnis, das mit Geld nicht zu kaufen ist. In einer britischen Studie gaben 70 Prozent der befragten Büroangestellten an, sie würden auf eine Lohnerhöhung verzichten, wenn ihre Stellenbeschreibung ansprechender klingen würde – wenn sie beispielsweise »Datenfachbearbeiter« statt »Büroangestellte« wären, oder »Gastronomiefachfrau« statt »Kantinenhilfe«. Während der Dotcom-Euphorie der neunziger Jahre bestanden viele Start-ups aus einem Vorstandsvorsitzenden, einem halben Dutzend Vizepräsidenten und einem »Direktor für erste Eindrücke«, alias »die Empfangsdame«. Eine US-Supermarktkette nutzte diesen eingebauten Statushunger und stellte »Manager in Ausbildung« ein, um ihre Verkäufer dazu zu bringen, freiwillig unbezahlte Überstunden an der Kasse zu schieben.

Sind diese Leute denn krank im Hirn? Wenn ja, dann war und ist es eine Epidemie. Vielleicht sind Sie ja überzeugt, Sie stünden über dieser Art Statushunger. Das dachte ich auch, als ich als junger Zeitungsreporter in dem Städtchen Elizabeth in New Jersey arbeitete und dort meinen Zynismus pflegte. Doch ich nannte mich seinerzeit Büroleiter von Union County, auch wenn dieses Büro nur einen einzigen Mitarbeiter hatte, nämlich mich, und ich im Monat schlappe 1 000 US-Dollar verdiente. Man sollte annehmen, dass diese zweifelhaften Statussymbole immer mehr an Bedeutung verlieren, je älter wir werden und je weiter wir auf der Karriereleiter nach oben klettern. Doch unser Appetit scheint im Gegenteil eher noch größer zu werden.

An der Spitze der meisten US-Firmen, die unter Beratern in den USA nur C-Ebene genannt wird, will jeder Chef sein, obwohl man den Machthunger diskret mit Abkürzungen bemäntelt. Das Topmanagement besteht häufig aus einem CMO (Chief Marketing Officer oder Leiter der Marketingabteilung), einem CFO (Chief Financial Officer oder kaufmännischer Geschäftsführer), einem CIO (Chief Information Officer oder Leiter der EDV-Abteilung), einem COO (Chief Operating Officer, Leiter des operativen Geschäfts und Mann fürs Grobe) und dem CEO (dem Chief Executive Officer, Vorstandsvorsitzender und Halbgott). In Bankerkreisen erzählte man sich folgende Geschichte: Der Vorstandsvorsitzende der Deutschen Bank kommt in den Himmel (es ist offensichtlich ein Witz). Dort findet er die Finanzen in einem absoluten Chaos vor und entwirft sofort einen Plan für eine komplette Umstrukturierung und Sanierung. Das Ganze scheitert schließlich daran, dass Gott sich weigert, sich mit der Stelle des stellvertretenden Vorstandsvorsitzenden zufriedenzugeben.

Das ist nichts anderes als der Krapfenkrieg mit anderen Mitteln. Unser Hunger nach Rang und Status ist so ausgeprägt, dass wir für den Rest unseres Lebens ausgeklügelte Sandkastenhierarchien aufbauen, egal wohin wir kommen. Wir verbringen schlaflose Nächte über der Frage, wer das beste Büro, das größte Budget, den dicksten Dienstwagen und andere fein kalibrierte Auszeichnungen bekommt.

»In der Welt von Hollywood musst du so denken wie Hollywood«, verkündete unlängst einer der Filmbosse. Dann spulte er detailliert die Hierarchie herunter: »Zuerst der Großfilm eines großen Studios, dann der erfolgreiche Independentfilm, dann das Fernsehen, dann der gute Kunstfilm, dann der schlechte, dann schlechtes Fernsehen, dann B-Movies, und dann Promi-Boxen, ganz unten.« Diesen Kommentar machte er anlässlich der Verhaftung eines längst vergessenen Fernsehstars namens Robert Blake, der angeklagt wurde, seine Frau umgebracht zu haben. Der Filmboss kommentierte: »Leute wie der haben nicht mal den Status von Promi-Boxern. Warum sollte sich irgendjemand für den interessieren?«

Das erinnerte mich daran, wie ich mit einer Biologin in Botswana unterwegs war und sie mir die ganze Hierarchie des Wer-laust-Wen in der Pavianhorde erläuterte, die sie beobachtete. Schließlich zeigte sie auf eine traurige Gestalt ein wenig abseits. »Und dann ist da noch Bob«, sagte sie. »Keiner laust Bob.«

Unter Menschen und anderen Herdentieren ist Hierarchie allgegenwärtig. Das Bedürfnis danach wird uns schon in die Wiege gelegt. Jedes Neugeborene beginnt sein Leben in der Rangordnung der Familie, es fühlt sich wohl unter der Autorität der Eltern, die es ernähren, umsorgen und vor den Schrecknissen der feindseligen Umwelt behüten. Während wir heranwachsen, verlagert sich unsere Schutzsuche auf andere Erwachsene, die uns groß und stark vorkommen, und schließlich auf Menschen unserer eigenen Altersgruppe. (Die Anziehung des Großen und Starken bleibt jedoch erhalten: Eine Studie fand heraus, dass die Hälfte aller Vorstandsvorsitzenden von Fortune-500-Unternehmen mehr als 1,83 Meter misst.)

Wenn wir Glück haben, nimmt uns zu Beginn unseres Berufslebens ein Mentor unter seine Fittiche und päppelt uns in der Rangordnung des Unternehmens heran. Wir lernen, mit anderen auf unserer Hierarchiestufe zu konkurrieren, so wie früher mit unseren Geschwistern, und vielleicht erlangen wir eines Tages auch die Vorherrschaft über sie. Für Herdentiere, wie wir es sind, mag es manchmal schlimm erscheinen, von einer Hierarchie erdrückt zu werden oder im großen Haufen ganz unten festzustecken. Doch wirklich schlimm, so schlimm, dass wir Jahre lang selbst die vernichtendste Rangordnung erdulden, ist es, wenn wir plötzlich aus unserem vertrauten sozialen Netzwerk verstoßen werden. Das Telefon klingelt nicht mehr. Auf dem Flur sieht uns niemand mehr an. Es dämmert uns, dass wir allein sind.

Machiavellistische Affen

Unseren Drang zur Hierarchiebildung haben wir nicht durch Trial-and-Error gelernt. Wir sind nicht durch sorgfältiges Abwägen verschiedener Möglichkeiten darauf gekommen. Im Gegenteil, wenn wir nachdenken, finden wir tausend Gründe, ihr zu entfliehen: »Soll ich wirklich mein Wochenende opfern, nur damit mein Chef mir gewogen bleibt? Soll ich wirklich bis spät in die Nacht im Büro herumsitzen in der Hoffnung, dass ich nächstes Jahr dafür befördert werde?« Und wir sind bestimmt auch nicht auf hierarchische Strukturen gekommen, weil uns ein brillanter Stratege erklärt hat, dass hier der Schlüssel allen profitablen Wirtschaftens liegt.

Hierarchie ist uns in die Gene gelegt. Affen legen allergrößten Wert auf Einhaltung der hierarchischen Ordnung, und unsere Besessenheit von Rangfolgen und Stufenleitern hat dieselben Wurzeln. Dies war eine der überraschendsten Erkenntnisse, als ich in Botswana inmitten einer Pavianhorde lebte und einige fast mit Vornamen anreden durfte. Die Paviane dieser Gruppe beschäftigten sich den lieben langen Tag mit der Frage, wer wo auf dem Maulbeerbaum saß und wer als Zweiter an die Palmnüsse durfte. Sie wussten sehr genau, an welcher Stelle der Hierarchie jeder der anderen Affen stand. Sie kannten sich als Individuen, als Familienmitglieder und als Mitglieder von sozialen Netzwerken, denen sie durch freundschaftliche Bande oder politische Bündnisse angehörten. Wenn beispielsweise jemand ein junges Männchen angriff, dann achteten die anderen nicht nur auf den Streit selbst, sie behielten auch den älteren Bruder des Opfers im Auge, um zu sehen, ob er zum Schutz des Kleinen herbeilaufen würde. Für Biologen ist diese »soziale Intelligenz« eine der zentralen Eigenschaften aller in gesellschaftlichen Verbänden organisierten Primaten, so wie wir es sind.

Biologen verwenden auch gern den Begriff »machiavellistische Intelligenz«. Die Paviane, die ich beobachtete, wetteiferten ständig mit anderen Tieren auf ihrer Hierarchiestufe. Wenn das Alphamännchen beispielsweise ein Betamännchen aus einer beliebten Palme vertrieb, dann stellte dieses seinen verletzten Stolz wieder her, indem es das Männchen unmittelbar unter ihm mit einem kurzen, scharfen Blick vertrieb. Dieses brauchte wiederum nicht lange, um die Schmähung weiterzugeben. Auf dem Boden lagen genügend Nüsse herum, um den ganzen Clan bis weit ins nächste Quartal durchzufüttern. Doch jeder der Paviane schien ganz besonderen Appetit auf genau die Nuss zu verspüren, die der Nachbar gerade aufgelesen hatte. Neben dem Lausen und anderen liebenswürdigen Formen der Interaktion nahm der Streit »Ich bin der Boss!« – »Nein, bist du nicht!« viel Zeit in Anspruch. Und warum auch nicht? Unter Pavianen wie unter Menschen bekommen die Alphamännchen in der Regel alles, was sie an Futter, Unterkunft und Sex haben wollen.

Die Statuskämpfe werden umso heftiger, je mehr wir uns auf dem evolutionären Stammbaum der Primaten dem Menschen nähern. Der Biologe Richard Wrangham, der Schimpansen in Uganda und Tansania studierte, schreibt: »Ein ausgewachsenes Schimpansenmännchen beschäftigt sich fast ausschließlich mit der Frage der Rangordnung. Verschlagen und hartnäckig verwendet er den größten Teil seiner Zeit und Energie auf den Versuch, den Alphastatus erst zu erlangen, dann zu erhalten. Das hat Auswirkungen darauf, mit wem er unterwegs ist, wen er laust, wohin er blickt, wie oft er sich kratzt, wohin er geht und zu welcher Zeit er morgens aufsteht. (Nervöse Alphamännchen stehen früh auf und wecken die anderen häufig mit übereifrigen Zurschaustellungen ihrer Aggression). In all diesen Verhaltensweisen geht es nicht darum, Gewalt um ihrer selbst willen auszuüben. Ihr Ursprung sind vielmehr Gefühle, die wir als ›Stolz‹ oder negativer als ›Arroganz‹ beschreiben, wenn wir sie bei anderen beobachten.«

Lesen Sie den letzten Absatz noch einmal und ersetzen Sie »ausgewachsenes Schimpansenmännchen« durch »ehrgeiziger Manager« und »nervöse Alphamännchen« durch »nervöse Führungskräfte«. Dann könnte diese Beschreibung nahezu unverändert in fast jedem Managerporträt im *Wall Street Journal* oder in der *Financial Times* stehen.

Managementberater verweisen selten auf die bemerkenswerten und lehrreichen Parallelen im Hierarchieverhalten zwischen Menschen und Affen; vermutlich um die Manager, die sie schließlich bezahlen, nicht zu verprellen. Aber auch wenn man die Affen außen vor lässt, sind die Themen Herrschaft und Macht weitgehend tabu. Wenn Sie daran zweifeln, dann machen Sie doch einmal die Probe aufs Exempel und teilen Sie Ihren Kollegen mit, wie gern Sie sie führen würden. Ich bin mir sicher, die meisten verstehen das als »unter die Knute nehmen«.

In Unternehmenszusammenhängen wird das Thema Machtverhalten gern übersehen, denn Wissenschaftler beschäftigen sich erst seit verhältnismäßig kurzer Zeit mit dieser Frage. Begriffe wie »Hackordnung« oder »Alphamännchen« sind kaum ein Jahrhundert alt, und »Alphaweibchen« ist bedeutend jüngeren Jahrgangs. Dass es so etwas geben könnte wie einen »Herrschaftsinstinkt«, wurde erst in den dreißiger Jahren von einem jungen Primatologen namens Abraham Maslow in die Diskussion eingebracht, der Affen und Schimpansen in Gefangenschaft untersuchte. Sollte der Name Maslow vertraut klingen, dann deshalb, weil er als einer der großen Managementtheoretiker des 20. Jahrhunderts in die Geschichte einging und bekannte Bücher und Aufsätze zum Thema

Motivation veröffentlichte. Die Maslowsche Bedürfnispyramide, die erklärt, was Menschen am Arbeitsplatz motiviert, ist unter Führungskräften zum Gemeinplatz geworden.

Maslow prägte auch das Wort »Selbstwertgefühl«, um zu erläutern, wie man mit Macht umgehen kann, ohne Menschen unnötig an die Knute zu erinnern. »Meine ganze Arbeit fußt auf meiner Forschung über Primaten«, schrieb er einmal. Doch bezeichnenderweise erwähnt er diese Affenstudien, aus denen er seine Theorien über menschliche Hierarchien ableitete, in seinen Managementaufsätzen mit keinem Wort, was vermutlich eine kluge Entscheidung war.

Können wir tatsächlich etwas über unser eigenes Machtverhalten lernen, wenn wir uns Tiere ansehen? Wie immer hängt alles davon ab, wie wir schauen. Früher arbeiteten Forscher oft mit Tieren in Gefangenschaft, die nicht in sozialen Verbänden lebten, sondern in Einzelkäfigen untergebracht waren. Das führte dazu, dass Tiere oft als Individualisten gesehen wurden, was die alte Theorie zu bestätigen schien, wonach Macht etwas war, das von oben nach unten wirkte und auf Befehlen und Kontrollieren beschränkt war. In der freien Wildbahn studierten Biologen meist Paviane, vor allem weil diese die meiste Zeit am Boden und nicht versteckt in den Baumwipfeln zubringen und so leichter zu beobachten sind. Doch Paviane sind im Vergleich zu Schimpansen ungefähr so roh und brutal wie die Schimpansen im Vergleich zu uns Menschen. Auch diese Forschung bestätigte wenn überhaupt nur das autokratische Bild der Herrschaft.

Da wilde Schimpansen die meiste Zeit in Baumwipfeln hocken, wussten Biologen bis 1968 nicht einmal, dass sie in festen Gemeinschaften zusammenleben, oder dass diese Gruppen ein komplexes Sozialleben haben, geschweige denn, dass wir aus diesem Sozialleben etwas Nützliches über uns selbst lernen könnten. Toshisada Nishida, ein japanischer Primatologe, der in den Mahale Mountains in Tansania forschte, war der Erste, der das Gemeinschaftsleben wilder Schimpansen erforschte und beschrieb.

Nishida, Jane Goodall, Richard Wrangham und andere Feldforscher erkannten bald einzelne Schimpansen an ihrem Äußeren, sie lernten ihre Familiengeschichten kennen und puzzelten nach und nach den seifenoperartigen Kampf um Macht und Vorherrschaft unter frei lebenden Schimpansen zusammen. Mit Frans de Waals Beobachtungen an Schimpansen in Gefangenschaft haben diese Erkenntnisse die Machtdiskussion weg vom Individuum hin zu den gesellschaftlichen Zusammenhängen geführt, in denen Beziehungen, Gegenseitigkeit und Kontinuität eine Rolle spielen.

Hierarchie funktioniert

Ob wir uns Paviane, Schimpansen oder Menschen in einer Unternehmenshierarchie ansehen, immer wieder taucht die Frage von Edward Demings auf: Warum muss eigentlich dauernd jemand gewinnen? Und warum schauen immer alle darauf, wer gewinnt? Die gängige darwinistische Erklärung lautet, dass Status wichtig ist, weil er früher oder später zu Geschlechtsverkehr führt. Doch diese Erklärung befriedigt nicht ganz, wenn wir es mit hochmotivierten Managern zu tun haben, die 100-Stunden-Wochen auf sich nehmen. Hier scheint der Hunger nach Status bisweilen so gewaltig, dass der Hunger nach Sex auf der Strecke bleibt.

Warum also ist das Streben nach Status, Herrschaft und sozialer Rangordnung ein so bedeutender Faktor in unserem Leben? Die Antwort ist, dass der Krieg der Krapfen gar nicht so lächerlich ist, wie er scheint. Die Unterscheidungen, um die wir am Arbeitsplatz rangeln und intrigieren, sind alles andere als Kinderkram. Hierarchie funktioniert, und zwar auf einer ganzen Reihe von Ebenen.

Hierarchie nutzt selbst den Unterlingen. In der afrikanischen Savanne, in der unsere äffischen Vorfahren Jahrmillionen lang lebten, wurden Ausgestoßene oft zu bedauernswerten Opfern von Löwen oder benachbarten Stämmen. Daher hat es selbst jemand wie Bob, der vergessen am Rand der Herde herumschleicht, am unteren Ende der Hierarchie immer noch besser, als wenn er auf sich allein gestellt wäre. Die anderen Mitglieder der Gruppe sind zusätzliche Augen, um einen Fressfeind zu sichten und zusätzliche Rücken, hinter denen sich Bob verstecken kann.

Individuen, die sich an die Regeln der Gemeinschaft hielten – die den

Höherrangigen den nötigen Respekt zukommen ließen und innerhalb der Gemeinschaft nützliche Bündnisse eingingen – fuhren für gewöhnlich sehr gut damit. Wenn sie ein besonderes Talent hatten, sich nach oben zu arbeiten (oder geschickt andere mit diesem Talent ausbeuteten), dann bekamen sie die Gelegenheit, ihre sozialverträglicheren Gene an nachfolgende Generationen weiterzugeben. So sorgten die darwinistischen Kräfte der natürlichen und sexuellen Auslese dafür, dass uns eine Vorliebe für Hierarchien in die Gene eingeschrieben wurde.

Auch Untergebenen ging es innerhalb einer Hierarchie besser, denn das Alphamännchen übernahm für gewöhnlich die Führung bei der Verteidigung des Territoriums und im Kampf um Ressourcen. Das hat sich auch in modernen Hierarchien nicht verändert, obwohl wir das meist erst dann bemerken, wenn der Alpha seine Aufgaben vernachlässigt. In einem Buchverlag beispielsweise war ein Abteilungsleiter bei seinen Mitarbeitern enorm beliebt, weil er das Leben am Arbeitsplatz angenehm gestaltete und nie ein lautes Wort sprach. Leider hatte er die Angewohnheit, jedem Konflikt aus dem Weg zu gehen, denn er hasste Büropolitik. Deshalb ernannte er auch keinen Wadenbeißer, der die Drecksarbeit für ihn übernommen hätte und für die Interessen der Abteilung eingetreten wäre. Dann zog der Verlag um. Andere Abteilungen, deren Führungskräfte ein geschärfteres Bewusstsein für Rang und Privilegien hatten, bekamen weniger Großraum- und mehr Einzelbüros. Sie hatten richtige Türen! Die Abteilung unseres friedfertigen Managers musste sich dagegen mit schlecht beleuchteten Großraumbüros zufrieden geben. Als wäre das noch nicht genug, musste die demoralisierte Truppe obendrein ein Inventar ihres Mobiliars erstellen und die besten Stücke an andere Abteilungen abtreten, damit diese ihre neuen Einzelbüros einrichten konnten. Auch wenn uns der Gedanke nicht behagt: Manchmal ist es besser, unter einem schwierigen und fordernden Alphatier zu leben.

Hierarchie erhält den Hausfrieden. Zuweilen hat es den Anschein, als wären Rangordnungen die Ursache für endlose interne Hakeleien, wie etwa zwischen Sandy Weill und John Reed oder Jamie Dimon und Jessica Bibliowicz. Es kann passieren, dass eine Gruppe sich mehr mit der Regelung ihrer Hackordnung beschäftigt, als damit, Gewinne zu machen. Als Lou Gerstner Anfang der neunziger Jahre zu IBM kam, klagte er, es ginge zu wie im Kreml. Bei jeder Präsentation, ganz egal welchen Themas, wurde zuerst ein Organigramm aufgelegt, »das die interne Organisationsstruktur darlegte und aufzeigte, wo der Redner zu verorten war (meist ziemlich dicht am Vorstandsvorsitzenden)«.

Natürlich erregen Hahnenkämpfe unsere Aufmerksamkeit. Doch Studien bei Tieren legen die Vermutung nahe, dass es in einigermaßen stabilen Hierarchien *seltener* zu Streitereien kommt. Herausfinden zu müssen, wer der Boss ist, kann sehr schmerzhaft sein. In Schimpansengruppen, in denen die Rangfolge unklar ist, kommt es fünfmal so häufig zu Auseinandersetzungen wie in anderen, in denen die Hierarchie eindeutig geregelt ist. Das trifft auch auf Unternehmen nach einer Fusion zu. Doch ist die Rangordnung erst einmal geklärt, passiert es nur noch sehr selten, dass ehrgeizige Unterlinge offen aufmucken. Es ist schlichtweg zu riskant. Eine Gruppe mit einem starken Anführer versteht es außerdem besser, sich auf ein klar formuliertes Ziel hin aufzustellen. Wir mögen Hierarchien ablehnen, doch sie bieten Geborgenheit, Sicherheit und Ziele. Genau wie in einem Hühnerstall mit einer klaren Hackordnung die Hennen weniger kämpfen und mehr Eier legen.

Biologen verstehen soziale Rangordnungen immer weniger als ein Umfeld, in dem aggressive Verhaltensweisen belohnt werden, und immer mehr als eine Möglichkeit, Aggression zu kontrollieren und in gesellschaftlich akzeptable Bahnen zu lenken. Das klassische Fallbeispiel sind afrikanische Elefanten, die in den achtziger Jahren durch Elfenbeinjäger ihrer Eltern beraubt wurden. Diese verwaisten jungen Männchen wuchsen ohne die beruhigende (oder einschüchternde) Präsenz älterer Männchen auf und verwandelten sich in jugendliche Schläger. Ungewöhnlich früh und heftig durchlebten sie eine Phase namens Musth, in der Elefanten einen Testosteronschub durchmachen und aggressiv nach sexuellen Kontakten suchen. In einem Nationalpark in Südafrika liefen die hormonell beschleunigten Halbstarken Amok und töteten eine Reihe weißer Nashörner. In ihrer Not verfielen Biologen auf die Idee, ausgewachsene Elefantenbullen zu importieren. Nachdem sie deren körperliche und soziale Überlegenheit zu spüren bekommen hatten, verhielten sich die jugendlichen Raufbolde schlagartig zivilisierter. Die Gegenwart der Älteren sorgte dafür, dass der Testosteronpegel der Jungen sank und die Amokläufe ein Ende fanden. Der Vergleich zwischen diesen minderjährigen Rabauken und den zügellosen Mitzwanzigern in den Dotcoms der neunziger Jahre drängt sich regelrecht auf. Unternehmen benötigen häufig eine ältere, ruhigere Hand, um zu überleben.

Doch Hierarchie wirkt auch in der anderen Richtung beruhigend. Respekt und Status, die einem Alphatier von seinen Untergebenen entgegengebracht werden, tragen auch dazu bei, ihn zu zähmen. Selbst der erlauchteste aller Vorstandsvorsitzenden überlebt nicht allzu lang an der Spitze einer Hierarchie, wenn ihm die solide Machtbasis unter seiner Belegschaft fehlt. Kluge Chefs tun daher alles, um die Unterstützung ihrer Mitarbeiter zu gewinnen, und haben Vertraute, die ihnen sagen, wenn das nicht gelingt. Arrogante Chefs kommen eine Weile lang mit ihrem schlechten Benehmen durch. Doch den meisten ergeht es früher oder später wie Michael Eisner, dem ehemaligen Vorstandsvorsitzenden von Disney, der von fuchsigen Aktionären verjagt wurde, oder wie einem von de Waals Alphaschimpansen, der sich derartig danebenbenahm, dass er von einer Koalition verärgerter Untergebener einen Baum hinaufgejagt wurde, wo er dann »allein, panisch und kreischend« hockte.

Führungskräfte setzen Standards und dienen als Vorbilder. Zugegeben, manchmal dienen sie auch als schlechte Vorbilder. In *Pipe Dreams*, seinem Buch über den Enron-Skandal, rechnet Autor Robert Bryce vor, dass dieses grenzenlos verschwenderische Unternehmen jedes Wochenende rund 45 000 US-Dollar dafür ausgab, um Lou Pai, einen der Vorstände, mit dem Firmenjet von Houston in Texas zu dessen Ranch in Colorado zu fliegen. Pai war »auf dem Parkett ein Genie«, doch seine Abteilung verlor säckeweise Geld. Zudem verbrachte Pai die wertvolle Managerzeit, die er dank des Firmenjets einsparte, indem er im Büro Zeitung las oder in der Mittagspause in Striplokale ging, das Ganze natürlich auf Firmenkosten. Diese und ähnliche Mätzchen der Vorstände waren Vorbild für die Kultur der Kleptomanie bei Enron. Es kam nicht von ungefähr, dass die Angestellten nach dem Zusammenbruch der Firma die Bestände plünderten und die Beute auf ihren Aeron-Bürostühlen herauskarrten, als wären es Einkaufswagen.

Die Geschichten von nüchterneren Vorbildern lesen sich natürlich weniger spannend, doch sie sind häufig in Firmen anzutreffen, die überleben und ihren Aktionären regelmäßig ordentliche Dividenden ausschütten. Richard Kinder beispielsweise verließ Enron 1996 und zog sein eigenes Energieversorgungsunternehmen Kinder Morgan auf.

Die Firma gründete ihren Erfolg auf Sparsamkeit. »Wir wollen, dass jeder denkt: ›Wie würde ich dieses Geld ausgeben, wenn es mir gehören würde?‹«, verriet Kinder dem *Wall Street Journal*. Kinder selbst gehören 20 Prozent des Unternehmens, das heißt, es ist also tatsächlich zu einem guten Teil sein Geld.

Trotzdem: »Die meisten Vorstandschefs versuchen ihren Leuten diese Botschaft zu vermitteln. Aber wenn Sie draußen im Lande unterwegs sind und Ihre Mitarbeiter für Kosteneinsparungen begeistern wollen, dann lachen die sich doch tot, wenn sie sehen, wie Sie in die Limousine steigen, und sich zum Firmenjet fahren lassen. Aber wenn sie wissen, dass Sie in einem billigen Motel am Stadtrand übernachten, dann macht das Eindruck.« Kinder Morgan hat keinen Firmenjet, Kinder fliegt mit der Linienmaschine. Er bezieht ein Jahresgehalt von einem US-Dollar, besser gesagt 93 Cent nach Abzug der Steuern. Doch das Sparmodell hat ihn zum Milliardär gemacht, und viele seiner Angestellten, die ebenfalls Aktien halten, sind wie er auf dem Weg zum Reichtum.

Hierarchie motiviert. In den letzten Jahren ist die Behauptung *en vogue*, Hierarchie zerstöre die Motivation, besonders wenn Kleptokraten sich einen übergroßen Batzen der Belohnungen unter den Nagel reißen. Doch kein vernünftiger Aktionär käme je auf den Gedanken, dass die Lösung des Problems in der Abschaffung der Hierarchie liegt.

Vorausgesetzt, sie wird ordentlich durchgeführt, ist die ungleiche Verteilung von Macht und Privilegien einer der Gründe, warum Menschen jeden Morgen am Arbeitsplatz erscheinen. Kleine Statussymbole – der Firmenwagen, die neue Stellenbezeichnung, der Respekt der Mitarbeiter – spornen uns an, weiter nach oben zu klettern. »Privilegien sind nach wie vor ein starker, positiver Anreiz, insbesondere bei Juniormitgliedern in einem Team«, erklärt Robert A. Lutz, gebürtiger Schweizer und stellvertretender Vorstandsvorsitzender von General Motors. »Als ich am Anfang meiner Führungskarriere stand, wollte ich den reservierten Parkplatz und habe hart gearbeitet, um ihn mir zu verdienen.«

Jack Welch kündigte nach einem Jahr bei General Electric, nicht weil seine Gehaltserhöhung von 1 000 US-Dollar objektiv zu gering ausgefallen wäre, sondern weil zwei weitere Juniormanager, die zur selben Zeit in die Firma eingetreten waren, dieselbe Gehaltserhöhung bekommen hatten. Welch gab erst nach, als ein kluger Vorgesetzter einschritt und sein Gehalt um weitere 2 000 US-Dollar anhob. Es war die übliche Rangelei eines jungen Pavians, der auf die Nüsse seines Nachbarn schielt. Welch zählte auch die Deckenfliesen in seinem Büro, um ganz sicher zu sein, dass sein Büro mit seinem Aufstieg in der Firma immer größer wurde, und zwar schneller als die der Kollegen. Es ist leicht, Welch als Ehrgeizling abzutun. Doch letztlich schaffte er es auf diese Weise bis ganz an die Spitze, wo er eine ganz bewusst ungleiche Verteilung von Anreizen und Verantwortungen einführte, um sein Unternehmen zu außergewöhnlichen Leistungen anzuspornen.

Egalitäre Märchen

Welch behauptet gern von sich, er hasse Hierarchien. Aber das behauptet jeder, als ob wir in unserem tiefsten Innern alle wackere Verfechter der Gleichbehandlung und Meritokratie wären. Es gibt eine lange gelehrte Tradition, die Hierarchie als unnatürlich verteufelt und als eine neuzeitliche Unterdrückung der freigeistigen, geschwisterlichen Menschennatur beschreibt. Lange Zeit haben Anthropologen die traditionellen Stammesgesellschaften, denen wir die längste Zeit der Menschheitsgeschichte angehörten, als radikal egalitär beschrieben. Jäger, die mit dem Wildschwein nach Hause kamen, behielten nicht etwa die besten Stücke für sich selbst. Sie teilten brüderlich mit den übrigen Stammesangehörigen, und wenn nicht, dann nahm ihnen jemand das beste Stück von der Gabel. Wenn man dieser Theorie glaubt, dann wurden auch Führungspositionen immer wieder neu vergeben, je nachdem welches Stammesmitglied für einen bestimmten Job am besten geeignet war. Die besten Spurensucher zogen vor den Jägern her. Der oder die Weiseste übernahm die Durchführung der Rituale. Die Menschen genossen große Autonomie und nahmen es jedem Möchtegern-Boss krumm, der ihnen seine Herrschaft aufdrücken wollte.

In den Ohren eines Skeptikers klingt die Geschichte von den egalitären Stammesgesellschaften verdächtig nach dem Märchen vom edlen Wilden. Anthropologen, die diese Theorie vertreten, machen sich selten die Mühe zu erklären, wie es passieren konnte, dass wir erst Jahrmillionen lang in hierarchischen Primatengesellschaften lebten, dann ein paar Hunderttausend Jahre in egalitären Stammesgesellschaften, bis wir uns dann mit Erfindung der Landwirtschaft und der Städte vor gut 20000 Jahren in umso hierarchischeren Gesellschaften organisiert haben. Ein Autor beschreibt unsere Evolution gar als Kehrtwende.

In der darwinistischen Fahrschule wird dieses Manöver zwar nicht unterrichtet, doch es könnte der Wahrheit über menschliche Hierarchien sehr nahe kommen. Die Beweise verdichten sich, dass Primaten im Laufe der Geschichte häufig zwischen egalitären und hierarchischen Gesellschaftsformen hin- und herwechselten. Es mag an den Umständen liegen: Im Krieg ist ein hierarchisches Führungsmodell mit seinen laut gebellten und sofort ausgeführten Befehlen sinnvoll. In Zeiten des Friedens und des Wohlstandes, wenn die Bedrohung weit weg ist und unzufriedene Individuen einfach anderswohin gehen können, ist ein egalitärerer Führungsstil sinnvoller.

Der Herrschaftsstil hängt auch von der Persönlichkeit des Anführers ab. Unter Schimpansen ist es nichts Außergewöhnliches, dass die Führerschaft von einem relativ gutmütigen Alphatier auf einen Erzbrutalo übergeht. Jane Goodall beschreibt ein Beispiel aus dem Gombe Nationalpark in Tansania: Der liebenswürdige Alpha Freud wurde von seinem Bruder Frodo vertrieben, der in der Folge die Gruppe terrorisierte und sogar Jane Goodall und den Zeichner Gary Larson mit Schlägen unter seine Knute brachte. Der Herrschaftsstil kann aber auch von den Persönlichkeiten der Untergebenen abhängen. Wenn diese zusammenhalten, können sie einen Despoten in die Wüste schicken oder dafür sorgen, dass ein weniger tyrannisches Subjekt zum Alphatier wird. Doch selbst die egalitärste Primatengruppe ist immer hierarchisch organisiert.

Anthropologen (genau wie die meisten von uns) machen oft den Fehler, egalitäre Momente als Beleg dafür zu nehmen, dass es sich um eine egalitäre Gesellschaft handelt. Wie jede Primatengesellschaft hatten die Jäger und Sammler ohne Zweifel ihre Alphamänner und -frauen, und damit ihre Hierarchien, auch wenn diese dem Blick vieler Anthropologen verborgen geblieben sein mögen. Zweifelsohne waren die meisten Stämme hochgradig kooperativ. Doch die Tatsache, dass eine Gemeinschaft Ressourcen teilt, macht sie noch lange nicht egalitär. Im

Gegenteil, Großzügigkeit ist eine der effektivsten Methoden, um seine Herrschaft zu zementieren, für den Alphaschimpansen genauso wie für den Vorstandsvorsitzenden eines Großkonzerns.

Ntologi, einer der Schimpansen, die Toshisada Nishida in den Mahale Mountains beobachtete, verschenkte regelmäßig Essen, um nützliche Verbündete bei Laune zu halten. Er selbst war ein ausgezeichneter Jäger und nahm manchmal auch anderen erfolgreichen Jägern die Beute ab, um sie mit den Frauen, jüngeren Männchen und einflussreichen Alten zu teilen. Man könnte sein Verhalten als wohltätig und egalitär beschreiben. Doch es war zugleich kluges Führungsverhalten und erlaubte Ntologi, seinen Alphastatus 16 Jahre lang fast ununterbrochen zu behaupten, bis zu seinem Tod im Jahr 1995.

Nike-Chef Phil Knight gab sich ähnlich karitativ, als er seiner Alma Mater, der University of Oregon, 30 Millionen US-Dollar für den Ausbau des Football-Stadions in Aussicht stellte. Er zog seine Zusage jedoch zurück, als die Universität einer Gruppe beitrat, die Sweatshops in der Dritten Welt beobachtete, in denen auch Nike seine Sportartikel herstellen ließ. Dave Frohnmayer, der Präsident der Universität, hatte offenbar kein übertriebenes Interesse an der Autonomie und Integrität seiner Universität und ließ die Gruppe der Sweatshop-Kritiker prompt fallen. Die Universität hielt Nike während der nächsten 17 Monate unterwürfig den Hintern hin, solange das Stadionprojekt auf Eis lag, dann kamen Frohnmayer und der Cheftrainer des Football-Teams wieder auf die Beine und sangen erneut das Lied von Knights »Großmut«.

Knight wie Ntologi benutzten die egalitäre Geste des Teilens, um ihre autoritäre Herrschaft zu erhalten. Fälle wie diese – und von denen gibt es viele – fordern uns auf, genau zu überlegen, wann wir das Wort »geben« verwenden. Philanthropie ist manchmal einfach eine nettere Form des Nehmens.

Die Jäger der Stammesgesellschaften brachten die Brötchen nach Hause und teilten sie mit dem Rest der Gemeinschaft, um Verbündete zu gewinnen und Frauen zu beeindrucken. In den Stammesgesellschaften hatten die Alphamänner überdurchschnittlich häufig Geschlechtsverkehr, sie wurden respektiert und ihre Meinung hatte mehr Gewicht. Als die Jäger und Sammler sich niederließen, die Landwirtschaft aufnahmen und mit einem Mal die Möglichkeit hatten, Essen zu lagern und Reichtümer zu sammeln, blühte die vorher eher verborgen wirksame Hierarchie auf. Selbst die Hopi im Südwesten der Vereinigten Staaten, die lange von Anthropologen wegen ihrer egalitären Lebensweise gefeiert wurden, hatten eine klare hierarchische Ordnung, die mit der Größe und Qualität der Ländereien der Familie und deren Mythologie zu tun hatte. In einer Dürreperiode überlebten vor allem führende Clans, die Unterprivilegierten verhungerten oder verließen die Region, um dann oft von Nachbarstämmen ermordet zu werden.

»Es gibt keine egalitären Gesellschaften«, gesteht ein moderner Anthropologe. »Es gibt auch keine einfachen Gesellschaften, nur egalitäre Kontexte, Szenen oder Situationen.«

Egalitäre Arbeitgeber

Wie die alten Stämme halten moderne Unternehmen oft ein egalitäres Ideal hoch. Intel rühmt sich beispielsweise gern seiner offenen Kultur, es gibt keine reservierten Parkplätze oder Kantinen für Führungskräfte, alle arbeiten in Großraumbüros und reden einander mit Vornamen an. Doch der Name »Andy« lässt die Stimmen der meisten Angestellten zittrig werden.

Als Vorstandsvorsitzender sorgte sich Andy Grove oft, »dass er nicht genug für sein Geld bekam«, so ein früherer Intel-Manager. Jeder, der nach 8 Uhr im Büro erschien, musste sich auf einer Liste der Zuspät-Kommer eintragen. Ein anderer Intel-Manager machte das Wort »Angst« einmal als das Gefühl dingfest, das man hat, wenn man durch den Eingangsordner seiner E-Mails geht, ein ungelesenes Andy-Gram (so nannte man Groves brüske Schreiben) mit der Betreffzeile »Dringend« entdeckt, feststellt, dass diese E-Mail bereits einen Tag alt ist, in diesem Moment das Telefon klingelt, und man weiß: Es ist Andy.

Hierarchien sind unausweichlich Teil des menschlichen Daseins. Manchmal sind sie erbarmungslos konfrontativ und zugleich spektakulär erfolgreich, wie etwa bei Intel. Ein anderes Mal sind sie erbarmungslos konfrontativ und katastrophal schlecht, wie etwa beim

Fondriesen Putnam Investments aus Boston (wo der langjährige Vorstandsvorsitzende Lawrence J. Lasser seine Angestellten ebenfalls mit seinen schroffen »Lasser-Grams« peinigte). Manchmal sind sie verhältnismäßig demokratisch und fürsorglich. Doch bei allen egalitären Idealen hat selbst der menschenfreundlichste Chef seine Mittel und Wege, seine Stellung klar zu machen. Manchmal ist es ganz harmlos. Bei einer Firma in Connecticut, die für ihre Fürsorglichkeit bekannt ist, haben alle Angestellten eine standardisierte E-Mail-Adresse nach dem Muster Gabi_Musterfrau@firma.com. Die Adresse des Gründers lautet jedoch Ich_bin_Ich@firma.com (was vermutlich eine Kurzform ist für Ich_bin_der_ich_bin@firma.com).

Diese unvermittelten Zurschaustellungen von Macht und Status können gelegentlich überraschend derb ausfallen. Bei Cisco pflegt der Vorstandsvorsitzende John T. Chambers stets ein volksnahes, freundliches Image. Sein Büro ist eine offene, vier mal vier Meter große Arbeitsstation, und er vermeidet es, Angestellte hinter seinem Schreibtisch thronend zu empfangen. Er bevorzugt einen runden Konferenztisch, der betonen soll, dass alle in einem Boot sitzen. Kritiker berichten jedoch, Chambers sei sehr darauf bedacht, keinen führenden Manager anzustellen, der ihn in seiner Position gefährden könne. Als ein langjähriger Vizepräsident den Fehler machte, in einem Profil des Magazins *Fortune* anzudeuten, er könne der Nachfolger an der Unternehmensspitze sein, sorgte Chambers umgehend dafür, dass dieser die Möglichkeit bekam, sich außerhalb der Firma nach spannenden neuen Herausforderungen umzusehen. Als der verbannte Vizepräsident der Belegschaft seinen Abschied bekannt gab, hatte sich die geballte Führungsmannschaft der Firma hinter ihm zu einer Mauer aufgereiht. Jeffrey S. Young, schreibt in seinem Buch *Cisco Unauthorized*, es habe ausgesehen »wie eine Exekution durch eine Truppe von Mafia-Killern«.

Wenn das in Ihren Ohren nach einem egalitären Unternehmen klingt, dann sind Sie vermutlich auch der Ansicht, dass die Angestellten bei Wal-Mart in Wirklichkeit »Geschäftspartner« sind, und nicht etwa Verkaufsknechte, oder dass in den Gesellschaften des real-existiert-habenden Sozialismus alle Menschen Brüder waren.

Versteckte Hierarchien

Wir scheinen im Laufe unserer Entwicklung gelernt zu haben, die Existenz von gesellschaftlicher Herrschaft zu leugnen und sie gleichzeitig mit ganzem Herzen zu erstreben. Aus diesem Grund nehmen wir diese zentrale Tatsache unseres Arbeitslebens oft nicht einmal wahr.

Ein Artikel, der unlängst in der *Harvard Business Review* erschien, lässt ahnen, wie unsichtbar eine Hierarchie sein kann: »Wo liegt die Macht? Wer parkt neben wem? Wer ergreift bei Meetings nach dem Vorstandsvorsitzenden als Erster das Wort? Es kann einen Manager teuer zu stehen kommen, solche Statussignale zu übersehen. Das ist der Preis, den Angehörige der Hierarchie für ihren Bonus bezahlen. Sie müssen ständig den Finger am Puls der Macht haben, um nicht irrtümlich auf die falschen Zehen zu treten.«

In einem Unternehmen in Michigan ging das Gerücht, der Vizepräsident sei gebeten worden, sich nach einem anderen Job umzusehen. Doch bei der Weihnachtsfeier, die in einem der exklusivsten Golfclubs der Gegend stattfand, sah einer der Angestellten (der ganz offensichtlich den Finger am Puls der Macht hatte), dass der Vizepräsident seinen Spind direkt neben dem des Vorstandschefs hatte. »Ich schloss daraus, dass das Gerücht nicht mehr war als Wunschdenken. Können Sie sich vorstellen, dass Sie jedes Mal, wenn Sie zum Golfen kommen und ein wenig Spaß haben wollen, neben jemandem sitzen müssen, den Sie gefeuert haben?« (Das einzig Irrige an dieser scharfsinnigen Beobachtung ist die Annahme, dass diese Leute Golf spielen, weil es ihnen Spaß macht.)

Für uns Menschen ist Herrschaft im Allgemeinen unsichtbar, unbewusst und doch stets vorhanden, wie unsere Atemluft. Eine Rangordnung kann sehr frustrierend sein, sie kann dazu führen, dass Arbeitnehmer kündigen und sich auf die Suche nach einem Arbeitsplatz machen, an dem Demings Frage »Warum muss eigentlich immer irgendwer gewinnen?« nicht zutrifft. Aber das ist Wunschdenken, einen solchen Ort gibt es nicht.

Als der Primatologe Terry Maple nach Abschluss seines Studiums seinen ersten Lehrstuhl an einer Universität bekam, dachte er, die Professorenschaft einer Universität sei weitgehend frei von den lästigen Machtspielchen, wie sie in Unternehmenshierarchien gespielt werden. Professoren haben schließlich eine sichere Lebensstellung. Dann aber nahm er an der ersten Versammlung der Professorenschaft des Fachbereichs teil. Zwanzig Menschen, allesamt als Freigeister bekannt, sollten sich auf die rund 200 Sitzplätze eines Auditoriums verteilen. Als übereifriger Neuling war Maple der Erste und setzte sich auf einen Platz in der dritten Reihe. »Ein weiterer Angehöriger des Fachbereichs kam herein, den ich kaum kannte«, erinnert sich Maple. »Er stand herum, starrte auf seine Schuhe und schaute drein wie ein Schaf. Es war eine peinliche Situation. Ich saß auf dem dritten Platz, und er stand im Gang. Ich fragte: ›Was ist los, Tom?‹ Und er antwortete: ›Du sitzt auf meinem Platz.‹ Ich fing an zu lachen. Dann stand ich auf und rückte einen Platz weiter, doch er erklärte: ›Das ist der Platz von Professor Smith.‹ Ich erwiderte: ›Das ist Pech. Dann muss Professor Smith heute eben woanders sitzen.‹«

Maple wurde nicht gefeuert, doch als Primatologe kam ihm der Gedanke, sich dieses Verhalten genauer anzusehen, und sei es nur, um die Fachschaftsversammlungen ein wenig unterhaltsamer zu gestalten. Im Laufe der kommenden Jahre dokumentierte er eine »rigide, immer gleiche Sitzordnung, die selbst nach dem Umzug in einen neuen Raum aufrechterhalten wurde«. Es war eine unsichtbare Hierarchie. Der einzige sichtbare Bruch ereignete sich, als die ersten Frauen in die Professorenschaft aufgenommen wurden. In dieser dunklen Prähistorie, ehe die politische Korrektheit den primitiveren Primateninstinkten Zügel anlegte, gestattete es der Alphamann den jungen Frauen, sich in seine Nähe zu setzen, eine Freiheit, die sich ein männlicher Neuling niemals hätte herausnehmen dürfen. (Wenigstens nahm das Alphamännchen nicht die Witterung auf und grunzte.)

Maple wusste, dass auch andere Tierarten Verhaltensweisen entwickelt haben, um unsichtbar ihr Territorium zu markieren und ihren Platz in der Rangordnung vor möglichen Rivalen zu schützen. Wölfe benutzen Geruchsstoffe, Vögel ihren Gesang. Diese kleinen Markierungen des Territoriums und der Herrschaft haben im Tierreich eine klare Funktion. Sie verkünden: »Ich lebe hier, verzieh dich« und verringern auf diese Weise die Gefahr von Handgreiflichkeiten mit dem Nachbarn.

Die wenig beglückende Alternative bestünde darin, sich die ganze Zeit mit Rivalen herumschlagen zu müssen, und dafür sind Tiere zu klug. Sie würden zu viel Energie vergeuden, hätten keine Zeit mehr, das Essen auf den Tisch zu bringen und liefen dauernd Gefahr, den Tag nicht zu überleben.

Am Arbeitsplatz ist das nicht anders, und wir halten uns in mehr als der Sitzordnung an die unsichtbaren Hierarchien. Wie wir später noch sehen werden, erklären wir unsere Überlegenheit oder Unterwerfung nicht nur mit unserer Körpersprache und unserem Gesichtsausdruck, sondern jedes Mal, wenn wir den Mund aufmachen oder ihn klugerweise zulassen.

Was heißt das unterm Strich? Wie viel Hierarchie und Herrschaft benötigt ein Unternehmen, um aus den Angestellten das meiste herauszuholen? Das hängt ganz von den Umständen ab. Schimpansenhorden und Fortune-500-Unternehmen können in ihrem Herrschaftsstil eine völlige Kehrtwende machen, und sie tun es auch, wenn die Umstände oder die Persönlichkeiten es verlangen.

Bekennen Sie sich zu deutlichen Hierarchiestrukturen. Die wichtige Botschaft ist, dass sich Arbeitnehmer mit klaren Rangordnungen wohler fühlen, ganz egal wie die Umstände sind. Sie brauchen jemanden über sich, der bereit ist, schnelle Entscheidungen zu treffen (auch wenn sie noch so falsch sind). Sie wollen nur nicht allzu oft und allzu deutlich an die Hierarchie erinnert werden.

Maple wurde später Direktor des Zoos in Atlanta und musste sich regelmäßig mit den wichtigsten Vertretern der dortigen Unternehmenswelt zu Sponsorengesprächen treffen. Er stellte fest, dass die unverrückbare Sitzordnung auch hier zu jedem Treffen gehörte, und dass diese Sitzordnung genauso funktionierte wie die Herrschaftsordnung bei Pavianen. Im Stillen nannte er diese Sitzungen »Einführung in die Pavianologie«, doch er war klug genug, diese Erkenntnis nicht mit seinen Mitprimaten zu teilen. »Für mich ist es ein Kompliment, wenn mich jemand mit einem erfolgreichen, gewitzten Pavian vergleicht«, meint Maple. »Doch ich fürchte, meine Gesprächspartner würden meine Begeisterung nicht teilen.«

Clownfische sind kleine bunte Fische, die in Gruppen von einigen wenigen Individuen zwischen den Tentakeln von Anemonen im Korallenriff leben. Für Außenseiter sind diese Tentakeln giftig. Doch sie bieten einem guten halben Dutzend Clownfischen Schutz, die sich von den mikroskopischen Organismen und Ausscheidungsprodukten der Anemone ernähren. Wenn sie diesen geschützten Raum verlassen, ist das Risiko groß, von einem Räuber gefressen zu werden.

Einem frisch geschlüpften Clownfisch bleibt nur die Hoffnung, als Juniorpartner in einer Clownfisch-Hierarchie einer nahegelegenen Anemone unterzukommen. Der Neuling tut alles, so klein und harmlos wie möglich auszusehen, sodass die ansässigen Clownfische ihn nicht verjagen. Das funktioniert so gut, dass der Clownfisch es zu seiner Karrierestrategie macht. Auf jeder Hierarchiestufe achten Individuen darauf, dass ihre Körpergröße bei rund 80 Prozent des jeweils übergeordneten Individuums bleibt. Und wenn sie nicht über sich hinauswachsen und dem Boss nie bedrohlich werden, dann leben sie noch heute (okay, und fressen Abfall) ■

Mit Zähnen und Klauen: Machtkämpfe am Arbeitsplatz

Diplomatie ist die Kunst, so lange »braver Hund« zu sagen, bis man einen Stein gefunden hat.

Will Rogers

Während seiner Zeit als hochrangiger Funktionär bei der BBC hatte Will Wyatt häufig mit der damaligen BBC-Direktorin Lady Patricia Hodgeson zu tun. Er erinnert sich, dass deren Sekretärinnen immer »ein Spiel spielten, mit dem sie sicherstellten, dass Sie vor der Chefin am Telefon waren. ›Soll ich durchstellen?‹, fragte Patricias Sekretärin Ihre Sekretärin, und danach war es die Regel, oder sagen wir, ein Gebot der gegenseitigen Höflichkeit, dass beide gleichzeitig zu ihren Chefs durchstellten. Aber nein. Nur Ihre Sekretärin drückte den Knopf, und wenn Sie dann am Apparat waren, mussten Sie erst wieder mit der Sekretärin sprechen, ehe Sie zu Lady Patricia vorgelassen wurden. Die anderen Sekretärinnen waren stinksauer, denn sie fühlten sich wie Untergebene. Ich lächelte nur.«

Wyatt lächelte und packte diese Geschichte auf Seite sieben seiner Memoiren.

Kleine Nickligkeiten wie diese sind das täglich, oder besser, das stündlich Brot unseres Arbeitslebens. Zwei Menschen sehen einander über einen Raum hinweg in die Augen und warten, dass einer der beiden wegsieht. Bingo, schon haben wir einen Machtkampf. Wer zuerst den Blick senkt, verliert. Kleine Gebietsstreitigkeiten und kaum sichtbare Zurschaustellungen von Status reichen aus, um den Kollegen nervös zu machen und sich selbst einen Vorteil zu verschaffen. Die Sprache sorgt dafür, dass jeder Austausch noch unendlich raffinierter und komplexer wird. Ein Alphaschimpanse verfügt über gerade einmal 24 verschiedene Laute, mit denen er seinen Rivalen zu verstehen geben kann, dass er ein fieser, hinterhältiger Hurensohn ist, der keinen Widerspruch dulden wird.

Eine Führungskraft im Unternehmen, die ungefähr dasselbe zum Ausdruck bringen will, hat 60000 bis 100000 Wörter zur Auswahl (sprechen Sie mir nach: »Heute Abend habe ich das auf meinem Schreibtisch«, »Outsourcing«, »Belegschaftsaltlasten«), nicht zu vergessen ein reichhaltiges Repertoire an Körpersprache und Gesichtsausdrücken. Auf diese Weise lassen sich Verwünschungen, Ermahnungen, Komplotte, vernichtende Bemerkungen oder Hinweise, dass man nach Kandidaten für den Personalabbau sucht, in ein beiläufig eingestreutes Wort oder eine winzige Veränderung des Tonfalls verpacken.

Als beide noch bei American Express arbeiteten, wandte sich Sandy Weill in einem Meeting hochrangiger Manager an Lou Gerstner, zeigte mit seinem fleischigen Finger auf eine Fußnote in einem Bericht und fragte: »Kannst du mir sagen, warum die durchschnittliche Wartezeit bei einem Kundenanruf von 38 auf 45 Sekunden gestiegen ist?« Das war sicher eine berechtigte Frage, und sogar mehr oder weniger freundlich formuliert, das übliche Hin und Her in einem Unternehmen eben. Doch jeder, der je mit Weill gearbeitet hat, erkennt sofort, dass es auch ein Versuch war, Gerstner bloßzustellen.

Ein Machtkampf kann sogar mit Worten ausgetragen werden, die auf den ersten Blick schmeichelhaft erscheinen. Zum Beispiel besuchte ein lateinamerikanischer Chef eine Produktionsfirma in Puerto Rico, die von einer US-Direktorin geführt wurde. »Sie sehen heute aber sehr sexy aus«, sagte er ihr in Gegenwart eines Teams von US-Wissenschaftlern, das die Anlage besichtigte. Aus seiner Sicht war das sicher ein freundlich gemeintes Kompliment. Aus ihrer Sicht war es der Versuch, sich aufzuplustern und sie in seinen Harem zu holen. Früher und an anderer Stelle hätte die Frau ihn vielleicht unterwürfig angelächelt oder schüchtern zu Boden geblickt und seine Position damit bestätigt. Stattdessen lächelte sie ihn eisig an, wandte sich zu den Wissenschaftlern um und erklärte: »Nehmen Sie es meinem Boss bitte nicht übel, wenn Sie soeben einen Kulturschock erlitten haben.« Es war eine nette Umschreibung dafür, dass sie ihn für einen plumpen Macho hielt, während sie gleichzeitig anerkannte, dass er ihr Boss war. Die Wissenschaftler bemerkten möglicherweise gar nicht, dass sie einen Übergriff pariert und dem Unseligen die Luft herausgelassen hatte.

Wir werden uns selten bewusst, dass diese kleinen Wortwechsel in

Wirklichkeit Machtkämpfe sind, selbst dann nicht, wenn wir rot werden, weil sie in uns negative Gefühle auslösen. Noch weniger bewusst sind wir uns der kleinen Unterwürfigkeitsgesten und Beschwichtigungen, mit denen wir den Mächtigen begegnen, um eine Auseinandersetzung zu vermeiden. In der modernen Arbeitswelt funktionieren Herrschaft und Unterwürfigkeit umso besser, je weniger offensichtlich sie sind. Der überwiegende Teil unserer Aggression wird in symbolische Handlungen übersetzt. Das ist die wichtigste Funktion von Stellenbezeichnungen, großen Büros, teuren Anzügen und Kostümen (wie das Stichwort »Armani-Rüstung« belegt), Sitzordnungen in Meetings, wichtigen Freundschaften, üppigen Spesenkonten und anderen Status- und Machtsymbolen.

Aus diesem Grund ist die Chefetage, ganz gleich in welchem Unternehmen oder Gebäude, fast immer in unheimliche, beinahe klösterliche Stille gehüllt. »Wenn Sie hereinkommen und sich in normaler Zimmerlautstärke unterhalten, oder, Gott behüte, sogar lachen, dann schauen die Sekretärinnen Sie an, als hätten Sie die Omertà gebrochen«, berichtet ein Berater. Das hat den Effekt, dass alle, die zu einer Audienz vorgelassen werden, leise sprechen und bescheiden auftreten, und genau das ist auch die Absicht.

Mindestens ein US-Präsident stellte mit diebischer Freude fest, dass Besucher, die vor der Tür zu seinem Büro Verbalattacken einüben, nach dem Eintritt ins Oval Office nur noch zu so dümmlichen Bemerkungen imstande sind wie »Sie sehen gut aus, Mr. President«. Der Alphamensch, der fest im Sattel sitzt, muss seine Macht nie aussprechen. Dafür hat er seine Insignien.

Wir wiegen uns daher allzu gern in dem Glauben, Macht und Herrschaft seien gar kein Thema. Wir machen den Fehler anzunehmen, es gehöre zu einem Machtkampf, dass die Kontrahenten laut werden oder dass Tiere im offenen Kampf aufeinander losgehen. In Wahrheit schenken wir offen ausgetragenen Konflikten einfach mehr Aufmerksamkeit, weil wir sie aufregender finden. Es macht sich einfach besser im Fernsehen, wenn ein Elefantenbulle einem anderen seine Stoßzähne in die Flanke rammt. Und in der Teeküche tratscht es sich besser, wenn ein Juniorpartner vor versammelter Mannschaft abgekanzelt wird. Doch selbst Elefantenbullen sind in der Regel klug genug, ihre Rangfolge zu klären, ohne dabei Blut zu vergießen. Oder wie ein suahelisches Sprichwort sagt: »Wenn Elefanten kämpfen, wird nur das Gras verletzt.«

Ritualisierung

Soweit die erste Lektion zum Thema Machtausübung: Macht bedient sich nur selten körperlicher Gewalt. Frans de Waal beobachtete einst, wie der Alphaschimpanse Nikkie seinen Rivalen Luit durch das Zoogehege jagte. Gemessen an ihrer Körpergröße haben Schimpansenmännchen einen fünfmal so kräftigen Oberkörper wie ein Footballspieler und ungefähr dasselbe Feingefühl. Die anderen Schimpansen brachten sich also in Sicherheit, als die beiden durchs Gehege stoben. Das Geschrei war bis zum anderen Ende des Zoos zu hören. Schließlich saßen Nikkie und Luit in sicherem Abstand voneinander auf den Ästen einer kahlen Eiche und keuchten heftig, während sie sich langsam beruhigten. Doch bei allem Staub, den sie aufwirbelten: Sie hatten einander nie auch nur berührt.

Auch rivalisierende Paviane vermeiden in der Regel den offenen Kampf. Stattdessen sitzen sie in ihren Bäumen und kreischen sich gegenseitig an, bis der lautere und ausdauerndere Schreier schließlich als Sieger hervorgeht. Sie bekommen, was sie wollen, indem sie den anderen wissen lassen, dass sie richtig wild und gefährlich sein könnten, wenn sie nur wollten. Biologen bezeichnen diese Zurschaustellung aggressiver Absichten als »Ritualisierung«. Dieses Verhalten erlaubt es Tieren, mit festgelegten Zeichen zu kämpfen, statt mit Zähnen und Klauen.

Ein Ökonom würde an diesen ritualisierten Kämpfen vermutlich das gute Kosten-Nutzen-Verhältnis hervorheben. Im Laufe der Evolution hatten unleidliche Zeitgenossen, die sich durch gewalttätige Aggression hervortaten, meist ein kurzes und wenig produktives Leben. Selbst wenn sie es irgendwie schafften, nicht umgebracht zu werden, blieb ihnen zu wenig Energie zum Fressen und zur Paarung, um besonders erfolgreich bei der Weitergabe ihrer Gene zu sein. Tiere, die durch Bluffen, Aufplustern und andere Formen der ritualisierten Aggression vorankamen, lebten dagegen lange genug, um ihre Enkelkinder in den Schlaf zu singen.

Aus denselben Gründen ist Gewaltherrschaft am Arbeitsplatz ebenfalls rar: Sie ist einfach zu gefährlich. Einen Kollegen auch nur zu schubsen ist der sichere Weg vor das Gericht und zum Arbeitsamt. Wir sind uns nur zu bewusst, dass Gewalt leicht nach hinten losgeht, und dass sie nicht nur von oben nach unten, sondern auch von unten nach oben funktioniert, wenn die Belegschaft sich zusammentut, um einen unliebsamen Manager loszuwerden.

Dazu kommt, dass Gewalt als Mittel der Herrschaft ein Zeichen der Schwäche und nicht der Stärke ist. So mancher Manager gefällt sich darin, einen Baseball- oder Golfschläger mit sich herumzuschleppen, um deutlich zu machen, dass er buchstäblich einen Knüppel im Sack hat. Es geht die Geschichte eines Fernsehproduzenten bei einem Nachrichtensender in Chicago, der vor einigen Jahren diesen Stil gepflegt haben soll. Vielleicht war er ja einfach ein Cubs-Fan. Jedenfalls stieß eines Tages ein junger Praktikant zu seinem Team. In der Enge des Studios gab es keinen Arbeitsplatz für ihn, also baute ihm ein freundlicher Kollege in einer Ecke einen Campingtisch mit Klappstuhl auf. »Welcher Idiot hat das hier aufgestellt?«, schrie der Produzent, als er wenig später seinen Rundgang machte. Dann drosch er mit dem Schläger auf den Tisch, an dem der nervöse junge Mann saß. Noch Jahre später war der damalige Praktikant sichtlich verstört, wenn er die Geschichte erzählte. Er erinnerte sich, dass die Sache mit dem Baseballschläger eine Hommage an ein anderes Managementtalent aus Chicago namens Al Capone war. Am 7. Mai 1929 veranstaltete der Mafiaboss eine üppige Dinnerparty für seine Geschäftspartner, in der zahlreiche Toasts auf die beiden Ehrengäste, die Killer Albert Anselmi und John Scalise, ausgebracht wurden. Später am Abend verflüchtigte sich Al Capones Partystimmung jedoch plötzlich. Er ließ die beiden Männer knebeln und an ihre Stühle fesseln und behauptete, sie hätten vorgehabt, ihn zu verraten. Dann zog er einen Baseballschläger hervor und schlug ihnen damit die Schädel ein. Den Rest erledigte ein Leibwächter, der jedem der beiden eine Kugel in den Kopf schoss.

Kollegen werden durch derartige Gewaltdemonstrationen natürlich eingeschüchtert. Doch sie wissen auch, dass ein selbstbewusster Alphamensch nur die Augenbraue heben muss, um zu bekommen, was er will. Sie deuten jeden Gewaltausbruch daher als ein fatales Zeichen der Schwäche. Als zum Beispiel im April 2001 der Finanzskandal bei Enron ins Rollen kam, nahm der Vorstandsvorsitzende Jeff Skilling an einer wichtigen Telefonkonferenz mit den einflussreichsten Börsenanalysten und Investoren teil. Der Manager eines Hedge-Fonds, der auf Verluste von Enron gewettet hatte, stellte einige kritische Fragen. Skilling antwortete ausweichend, also legte der Hedge-Fonds-Manager nach: »Enron ist das einzige Unternehmen, das nicht imstande ist, den Teilnehmern einer Telefonkonferenz vorab einen Geschäftsbericht vorzulegen, aus dem die Liquidität oder die Gewinne hervorgingen.«

»Vielen Dank«, schoss Skilling zurück. »Wir sind Ihnen für diesen Hinweis sehr dankbar. *Vollidiot.*«

Es folgte ein Moment des Schweigens. Analysten, die eben noch wie wohlerzogene Schafe »kaufen, kaufen« in ihre Mobiltelefone gemurmelt hatten, wurden plötzlich wach und fragten sich, ob sie nicht vielleicht auf dem Weg zum Schlachthof waren. Die Enron-Aktie stürzte ab.

Auch Al Capones Karriere endete nur zehn Tage nach seinem infamen Baseballtraining mit seiner Verhaftung (die allerdings nicht mit dem Vorfall begründet wurde). Und als ich versuchte, den jähzornigen Nachrichtenproduzenten aufzutreiben, hörte ich die – zweifelsohne etwas hämische – Geschichte, er habe eine neue Karriere eingeschlagen und verkaufe nun Geschirrspülmittel von Amway. Schließlich fand ich ihn im Telefonbuch. Er verbesserte mich, er sei nie wirklich Produzent gewesen, sondern nur Produktionsassistent und leugnete, je mit einem Baseballschläger auf einen Tisch geschlagen zu haben. Er habe das Fernsehen jedoch tatsächlich verlassen und sei nun, wie er es formulierte, »ein normaler Mensch«, der seinen »verschiedenen geschäftlichen Interessen« nachgehe.

In der Tierwelt gibt es eine kaum vorstellbare Vielfalt von ritualisierten Machtdemonstrationen. Die Kragenechse richtet sich auf, fächert den Kragen um ihren Hals auf und zischt mit geöffnetem Maul. Das Stinktier macht eine Art Handstand und protzt mit seinen schwarzweißen Warnfarben und seinem großen Schwanz, unter dem seine Duftdrüse versteckt ist. Garnelen fuchteln mit ihren Scheren, als wollten sie sagen: »Ach ja? Dann komm doch her!«

Menschen üben sich in einem breiten Repertoire an ritualisiertem Herrschaftsverhalten. Ein einfaches Beispiel ist, wenn Sie mit dem Fuß aufstampfen und Ihren Hund böse anstarren. (Ihr Hund schleicht sich dann mit eingezogenem Schwanz davon, ein Ritual, mit dem er Ihnen sagen will: »Tut mir leid, aber tu mir nicht weh.«) Und wenn der Chef sich in einem Meeting nach vorn beugt, emphatisch mit dem Finger in der Luft herumstochert, auf den Tisch schlägt, oder seine Stimme sich in ein leises Grollen verwandelt, dann wissen alle, dass er gleich fuchsteufelswild wird. Um einen Machtkampf zu gewinnen, reicht Schimpansen, Pavianen und menschlichen Alphas manchmal schon ein böser Blick, die ritualisierte Ankündigung eines Angriffs.

In einem Experiment zeigten Wissenschaftler in Isolation aufgewachsenen Affenkindern Bilder von wütenden erwachsenen Affen. Die Jungen hatten noch nie zuvor ein böses Gesicht gesehen und hatten also keine Gelegenheit gehabt, dessen Bedeutung zu erlernen. Trotzdem brachen sie in Panik aus. Für Affenjunge und vermutlich auch für Menschen ist ein böses Gesicht ein natürliches Warnsignal, und auf dieses Signal entweder mit Flucht oder Kampf zu reagieren, scheint uns in die Gene programmiert.

Einige Unternehmen bauen manchmal bewusst ritualisierte Drohsignale in ihre Produkte ein. Der DaimlerChrysler Marketingberater Clotaire Rapaille prahlte beispielsweise damit, der neue Dodge Durango habe sein aggressives Design erhalten, damit andere Fahrer das Gefühl hätten, die Straße mit einer wilden Raubkatze zu teilen. »Ein starkes Tier hat einen großen Kiefer, und deshalb haben wir ihm eine große Stoßstange verpasst«, erzählte er dem Autojournalisten Keith Bradsher.

Der Durango sei für Fahrer mit einem gesteigerten »reptilartigen Überlebensinstinkt«, so Rapaille: »Nach meiner Theorie gewinnt immer das Reptil. Das Reptil denkt: ›Wenn es zu einem Unfall kommt, dann soll der andere sterben.‹ Natürlich darf man das nicht laut sagen.« Also lässt man sein wildes Raubtier-Auto für sich sprechen.

Ritualisierte Drohungen müssen nicht immer sonderlich subtil sein. Der englische König Karl II. ließ Oliver Cromwell den rebellischen Kopf nicht nur abschlagen, sondern stellte ihn die nächsten 20 Jahre über dem Parlament in Westminster zur Schau, um ganz zu klar zu machen: »Königsmörder müssen draußen bleiben.« Während seiner bedeutend weniger glorreichen Herrschaft als Vorstandsvorsitzender bei Sunbeam behängte Al Dunlap sein Büro mit Fotos von Adlern und Löwen, um

Besucher nervös zu machen und eine unbewusste Fluchtreaktion auszulösen. In der neuen Firmenzentrale in Florida ließ Dunlap sogar ein Nebenzimmer für seine Hunde und Leibwächter einrichten. Möchte noch jemand etwas sagen?

Wutdemonstrationen

Der Journalist Owen Edwards erlebte, wie effektiv eine ritualisierte Drohung in Form eines Wutausbruchs sein kann. Ende der Siebziger, als er Chefredakteur bei *Cosmopolitan* war, lernte er die Herausgeberin Helen Gurley Brown als arbeitsame, gerechte und fordernde Chefin kennen, »die sich keine öffentlichen Auspeitschungen oder Hinrichtungen auf dem Marktplatz erlaubte«. Eines Tages hörte Edwards jedoch ein lautes Scheppern an der Wand, die sein Büro von dem seiner Chefin trennte. Als er sein Zimmer verließ, um nachzusehen, »hatten sich die Redaktionsassistenten bereits vor der Tür der Chefin versammelt und verfolgten das Geschehen mit offenen Mündern. In einem systematischen Wutausbruch nahm Helen einen Gegenstand nach dem anderen von ihrem Schreibtisch und schleuderte ihn mit voller Wucht gegen die Wand. Sie hörte erst auf, als der ganze Tisch abgeräumt war und sie nichts mehr zu werfen hatte. Inzwischen hatte sich die gesamte Belegschaft versammelt, um dem Ausbruch zuzusehen. Später stellte sich heraus, dass der Grund für Helens Explosion das Diktaphon gewesen war, das nicht richtig funktioniert und die rund 20 Briefe verschluckt hatte, die Helen tags zuvor bis spät in die Nacht diktiert hatte. Keiner von uns war also Ziel ihrer Geschosse gewesen. Doch niemand, der ihre Eruption erlebte, wollte sie *jemals* wieder verärgern.«

In demselben Geiste der zerknirschten Unterwürfigkeit erinnert sich der Industrieingenieur Ron Godbey, wie er nach einer der vielen Umstrukturierungen beim Flugzeugzulieferer Hamilton Sundstrand einen neuen Vorgesetzten bekam, einen kleinen, fetten Fiesling mit dem Spitznamen »Jabba the Hutt« – benannt nach der hinterhältigen Figur aus *Star Wars*. Am ersten Tag ließ Jabba seine neuen Untergebenen zu Einzelgesprächen in seinem Büro antreten. Als Godbey im Empfangsbereich auf seinen Termin wartete, kam ein Kollege heraus, »totenbleich und mit einem Gesicht, als hätte er gerade eine Elektroschocktherapie durchgemacht«. Godbey nahm seine Mappe mit seinen »größten Erfolgen« und ging hinein. Als er vor dem massiven Schreibtisch stand, sah Jabba auf: »Godbey, korrekt?«, fragte er. »Ich habe den Eindruck, Godbey, dass Sie ein netter Kerl sind. Ich kann nette Kerle nicht ausstehen. Verpissen Sie sich.« Es war, als würde man den Küchenschrank öffnen und in die Augen einer wütenden Dogge starren. Godbey verhielt sich die nächsten Jahre ruhig, was offensichtlich der Zweck von Jabbas Auftritt gewesen war. »Es war eine Zeit von Massenentlassungen. Ich habe einfach meine Arbeit erledigt und gehofft, dass ich sie am nächsten Tag noch hatte.«

Prosoziale Führung

Jabba the Hutt war offensichtlich kein vorbildlicher Chef. Er war eher ein Typ vom Schlage des US-Verteidigungsministers Donald Rumsfeld, auf dessen Schreibtisch eine Bronzeplakette mit einem Zitat von Teddy Roosevelt stand: »Der aggressive Kampf für das Gute ist der edelste Sport, den die Welt zu bieten hat« (und das von einem Marineflieger, der nie einen Kriegseinsatz gesehen hat). US-Außenminister und Vietnam-Veteran Colin Powell hatte dagegen ein Zitat von Thukydides als Motto gewählt, der ein etwas anderes Verständnis von Herrschaft zum Ausdruck bringt: »Von allen Manifestationen der Macht ist Zurückhaltung die eindrucksvollste.«

Viele Psychologen stimmen Thukydides zu und argumentieren, dass »aggressiver Kampf« bei weitem nicht die effektivste Methode der Herrschaft ist. Mit aggressivem Verhalten schafft man es nur selten nach oben. In vielen Kulturen gilt als asozial, wer eine Sekretärin anschreit oder gar Schläge austeilt. Natürlich lässt sich ein Führungsstil oder eine Produktlinie auf einer Reptilmentalität aufbauen. Doch wir sind Primaten, keine Reptilien. Unser Gehirn und unser Repertoire an sozialen Verhaltensweisen hat sich in den vergangenen Jahrmillionen erheblich erweitert, und es wäre doch zu schade, wenn wir das einfach ignorieren würden. Selbst Affen praktizieren oft einen Führungsstil, der als prosozial bezeichnet wird, wie Ntologi, der sein Futter mit anderen teilte, oder Yeroen, der politische Intrigant.

Prosoziale (im Gegensatz zu asozialer) Herrschaft bedeutet, Macht durch die weichen Strategien Kompromiss und Überzeugung zu erlangen. Es bedeutet zu wissen, wann man seinen Willen mit einem freundlichen Scherz durchsetzt. Es bedeutet, Mitarbeitern zu helfen, statt sie in Angst und Schrecken zu versetzen.

Prosoziale Führung bedeutet auch, das Beste aus Menschen herauszuholen, indem man die negativen Gefühle minimiert, die immer mit einem Machtverhältnis einhergehen. Wenn zum Beispiel ein Chef seinen Vertriebsmitarbeitern mitteilt, dass die Verkäufe hinter den Erwartungen zurückbleiben, dann rollen sie vermutlich die Augen und schieben die schlechten Umsätze auf den Markt oder einen anderen Faktor, den sie nicht beeinflussen können.

Psychologen haben festgestellt, dass sich Menschen, wenn man ihnen zunächst einen Grund gibt, sich gut zu fühlen – indem man ihnen zum Beispiel die Möglichkeit gibt, ein paar Dinge aufzuschreiben, die sie im vergangenen Quartal richtig gut gemacht haben – weniger defensiv und stattdessen offener reagieren, wenn man ihnen eine neue Strategie vorlegt. Geoffrey Cohen, Psychologe an der Universität Yale beschreibt die Strategie so: »Die meisten Chefs bestätigen jemand auf dem gleichen Gebiet, auf dem sie ihn im nächsten Moment kritisieren: ›Letztes Jahr waren deine Verkäufe großartig! Aber dieses Jahr sind sie unterdurchschnittlich.‹« Doch diese Taktik geht nach hinten los. Laut Cohen funktioniert die Belobigung, wenn sie aus einem anderen Bereich kommt wie die nachfolgende Kritik. Man könnte zum Beispiel sagen: »Die Rede, die du neulich in Hongkong gehalten hast, war großartig. Die Leute reden heute noch davon.« Und auf dieser Grundlage lässt sich der Stachel aus einem Gespräch über die Verkäufe des laufenden Jahres nehmen.

Emotionale Überlegungen wie diese ziehen sich unbewusst durch unser Arbeitsleben, und sie haben ihre Wurzeln in der Biologie der Herrschaft. Psychologen definieren Macht als die Fähigkeit, auf das Leben anderer Individuen einzuwirken, sei es durch Kontrolle der Ressourcen (Nahrung, Geld, wirtschaftliche Möglichkeiten, Entscheidungsspielräume, Freundschaft, oder Unterstützung) oder durch Bestrafung (körperliche Züchtigung, Entlassung, Beleidigung oder Ausgrenzung). Am Arbeitsplatz geht es um beide Formen der Macht. Und selbst wenn wir nur in einem Raum zusammensitzen und plaudern, kann uns das Auf und Ab der Macht die Haare zu Berge stehen lassen und jedes Molekül in unserem Körper unter Strom setzen. Herrschaft beeinflusst unsere Verhalten bis in die kleinste Kleinigkeit, auch wenn wir noch so sehr denken mögen, dass sie gar nichts mit uns zu tun hat.

Nur ein Witz

Selbst völlig ritualisierte und rein verbale Auseinandersetzungen wirken sich körperlich aus. Allan Mazur, Soziologe an der Syracuse University, meint, Rivalen »konkurrieren oft in klar geregelten Wettkämpfen um Status, wobei jeder versucht, dem anderen durch Wort und Taten mehr Stress zu verursachen. Das Stressniveau kann hoch sein, wenn der Wettkampf die Form eines aggressiven Streits annimmt, oder niedrig, wenn die Teilnehmer kaum wahrnehmen, dass sie sich in einem Wettstreit befinden.«

In einem Experiment brachten Wissenschaftler einen Studenten, der aussagte, aktiv gegen Abtreibung einzutreten, mit einem anderen Studenten zusammen, der vorgab, die Gegenposition zu vertreten. Ein neutrales Kennenlerngespräch ergab nach Messung des Blutdrucks am Daumen keine Anzeichen von Stress. Als das Gespräch jedoch auf das strittige Thema kam, reagierten beide Gesprächspartner wie Tiere in einem Machtkampf, und während jeder versuchte, den Stresslevel des jeweils anderen hochzutreiben, rauschte beiden das Blut durch den Körper und erzeugte Stufe 1 der Kampf-oder-Flucht-Reaktion. Mazur schreibt dazu: »Schließlich ›ergibt sich‹ einer der beiden, akzeptiert den niedrigeren Rang und beendet auf diese Weise den Stress des Wettstreits.«

Dieselben Reaktionen lassen sich bei Auseinandersetzungen am Arbeitsplatz beobachten. Ein Umweltlabor war beispielsweise damit beauftragt worden, Proben aus einem Hochhausbrand auf Schadstoffe zu untersuchen. Einige der Proben enthielten Stoffe, von denen man annimmt, dass sie zu Missbildungen des Fötus führen können. »Das Laborteam bestand fast ausschließlich aus Frauen im gebärfähigen Alter, viele waren verheiratet, und das Labor hatte nicht die notwendigen Sicherheitsvorrichtungen, um mit diesen hochgradig toxischen Stoffen zu arbeiten«, berichtet die Sicherheitsbeauftragte Sandy Smith. Sie nahm an einem Meeting teil, in dem dieses Thema besprochen werden sollte, und merkte zu ihrem Schrecken schnell, dass sich der Präsident der Firma, der Leiter der Umweltabteilung, der Labordirektor und der Chefingenieur vorher abgesprochen hatten und sie auflaufen ließen. Schließlich kam der Moment der Wahrheit, und der Präsident fragte: »Sie sind also der Ansicht, dass unser Labor nicht in der Lage ist, die Proben zu untersuchen?«

»Ja, das stimmt«, erklärte sie.

»Es ist natürlich Ihr gutes Recht, diese Meinung zu vertreten.«

»Ja.«

»Und es ist mein gutes Recht, Sie zu feuern.«

»Ja, das ist Ihr gutes Recht.«

»Sie sind gefeuert.«

Es war ein unwirklicher Moment, diese Worte zu hören, die jeder Chef für gewöhnlich so sorgfältig vermeidet. (»Wir müssen Sie leider gehen lassen« ist eine beliebte Floskel, als ob der Angestellte sich mit aller Macht selbst in den Hintern tritt.) Niemand sagte ein Wort oder zeigte den leisesten Anflug von Gefühl. Die Sicherheitsbeauftragte packte ihre Sachen zusammen, ging aus dem Konferenzraum, lief zur Damentoilette und klappte dort zusammen. Zehn Minuten später ertönte die Stimme des Präsidenten über die Lautsprecheranlage: »Ms. Smith! Ich weiß, dass Sie im Gebäude sind! Kommen Sie bitte in den Konferenzraum!«

Sie riss sich zusammen und kroch zurück, wo dieselbe Laientruppe von Possendarstellern auf sie warteten. »Es war nur ein Witz«, erklärte der Präsident und lächelte sie schelmisch an. Die anderen hatten ihn offenbar gewarnt, welche Schäden entstehen könnten, wenn sie mit der Sache an die Öffentlichkeit ginge. Kurz darauf sammelte die Firma die fraglichen Proben ein und schickte sie zurück. Dann gaben sie der Sicherheitsbeauftragen eine ordentliche Gehaltserhöhung und legten ihr nahe, den Mund zu halten, da das Problem ja nun aus der Welt sei. Einen Monat später hatte Smith einen neuen Job, und prompt kamen die Proben wieder ins Labor. Machtkampf beendet.

Die Physiologie des Machtkampfs

Das Erste, was in einem Machtkampf passiert, ist, dass Ihr Körper reagiert, ehe Sie überhaupt wissen, was passiert. Ihre Sinne suchen ständig nach Anzeichen der Gefahr und erkennen automatisch, wenn ein Kollege eine drohende Körperhaltung einnimmt oder ein böses Gesicht macht. Im Vorübergehen grollt der Chef: »Wir müssen uns unterhalten. *Jetzt.*« Keine Zehntelsekunde nach den ersten Anzeichen der Bedrohung –der Grimasse, der ärgerlichen, brüsken Bewegung, dem Tonfall – feuern Signale in Ihrer Amygdala und anderen Reaktionszentren in Ihrem Gehirn. Es dauert erheblich länger, rund eine halbe Sekunde, bis der gemächlichere verbale Teil ihres Gehirns begreift, was passiert, und denkt: »Oh weia.« Doch Ihr Körper ist längst in Aktion.

Das Schöne an ritualisierten Machtdemonstrationen wie der Raubkatzenoptik des Dodge Durango ist, dass die Reaktionen darauf das Bewusstsein oft nie erreichen. Trotzdem machen die anderen unwillkürlich Platz. Die Nebennieren pumpen das Alarmhormon Adrenalin aus, um Muskeln und Organe einsatzbereit zu machen. Gleichzeitig schießen Zehntausende von sympathetischen Nervenfasern Noradrenalin in Ihren Magen, Ihre Speiseröhre, die Schleimhäute in Nase und Mund, Dick- und Dünndarm und andere Muskeln und Organe, vor allem das Rektum, das sich plötzlich zusammenballt.

Ihr Puls geht nach oben. Ihre Adern verengen sich. Ihr Blutdruck steigt. Ihr Magen verkrampft sich. Ihr Gesicht rötet sich. Möglicherweise erleben Sie eine Piloerektion, das heißt, Ihnen stellen sich die Haare auf, so wie die Mähne eines Löwen, der sich vor einem Kampf aufplustert (wenngleich die Wirkung bei uns nackten Affen bedauerlich mager ausfällt). Wenn die Diskussion in Konfrontation umschlägt, dann ballen Sie möglicherweise unbewusst die Faust.

Das Märchen vom Testosteron

Ein Machtkampf oder auch nur die bloße Vorahnung führt unter anderem zu einem Anstieg von Testosteron im Blut, insbesondere bei Männern. Dabei ist es völlig gleichgültig, ob es sich um eine Schlacht auf Leben und Tod mit Streitaxt und Morgenstern handelt oder um eine Diskussion darüber, wo dieses Jahr das alljährliche Firmenpicknick stattfinden soll. Der Mythos will es, dass gute Konferenzen zum Desaster werden und Firmen an die Wand fahren, wenn Männer ihren Testosteronspiegel nicht im Griff haben und sich Auge in Auge, Stirn an Stirn anbrüllen. Währenddessen stehen die Frauen daneben und sehen sich kopfschüttelnd an. Haben sich die Jungs gerade wirklich die Schädel über der Frage eingeschlagen, ob in der Firmenzeitung ein Foto von Snoogy, dem Dackel des Vizepräsidenten, abgedruckt werden soll? Wie Männer, die versuchen, die emotionale Wirkung von Östrogen zu verstehen, stehen Frauen ratlos vor der Testosteronfrage.

Aber keine Sorge, die Männer verstehen es auch nicht. Denn unsere Vorstellungen von der Auswirkung des Testosterons auf Streitigkeiten am Arbeitsplatz und anderswo liegen völlig falsch. Dieses männliche Geschlechtshormon, das bei Männern in der siebenfachen Konzentration vorkommt wie bei Frauen, ist noch immer ein Codewort für Aggression und Gewalt. Doch Biologen haben keinerlei Beweise dafür finden können, dass Testosteron tatsächlich streitlustiger macht. Richtig ist, dass ein hoher Grundpegel an Testosteron meist ein Zeichen für einen selbstsicheren, sozial kompetenten Mann ist, der als Letztes zu offener Aggression greift, um seine Machtansprüche durchzusetzen. Tyrannen, Schläger und andere Soziopathen haben für gewöhnlich *weniger* Testosteron im Blut.

Dazu kommt, so Robert Sapolsky von der Stanford University, dass der momentane Anstieg des Testosteronspiegels in Folge einer Auseinandersetzung viel zu langsam erfolgt, um irgendwelche Auswirkungen auf den Streit selbst zu haben. Der Testosteronlevel erreicht seinen Höhepunkt etwa eine Stunde nach Beginn des Konflikts und hat lediglich zur Folge, dass nach rund 45 Minuten die Stoffwechselrate in einigen Muskelgruppen ansteigt. Der Anstieg des Testosterons scheint vielmehr eine *Folge* der Auseinandersetzung zu sein, nicht ihre Ursache.

Wenn Testosteron in Konflikten am Arbeitsplatz eine Rolle spielt, dann in dem so genannten Siegereffekt. Wer einmal gewonnen hat, gewinnt mit größerer Wahrscheinlichkeit auch ein zweites Mal. Er betritt das Schlachtfeld mit festem Blick und selbstsicherer Haltung, und seine Körpersprache ist die sich selbst erfüllende Prophezeiung des Erfolges, und sei es nur, weil er damit seine Rivalen entmutigt. Es ist möglich, dass ehrgeizige Menschen ihren eigenen Testosteronspiegel manipulieren können, indem sie ihre Kollegen besiegen – beim Squash, bei einem Kickermatch mit den Jungs aus dem Postraum oder beim Schachspiel mit dem Chefstrategen. Diese kleinen Wettkämpfe können Ihren Testosteronspiegel heben und dafür sorgen, dass Sie später den Konferenzraum mit Elan und erhobenen Hauptes betreten – vorausgesetzt, Sie gewinnen. Die Versuchung ist natürlich groß, ein Spiel mit einem Hanswurst wie etwa dem Dickerchen aus der Buchhaltung zu verabreden. Doch unsere Körper-Geist-Dynamik lässt sich nicht so einfach hinters Licht führen, und bei einem von vorneherein sicheren Sieg bleibt der erhoffte Siegereffekt aus.

Eine andere bemerkenswerte Erkenntnis über das Testosteron ist, dass selbst Zuschauer, die innerlich für eine der beiden Seiten in einem Machtkampf Partei ergreifen, den Effekt spüren. Nachdem im Endspiel der Fußballweltmeisterschaft von 1994 Brasilien Italien nach Elfmeterschießen mit 3:2 niedergerungen hatte, erlebten brasilianische Fans einen Testosteronschub, italienische Fans dagegen einen regelrechten Absturz.

Das bedeutet, dass effektive Anführer den Siegereffekt unter ihren Mitarbeitern verbreiten können. So können sie zum Beispiel dafür sorgen, dass die Fließbandarbeiter sich ins Zeug legen, wenn Airbus Boeing einen Auftrag vor der Nase weggeschnappt hat, oder wenn Matsushita einen Markt vor dem Erzrivalen Sony entdeckt. Umgekehrt werden einige Tiere nach wiederholten Niederlagen zu »gelernten Verlierern«. Sie geben auf, ehe ein Wettstreit überhaupt begonnen hat. Führungskräfte, die die Leistung ihrer Mitarbeiter kleinreden, sie für schlechte Ergebnisse verantwortlich machen oder ihre Macht auf andere Weise zu deutlich heraushängen lassen, laufen Gefahr, sich eine Organisation von gelernten Verlierern heranzuziehen.

Cortisol und Konfusion

Bei Männern und bei Frauen führt ein Machtkampf auch zu einem Anstieg des Cortisols, eines weiteren Nebennierenhormons. Anders als beim Testosteron erfolgt der Cortisolschub fast sofort. 15 Minuten nach Beginn eines Konflikts hat sich die Cortisolmenge im Blut verdoppelt, was wegen der Merkwürdigkeiten der Biochemie eine Verzehnfachung der Wirkung bedeutet. Obwohl Cortisol als »Stresshormon« einen schlechten Ruf hat, ist das eine gute Sache. In einem Streit brauchen wir jede Menge Cortisol, um den Blutdruck hoch zu halten, die Glukosekonzentration im Blut zu erhöhen und uns rundum für die Schlacht zu stählen.

In einer Krise zeigen dominante Individuen einen starken Anstieg an Cortisol, der dann rasch wieder auf einen relativ niedrigen Ruhepegel zurücksinkt. Das heißt, sie haben das Zeug, eine echte Bedrohung zu erkennen und ihr zu begegnen. Menschen weiter unten in der Hierarchie haben dagegen oft schon in der Ruhephase einen hohen Cortisolpegel und sind kaum in der Lage, diesen in Stresssituationen noch zu steigern.

Ein erhöhter Cortisollevel erzeugt körperliches Unwohlsein. Auf lange Sicht kann die Wirkung jedoch sehr viel schlimmer ausfallen. Ein chronisch hoher Cortisolspiegel, wie ihn zum Beispiel ein stressiger Job mit häufigen Konflikten, Erniedrigungen und großer Ungewissheit erzeugt, führt unter Umständen zu Bluthochdruck, Muskelschwäche, Diabetes, Osteoporose, Schwächung des Immunsystems, Anstieg der Infektionskrankheiten, Unfruchtbarkeit, Gewichtsverlust in Armen und Beinen und Gewichtszunahme dort, wo Sie es am wenigsten wollen, an Ihrem Bäuchlein. (Vielleicht sieht Dilbert deshalb so aus, wie er aussieht.) Langfristig erhöhte Cortisolwerte können außerdem zu einem Absterben der Zellen in einer Gehirnregion namens Hippocampus führen. In Extremfällen, zum Beispiel bei posttraumatischen Belastungsstörungen oder Depression, beginnt der Hippocampus zu verkümmern, was zu Gedächtnisverlust, Verringerung der Denkfähigkeit und emotionaler Verwirrung führt.

Obwohl der Preis also sehr hoch ist, sind Strategien, die zu hohen Cortisolwerten führen, in einigen Unternehmen an der Tagesordnung.

Einschränkung der körperlichen Bewegungsfreiheit ist zwar eine unorthodoxe, doch nicht selten angewandte Maßnahme – etwa bei Niedriglohnarbeitern, die nachts in Wal-Marts eingeschlossen werden. Oder bei Beratern von Arthur Andersen, die bei Enron in ein Konferenzzimmer eingesperrt wurden und gesagt bekamen, sie dürften den Raum nicht verlassen, ehe sie nicht einen dubiosen Steuertrick im Wert von 270 Millionen US-Dollar abgesegnet hätten.

Auch Schreien ist eine äußerst beliebte Technik. Bei der Bekleidungskette Gap schätzte man unlängst, dass in rund einem Viertel ihrer Produktionsfirmen in Asien psychologischer Druck und Beleidigungen auf der Tagesordnung stünden. Die Kette veröffentlichte diese Zahl in dem für die Branche ungewöhnlichen Versuch, die Arbeitsbedingungen zu verbessern. Andere Unternehmen schließen die Augen vor solchen Missständen oder ermuntern den Verbalterror sogar noch, auch wenn bekannt ist, dass die biochemische Reaktion des Opfers bei dieser Art Machtdemonstration sich kaum von der auf einen körperlichen Angriff unterscheidet. Studien haben sogar gezeigt, dass Verbalattacken emotional fatalere Auswirkungen haben können als Schläge.

Meredith Johnson nahm vor einigen Jahren eine Stelle als Topmanagerin bei einem Automobilzulieferer in Detroit an. Damals herrschte in der Produktion enormer Druck, mit den gestiegenen Verkaufszahlen mitzuhalten. Ihre Stellenbeschreibung allein klang schon furchterregend. Sie war »change agent«, eine Figur, die in den Albträumen der Belegschaft als Außenseiter mit Klemmbrett und Stoppuhr herumspukt, die herausfinden will, wie was noch schneller und noch effizienter gemacht werden kann. Johnson (die in Wirklichkeit anders heißt) schaffte es, dieses Klischee noch zu übertreffen. Sie ließ ihre Unterlinge endlose Berichte über völlig unrealistische Deadlines verfassen. Sie berief Meetings für Montagmorgen um 8 Uhr ein, machte sich aber nicht die Mühe, das Unternehmen vor 10 Uhr mit ihrer Präsenz zu beglücken. Wenn Mitarbeiter ihre Missgunst erregten, dann ließ sie diese vor den Kollegen wissen, sie würde der Personalabteilung Mitteilung machen und sie feuern lassen, wenn sie sich nicht besserten. Innerhalb weniger Monate entließ sie tatsächlich drei ihrer Mitarbeiter. Sie unterhielt sich mit der Personalabteilung aber auch über Kollegen außerhalb ihrer Abteilung, die sie für »verwundbar« hielt.

»Die Angst war so groß, dass sie Nervosität, Schlaflosigkeit und andere körperliche Stresssymptome hervorrief«, erinnert sich ein anderer Topmanager des Unternehmens. »Einer ihrer Mitarbeiter, der dachte, er sei sicher, weil er ihr die Füße küsste, bekam einen Herzinfarkt. Die Leute hatten das Gefühl, sie hätten keinerlei Kontrolle mehr über ihre Jobs und ihre Zukunft.«

Johnsons Schreckensherrschaft dauerte zwei Jahre. Die Mitarbeiter ergaben sich in ihr Schicksal, nicht nur aus Angst, sondern auch, weil Johnson von Anfang an mit dem männlichen Vorstandsvorsitzenden umging, als ob sie dickste Freunde wären. Er bekam ihre dunkle Seite nie zu sehen, und jede Beschwerde hätte ausgesehen wie Wehleidigkeit oder mutwillige Meuterei. Selbst als Johnsons Mitarbeiter schließlich den Mumm aufbrachten, geschlossen bei der Personalabteilung vorzusprechen und ihre Lage zu schildern, gestand das Unternehmen der Dame noch einige Monate zu, sich eine neue Anstellung zu suchen.

Der Schaden, den sie angerichtet hatte, wirkte noch lange nach. Ihre Mitarbeiter, zum Teil altgediente Angestellte, »vertrauten der Firma nicht mehr, für die sie alles getan hatten, als die Verkäufe am Boden waren. Sie werden sich der Firma nie mehr so loyal verbunden fühlen wie vorher.« Es wäre schön, an dieser Stelle berichten zu können, dass Johnson nie mehr eine Anstellung gefunden hätte und bis heute unter, sagen wir, unkontrollierbaren Blähungen leidet. Die traurige Wahrheit ist jedoch, dass es sie nach wie vor gibt und sie ihre Schreckensherrschaft nun im Management einer anderen Automobilzulieferfirma in Detroit fortsetzt.

Wer für solche Chefs arbeitet, versucht für gewöhnlich, Konflikte so rasch wie möglich beizulegen, um den Cortisolspiegel zu senken und die innere Ruhe wiederzufinden. Aufgeben ist eine Möglichkeit: Man vermeidet Augenkontakt und geht nickend rückwärts aus dem Büro des Chefs. Wie Allan Mazur schreibt, nach der Niederlage im Stresswettkampf »ist Unterwerfung der Preis, den man bezahlt, um das eigene Leid zu lindern«. Selbst in Firmen, die ihre Mitarbeiter außergewöhnlich fürsorglich behandeln, gehört die Ehrerbietung gegenüber den Höherrangigen zum Standardverhalten. »Das zustimmende Kopfnicken war eine unwillkürliche Reflexreaktion für uns Partner«, schreiben John Rolfe und Peter Troob in ihrem Buch *Monkey Business*.

»Man hatte uns beigebracht, immer beizupflichten. Konflikt stiftete nur Verwirrung.«

Gehet hin und macht euch eure Kollegen untertan

Einer der bekanntesten Aufsteiger in der Geschichte der modernen Organisationsführung ist ein Schimpanse namens Mike aus Tansania. Anfangs hätte man ihm die Karriere auf der Überholspur gar nicht zugetraut. Dann jedoch entdeckte er, welchen Lärm man mit den leeren Benzinkanistern in Jane Goodalls Camp machen konnte. Mehr noch, er stellte fest, dass er auch Tiere, die in der Hierarchie über ihm standen, zu Tode erschrecken konnte, wenn er durch das Unterholz auf sie zurannte und dabei auf einen leeren Kanister einschlug. An Schimpansenmaßstäben gemessen, handelte es sich um einen Fall ritualisierter Aggression allererster Güte. Um seine Rivalen zu vertreiben, reichte es, wenn er ein böses Gesicht machte und zwei Kanister gegeneinander schlug. Innerhalb von vier Monaten hatte Mike seine früheren Chefs eingeschüchtert und sich zum Alphamännchen der Truppe aufgeschwungen.

Wer lauthals herumkrakeelt, den starken Max markiert und ordentlich auf die Pauke haut, kommt gelegentlich auch am menschlichen Arbeitsplatz voran. Carly Fiorina war beispielsweise als Nachwuchsmanagerin bei Lucent damit beauftragt worden, die aufmüpfigen Angestellten eines unlängst aufgekauften Unternehmens zur Räson zu bringen. Die Angestellten der anderen Firma hielten viel auf ihre Machokultur und spotteten, ihre neuen Bosse seien weibisch und verzärtelt. Als die Unternehmensführung von Lucent eine Frau im Hosenanzug zum Showdown schickte, riskierte sie, genau dieses Vorurteile auch noch zu bestärken. In seinem Buch *Perfect Enough* beschreibt der Wirtschaftsjournalist George Anders, wie Fiorina ihren Vortrag betont freundlich begann, dann aber immer lauter wurde, bis sie schließlich ihr Publikum an Machogehabe übertraf. »Wir bei Lucent halten euch Jungs hier für einen Haufen Cowboys«, sagte sie am Ende ihres Vortrages. »Und ihr haltet uns wahrscheinlich für einen Haufen von Schwuchteln. Es ist Zeit, dass wir einander besser kennen lernen.« Mit diesen Worten trat sie hinter dem Rednerpult hervor, und es wurde eine absurd große Beule im Schritt ihrer Hose sichtbar. (Es waren die Tennissocken ihres Mannes, aber wer wusste das schon?)

»Glaubt mir, wir haben mehr Eier als irgendwer sonst«, sagte sie.

Die Wirkung war ungefähr vergleichbar mit der von Mike, der auf die leeren Benzinkanister einschlug und seine verschreckten Untergebenen auf die Bäume jagte. Es war ein Akt schierer Muskelprotzerei. Doch indem sie sich so geschickt über sich selbst und ihr Publikum lustig machte, trug sie dazu bei, dass beide Seiten über ihre gegenseitigen Vorurteile hinwegkamen. Fiorina wurde später Vorstandsvorsitzende bei Hewlett Packard und gehörte eine Zeit lang zu den mächtigsten Wirtschaftsführern der Welt, ehe ihr brüsker Führungsstil sie zu Fall brachte.

Mike und Carly Fiorina sind Fallstudien für eine spannende neue Theorie darüber, wer wie Macht bekommt und welche Auswirkungen das auf die Mächtigen selbst und auf ihre Umgebung hat. Und nein, es ist nicht unbedingt notwendig, dicke Eier oder leere Benzinkanister zu haben. Was Mike und Fiorina gemeinsam hatten, war eine Eigenschaft, die man im Rahmen der Annäherungs- und Hemmungstheorie als »beschleunigte Persönlichkeit« bezeichnen könnte. Diese Theorie wurde 2003 vom Psychologen Dacher Keltner von der University of California, Deborah Gruenfeld von der Stanford Graduate School of Business und Cameron Anderson von der Stern School of Business vorgelegt.

Diese Theorie beginnt mit einem Gemeinplatz: Macht ist ein zentraler Faktor in allen menschlichen Beziehungen. Oder wie Bertrand Russell einst formulierte: »Der fundamentale Begriff der Sozialwissenschaften ist ›Macht‹, genau wie ›Energie‹ der fundamentale Begriff der Physik ist.« Doch die Theorie geht noch ein paar Schritte weiter und unternimmt den mutigen Versuch, sämtliche Elemente der Macht und Herrschaft in einem einzigen umfassenden Theoriegebäude zusammenzufassen und so unterschiedliche Phänomene unter einen Hut zu bringen wie ritualisierte Aggression, den Siegereffekt, die schlechten Tischmanieren bestimmter Mogule und die Tatsache, dass Frauen Büropolitik für gewöhnlich besser durchschauen als Männer.

Keltner und seine Mitautoren sehen Macht als eine Entscheidung zwischen Annäherung und Offenheit einerseits und Rückzug und Gehemmtheit andererseits. Wir sind wieder am Wasserloch, auch wenn die Autoren die Evolution aus dem Spiel lassen. Keltner behauptet, mächtige Menschen würden Möglichkeiten der Belohnung rascher erkennen und sich eher annähern, sei es Nahrung, Behausung, Aufmerksamkeit, Sex oder Geld.

Bei Menschen mit weniger Macht wird andererseits das Hemmungssystem oder der natürliche Pessimismus stärker aktiviert, was zu größerer Ängstlichkeit, sozialen Zwängen und einer stärkeren Besorgnis wegen Bedrohungen und Strafen führt. Die Autoren streifen die Frage nur, ob wir mit einer Neigung zu Macht oder Unterwerfung geboren werden. Sie interessieren sich viel mehr für die Frage, wie Machtgewinn oder -verlust sich auf unser Verhalten auswirkt. Macht selbst, so die Ansicht der Wissenschaftler, sorgt dafür, dass die Waagschale sich von Hemmung zu Annäherung neigt.

Wir wollen Kekse!

Die Theorie der Annäherung und Hemmung nimmt ihren Ausgangspunkt in der Beobachtung, dass mächtige Menschen eine merkwürdige Abneigung gegen sozial akzeptierte Verhaltensweisen an den Tag legen. Deborah Gruenfeld hatte in der Zeitschriftenbranche gearbeitet und gelegentlich an Meetings des Magazins *Rolling Stone* teilgenommen. Dessen Gründer Jann Wenner hatte die Angewohnheit, in Besprechungen rohe Zwiebeln zu verzehren und immer mal wieder einen kräftigen Schluck Wodka aus der Pulle zu nehmen, ohne seine Gäste an diesen Leckereien teilhaben zu lassen. Lyndon B. Johnson hatte eine Vorliebe dafür, Kabinettsmitglieder, Zeitungsreporter und Unterlinge auf dem Klo sitzend zu empfangen.

Die Körperpflege in Gegenwart von Untergebenen wird meist für eine wunderliche Grille des eigenen Chefs gehalten, erfreut sich aber tatsächlich großer Beliebtheit unter Alphas. Laut Keltners Theorie lässt der Boss auf diese Weise durchblicken, wie enthemmt er ist. Einer der Spitzenmanager der *New York Post* steht zum Beispiel in Redaktionssitzungen gern auf und pinkelt in ein Waschbecken in der Ecke des Raumes. Die Herausgeberin einer Zeitschrift lädt Mitarbeiter und ihre Fußpflegerin zu gemeinsamen Meetings. Einer der Partner einer bekannten Lobbygruppe aus Neu England hat die Angewohnheit, in Besprechungen mit seinen Angestellten laut und kommentarlos zu furzen. Es handelt sich dabei keineswegs um eine Unpässlichkeit, denn diese Flatulenz äußert sich nicht, wenn der betreffende Partner mit Politikern über Millionendeals verhandelt. Es handelt sich auch nicht um eine Einladung an die Mitarbeiter, sich in seiner Umgebung in gleicher Weise völlig frei zu fühlen. Der Untergebene hat die Duftmarke des Alphatieres zu ertragen, nicht umgekehrt.

Keltner und sein Kollege Andrew Ward hatten zuvor einen Test entwickelt, der auf der Annahme basierte, dass Machtbesitz die Sensibilität eines Menschen für sein Umfeld herabsetzt. Sie machten ein Experiment mit je drei Testpersonen, von denen eine willkürlich ausgewählt wurde, den anderen Aufgaben zuzuteilen. Nachdem die drei eine halbe Stunde lang ziemlich langweilige Aufgaben erledigt hatten, kam einer der Wissenschaftler mit einem Teller herein, auf dem fünf Kekse lagen. Die Testperson, die mit der Führungsrolle betraut worden war, griff nicht nur mit größerer Wahrscheinlichkeit nach einem zweiten Keks, sie sprach auch eher mit offenem Mund, bespuckte die Testpartner und bekrümelte den Tisch.

Die Ergebnisse des Keksexperiments – Krümelmonsterexperiment wäre vermutlich die passendere Beschreibung – wurden nie veröffentlicht. Doch sie halfen Keltner und seinen Mitautoren auf dem Weg zu ihrer Theorie der Annäherung und Hemmung. Sie fügten sich wunderbar in eine lange Reihe früherer Studien, die Macht mit etwas in Zusammenhang brachten, das sich jetzt als Annäherungsverhalten identifizieren ließ: Menschen in Machtpositionen sprechen mehr, unterbrechen andere, halten sich nicht an die Redefolge und suchen häufiger Streit. Ihre Körpersprache ist raumgreifender, und sie lächeln weniger (es sind die Untergebenen, die lächeln, um den Alphamenschen zu beschwichtigen und ihre Unterwürfigkeit zu demonstrieren). Sie dringen mit größerer Wahrscheinlichkeit in den Raum ihres Gegenübers ein, berühren den anderen und flirten ungehemmt.

Vorwärts, Krustentiere

Wissenschaftler testen derzeit, inwieweit die Theorie der Annäherung und Hemmung tatsächlich helfen kann, das Phänomen Macht zu verstehen. Angenommen, die Theorie hält der Untersuchung stand, dann bietet sie uns eine Erklärung für das Verhalten von Lebewesen vom Spulwurm bis zum Vorstandsvorsitzenden eines Global Players.
Es hat jedenfalls ganz den Anschein, als passte die Theorie sogar zu den biochemischen Vorgängen, die dem Machtverhalten zugrunde liegen. Serotonin ist ein Neurotransmitter, der die Übertragung von Signalen zwischen Nervenzellen im Gehirn ermöglicht. Eine Zunahme an Serotonin lässt Menschen entspannter, selbstsicherer und bestimmter auftreten. Verfügt ein Mensch dagegen über weniger Serotonin, dann führt das dazu, dass er unsicherer, streitsüchtiger und impulsiver wirkt. Antidepressiva wie Prozac verändern den Serotoninspiegel. Wissenschaftliche Untersuchungen haben ergeben, dass Serotonin im Zusammenhang mit Macht eine Rolle spielen könnte. Eine Meerkatze produziert umso mehr Serotonin, je weiter oben sie in der Hierarchie steht. Vollberechtigte Burschen in einer studentischen Verbindung haben ebenfalls mehr Serotonin als Füchse – nicht, weil sie bereits so geboren wären, sondern weil Macht die Biochemie des Körpers beeinflusst.

Aus der Sicht der Theorie der Annäherung und Hemmung ist es besonders interessant, dass Serotonin seine Karriere in der Evolutionsgeschichte offenbar als Chemikalie begann, die rotes oder grünes Licht für Handlungen gab. In einfachen Organismen wie Krustentieren ist die Funktion einfach: Ein Anstieg an Serotonin regt das motorische System zu gesteigerter Aktivität an, ein Rückgang dagegen hemmt den Bewegungsdrang.

Diese Einrichtung garantiert das Überleben des Tieres. Wenn das Nahrungsangebot reichlich ist, dann ist Bewegung notwendig, um Futter suchen und zu sich nehmen zu können. Lauern aber Fressfeinde in der Nähe, dann ist es besser, sich nicht vom Fleck zu rühren, um nicht entdeckt zu werden. Es sieht ganz danach aus, als wäre Serotonin früher ein einfacher Annäherungs- und Hemmmechanismus gewesen und hätte sich erst später zu einem Schlüsselfaktor in den beschleunigten

Persönlichkeiten der Chefs und den gehemmten Verhaltensweisen ihrer Mitarbeiter gemausert.

Achtung Macht!

Selbst wenn wir uns eingestehen, dass wir von Spulwürmern und Meerkatzen etwas über Macht und Herrschaftsverhalten bei Menschen lernen können – hilft uns Keltners Theorie wirklich weiter? Kann sie dazu beitragen, dass sich Menschen am Arbeitsplatz intelligenter verhalten? Noch stehen keine Armeen von hochbezahlten Beratern bereit, um die beglückende Botschaft in die Unternehmen zu tragen. Doch das wird nicht mehr lange auf sich warten lassen, denn Menschen, die nicht verstehen, wie Macht funktioniert, laufen Gefahr, ihr zum Opfer zu fallen. Es ist sogar hochgradig wahrscheinlich, dass sie ihr unterliegen, denn eine der zentralen Eigenschaften, um die es hier geht, ist ja eine gewisse Blindheit gegenüber dem Umfeld.

»Wir nehmen an«, schreiben Keltner und seine Mitautoren, »dass Macht unser Annäherungssystem aktiviert, ohne dass uns die Wirkung bewusst würde. In der Tat sind sich Menschen in Machtpositionen ihres Umfeldes in sehr viel geringerem Maße bewusst als andere.« Wir haben es ja schon immer gewusst: Der Chef lebt wirklich in seiner eigenen Welt. Aber es geht nicht nur unserem Chef so, es gehört untrennbar zum Chef-Sein dazu. Wenn die Macht wächst, dreht das Annäherungssystem hochtouriger, die Hemmungen werden abgeschaltet und der Boss nimmt immer weniger von seiner Umwelt wahr. Und allzu oft überschätzt er sich dabei selbst.

Angetrieben von ihrem übersteigerten Machtgefühl schmücken sich Chefs gern mit der Arbeit ihrer Untergebenen, die sich auf die Zunge beißen und abwarten. Deshalb reagieren viele Chefs auf schlechte Nachrichten mit Verärgerung (weil sie denken, das irgendetwas hätte getan werden müssen) und Menschen weiter unten in der Hierarchieleiter mit Schuldgefühlen und Traurigkeit (weil sie denken, dass sie irgendetwas falsch gemacht oder versäumt haben).

Laut Keltner und seinen Koautoren verstehen Menschen in Machtpositionen soziale Ereignisse häufig schematischer und weniger komplex. Das mag daran liegen, dass sie zu viel um die Ohren haben. Es kann aber genauso gut sein, dass sie sich weniger Sorgen um die Folgen ihres Handelns machen müssen.

Um herauszufinden, ob Macht tatsächlich eine Art Autopiloten einschaltet, analysierte Deborah Gruenfeld eine Auswahl von Urteilsbegründungen des Obersten Gerichtshofes der Vereinigten Staaten. Dabei stellte sie fest, dass diese Begründungen umso simpler und barscher ausfielen, je größer die Gruppe der Richter war, die die Entscheidung befürworteten. Je kleiner die Mehrheit (und, so die Schlussfolgerung, je größer die Hemmungen der Autoren), desto abwägender und komplexer die Begründung. Das heißt, die Begründungen der Richter wurden dadurch bestimmt, wie viel Macht sie im Rücken hatten.

Aber wie kann die Kenntnis dieser Naturgesetze der Macht helfen, intelligenter mit ihr umzugehen? Wie kann eine kluge Führungskraft diese Gesetze nutzen, um Machtkämpfe zu gewinnen, wo immer es nötig ist, ohne andere Menschen dabei niederzutrampeln und unnötig gegen sich aufzubringen? Die Theorie der Annäherung und Hemmung bietet einige nützliche Hinweise:

Manchmal kann es durchaus hilfreich sein, einen *Anführer mit einem gesteigerten Machtbewusstsein* zu haben, der den Mumm hat, die Ängste abzuschütteln und zu rufen: »Zum Teufel mit dem Wellengang! Volle Kraft voraus!« Es kann aber auch katastrophale Auswirkungen haben. AT&T-Chef C. Michael Armstrong ging beispielsweise in den Boomjahren Ende der Neunziger auf Einkaufstour und ramschte reihenweise Kabelfirmen zusammen. Gerade einmal drei Jahre später musste er diese Unternehmen wieder verkaufen und fuhr einen Verlust von 50 Milliarden US-Dollar ein. Zum Vergleich: Als SBC Communications Anfang 2005 ein Angebot für AT&T vorlegt, betrug der Wert des Unternehmens insgesamt gerade einmal 15 Milliarden US-Dollar. Eine Kenntnis der Mechanismen von Annäherung und Hemmung sollte bei Menschen in Machtpositionen ein Bewusstsein dafür schaffen, dass sie allzu oft geneigt sind, widersprechende Informationen zu ignorieren und Informationen zu bevorzugen, die ihre Meinung zu bestätigen scheinen.

Eine Möglichkeit, sich diese *Fähigkeit zur Selbstkritik* zu erhalten, ist ein enges Verhältnis zu Angestellten, die in der Hierarchie verhältnismäßig weit unten stehen, denn Menschen mit weniger Macht sehen die Welt für gewöhnlich mit unverstellterem Blick als ihre Bosse. Die Logik ist ganz einfach. Während Menschen an den Schalthebeln der Macht vor allem die Belohnungen im Auge haben, sehen die Menschen im Maschinenraum vor allem die Kosten. Sie müssen genau darauf achten, was in ihrem Umfeld vor sich geht, denn sie sind sehr viel verwundbarer für alle möglichen Bedrohungen, von Entlassungen bis zu fiesen Aufgaben, die niemand sonst erledigen will. Der Psychologe Robert Sapolsky hat dies in einen unvergesslichen Aphorismus gepackt: »Wenn Sie wissen wollen, ob der Elefant im Zoo Magenprobleme hat, fragen Sie nicht den Tierarzt, sondern den Wärter, der den Käfig reinigt.« Ein kluger Chef schätzt seine Assistentin und verlässt sich auf ihren Rat.

Auch wenn es niemand laut sagt, ist eine der wichtigsten Aufgaben einer guten Assistentin oder eines guten Assistenten, ein zweites Paar Augen und Ohren für den Chef zu sein, Klatsch mit anderen Assistenten auszutauschen und all die kleinen Hinweise zu sammeln, die auf bevorstehende Ereignisse hinweisen, die den Chef sonst unvorbereitet treffen könnten. Wissenschaftliche Untersuchungen haben gezeigt, dass Frauen in der Regel die besseren sozialen Antennen haben. Das hat nicht unbedingt etwas damit zu tun, dass Angehörige des weiblichen Geschlechts automatisch sensibler auf die feinen Nuancen menschlichen Verhaltens reagieren. Frauen haben immer wieder bewiesen, dass sie sich in Machtpositionen genauso dumm und unsensibel verhalten können wie ihre männlichen Kollegen. Doch Frauen haben noch immer weniger Macht als Männer. Für sie ist die Aufmerksamkeit für die Bedürfnisse des anderen eine Überlebensstrategie, die sie im Laufe der Evolution entwickelt haben, um sich durch bedrohliche Situationen zu schlängeln.

Da Menschen weiter unten auf der Hierarchieleiter *empfindlichere Sensoren für ihr Umfeld* haben, kann es auch von Vorteil sein, Menschen mit weniger Macht wichtige Verhandlungen führen zu lassen. Keltner und seine Mitautoren verweisen auf Studien, die belegen, dass die Mächtigen »oft die unausgesprochenen Interessen ihres Gegenübers übersehen«. Weniger mächtige Verhandlungsführer sind sich dessen nicht nur bewusster, sie sind auch eher in der Lage, Lösungen zu finden, die für beide Seiten akzeptabel sind.

Mächtige Menschen vergessen allzu oft, dass ihr Ehrgeiz bei ihren

Mitarbeitern *ein Gefühl der Bedrohung* hervorrufen kann. Das wird vor allem dann gefährlich, wenn Mitarbeiter Angst haben, ihre Meinung zu sagen und den Chef daran zu hindern, in eine offensichtliche Falle zu laufen. Chefs neigen nicht selten dazu, ihre Mitarbeiter einzuschüchtern und, schlimmer noch, sie in Schubladen zu stecken. Das liegt nicht daran, dass sie von Natur aus engstirnige Menschen wären, sondern daran, dass sie als Chef auf Autopilot sind. Eine Studie zeigte, dass schon Studenten, die immer mehr Macht gewannen und Mitarbeiter anstellten, die Bewerber immer weniger als Einzelpersonen und immer mehr als Stereotypen sahen.

Diese Kombination aus Einschüchterung und Schubladendenken kann eine giftige Mischung ergeben. In einer anderen Studie brachten Schwarze dieselben Testergebnisse wie Weiße, bis man sie mit ihrer Hautfarbe konfrontierte. Frauen schnitten bei Mathetests genauso gut ab wie Männer, es sei denn, man sagte ihnen, der Test solle Geschlechterunterschiede belegen.

Menschen in Machtpositionen müssen sich bewusst sein, dass ihre verschobene Sicht der Welt sie in die schlimmsten öffentlichen Skandale stürzen kann. Dieselben hochtourigen Charaktereigenschaften, die John Rigas befeuerten, eine kleine Kabelfirma zu gründen und daraus eine große Aktiengesellschaft aufzubauen, ließen ihn auch weiter in der Annahme leben, Adelphia Communications sei nach wie vor »seine« Firma und alle würden sich seinem Willen beugen. Rigas und einer seiner Söhne wurden schließlich verurteilt, 2 Milliarden US-Dollar aus der Unternehmenskasse gestohlen und die Firma in den Bankrott gestürzt zu haben.

> Arbeit sei zweifelsohne eine gute Sache, schrieb der Essayist E. B. Whyte einst. Doch er hatte offensichtlich ein bisschen zu viel Zeit über seiner Schreibmaschine zugebracht, denn er fuhr fort: »Ich wünschte, ich könnte das tun, was mein Hund gerade macht, der sich in etwas Stinkendem herumrollt, das er am Strand gefunden hat, um dessen Geruch anzunehmen. Wie leicht er es doch hat, seinen Status aufzuwerten und seine Persönlichkeit zu bereichern!« ■

Auf die Knie und hoch den Hintern: Strategien für Mitarbeiter

Wir bewundern unsere Spitzenmanager wie ein Hund, der treu bei einem Bettler bleibt, auch wenn der verrückt, verlaust und schizophren ist. Wir verschließen die Augen davor, doch unsere Nase verrät uns, was die Welt von ihnen hält. Wir wissen besser als jeder andere, zu welchen Selbsterniedrigungen und Grausamkeiten sie fähig sind. Trotzdem laufen wir ihnen hinterher.

Robert Chalmers, Who's Who in Hell

Wir haben inzwischen oft genug mit ansehen dürfen, wie gründlich ein Vorstandsvorsitzender seinen Aufsichtrat um den kleinen Finger wickeln kann. Dieser Magie erliegen selbst die Mächtigen dieser Welt. Beim internationalen Medienriesen Hollinger International begegnete der Aufsichtsrat dem kanadischen Zeitungsboss Conrad S. Black mit großer Demut und Unterwürfigkeit. Im Jahr 2004 verfasste Hollinger in Zusammenhang mit einer schmutzigen Trennung von Black einen Bericht für die Börsenaufsicht, in dem dieser bezichtigt wurde, das Unternehmen »systematisch geplündert« zu haben. Black erwiderte, der Bericht sei voller »übertriebener Behauptungen und Lügen«. Niemand bestritt jedoch Hollingers eigenes Eingeständnis, der Aufsichtsrat sei seiner Aufsichtspflicht mit »Lässigkeit«, »Willfährigkeit« und »Passivität« nachgekommen.

Der Aufsichtsrat von Hollinger stimmte beispielsweise zu, zwei Regionalblätter für den symbolischen Betrag von einem US-Dollar an eine Firma zu verkaufen, die sich rein zufällig in Blacks Privatbesitz befand. Niemand hinterfragte die Logik dieses Deals. Blacks Firma verkaufte die Blätter wenig später für 730000 US-Dollar weiter. Ein weiteres Regionalblatt verschwand für einen Dollar in Blacks Tasche, obwohl Hollinger ein Gegenangebot von 1,25 Millionen US-Dollar vorlag.

Zu dieser Zeit machte Black seine Frau Barbara Amiel zur »stellvertretenden Herausgeberin« des Hollinger-Konzerns und überwies ihr ein stattliches Jahresgehalt von 1,1 Millionen US-Dollar. Je nachdem, wem man Glauben schenkt, fiel es in Amiels Aufgabenbereich, »an wichtigen Personalentscheidungen mitzuwirken« und »herausgeberischen Rat zu geben« oder aber »Zeitung zu lesen, zu Mittag zu essen und mit ihrem Ehemann über das aktuelle Geschehen zu plaudern«. Außerdem steuerte Amiel gelegentlich eine Kolumne in Hollingers britischem Flaggschiff, dem *Daily Telegraph* bei, und Black beschwerte sich bitter, mit einem durchschnittlichen Jahreseinkommen von 247 000 US-Dollar sei sie völlig unterbezahlt.

Als Black eine Biografie von Franklin D. Roosevelt verfasste, unterstützte ihn der Hollinger-Konzern großzügig, indem er Erinnerungsstücke aus dem persönlichen Besitz von Roosevelt, darunter persönliche Schriftstücke, für insgesamt 9 Millionen US-Dollar zusammenkaufte. Aus unerfindlichen Gründen fand Black erst zwei Jahre später eine Gelegenheit, den Aufsichtsrat um Erlaubnis für eine einzelne Anschaffung in Höhe von 8 Millionen US-Dollar zu bitten, und dann auch nur im Verlaufe einer 75-minütigen Telefonkonferenz, in der zahlreiche andere Themen auf der Tagesordnung standen. Doch nachdem Black versichert hatte, dass die Dokumente ihren Preis wert wären, wenn nicht mehr, segnete der Aufsichtsrat den Deal großzügig ab. (Black vergaß allerdings zu erwähnen, dass er selbst der Verkäufer war und nur 3,5 Millionen US-Dollar für die Papiere bezahlt hatte.) Doch der Großteil der Sammlung gelangte nie in die Archive von Hollinger, sondern dekorierte Blacks Privatvilla. Nach der Trennung von Black gelang es Hollinger, die Papiere zurückzuerhalten und zu verkaufen – mit einem Verlust von 5,6 Millionen US-Dollar. Eine »wohlinformierte Person« erzählte der *New York Times*: »Es war gar nicht so einfach, zu ihm hinzugehen und zu sagen: ›Du musst uns die Papiere geben oder sie bezahlen.‹«

Zu den Aufsichtsräten, die nicht in der Lage waren, diese so einfache wie berechtigte Forderung zu stellen, gehörten immerhin so namhafte Größen wie der frühere US-Verteidigungsminister Henry A. Kissinger, der langjährige kalte Krieger Richard N. Perle und Alfred Taubman, der frühere Vorstandsvorsitzende von Sothebys. Diese Titanen scheinen erst eingeschritten zu sein, als wütende Aktionäre Gerichtsverfahren gegen

Black und andere Manager anstrengten und sie beschuldigten, in die eigenen Taschen gewirtschaftet zu haben.

Was ging da vor im Aufsichtsrat von Hollinger? Es ist nur natürlich, sich dem Alphatier zu unterwerfen, zumal einem Alpha, wie Black es einer war. Black war ein selbstherrlicher Monarch, von dem es im Bericht an die Börsenaufsicht heißt, er sei »unendlich begabt darin, seine persönliche Aura einzusetzen«, um seinen Willen durchzudrücken. Er hatte die Aktiengesellschaft Hollinger um seine absolutistische Herrschaft herum aufgebaut und dafür gesorgt, dass er 70 Prozent der Stimmrechte besaß, obwohl ihm gerade einmal 19 Prozent des Unternehmens gehörten. Der Bericht an die Aufsichtsbehörde kommt zu dem Schluss, Black und andere Manager hätten darüber hinaus sichergestellt, dass Entscheidungen in ihrem Sinne gefällt wurden, indem sie dem Aufsichtsrat lückenhafte Berichte, verzerrte Darstellungen und Lügen zufütterten.

Black blendete seine Aufsichtsräte mit dem Glamour der High Society, an deren Himmel er und seine Frau Amiel als helle Sterne erstrahlten. Und wenn das nicht half, räumte er jeden, der sich ihm in den Weg stellte, mit Beschimpfungen und Einschüchterungen beiseite. Als er vor das Komitee geladen wurde, das seine Geschäftsführungspraktiken untersuchen sollte, verunglimpfte Black seine Inquisitoren und drohte, sie wegen Verleumdung vor Gericht zu zerren, und zwar in Kanada, wo ihm die Rechtsprechung besonders entgegenkam. Richard Breeden, früherer Vorsitzender der Börsenaufsicht, gab später zu Protokoll: »Mr. Black beginnt viele seiner Ausführungen, indem er Drohungen gegen sämtliche Anwesenden ausstößt.«

Macht ist leicht zu verstehen. Aber wie steht es mit Unterwerfung? Wie konnten sich gestandene Persönlichkeiten wie Kissinger oder Perle einem despotischen Vorstandsvorsitzenden so bedingungslos unterwerfen, dass sie schließlich selbst Gefahr liefen, wegen Vernachlässigung ihrer Aufsichtspflicht zur Verantwortung gezogen zu werden? Aufsichtsräte sind seit jeher perfekte Chamäleons: »Aufsichtsratsmitglieder haben die Fähigkeit, einen Raum zu betreten, innerhalb von 10 Sekunden die Unternehmenskultur in sich aufzusaugen und sich ihr anzupassen. Das ist das Auswahlkriterium«, schreibt Nell Minow, Gründer von Corporate Library, einer Investmentberatungsfirma. Für die Dauer einer Aufsichtsratssitzung gönnen sie ihrem eigenen Machttrieb eine Atempause und verwandeln sich in Spiegel für den Glanz desjenigen Menschen, der sie an den Tisch geholt hat. Es ist so, als hätte der Kapitän sie an Bord seines Schiffes eingeladen, und nun wäre es unhöflich, wenn nicht sogar eine Beleidigung, seine Seemannskunst zu kritisieren. Es gibt viele Beispiele für dieses Verhalten, selbst wenn der Kapitän einen Kurs steuerte, der nur von seinen eigenen Interessen bestimmt war.

In der Debatte um Unternehmensführung, die nach dem Untergang von Enron losbrach, wurde unter anderem die Frage aufgeworfen, ob man dieses traditionelle Verhältnis verbessern könne, indem man die Zusammensetzung des Aufsichtsrats verändert. Es kam jedoch niemand auf den Gedanken, welche Rolle die menschliche Natur dabei spielt. Zwar ergeben sich Menschen ihren Alphas nicht so bedingungslos wie andere Herdentiere. Wir sind flexibler, können uns von Gruppe zu Gruppe bewegen und mal die Rolle des Alpha, mal die des Beta einnehmen. Doch wir sind und bleiben Primaten, wir lassen uns von der Macht blenden und von den wichtigen Fragen ablenken, trotz nobelster Absichten und guter Vorsätze.

Als Henry Kissinger Macht als Aphrodisiakum beschrieb, war er zu sehr Gentleman, um sich selbstgefällig über seine eigene Knie-erweichende Wirkung auf Frauen auszulassen. Wahrscheinlich meinte er die aphrodisierende Wirkung, die die Macht anderer auf ihn selbst hatte. Oder wie die herausragende Kolumnistin Barbara Amiel einst schrieb: »Macht ist sexy, nicht nur um ihrer selbst willen, sondern auch, weil sie dem Mächtigen Selbstsicherheit verleiht und jedem, der sich ihr nähert, einen Schauer der Unterwürfigkeit über den Rücken jagt.«

Der Schauer der Unterwürfigkeit

Doch wir müssen gar nicht bis zur obersten Spitze der Unternehmenswelt hinaufsteigen, um zu beobachten, welchen Einfluss Herrschaft auf das Verhalten der Untergebenen hat. Ein Blick auf jede beliebige Menschengruppe oder Organisation reicht völlig aus. So wie sich Alphamenschen in die Brust werfen und einen gebieterischen Ton anschlagen, verfallen ihre Unterlinge instinktiv in das entgegengesetzte Verhalten. Wir erkennen unsere Unterlegenheit mit unserer Körperhaltung, unserer Stimmlage, unserem Gesichtsausdruck und unseren Worten an. Meistens sind wir uns dieser Unterwerfungsgesten gar nicht bewusst, und wir würden es vermutlich entrüstet abstreiten, wenn uns jemand darauf hinweisen würde. Den Chef anders zu behandeln als andere Menschen, das wäre ja Kriecherei, und das ist nur etwas, dessen sich andere schuldig machen. Doch Wissenschaftler behaupten, dass wir es alle tun, zwar in unterschiedlichem Maße, doch als automatische, unbewusste Reaktion auf das typische Annäherungsverhalten des Alphatieres.

Beginnen wir mit einem zugegeben etwas extremen Beispiel aus dem Tierreich. Schimpansen verhalten sich manchmal so offensichtlich unterwürfig, dass es genau so schwer fällt, nicht darüber zu lachen, wie die peinlichen Ähnlichkeiten zu unseren eigenen Kriechereien zu übersehen. Beim Primatologen Frans de Waal ist nachzulesen, dass ein Unterling Stöhn-Grunz-Laute ausstößt (ein ergebenes, Kissingereskes uhuhuh-Gemurmel) und gleichzeitig eine Position einnimmt, »in der er von unten zu dem anderen aufsieht, den er so grüßt. In den meisten Fällen macht er eine Reihe von tiefen Verbeugungen, die so schnell hintereinander kommen, dass das Verhalten als ›dopsen‹ bekannt ist. Manchmal bringt der ›Grüßer‹ einen Gegenstand mit, einen Stock oder ein Blatt, streckt dem Höhergestellten seine Hand hin oder küsst seine Füße, seinen Hals oder seine Brust. Der dominante Schimpanse reagiert auf diese ›Begrüßung‹, indem er sich aufrichtet und seine Haare sträubt. Die beiden Affen wirken bemerkenswert unterschiedlich, auch wenn sie in Wirklichkeit gleich groß sind. Der eine kriecht fast im Staub, der andere nimmt in königlicher Pose den Gruß entgegen.«

Wenn wir das lesen, denken wir möglicherweise eher an mittelalterliche Feudalherren und ihre Leibeigenen denn an neuzeitliche Aktiengesellschaften oder selbst Sweatshops in der Dritten Welt. Doch der einzige Unterschied ist, dass der moderne Mensch Möglichkeiten gefunden hat, seine Unterwürfigkeit auf subtilere Art und Weise auszudrücken. Wenn Menschen die Umgebung eines mächtigeren betreten, dann beugen sie sich oft leicht vor und senken den Kopf. Sie sehen öfter auf den Boden, als selbst das interessanteste Teppichmuster rechtfertigen würde. Sie dopsen nicht, doch sie finden die vielfältigsten Gründe zu nicken. Sie kriechen zwar nicht, doch sie halten die Hände an der Seite und vermeiden außer dem Händeschütteln jegliche ausladende Bewegung. Wenn sie in ein Meeting kommen, das bereits begonnen hat, dann nehmen sie oft übertriebene Beschwichtigungshaltungen ein, sie machen sich klein, trippeln auf Zehenspitzen zu ihrem Platz, die Arme angelegt, die Lippen zu einem entschuldigenden und zerknirschten Lächeln zusammengepresst. Wenn der Boss dagegen zu spät kommt, dann stürmt er in den Raum, eilt mit raumgreifenden Schritten zu seinem Ehrenplatz, breitet sich dort aus und läutet lautstark die Runde ein.

Der Unternehmensberater Bernie DeKoven hat oft beobachtet, wie Chefs sich unbewusst größer machen, während sie ihren Untergebenen eine Zwangshaltung aufdrücken. Der Chef wartet, bis die Konferenz begonnen hat, dann steht er auf, um zu der Gruppe zu sprechen und zieht als Erstes seine Jacke aus. Niemand sonst in der Runde kann es sich bequem machen, ohne selbst aufzustehen und auf sich aufmerksam zu machen, was einem Akt der Rebellion gleichkäme. (Mit seinem Institute for Better Meetings hat DeKoven 15 Jahre lang vergeblich versucht, in Konferenzen eine Atmosphäre der Kooperation zu schaffen. Er musste schließlich einsehen, dass »Konferenzen Zeremonien sind, die dazu dienen, Hierarchien zu verstärken, die Leute daran zu erinnern, wer der Chef ist und jeden zu loben oder zu bestrafen, der es nicht ist«. Wenn wir uns das endlich eingestehen würden, wären Konferenzen erheblich kürzer und weniger kostspielig.)

Auch die Mimik der Untergebenen signalisiert ihre Unterwerfung. Sie pressen die Lippen öfter zusammen oder saugen sie nach innen, alles unbeabsichtigte Anzeichen, dass sie ihre wahren Gefühle nicht preisgeben wollen. Sie lächeln öfter, um ihre Kooperationsbereitschaft und Zustimmung zu signalisieren. Was nicht heißt, dass sie glücklich sind. (Um einen alten Spruch zu bemühen, der eigentlich auf Männer und Frauen gemünzt war: Untergebene lächeln, wenn sie eine Freude machen wollen, Chefs, wenn sie sich freuen.) Nicht selten empfinden sie sogar Ärger, doch sie achten sorgfältig darauf, es sich nicht anmerken zu lassen. Sie sind jedoch gleich bei der Hand, wenn es darum geht, Scham oder Verlegenheit zu zeigen.

Wir geben uns gern dem Glauben hin, dass es sich hierbei um individuelle Reaktionen handelt, die wir unter unserer Kontrolle haben.

Tatsächlich jedoch gibt es ein biologisches Skript sowohl für die Muskelbewegungen als auch für deren soziale Funktion. Verlegenheit wird beispielsweise fast immer nach demselben Muster zum Ausdruck gebracht: Erst sehen wir weg, dann versuchen wir, ein Lächeln zu unterdrücken, schließlich lächeln wir wider Willen doch, versuchen es erneut zu unterdrücken, senken dann den Kopf und berühren schließlich unser Gesicht. Scham ist einfacher, wir senken den Blick und lassen den Kopf hängen. Diese Signale erinnern laut Dacher Keltner an die »Beschwichtigungssignale anderer Gattungen, die den Blick abwenden und ähnliche Gesten einsetzen, indem sie den Kopf senken, sich klein machen, den eigenen Körper berühren oder sich putzen«.

Wenn wir diese Signale an unserem Gegenüber wahrnehmen, ist unsere Reaktion genauso biologisch vorprogrammiert: Verlegenheit ruft Mitgefühl hervor, und es wird weniger wahrscheinlich, dass die betreffende Person bestraft wird. Stellen Sie sich nur das erschrockene Gesicht eines Kindes vor, dass eben ein Glas umgeworfen hat, und denken Sie daran, wie dieses Gesicht Sie erweicht und vielleicht sogar zum Lächeln bringt, obwohl Sie eigentlich böse werden wollten. Verlegenheit bringt den Beobachter dazu, »zu lachen und die Situation herunterzuspielen«, so Keltner, weil sie die Distanz verringert, die durch das vorangegangene Missgeschick entstanden ist.

Das oben beschriebene Verhaltensmuster der Verlegenheit umfasst tatsächlich noch zwei weitere Schritte: Die Betroffenen lachen gemeinsam, dann wenden sie sich einander zu wie von einem Magneten angezogen und berühren einander. Wenn der Schuldige Verlegenheit oder Scham zum Ausdruck bringt, dann zeigt er, dass er die Normen der Gemeinschaft anerkennt und sich an sie halten möchte.

Und es funktioniert. Menschen, die sich danebenbenehmen, Kinder, die Unfug machen, und selbst Politiker, die bei einer Lüge ertappt werden, »werden mehr gemocht und weniger bestraft, wenn sie Verlegenheit und andere unterwürfige Verhaltensweisen zur Schau stellen«. In gestellten Gerichtsverhandlungen, die Keltner mit Testpersonen durchführte, bekam ein angeklagter Drogenhändler, der seine Zerknirschung und Reue zum Ausdruck brachte, eine kürzere Strafe und wurde schneller auf Bewährung entlassen als einer, der sich neutral verhielt oder gar einer, der die Jury verhöhnte.

Worte bieten noch weit ausgefeiltere Möglichkeiten, um Unterwerfung zum Ausdruck zu bringen. Unsichere Untergebene tun alles, um energische oder gar kontroverse Aussagen zu vermeiden, da sie dauernd befürchten müssen, ein Streit könne ihrem Verhältnis zum Chef schaden. (Laut Bericht an die Börsenaufsicht waren sich die Vorstände bei Hollinger im Klaren darüber, »dass Black sofort jeden entfernen würde, der sich seinem Diktat ernsthaft widersetzte. So etwas gab es in *seiner* Firma nicht.«) Sie bauen vorsichtige Formeln wie »ich würde sagen« oder »irgendwie« ein, um ihre Aussagen abzuschwächen oder gleich wieder zurückzunehmen. Bei Aussagesätzen zittert sich die Stimme am Ende des Satzes unsicher nach oben, oder die Aussage verwandelt sich plötzlich in eine Frage, indem rasch ein »oder?« nachgeschoben wird. Beliebt ist auch die selbsterniedrigende Präambel in der Art von »Ich weiß nicht, ob es das ist, was Sie meinen, aber ...«

Die respektvolle Herausforderung

Das Leben eines Mitarbeiters ist voller Fallstricke und Fußangeln. In einem Unternehmen ging es so weit, dass der Chef bei einer Sitzung mit zweien seiner Stellvertreter die Schuhe und Strümpfe auszog und sie aufforderte, an seinen Füßen zu riechen. »Er bestand darauf, dass sie nach Erdbeertorte rochen«, berichtete einer der beiden später. Leider ist nicht überliefert, ob er und sein Kollege es tatsächlich nachgeprüft haben.

Ein schwieriger Chef kann seine Angestellten unbedacht zu extremen Maßnahmen greifen lassen. So hörte beispielsweise eine Reinigungskraft in einem Krankenhaus in Kalifornien von B. F. Skinners Verhaltensforschung. Für Skinner, dessen enge, mechanistische Sichtweise des Sozialverhaltens längst auf dem Abfallhaufen der Geschichte gelandet ist, bestand Verhalten aus konditionierten Reflexen, die durch die richtigen Reize gefördert oder unterdrückt werden könnten. Unter anderem beschrieb er den »Erfolg der Annäherung«: Wenn Sie einen Hund jedes Mal belohnen, wenn er dem gewünschten Ziel ein Stückchen näher kommt, dann wird er dieses Ziel früher oder später erreichen. Also dachte sich unser Putzmann, mit Skinners Technik müsse es doch möglich sein, seine Chefin abzurichten wie einen schlecht erzogenen Hund.

»Wenn ich morgens auf die Arbeit gekommen bin, dann habe ich gesehen, dass ich in der Gruppe drei war«, erzählte er stolz im Radio. »Darauf hatte ich aber keine Lust. Aber ich bin erst zu ihr rein und hab gesagt: ›Sie wollen, dass ich heute in Gruppe drei bin?‹ Und sie hat mir ins Gesicht geschaut und ja gesagt. Und wenn der Boden dreckig war, dann habe ich sie gefragt: ›Wollen Sie, dass ich das sauber mache?‹ Und sie hat mir ins Gesicht geschaut und ja gesagt. Und nachdem ich das ein paar hundert Mal gemacht hatte, hat sie nur noch ja gesagt, wenn sie mein Gesicht gesehen hat.« Er behauptet, er habe sie um freie Nachmittage bitten können, und sie hätte wieder ja gesagt. »Wir sind echte Freunde geworden, und es war nicht mehr schwer, sie zum ja sagen zu bringen, wir hatten ja eine gute Beziehung.«

So einfach ist das also: Wenn Sie bereit sind, denn schlimmsten Dreck der übelsten Patienten im verrücktesten Irrenhaus aufzuwischen, dann ist Ihr Chef vielleicht auch mal nett zu Ihnen. Einige unterdrückte Angestellte und Besitzer schlecht erzogener Hunde mögen sich fragen, wer da eigentlich wen abrichtet. Es muss doch auch bessere Methoden geben, oder? Es muss doch Möglichkeiten geben, jemandem seinen Respekt zu erweisen, ohne Zehen zu schnüffeln oder sich auf den Boden zu werfen?

In Wahrheit gehört nämlich Rückgratlosigkeit bei den wenigsten Jobs zu den Einstellungsvoraussetzungen. Es ist lediglich eine Eigenschaft, die Chefs bewusst oder unbewusst durch ihre markige Persönlichkeit fördern. Auch viele Unternehmen pflegen dank ihrer manipulativen Managementpraktiken das Jasagertum. Eine Führungskraft muss schon einigermaßen selbstsicher sein, um seine Mitarbeiter zu ermutigen, sie sollen seine Vorschläge kritisieren, ihren eigenen Weg gehen oder ihn dazu bewegen, seine Meinung zu ändern. Der Mitarbeiter, der diese Herausforderung annimmt, muss sich noch sicherer fühlen (oder er hat eine Menge »Fick-dich-doch-ins-Knie«-Geld auf der Bank). Doch selbst wenn sich beide Seiten gut kennen und einen guten Draht zueinander haben, lässt es die lange evolutionäre Vorgeschichte des Machtverhältnisses ratsam erscheinen, vor jedem Widerspruch ausreichend Respekt und Unterwerfung zu demonstrieren, um jedem Vorwurf der Aufmüpfigkeit von vorneherein den Wind aus den Segeln zu nehmen.

Robert Lutz, stellvertretender Vorstandsvorsitzender von General Motors beschreibt, wie er als Jungmanager in Abteilungskonferenzen seine Vorgesetzten herausforderte, wenn »Big Boss X« einen seiner Vorschläge rundweg »als saudumme Idee abtat, während die anderen in der Runde eifrig nickten und mir Blicke zuwarfen, die mir sagen sollten: ›Wie kommst du nur auf diesen Schwachsinn?‹« Mit der gebotenen Gestik der Ehrfurcht und in ruhigem Ton habe er dann gesagt: »Entschuldigen Sie, Sir, aber wir wussten natürlich, dass Ihre Ausgangsposition ein ›Nein‹ sein würde. Doch wir glauben, es könnte einige wichtige Fakten geben, die Ihnen entgangen sein könnten. Wir sind uns sicher, dass Sie nicht bei Ihrem Nein bleiben werden, wenn wir Ihnen die Fakten präsentiert haben.«

Lutz erinnert sich gern an »die wie vom Donner gerührten Gesichter der versammelten Apparatschiks. Wie konnte es diese unglaublich unwichtige Person wagen, über fünf Hierarchieebenen hinwegzuspringen und den Big Boss direkt herauszufordern?« Für Lutz war die Antwort ganz einfach: »Indem man hartnäckig und höflich ist. Indem man felsenfest überzeugt ist, dass der Vorschlag dem Unternehmen nützt und glaubt, dass die Argumente einen vernünftigen Menschen überzeugen können.« Vergessen Sie die felsenfeste Überzeugung. Was Lutz geflissentlich unter den Tisch fallen lässt, ist der Diener, den er zuerst vor dem Big Boss macht, wie Oliver Twist, der demütig um einen Nachschlag Haferschleim bittet: »Entschuldigen Sie, Sir, aber ...«

Abgesehen davon, dass es ratsam ist, felsenfeste Überzeugungen in wolleweiche Worte zu kleiden, ist es immer besser, dem Boss unter vier Augen in seinem Büro zu widersprechen. In der Öffentlichkeit könnte der Eindruck entstehen, Sie wollten zur Meuterei aufrufen. Unter vier Augen fasst der Boss Kritik eher als Ausdruck Ihrer Loyalität und Unabhängigkeit auf. Leni Miller, Leiterin von EASearch, einer Arbeitsvermittlung in San Francisco, vermittelte unlängst eine Assistentin an einen Vorstandsvorsitzenden. »Sie war keine zwei Wochen da, als der Typ anfing, sie anzuschreien. Sie stand auf, nahm ihn mit in sein Büro, bat ihn, sich zu setzen und schloss die Tür. Sie achtete darauf, dass sie unter vier Augen waren. Dann sagte sie: ›Sie dürfen nie, nie, *nie* wieder so mit mir reden, denn so können wir einfach nicht zusammenarbeiten.‹« Sie klang freundlich und ein wenig enttäuscht, doch für den

Vorstandsvorsitzenden war es ein Schock. So hatte noch nie jemand mit ihm gesprochen. Aber seither hat er sie nie wieder angefahren. »Wenn er anfängt, schaut sie ihn an, und er versteht ihren Blick sofort. Doch eine Assistentin kann sich das nur erlauben, wenn sie gut ist und weiß, dass ihr Chef ohne sie nicht auskommt.«

Öffentliche Zurechtweisungen des Vorgesetzten mögen Sie in den Augen Ihrer Kollegen zum Helden machen. Aber oft kommt es einem Karriereselbstmord gleich. Bei der Datenverarbeitungsfirma ADP wurde vor einigen Jahren ein Journalist als Redenschreiber für Vorstandsmitglieder eingestellt. Der Leiter der Marketingabteilung rief seine unglückseligen Mitarbeiter und den Journalisten zusammen, um vor ihnen seinen Vortrag einzustudieren. Am Ende der üblich linkischen Darbietung hielt er inne, sah auf und sagte zu dem Journalisten: »Jim, das muss ich dir sagen, das ist wirklich *Bockmist*!« Die Anwesenden verfielen in Schreckstarre.

Dann erwiderte der Journalist: »Stimmt, Barry.« Ein schöner Anfang, der spüren lässt, dass der Sprecher bereit ist, seine verletzten Gefühle zurückzustellen und gemeinsam nach einer praktischen Lösung zu suchen. Doch Jim fuhr fort: »Ich habe den Vortrag so geschrieben, weil ich wusste, dass du ihn halten würdest.« Erneute Schreckstarre. Dann lachte Barry laut und falsch, und seine Unterlinge fielen gehorsam ein. (Jim arbeitete zwar weiter für die Firma, aber nie mehr für Barry.)

Wenn wir dem Boss nicht mit Worten unseren Respekt erweisen können, dann tun wir es für gewöhnlich mit unserer Stimme. Der Moment des Kniefalls ist oft kaum spürbar, doch er ist da und soll von vorneherein jeden Konflikt abwenden. Wissenschaftler der Kent State University analysieren Gespräche auf ihre niedrigen Frequenzen hin. Aus einer Aufnahme filtern sie alle Frequenzen über 500 Hertz heraus, und was bleibt, ist ein dunkles Brummeln, in dem keine einzelnen Wörter mehr zu erkennen sind. In jeder der Konversationen, die sie analysiert haben, konvergieren die niederfrequenten Töne zweier Sprecher sehr schnell. Ihre Stimmen fallen in einen Gleichschritt, wie zwei Menschen, die nebeneinander hergehen.

Doch sie konvergieren nicht etwa in der Mitte. Sie finden auf der stimmlichen Ebene des Dominanteren der beiden zusammen. Das heißt, eine der beiden Person unterwirft sich und schaltet auf die »Power-

Frequenz« des anderen. Es ist eine Geste der Verbeugung, mit der Stress und Konflikt vermieden werden soll, um ungestört über die Sache reden zu können.

Stanford Gregory und Stephen Webster, die beiden Wissenschaftler, die das Phänomen erforscht haben, vermuten, dass wir unsere Untertöne ganz automatisch einsetzen, um unbewusst hierarchische Verhältnisse zu regeln. Gregory erinnert sich an eine Party, auf der er sich mit einem Studenten unterhielt. Plötzlich gesellte sich der Dekan der Fakultät zu den beiden. Unbewusst veränderte Gregory seine Stimmlage, um sich der des Dekans anzupassen, der diese Verbeugung vor seiner Position vermutlich ebenso unbewusst erwartete. Nachdem der Dekan weitergegangen war, grinste der Student und sagte – etwas indiskret, aber zweifelsohne in der korrekten Tonlage: »Sie haben's gerade getan.« Gregory erklärt, allein anhand dieser nonverbalen Signale könnten wir auch leicht erkennen, ob ein Kollege am Telefon mit einem Freund oder einem Vorgesetzten spricht.

Das königliche Protokoll und die Freuden des Fenstersturzes

Spielt es eine Rolle, ob Sie sich an diese Gesten halten oder nicht? Die meisten Chefs werden vermutlich sagen: »Natürlich nicht. Das ist doch alles dummes Zeug und ist mir völlig egal.« Doch ich verrate Ihnen eine nützliche Faustregel: Die meisten Chefs lügen.

Begegnen Sie Ihren Kollegen und Mitarbeitern freundlich und mit Achtung. Freundliche Begrüßungen und kleine Gesten des Respekts sind für das reibungslose Funktionieren jeder Beziehung unerlässlich, selbst unter Gleichgestellten. Sie gelten als gute Manieren, denn damit signalisieren wir unsere freundlichen Absichten. Sie helfen uns, unser natürliches Misstrauen vor jedem neuen Gesicht abzubauen. Wir machen ein wenig Small Talk, denn so halten wir den Dämon des Negativen in Schach und können uns den wirklich wichtigen Dingen zuwenden.

Da die Beziehungen am Arbeitsplatz grundsätzlich ungleich sind, ist Respekt umso wichtiger. Unbewusst fragt sich der Chef immer: »Ist dieser Mensch noch mein treues Schoßhündchen? Oder wird er mir heute ans Bein pinkeln? Ist dies noch meine verlässliche Mitarbeiterin? Oder verlässt sie mich heute und nimmt den Job bei Henson an?« Und der Mitarbeiter denkt: »Bekomme ich diesen Monat die versprochene Lohnerhöhung? Oder verlegt er meinen Job nach Bujumbara?«

Kluge Untergebene haben ihre Mittel und Wege, den Alphamenschen einzulullen. Wir tun alles, um den Boss in ein Gespräch einzubeziehen. Wir lachen über seine Witze. Wir räuspern uns, wenn wir vor seiner Tür stehen und erwarten, dass er uns hereinbittet, so wie Schimpansen und Paviane grunzen, wenn sie um Erlaubnis bitten, sich nähern zu dürfen. (Eine Übung für Assistenten: Beobachten Sie eine Woche lang, wie oft sich Mitarbeiter vor der Tür des Chefs räuspern, wenn sie bei ihm eintreten wollen, und wie oft sich umgekehrt der Chef räuspert, wenn er bei einem Mitarbeiter hereinschneit. Möchte jemand Wetten abgeben?) Bei einer Investmentfirma stehen Angestellte vor der Tür des Vorstandsvorsitzenden und klopfen in die Luft, statt frech an die Glastür zu pochen. Diese scheinbar bedeutungslosen Gesten der Unterwerfung fördern die Harmonie am Arbeitsplatz.

Statt respektvolles Verhalten als Rückgratlosigkeit und Kriecherei zu geißeln, sollten wir es lieber als natürlichen Bestandteil jeder sozialen Beziehung oder als gesunde Form der Manipulation auffassen. Kluge Mitarbeiter erweisen ihren Chefs regelmäßig ihren Respekt und ihre Hochachtung, um deren Verhalten zu beeinflussen. Das geht hinunter bis zur Ebene der Moleküle.

Anfang der Achtziger führten Wissenschaftler der UCLA School of Medicine ein spannendes Experiment mit Meerkatzen durch. Durch eine einseitig verspiegelte Glasscheibe trennten sie die Alphamännchen vom Rest der Gruppe. Der Alpha konnte seine Untergebenen sehen und seine üblichen Drohgebärden machen, doch umgekehrt war er für die übrigen Tiere der Gruppe unsichtbar. Dominante Männchen haben üblicherweise doppelt so viel Serotonin im Blut wie andere, was ihr Selbstbewusstsein stärkt und ihre destruktive Aggression dämpft. Dies sind Eigenschaften, wie sie sich jeder vernünftige Untergebene in seinem Boss wünscht. Doch da die Untergebenen das Alphatier durch die verspiegelte Scheibe nicht sahen, konnten sie ihm auch nicht mit den üblichen Unterwerfungsgesten begegnen. Es ist anzunehmen, dass die Alphas darüber wenig erfreut waren: Das Experiment dauerte 16 Tage, und in diesem Zeitraum ging ihr Serotoninspiegel um 40 Prozent zurück. Die Wissenschaftler Michael J. Raleigh und Michael T. McGuire folgerten daraus, hohe Serotoninwerte »fördern eine Reihe von positiven, prosozialen Verhaltensweisen. Fast sämtliche Schlussfolgerungen über die Auswirkungen von Serotonin auf das Sozialverhalten, die wir in diesen Studien gewonnen haben, lassen sich auch auf den Menschen übertragen.«

Diese Studien legen den Schluss nahe, dass unsere scheinbar so bedeutungslosen Grußformeln sehr viel wichtiger sind, als wir ahnen. Wenn der Chef ins Büro kommt und Sie fragt: »Guten Morgen! Alles klar hier?« dann ist ihm der Informationsgehalt Ihrer Antwort vermutlich schnuppe. Aber auf Ihren Tonfall achtet er sehr wohl, um herauszuhören, ob mit der sozialen Ordnung noch alles stimmt. Nicht zu grüßen oder es an dem nötigen respektvollen Tonfall fehlen zu lassen, kann leicht zu Missstimmungen führen.

In seiner Arbeit mit Schimpansen beobachtete Frans de Waal, dass 60 Prozent der ernsten Auseinandersetzungen zwischen erwachsenen Männchen dann passierten, wenn sich die beiden nicht wie üblich grüßten. »Diese Zahl bestätigt die Annahme, dass ›Begrüßungen‹ eine beruhigende Wirkung haben«, schreibt de Waal. »Sie sollen dem dominanten Männchen offenbar bestätigen, dass er sich seiner Position sicher sein kann. Der respektvolle Gruß seitens des Unterlegenen ist der Preis, den dieser dafür zahlt, dass er ein entspanntes Verhältnis zum Überlegenen pflegt.«

Und was passiert, wenn wir diesen Preis nicht zahlen? Zwei Geschichten mögen der Warnung dienen: Vor einigen Jahren traf Daniel Livingston, der Sprecher der staatlichen Bediensteten des US-Bundesstaates Connecticut, mit dem damaligen Gouverneur John G. Rowland zusammen. Livingston redete den Gouverneur mit »John« an; wie er später angab, habe er nur ein freundliches Klima schaffen wollen. Rowland wies »Mr. Livingston« pikiert darauf hin, dass er sich unprofessionell verhalte. Die Verhandlung scheiterte, und am nächsten Morgen verkündete Rowland, er wolle 3000 Stellen im öffentlichen Dienst streichen. »Ich bitte Sie, das nicht persönlich zu nehmen«, sagte Rowland. »Es ist meine Aufgabe.« Und Livingstone erwiderte: »Ich nehme das keineswegs persönlich.« Aber Geschäft ist immer persönlich, vor allem dann, wenn zwei Menschen das Bedürfnis haben, das Gegenteil zu behaupten.

Hätte Livingston die 3 000 Arbeitsplätze retten können, wenn er sein Gegenüber mit »Gouverneur« oder »Mr. Rowland« angesprochen hätte? Vermutlich nicht. Doch der Mangel an Respekt gab dem selbstherrlichen Gouverneur einen guten Vorwand, die Axt früher und mit mehr Selbstgerechtigkeit anzulegen. (Rowland erbrachte im Übrigen später selbst den Beweis dafür, wie persönlich das Geschäftliche sein kann: Er musste zurücktreten, nachdem herausgekommen war, dass unterwürfige Bauunternehmer ihm kubanische Zigarren und teure Reisen spendiert hatten, sämtlich geeignete Methoden, um den Serotoninspiegel eines Gouverneurs zu manipulieren und ihn geneigter zu machen, wenn es um die Vergabe lukrativer Staatsaufträge geht.)

Der Musikproduzent Tommy Mottola hatte offenbar ebenfalls seine liebe Not damit, eine untergeordnete Position einzunehmen. Schließlich war er der Vorstandsvorsitzende seiner Abteilung, befehligte ein kleines Heer von Untergebenen, hatte ein Spesenkonto von 10 Millionen US-Dollar im Jahr, persönliche Assistenten, Leibwächter, und eine gepanzerte Limousine. Berühmtheiten und schöne Frauen umschwärmten ihn wie die Motten das Licht. Er gefiel sich in der Rolle des Don, des *capo di tutti capi* seiner Welt. Nachdem er als Promoter mit seiner eigenen Don-Tommy-Firma begonnen hatte und schließlich zum Chef von Sony Music aufgestiegen war, konnte Motolla sich nicht zum Kniefall vor dem Chef von Sony America überwinden, dem onkeligen und hochangesehenen Sir Howard Stringer.

Mottola hätte sich eher in den Hintern gebissen, als den Hut vor Stringer zu ziehen, und das blieb diesem natürlich nicht verborgen. »Es ärgerte Stringer, dass Mottola sich nicht an das königliche Protokoll hielt, wenn er ihn zu den Grammys einlud«, war später im *New York Magazine* zu lesen. »Ein Angestellter von Sony erinnert sich, wie sich Stringer auf einer Grammy-Party mit einer Gruppe von Menschen zu Mottola setzen wollte, und Mottola schnell seine Leute zusammenholte, weil er keine Lust hatte, neben Stringer zu sitzen. Unter Freunden bezeichnete Mottola Stringer als ›den Pavian‹. Bei Konzerten von Sony-Künstlern bekam Stringer regelmäßig schlechte Plätze, und hinter die Bühne durfte er sowieso nicht. ›Tommy wollte nicht, dass Stringer bei Veranstaltungen auftaucht. Er wollte nicht, dass er den Talenten zu nahe kam‹, berichtet ein früherer Angestellter.« Wenn Stringer mit seinem Bruder Rob, dem Chef von Sony Music England telefonierte, regte er sich regelmäßig über Mottola auf: »Warum zum Teufel habe ich es mit diesem Idioten zu tun? Warum zum Teufel bezahle ich ihn? Sag mir, was dieser Trottel macht!« Als die Erträge in Mottolas Abteilung zurückgingen, hatte Stringer einen guten Vorwand. Er öffnete die Jalousien in Mottolas stets verdunkeltem Büro im 32. Stock des Sony-Gebäudes und kickte ihn (bildhaft gesprochen) zum Fenster hinaus. Dann ließ er die übliche weihevolle Pressemitteilung veröffentlichen, in der Mottola als »Ikone« gefeiert wurde.

Ein Alphaschimpanse macht vor niemandem einen Kotau. Menschliche Herrschaft ist in der Regel weniger absolut. Unser Status in der Hierarchie hängt fast immer davon ab, dass wir uns vor einem ranghöheren Menschen verbeugen, so wie wir von Menschen unter uns Respekt verlangen. Don Tommy weigerte sich nicht nur, vor Stringer das Haupt zu neigen, er fuhr auch nicht mit zu den Treffen der Sony-Bosse in Tokio. Stringer tat dagegen alles, den Sony-Chefs seine Ehrerbietung zu erweisen (der japanische Ausdruck ist *atama ga sageru*, was wörtlich bedeutet: »das Haupt verneigen«). Er lud den Vorstandsvorsitzenden Nobuyuki Idei nach Davos ein und setzte ihn bei privaten Dinnerpartys in New York neben Berühmtheiten aus Film, Funk und Fernsehen. Als Idei Anfang 2005 nach einer Reihe von Managementfehlern zurücktreten musste, wurde Stringer befördert und ist seither einer der wenigen Ausländer, der je einen japanischen Konzern geleitet hat.

Jede kluge Führungskraft lernt den ausgeklügelten Tanz am Arbeitsplatz – eben noch dominant, ist sie im nächsten Moment unterwürfig. Anders als Schimpansen kommen wir nicht in den Genuss, unser ganzes Leben in einer einzigen Gemeinschaft zu verbringen. Ein Verkäufer oder eine Beraterin muss sich im Laufe eines Arbeitstages in einem halben Dutzend und mehr Hierarchien in verschiedenen Unternehmen zurechtfinden. Einer leitenden Führungskraft, die von einem Meeting zum nächsten eilt, geht es nicht anders, sie muss in jeder Gemeinschaft ein eigenes Beziehungsgeflecht aufbauen, und das alles innerhalb eines einzigen Unternehmens.

Neben unseren eigenen Unterwürfigkeitsgesten können wir aber auch davon profitieren, wenn wir beobachten, wie unsere Kollegen ihren Status zum Ausdruck bringen. Es hilft, die unsichtbare Agenda zu verstehen, die jedes Meeting am Arbeitsplatz bestimmt.

Alle schauen auf das Alphatier

Wenn Sie eine Weile mit einer Gruppe von Schimpansen oder Pavianen zusammensitzen, stellen Sie bald fest, dass diese sich in regelmäßigen Abständen umsehen, um die gesellschaftliche Landschaft in den Blick zu nehmen. Oft sucht ihr Blick das Alphamännchen. Das ist eine Rückversicherung, dass alles noch beim Alten ist. Seine Haarigkeit hat sich nicht zu weit entfernt, die Gruppe befindet sich noch unter seiner schützenden Obhut. Und er ist auch nicht gefährlich nahe gekommen.

Diese Neigung, den Alpha im Auge zu behalten, kann bei einer Begegnung mit Fremden sehr hilfreich sein. Das Alphatier nimmt oft den Platz am Kopfende des Tisches ein, leitet die wichtigen Themen ein, bestimmt, wie lange über jedes Thema diskutiert wird, und gibt die Stimmung vor. Aber nicht immer. Es gibt auch Alphas, die in der Ecke herumlümmeln und die anderen machen lassen. In diesem Fall hat derjenige, der zuletzt spricht, das Sagen, nicht der, der zuerst spricht. Glücklicherweise ist es trotzdem einfach, den Alpha ausfindig zu machen. Wie die Affen behalten die Sitzungsteilnehmer ihren Oberaffen im Auge. Wenn sie sprechen, drehen sie sich oft zu dem verborgenen Alphamenschen hin. Sie suchen nach Zeichen der Bestätigung oder Ablehnung und orientieren sich daran. Wenn der Alpha spricht, hören alle zu. Wenn dagegen ein Unterling mit dem Alphatier spricht, dann kann es gut sein, dass dieses wegsieht oder sich gar mit einem Nachbarn unterhält, denn er hat es schließlich nicht nötig, dem anderen seinen Respekt zu zeigen.

Wir tun gern so, als würden geschäftliche Entscheidungen immer nur auf Grundlage von Zahlen, Fakten und rationalen Erwägungen gefällt. Jeder behauptet, sich offene Diskussionen zu wünschen, an denen selbst noch der Hausmeister teilnimmt. Die Wirklichkeit sieht meist anders aus.

Die Unternehmen in Silicon Valley stellen häufig Projektteams aus Softwareingenieuren, Marketingexperten, Managern und Programmierern zusammen. Projektleiter ist meist ein Softwareingenieur, dem möglicherweise gar nicht auffällt, wie sehr Statusfragen die Diskussion torpedieren. Oder wenn es ihm auffällt, dann fehlen ihm meist die Führungsqualitäten oder die Soft Skills, um mit der Situation umzugehen.

Also nehmen die in der Hierarchie angelegten Konflikte quasi ihren Lauf. »Die Unterlinge dürfen gar nichts sagen, oder ihre Ideen werden einfach platt gemacht«, berichtet Jeff Johnson, früherer Softwareingenieur bei Hewlett-Packard und Sun Microsystems, der heute seine eigene Beratungsfirma namens UI Wizards hat. Programmierer stehen in der Hierarchie meist ganz unten, und wenn einer von ihnen den Mund aufmacht, sehen sich die Übrigen mit fragenden Blicken an. Dann nehmen sie ihr Gespräch wieder auf, als wäre nichts geschehen, oder sie wechseln das Thema. Es ist so, als hätte die Tapete gesprochen, und alle tun so, als hätten sie es nicht bemerkt.

Johnson fügt hinzu: »Wenn ein Programmierer etwas Interessantes zu sagen hat, dann halte ich inne und sage: ›Ich halte das für einen bemerkenswerten Gedanken.‹ Und weil ich Ingenieur bin und in der Hierarchie über dem Programmierer stehe, wird darüber gesprochen.«

Wenn jemand aus den oberen Wipfeln der Hierarchie spricht, dann überschlagen sich andere häufig, um das Gesagte zu wiederholen, und es beginnt eine Diskussion. Es gibt ein großes Bedürfnis, den Alpha nachzuäffen. Robert Lutz beschreibt beispielsweise, wie »Big Boss X« das Memo liest, in dem Lutz seine »saudumme Idee« darlegt und verkündet: »Ich denke, damit erscheint die Sache in einem völlig neuen Licht. Sind alle derselben Meinung?« Dieselben Leute, die Lutz eben noch mit tadelnden Blicken abgestraft hatten, »sagen nun begeistert im Chor ›absolut‹ und nicken eifrig mit den Köpfen«.

Das erinnert uns an eine irritierende Regel, die in fast jedem Unternehmen Gültigkeit hat: Der Status des Sprechers ist immer wichtiger als der Inhalt des Gesagten. Jeder achtet darauf, »wer mit dem Big Boss spielen darf«, berichtet ein früherer Manager der Versicherungsgesellschaft Aetna. »Wenn Sie in der ›Machtkurve‹ sitzen, dann werden Sie zu vertraulichen Sitzungen mit dem Vorstand oder dem Präsidenten eingeladen. Sie sitzen am Tisch. Und Sie stellen sicher, dass jeder mitbekommt, dass Sie dabei waren.«

Plötzlich ist Ihre Meinung wichtiger. Sie sind wichtiger. »Ein weiterer Positionsanzeiger ist, wenn Sie der große Chef in einem Meeting nach Ihrer Meinung fragt, und nicht bloß nach Fakten. Und wenn er sich dann noch für Ihren Beitrag bedankt, dann ist das so, als hätten Sie eine Goldnadel angeheftet bekommen. (Große Chefs bedanken sich nicht gern, würde ich hier festhalten.) Wenn Sie dagegen ums Wort bitten müssen oder keinen Dank für Ihre Perlen erhalten, dann sinkt Ihr gefühlter Wert. Die anderen nehmen mit nach Hause, dass Sie keinen ›wertvollen Beitrag‹ leisten.«

Der Wunsch, mit am Tisch zu sitzen, äußert sich oft in einem Bedürfnis nach körperlicher Nähe. In einem Unternehmen, das über ein Jahrhundert lang von der Gründerfamilie geführt wurde, absolvierte der Sohn, ein genialer Bursche namens Hovey, ein Praktikum und sollte darauf vorbereitet werden, eines Tages die Firma zu übernehmen. Einmal sah er, wie die Tür zum Konferenzraum aufflog und sein Vater die Treppe hinunterstürmte, dicht gefolgt vom Vizepräsidenten. Hovey beobachtete, wie die beiden in enger Formation über den Hof flogen. »Junge, Junge«, sagte er. »Wenn Papa plötzlich anhält, dann hat er den Typen im Hintern stecken.« Diese liebenswürdige Bemerkung verbreitete sich rasch in der Zentrale. Der peinlich berührte Vize bemühte sich danach um einen größeren Sicherheitsabstand, doch er konnte seine Würde nie wieder vollständig herstellen. Das letzte, was man von Hovey hörte, war, dass er in einer Band namens Orange Splat spielte.

Die rechte Hand

Im Tierreich achten die Untergebenen sehr genau auf alles, was das Alphamännchen tut, vor allem, um ihm aus dem Weg zu gehen. Der Untergebene hat rasch das Feld zu räumen, wenn der Alpha den Weg entlanggedonnert kommt. Kluge Untergebene studieren das Verhalten ihres Chefs sehr genau, um Gefahrensignale zu erkennen, ehe die Situation eskaliert und der Chef zur ritualisierten Drohung greift. Unter Tieren können sich Drohgebärden gewaltig unterscheiden, nicht nur zwischen den Gattungen, sondern auch innerhalb einer Spezies von einem Individuum zum nächsten. Frodo, der brutale Alphaschimpanse aus dem Gombe Nationalpark, biss sich beispielsweise immer auf die Oberlippe, ehe er einen Wutausbruch hatte, möglicherweise um seine Gefühle zu verbergen und einen Überraschungsangriff zu landen.

Solche Hinweise frühzeitig zu erkennen, kann lebensrettend sein. Angestellte bei EDS wussten beispielsweise, dass Ross Perot gleich explodieren würde, wenn sein rechtes Ohr rot anlief. Wenn Neuankömmlinge, die dieses Signal nicht kannten, auf einer unbeliebten Idee beharrten, dann lehnten sich die alten Hasen zurück und beobachteten das Geschehen mit einer Faszination, mit der sie sich sonst nur Polizeivideos von schrecklichen Autounfällen ansahen.

In einem der Unternehmen an der Wall Street, bei denen Sandy Weill das kommende Alphamännchen war, »lernten die Leute im Büro schnell, Sandys Laune an seiner Zigarre abzulesen«, berichtet Weills Biografin Monica Langley. »Wenn er die Zigarre aus dem Mund nahm und ›ja-ja-ja‹ sagte, dann hörte er zu. Wenn er die Zigarre zwischen den Lippen hin- und herrollte und ›okay, okay, okay‹ murmelte, dann war es Zeit, die Klappe zu halten oder ein Meeting zu beenden.«

Die Notwendigkeit, Mimik und Gestik des Alpha genau zu beobachten und zu deuten, erklärt, warum es so wichtig ist, buchstäblich die rechte Hand zu sein. Wir verstehen emotionale Signale besser, wenn wir sie mit der linken Gesichtshälfte wahrnehmen, denn diese Eindrücke fallen auf die rechte Hälfte jeder Retina und gelangen so schneller in die rechte Gehirnhälfte, wo wir unsere Gefühle verarbeiten.

Die Anthropologen Robin Dunbar und Julia Casperd waren die ersten, die dieses Phänomen erkannten, und zwar bei der Beobachtung von Pavianen. Die Affen versuchten den Angreifer stets in der linken Seite des Gesichtsfeldes zu halten, offenbar, um seine Absichten besser einschätzen zu können. »Blufft er nur, wenn er mir droht? Bedeutet dieses kaum merkliche Blinzeln, dass er keine Lust hat, mich tatsächlich anzugreifen, wenn ich ihn weiter ärgere?« Nicht anders, wenn Sie Ihren Chef (oder Ihren Erzrivalen) links neben sich sitzen haben: Da die rechte Hemisphäre ein wenig sensibler ist, können Sie Nuancen schneller erfassen. Und weil Sie zu seiner Rechten sitzen, braucht er ein wenig länger, um zu erkennen, was Sie denken.

Tiere verfolgen die Bewegungen des Alphamännchens auch deshalb so aufmerksam, weil es ihre Pflicht ist, unaufgefordert ein schattiges Plätzchen oder eine Partnerin abzutreten. Auch am Arbeitsplatz ist dieses Verhalten nicht unbekannt. Beobachten Sie das nächste Mal, wenn der Vorstandsvorsitzende im Fitnessraum auftaucht, um eine halbe Stunde auf dem Stepper einzulegen. Seine Lieblingsmaschine wird auf wunderbare Weise frei, und der Vorgänger sagt mit freundlichem Lächeln: »Nein, wirklich, ich bin gerade fertig«, obwohl er noch nicht einmal ins Schwitzen gekommen ist. Und wenn der Chef mit einem Mal in der Tür eines Büros steht, in dem sich gerade zwei Kollegen unterhalten, lächelt einer der beiden, beendet das Gespräch und verkrümelt sich. Es ist ziemlich unwahrscheinlich, dass jemand sagt: »Ach, hören Sie, wir haben gerade zu tun. Kommen Sie doch später noch mal wieder.«

Was diese Art der Verdrängung angeht, sind wir Menschen etwas sensibler als andere Gattungen, doch wir haben nach wie vor das Gefühl, dem Alpha Platz machen zu müssen. Auf einer Geschäftsreise mit der Chefin kann man in eine ganze Reihe von Fettnäpfchen treten. Wenn sie nur Handgepäck mitbringt, heißt das, dass Sie Ihr Gepäck nicht einchecken dürfen? Müssen Sie jeden Abend mit ihr essen, oder dürfen Sie auch mit einem alten Kumpel ausgehen? Wenn die Chefin keinen Alkohol trinkt, dürfen Sie dann auch nicht? (Natürlich hat das Hotelzimmer eine Minibar. Doch möglicherweise nimmt die Chefin bei der Abreise die Rechnung in Augenschein, bemerkt die sechs Flaschen Bier und fragt sich laut, ob *Josephine Mutzenbacher* ihr Geld heute noch wert ist). Ein Berater, der am Flughafen einen Upgrade für die erste Klasse erhalten hatte, fragte sich nervös, ob er seinem Chef den Platz anbieten sollte, der Economy flog. Schließlich tat er es, und der Chef lehnte dankend ab. Beide hatten das Richtige getan: Der Mitarbeiter erkennt die Privilegien an, die mit der höheren Stellung einhergehen, und erlaubt dem Alpha, sich überlegen zu fühlen, wenn er auf diese verzichtet.

Dies nicht zu tun, kann die Beziehung belasten. Einmal checkte der Vorstandsvorsitzende einer kalifornischen Computer-Service-Firma in seinem New Yorker Stammhotel ein und erhielt dort dasselbe luxuriöse Zimmer, das er in den Wochen und Monaten zuvor bekommen hatte. Doch der Vertriebsleiter, der mit ihm reiste, hatte Glück. Die Empfangsdame gab ihm nicht nur ein Upgrade, sie überließ ihm sogar die Präsidentensuite. Es kam dem Hans im Glück offenbar nicht in den Sinn, seinem Chef zu sagen: »Nehmen Sie doch die Suite.« Vielleicht kam ihm das zu servil vor, zumal vor einer hübschen jungen Dame. Und der Vorstandsvorsitzende wäre sich wohl doch etwas zu primitiv vorgekommen, wenn er gesagt hätte: »Ach, wissen Sie was, diese Suite steht mir zu.« Doch den Verstoß gegen die Regeln der Hierarchie merkte er sich gut. »Wissen Sie, ich mache mir nichts aus Privilegien«, sagte er einige Wochen später zu seiner Assistentin. »Aber ...« Und als er das nächste Mal nach New York flog, buchte sie ihm ein Zimmer in einem anderen Hotel mit einem schärferen Blick für die soziale Ordnung. Wenig später fand die Firma einen neuen Vertriebsleiter, wenngleich das sicher nichts mit dem Vorfall zu tun hat.

Andererseits kann eine Fahrt mit dem Boss Fenster und vielleicht sogar Türen in die oberen Führungsetagen öffnen. Wer nahe dran ist, findet heraus, wer Macht bekommt, wer sie verliert und wie sich das auf andere auswirkt.

Nachäffen und Lobhudeln

Dem Boss auf den Fersen zu bleiben und sein Verhalten zu beobachten, macht es nicht nur leichter, ihn in all seiner Alphaglorie zu verstehen, sondern auch, ihm zu schmeicheln und ihn zu imitieren. Ganz gleich, wie abfällig man sich über Schmeicheleien äußern mag, für Untergebene sind sie ein unentbehrliches Werkzeug.

Andere Primaten knüpfen soziale Bande durch gegenseitige Körperpflege, und die Frage, wer wen laust, ist hochpolitisch. Eine Meerkatze, die eine Beziehung zu einem höherrangigen Weibchen herstellen will, laust diese etwa zehnmal so oft wie umgekehrt. (»Du fühlst dich entspannt ... deine Serotoninwerte steigen ... du willst mir diese Banane geben ...«) Ist die Untergebene besonders gewitzt oder machiavellistisch veranlagt, dann erkennt sie Anzeichen zukünftiger Macht und tut alles, um einen kommenden Star zu lausen. Biologen in Kenia beobachteten beispielsweise, dass ein relativ niederrangiges Meerkatzenweibchen überdurchschnittlich häufig gelaust wurde. Andere Weibchen schienen zu erkennen, dass ihr aufgrund ihrer Listigkeit und ihrer guten Beziehungen Großes vorherbestimmt war. Tatsächlich stieg sie in den folgenden zehn Jahren an die Spitze der Gruppe auf. »Die Tiere verhielten sich, als würden sie mit verteiltem Risiko wetten«, berichteten die Wissenschaftler. »Sie pflegten ihre Beziehungen zu den Mächtigen, aber sie bauten auch Beziehungen zu denen auf, denen sie zutrauten, dass sie in Zukunft die Macht übernehmen könnten.«

Am Arbeitsplatz ist das Lausen außer Mode gekommen, wenn man von der gelegentlichen Rückenmassage absieht. Wir lausen uns stattdessen mit Worten. Es gibt eine Theorie, die besagt, die menschliche Sprache habe sich als Ersatz für die äffische Körperpflege entwickelt. Am Arbeitsplatz streicheln wir einander mit Worten, nicht mit Händen oder Lippen. Die gegenseitige Körperpflege scheint seltsamerweise dann am wirkungsvollsten zu sein, wenn sie am wenigsten direkt ist. Schwache Chefs umgeben sich gern mit Jasagern, die ihnen immer wieder bestätigen: »Sie sind der Beste. Ist ja Wahnsinn, wie Sie das wieder hingekriegt haben.« Doch die meisten von uns haben ihre machiavellistischen Primatenstrategien so weit entwickelt, dass sie allzu offensichtlichen Lobhudeleien misstrauen.

Schlaue Untergebene platzieren ihre Schmeichelei indirekt, aber so, dass der Chef sie trotzdem sieht. James Truman beispielsweise, Chefredakteur von Condé Nast Publications, erzählte der *New York Times* beispielsweise Folgendes über den Verleger S. I. Newhouse: »Si entgeht keine Schwachstelle. Er sagt nicht viel, er steht nur da und wippt von einem Fuß auf den anderen, während er sich etwas ansieht. Aber Sie wissen, da müssen Sie noch mal ran. Er hat ein Talent dafür herauszuspüren, was die Leute lesen wollen.« Truman wiederum hatte ein Talent dafür, die Hin- und Herwipperei seines Chefs als Zeichen für dessen Genialität hinzustellen. Und wenn nicht gerade die *New York Times* anruft, findet der schlaue Untergebene bestimmt anderweitig jemanden mit einem guten Draht zum Chef, bei dem er sein Süßholz loswerden kann.

Stanley Herz, Leiter einer Arbeitsvermittlungsfirma in New York, hatte einmal einen Angestellten, der ihn ohne Unterlass über den grünen Klee lobte, und zwar mit Vorliebe in Klientengesprächen, wo es völlig natürlich einzufließen schien: »Das ist Stanley Herz. Er ist der eigentliche Macher der Firma.« Herz gibt gern zu, dass derlei Lob seiner Selbstwahrnehmung als unternehmerisches Genie sehr schmeichelte. Zum Leidwesen der anderen Angestellten wurde der Ohrenbläser bei Beförderungen bevorzugt behandelt, er bekam den dickeren Bonus, die fetteren Klienten und die Erlaubnis, diese in die teuersten Restaurants der Stadt auszuführen.

Doch die Lobhudelei war derart erfolgreich, dass sie schließlich zum Bumerang wurde. Der Schmeichler habe stets zufriedenstellend gearbeitet, schmunzelt Herz. »Ich glaube nicht, dass jemand auf diese Art Schmeicheleien hereinfällt, wenn der Betreffende nicht gut arbeitet.« Er wurde jedoch so teuer, dass er nicht mehr profitabel arbeitete. Als die Rezession zuschlug, musste der Süßholzraspler als Erster gehen.

Die Macht der Masse

Eine weitere typische Verhaltensweise verdient eine nähere Betrachtung. Wenn Respekt, Schmeicheleien und andere Formen der Unterwerfung nicht ausreichen, um das Verhalten des Chefs in die gewünschte Richtung zu lenken, dann tun sich Angestellte zusammen und schlagen mit der geballten Macht der Masse zu. Manchmal warten alle, dass einer den Mut aufbringt, das zu sagen, was alle denken. Wenn aber erst einmal einer den Mund aufgemacht hat, dann schreien plötzlich alle los. Sie verhalten sich wie ein Fischschwarm, es ist von eminenter Wichtigkeit, dass die Gruppe dicht zusammenbleibt, damit man nicht als Einzelner herausgeangelt und abgestraft werden kann. Schimpansen gehen nicht anders vor. Benimmt sich der Alphaaffe wie ein Schläger, fängt ein Weibchen an, laut »Waaa!« zu protestieren. Prompt kreischen alle laut »Waaa!«, bis die ganze Truppe empört durcheinander brüllt und das Alphamännchen niederschreit.

Wie Schimpansen bilden auch Menschen immer wieder Koalitionen und bringen schließlich genug Masse auf, um den Alpha zu entthronen. An einer Schule nahm sich ein erfolgreicher Football-Trainer regelmäßig einzelne Sportler vor, um sie fertig zu machen. Außerdem säte er Zwietracht zwischen Gruppen und Spielern. Niemand wollte den eigenen Platz im Team gefährden und gegen diesen Tyrannen aufbegehren. Und weil der Coach sie geschickt gegeneinander ausspielte, konnten sie sich auch nicht gegen ihn zusammentun. Durch Gespräche untereinander stellten schließlich die Eltern fest, was los war. Sie sammelten genug Fälle, um die Entlassung des Trainers bewirken zu können.

An einer anderen Einrichtung ließ ein Chef regelmäßige Tobsuchtsanfälle an seinen Untergebenen aus. Es schien, als bliebe den Mitarbeitern nichts mehr übrig, als sich gegenseitig zu bemitleiden. Als jedoch eines Tages der Boss seine Brieftasche nach seiner Sekretärin warf, war das empörte »Waaa!«-Geschrei so groß, dass es der Vorstandsvorsitzende mitbekam. Der Spinner wurde zwar nicht gefeuert, aber als es Zeit für die Bonuszahlungen war, wurde sein Gehalt um ein Viertel gekürzt.

Seit Bestehen der abhängigen Beschäftigungsverhältnisse haben sich die weniger Privilegierten immer wieder zusammengetan, um das ungleiche Machtverhältnis zwischen Angestellten und Führung auszugleichen. Dabei greifen die Arbeitnehmer zu den verschiedensten Mitteln, von Humor und Klatsch bis zu Gewerkschaften, Berufsgenossenschaften und Arbeitsschutzgesetzen. Gerade letztere Einrichtungen mögen uns wie das Produkt einer extrem fortgeschrittenen menschlichen Zivilisation erscheinen. Doch in punkto Koalitionsbildung können wir von unseren Mit-Primaten noch einiges lernen:

Achten Sie darauf, wie Menschen zueinander stehen. Wenn Primatologen herausfinden wollen, welche Schimpansen zusammenarbeiten, dann notieren sie, wer mit wem zusammensitzt, wer wen wie oft laust, wer mit wem das Futter teilt und wer wem im Streitfall zu Hilfe kommt. Bei jedem Meeting können Sie dieselben Beobachtungen machen, wenn Sie auf die Sitzordnung, die Reihenfolge der Wortmeldungen und den Austausch von Blicken achten. Politische Verbündete tragen gelegentlich sogar dieselbe Kleidung.

Desmond Morris behauptet, dass Angehörige derselben Koalition unbewusst dieselbe Körpersprache wählen, und dass dieses »Haltungsecho« helfen kann, Fraktionen innerhalb einer Gruppe zu erkennen. »Wenn in einer Gruppe zwei Parteien miteinander streiten, dann bringen die Mitglieder der jeweiligen Fraktion ihre Körperhaltungen und -bewegungen in Einklang. Manchmal kann man erkennen, dass jemand die Seiten wechseln wird, noch ehe er seinen Gesinnungswandel geäußert hat, da er sich in seinen Gesten den Haltungen der Gegenseite annähert. Ein Mediator, der zwischen diesen beiden Gruppen vermitteln will, versucht manchmal, eine Körperhaltung zwischen beiden einzunehmen, als wollte er damit sagen: ›Ich bin neutral‹, zum Beispiel indem er die Arme so faltet wie die eine Seite und die Beine so wie die andere.«

Versuchen Sie abzuschätzen, wie heftig eine Attacke ist. Bei seinen Untersuchungen an Makaken beobachtete Frans de Waal, dass selbstbewusste Individuen ihre Herausforderung ausschließlich an ihren Kontrahenten richteten, so als wären die beiden allein. Weniger selbstbewusste Individuen schauen typischerweise nicht nur auf den Gegenspieler, sondern suchen gleichzeitig nach möglichen Verbündeten unter den Zuschauern. Solche Individuen fielen durch »ruckartige Kopfbewegungen« auf. Ein schwacher menschlicher Herausforderer wird ähnlich vorgehen und sich beim Angriff auf den Alphamenschen nervös nach Verbündeten umsehen.

Als Nicht-Alpha sollten Sie es sich zweimal überlegen, ob Sie einen derart schlecht vorbereiteten Angriff unterstützen wollen. Und als Alpha sollten Sie diesen Angriff nicht niederschmettern. Sie wirken stärker, wenn Sie zusehen, wie er von allein versickert. In der Zwischenzeit können Sie sich umsehen, wer zu den möglichen Rebellen gehört und wer loyal zu Ihnen steht, indem Sie einfach beobachten, wer stumm die Augenbrauen hebt und wer sich mit einer Grimasse vom Sprecher abwendet.

Wenn ein Affe einen überlegenen Artgenossen beschwichtigen will, dann beugt er oder sie sich gelegentlich vornüber, streckt den Hintern in die Luft und erlaubt dem dominanten Individuum, aufzuspringen und ein paarmal zuzustoßen. Mit Sex hat das nichts zu tun. Es ist nur eine freundliche Art zu sagen: »Du bist der Chef.« In modernen Unternehmen würde diese Form der Unterwerfung für ein gewisses Stirnrunzeln sorgen. Mitarbeiter sollten trotzdem nicht vergessen, dass in vielen Unternehmen das verbale Pendant dieser Unterwerfungsgeste nach wie vor erwartet wird ■

Geschnatter im Affenhaus: Das tierische Geheimnis des Klatsches

Handeln Sie stets so, dass Sie sich nicht schämen müssten, Ihren Papagei an das größte Klatschmaul im Dorf zu verkaufen.

Will Rogers

»Klatsch vergiftet das Geschäft« war neulich einer Überschrift des Magazins *Workforce* zu entnehmen. »Human Relations kann ihn beenden.« Das ist natürlich eine ganz wunderbare Nachricht. Sie lässt vermuten, dass die Genies in der Personalabteilung auch Krokodile dazu bringen, Sonette zu schreiben, und Nilpferden beibringen, Ballett zu tanzen.

Klatsch ist zutiefst menschlich. Wer ihn unterbinden will, muss Wunder vollbringen können, oder er braucht schwarze Magie. Und ohne Klatsch käme jedes Unternehmen zum Stillstand. Auch wenn Klatsch den denkbar schlechtesten Ruf hat, ist der stete Fluss von Gerede und Gerüchten für Herdentiere wie uns so wichtig wie das Blut in unseren Adern. Ohne Tratsch würden wir gesellschaftlich und persönlich verarmen. Ein Anthropologe ging sogar so weit zu behaupten, Klatsch sei verantwortlich für »Einheit, Moral und Werte innerhalb gesellschaftlicher Gruppen«. Das klingt alles sehr edel, wenn man bedenkt, dass es um Gerede, Geschwätz und Geschwafel geht. Machen wir also einen geschmacklosen kleinen Ausflug und sehen uns an, was passiert, wenn wir nicht auf Klatsch achten.

Der Journalist David Jones, der eine Zeit lang Redakteur der Rubrik »Nachrufe« im Londoner *Daily Telegraph* war, freute sich diebisch über das Ableben von Lady Stevens aus Ludgate. Sie sei, so schrieb er, eine »pneumatische Brünette« gewesen, die sich einen Namen gemacht habe, weil sie mit ihrem Buch *Woman as Chameleon: Or How to Be an Ideal Woman* [*Die Frau als Chamäleon: Wie man eine perfekte Frau wird*] die Technik des Zehenlutschens nach Großbritannien gebracht habe.

Der Nachruf zitierte einen Ratschlag zum Thema »Beruhigung« des Ehemanns am Ende eines harten Arbeitstages: »Küssen Sie den ganzen Körper Ihres Gatten, und beginnen Sie bei den Zehen. Nachdem Sie seine Zehen ausgiebig geküsst und gelutscht haben (hoffentlich hat er sie gewaschen), küssen Sie jeden Zentimeter seiner Beine ...«

Mit seinem Nachruf bewegte sich David Jones auf extrem gefährlichem Terrain. Egal an welchem Arbeitsplatz, eine der wichtigsten Funktionen des Klatsches ist es, die unausgesprochenen Regeln zu vermitteln. In der Londoner Fleet Street verbietet es eine solche Regel, über andere Zeitungsverleger oder deren verblichene Chamäleons herzuziehen, und Lady Stevens war nun einmal mit dem Herausgeber des *Daily Express* verheiratet gewesen. Jones schrieb unbekümmert weiter, Journalisten in aller Welt seien beglückt gewesen von ihrer Aufforderung, Ehefrauen sollten sich zu den Prostituierten ihrer Männer machen, denn dies »eröffnet tiefe Einblicke in das Privatleben eines Zeitungsbarons«. Allein das hätte schon genügt, um den Arbeitgeber von Jones auf die Palme zu bringen, erstens weil dies auch als Anspielung auf seine eigene Ehe verstanden werden konnte, und zweitens weil es so aussah, als würde er auf dem Grab der Gattin eines Konkurrenten herumtanzen.

Was den Fall jedoch besonders delikat machte, war die Tatsache, dass der *Daily Telegraph* just in diesem Moment mit Lord Stevens darüber verhandelte, den Druck des *Daily Express* zu übernehmen und 20 Prozent der Anteile zu erwerben. Jones wurde in den kommenden zehn Tagen von seinen Vorgesetzten gegrillt, versuchte den Kopf auf den Schultern zu behalten und wurde von seinen Kollegen gemieden wie ein Aussätziger.

Selten hört man, dass sich jemand beklagt: »Ach, hätte ich nur mehr getratscht ...« Doch am Arbeitsplatz kann Klatsch das Überleben sichern. Es geht nicht darum, ihn zu unterbinden, sondern ihn bestmöglich zu nutzen. Wir tratschen, um auf dem Laufenden darüber zu bleiben, was die Menschen um uns herum vorhaben. (»Jones, haben Sie neulich die Jungs vom *Express* im Aufzug gesehen?«) Vor allem klatschen wir, um über unsere Vorgesetzten Bescheid zu wissen. Vielleicht reagieren Bosse deshalb allergisch auf Klatsch: Sie sind das Thema. Wir tratschen, weil es uns immens aufwertet, wenn wir mit einem kleinen, selbstgefälligen Grinsen als Erster eine Nachricht streuen. Wir tratschen, um die Normen und Werte unserer Gruppe zu erlernen. (»Hast du schon gehört, was Jones aus den Nachrufen gemacht hat?«) Und wir tratschen, um andere Mitglieder der Gruppe zu kontrollieren und diejenigen zu disziplinieren, die gegen die ungeschriebenen Gesetze verstoßen.

Obwohl Klatsch also viele offensichtliche Vorteile hat, sitzen die Vorurteile tief. Vor Kurzem riet der Chef der Beratungsfirma Dale Carnegie Training, um die Produktivität zu erhöhen, sollte die Geschäftsführung die Unterhaltungen in der Teeküche unterbinden. Aber wie soll das aussehen? Will man den Angestellten die Zunge abschneiden oder sie durch Roboter ersetzen? Na ja, äh ... »Wenn man es recht bedenkt, gibt es die Organisationspolitik natürlich schon immer«, musste auch der Berater zugeben. Und Angewohnheiten, die es schon immer gab, widersetzen sich gelegentlich ihrer Abschaffung per Dekret.

Das ist unfair

Weil Affen nicht sprechen können, können sie auch nicht tratschen. Sollte man meinen. Doch sie tun etwas, was dem Klatsch verdammt nahe kommt: Sie lauschen. Mit Argusaugen beobachten sie das Verhalten der Artgenossen um sie herum und nutzen ihr Wissen, um Freunde zu gewinnen und andere Angehörige der Gruppe zu beeinflussen. Unter anderem achten sie sehr genau darauf, dass sie gerecht behandelt werden.

»Affen lehnen ungleiche Bezahlung ab«, lautete der Titel eines Aufsatzes, den Wissenschaftler aus dem Yerkes National Primate Research Centre in der Zeitschrift *Nature* veröffentlichten. Dort beschrieben sie, was passierte, als sie die Geldwirtschaft unter braunen Kapuzineraffen einführten. Braune Kapuzineraffen sind eine äußerst gesellige und kooperative Affenart, die in Südamerika zuhause ist. Als »Geld« verwendeten die Wissenschaftler Granitkiesel und brachten den Affen bei, diesen Kiesel gegen ein Stück Gurke oder eine Banane einzutauschen. Es waren immer zwei Tiere in benachbarten Käfigen untergebracht, und zwar so, dass jedes sehen konnte, was die Nachbarin für ihr Geld bekam. (Durch Zufall waren alle Versuchstiere in dieser Studie Weibchen.) Wenn beide ein Stück Gurke bekamen, waren sie es zufrieden und alles war in bester Ordnung. Wenn aber die Erste eine Traube bekam und die Zweite eine Gurke, dann war der Teufel los. »Sie reagierten negativ auf Belohnungen, die zuvor völlig annehmbar erschienen, wenn die Nachbarin eine attraktivere Belohnung erhielt«, schrieben die Wissenschaftler. Wobei »negativ reagieren« eine schöne Umschreibung ist: Die zweite Äffin brach in wütendes Protestgeheul aus und schleuderte die Gurke erzürnt aus dem Käfig.

Sarah Brosnan und Frans de Waal, die diese Studie durchgeführt hatten, waren nicht an äffischem Klatschverhalten interessiert. Doch ihr Experiment machte einen der Gründe deutlich, weshalb wir genauestens auf die Menschen in unserer Umgebung achten, ob mit unseren eigenen Augen oder via Buschtrommel: Wir wollen sichergehen, dass wir nicht zu kurz kommen. Die Kapuzineraffen empfanden die Ungleichbehandlung offenbar genauso als persönliche Beleidigung wie wir, wenn jemand unverdient befördert wird, sich an der Supermarktkasse vordrängelt oder sich beim Einfädeln an der Autobahnauffahrt nicht an die Etikette hält. Die Studie lässt vermuten, dass unser Gerechtigkeitssinn erheblich älter ist, als wir annehmen.

Die Ungleichbehandlung verletzt das Gerechtigkeitsempfinden der Äffchen offenbar so tief, dass sie lieber Essen wegwerfen, für das sie gutes Geld bezahlt haben, als diese Zurücksetzung hinzunehmen. Obwohl wir Menschen gern von uns glauben, wir seien aufgeklärt und vernunftgeleitet, handeln wir keinen Deut rationaler: Wir fahren einen Umweg, weil wir meinen, dass man uns im Laden am Ort einmal übers Ohr gehauen hat, oder wir kündigen, weil jemand anders an uns vorbei befördert wurde.

»Menschen verzichten oft auf eine Belohnung, weil sie nicht dem entspricht, was sie erwartet haben oder was sie für gerecht halten«, erklärt Sarah Brosnan. »Dieses irrationale Verhalten erstaunt Biologen und Wirtschaftswissenschaftler, die seit jeher davon ausgehen, dass alle wirtschaftlichen Entscheidungen aufgrund rationaler Überlegungen gefällt werden. Unsere Erkenntnisse bei nicht-menschlichen Primaten zeigen jedoch, dass das emotionale Gerechtigkeitsempfinden eine Schlüsselrolle im Entscheidungsprozess spielt.«

Doch wir tratschen nicht nur aus praktischen Erwägungen, um nicht zu kurz zu kommen oder um Fallstricke zu umgehen. Es gibt Wissenschaftler, die die Ansicht vertreten, Klatsch diene auch dem positiven Zweck, die Bande zwischen Familienmitgliedern, Freunden und Kollegen zu stärken.

Je größer das Gehirn, desto besser der Klatsch

Der Anthropologe Robin Dunbar von der University of Liverpool behauptet, neben dem Essen sei Klatsch der wichtigste Grund, warum wir überhaupt den Mund aufmachen. In einer Studie unter den vermutlich hoch gebildeten Besuchern der Liverpooler Mensa fand er heraus, dass sich die Esser kaum für wissenschaftliche Themen interessierten. Stattdessen drehten sich 70 Prozent der Tischgespräche um sie selbst oder um Kommilitonen und Professoren. Kein anderes Gesprächsthema nahm mehr als 10 Prozent der Unterhaltungen ein, die meisten, »inklusive all der Themen, von denen man meinen könnte, dass sie große Bedeutung für unser geistiges Leben hätten, wie etwa Politik, Religion, Ethik, Kultur und Arbeit« kamen auf gerade einmal 2 oder 3 Prozent.

Dunbar vermutet, dass dieses Verhältnis bereits an den Lagerfeuern des Pleistozän galt, da es für uns schon immer lebenswichtig war, zu verstehen, in welcher Beziehung die Menschen um uns herum zueinander stehen. Er geht sogar so weit zu behaupten, wir hätten nur deshalb so große Gehirne und die einmalige Fähigkeit zur Sprache entwickelt, um unsere soziale Intelligenz zu entfalten. »Um es auf den Punkt zu bringen, ich behaupte, die Sprache hat sich entwickelt, damit wir klatschen können.«

Das menschliche Gehirn ist rund neun Mal so groß, wie es ein Säugetier unserer Größe benötigen würde. Es ist außerdem unser teuerstes Organ und verbraucht rund 20 Prozent unserer Energie. (Überraschung: Unsere Genitalien sind verhältnismäßig sparsam im Verbrauch. Oder sie wären es, wenn wir nicht so viel Energie darauf verwenden würden, dauernd an sie zu denken.) Biologen gehen davon aus, dass sich das Gehirn bei verschiedenen Primaten erst vergrößerte, als sich ein evolutionärer Vorteil daraus ergab, der groß genug war, die Kosten aufzuwiegen. Ein größeres Gehirn war möglicherweise nützlich bei der Erweiterung des Aktionsradius oder der Suche nach einer größeren Vielfalt an Nahrungsmitteln.

Dunbar kam auf den Gedanken, dass Klatsch ein wichtiger evolutionärer Vorteil gewesen sein könnte, als er die Gehirngrößen von verschiedenen Primaten von Zwerglemuren bis zu Makaken untersuchte. Dann verglich er die Größe des Gehirns mit der Größe der Gemeinschaft, in der die Gattung für gewöhnlich lebt. Dabei stellte er fest, dass das Gehirn, und insbesondere die für das höhere Denken verantwortliche Großhirnrinde, umso voluminöser wird, je größer die Gemeinschaft ist. Die Primaten mit den größten Gehirnen – Paviane, Makaken, Schimpansen und Menschen – verbrachten die meiste Zeit am Boden und lebten in relativ offenen Savannenwäldern oder am Waldrand. Hier gibt es reichlich Nahrung. Es ist aber auch ein Ort, an dem man leicht von einem Löwen gefressen wird. Es war also nötig, in größeren Gruppen zusammenzuleben, um sich besser gegen mögliche Fressfeinde schützen zu können. Eine größere Gruppe bedeutete auch ein Mehr an sozialen Beziehungen. Und laut Dunbar war das größere Gehirn eine Voraussetzung, um die Kontrolle über diese Vielzahl an Beziehungen behalten zu können.

Schimpansen behalten ihre Mit-Schimpansen genauestens im Blick, indem sie viel Zeit darauf verwenden, einander zu lausen und genau zu verfolgen, wer wen laust. Sie leben in Gemeinschaften von durchschnittlich 50 Tieren, und die gegenseitige Körperpflege nimmt rund 20 Prozent ihres Tages in Anspruch. Über das Lausen knüpfen sie soziale Bindungen, die dann wichtig werden, wenn es darum geht, Nahrung zu teilen oder in einem Kampf Verbündete zu suchen.

Nebenbei fühlt es sich auch noch gut an, gelaust zu werden. Es setzt Endorphine und andere körpereigene Opiate frei. Wir bekommen dasselbe himmlische Gefühl in unseren intimen Beziehungen, wenn die Sprache nicht mehr ausreicht, um unsere Gefühle auszudrücken, und wir uns stattdessen berühren, streicheln, reiben und vielleicht gelegentlich die Zehen lutschen: »Wenn die Endorphine, die durch diese Aktivitäten freigesetzt werden, den Körper überfluten, verspüren wir ein zunehmendes Gefühl der Wärme, des Friedens mit der Welt und der Zuneigung zu denjenigen, mit denen wir diese intimen Erfahrungen teilen.

Die Wirkung erfolgt unmittelbar und direkt: Die Erregung durch die Berührung sagt uns mehr über die Gefühle desjenigen, der uns berührt, als es Worte je könnten.«

Wohlfühl-Klatsch

Lausen und andere körperliche Aktivitäten sind allerdings wenig geeignet, um soziale Bande zwischen Menschen herzustellen: Dafür kennen wir einfach zu viele Leute. Und im Allgemeinen verspüren wir wenig Lust, uns von ihnen berühren, streicheln und reiben zu lassen, schon gar nicht am Arbeitsplatz. Nach Dunbars Berechnungen ist das menschliche Gehirn auf eine Gemeinschaft von 150 Individuen eingestellt. Wenn wir unsere sozialen Beziehungen innerhalb einer derart großen Gruppe mit gegenseitigem Lausen pflegen wollten, dann würden wir den halben Tag damit zubringen. Wir hätten keine Zeit mehr für andere wichtige Dingen wie etwa das Mittagessen. Also wird diese Aufgabe von der Sprache übernommen, vor allem vom Klatsch.

Die Sprache selbst ist überraschend positiv. Eine Untersuchung von dreizehn Sprachen stellte fest, dass es »eine universelle menschliche Tendenz [gibt], im Gespräch mehr positive als negative Evaluationswörter zu verwenden«. Eine weitere Studie fand heraus, dass wir in feststehenden Begriffspaaren fast immer das positive Wort zuerst nennen: mehr oder weniger, Gewinne und Verluste, wir und die, top oder flop.

Auch Klatsch ist laut Dunbar nur in 5 Prozent aller Fälle negativ. Meist handelt es sich um neutrales Geplauder: »Hast du die Bluse gesehen, die sie gestern anhatte?« Oder: »Er kann sehr charmant sein, wenn er will.« Der Inhalt spielt in den seltensten Fällen eine Rolle, wichtiger ist die Botschaft, dass alle zu einer Gruppe gehören. Wenn jemand mit Ihnen tratscht, dann bezieht er Sie in eine Zweierbeziehung und in eine Beziehung zur Gemeinschaft ein.

Wenn Dunbar Recht hat, dann müsste Klatsch genau wie das Lausen dazu führen, dass wir uns gut fühlen. Wir müssen uns nur umsehen, um überall Belege dafür zu finden, dass dem tatsächlich so ist. Klatsch und das Gefühl der Zugehörigkeit zu einer Gruppe ist sicher der Grund, warum SMS und E-Mail unter Jugendlichen so beliebt sind. Das erklärt auch, warum so viele Menschen mit dem Handy am Ohr durch die Welt spazieren, um mit ihren Freunden, Angehörigen oder Kollegen schwatzen zu können, während sie ringsum von Fremden umgeben sind.

Leider hat noch niemand nachweisen können, dass Klatsch die Opiatproduktion im Gehirn steigert. Es ist auch nicht untersucht, ob dieser Effekt auftritt, wenn wir uns durch ein relativ unpersönliches Medium wie das Telefon oder den Computer austauschen.

Wir wissen allerdings, dass das Gegenteil eintritt: Unser Gehirn reagiert auf das Ausgeschlossensein, als handele es sich um einen körperlichen Schmerz, und dieses Gefühl tut genauso weh, wenn wir nur am Computer sitzen. In einer Studie an der University of California spielte eine Testperson am Computer mit zwei anderen Mitspielern ein virtuelles Ballspiel. Die beiden anderen Spieler wurden vom Computer generiert, doch das wusste die Testperson nicht. Sie warfen ihr den Ball sieben Mal zu. Dann schlossen sie sie bei den nächsten 45 Würfen aus, und unsere Testperson reagierte, als hätte sie eine Ohrfeige bekommen.

Bei männlichen wie bei weiblichen Testpersonen zeigte das MRT erhöhte Aktivität im rechten ventralen Vorderstirnlappen, derselben Region, die auch bei Gefahr oder anderen negativen Reizen aktiv wird, sowie im Anterior Cingulate Cortex (ACC). Der ACC ist als neurales Warnsystem für die Erkennung von Schmerz bekannt, doch er spielt auch eine Rolle bei der Beobachtung von sozialen Beziehungen.

Bei Totenkopfäffchen ist er beispielsweise Teil des neuralen Apparats, der aktiv wird, wenn ein Junges einen Trennungsschrei ausstößt, um den Kontakt mit der Gruppe wiederherzustellen. Beim Menschen wird er bei einer Mutter aktiv, die zusammenzuckt, weil sie den Schrei ihres Babys hört. Die Wissenschaftler schlossen daraus, dass unsere neuralen Schmerzzentren im Laufe der Evolution vereinnahmt wurden, um zu erkennen, wenn etwas in unserem sozialen Umfeld nicht stimmt. Eine kalte Schulter kann deshalb buchstäblich genauso wehtun wie ein Rempler.

In einem Experiment, das unlängst an der University of New South Wales durchgeführt wurde, machten sich die Wissenschaftler gar nicht die Mühe, so zu tun, als handele es sich bei dem virtuellen Ballspiel um menschliche Mitspieler. Trotzdem fühlten sich die Testpersonen gekränkt und ausgegrenzt. Die Überschrift des Artikels im *Journal of Experimental Social Psychology* lautete polemisch: »Wie tief kann man sinken? Ablehnung durch einen Computer genügt, um das Gefühl der Zugehörigkeit, des Selbstwerts und des Lebenssinns zu beeinträchtigen.« Die Autoren deuteten ihre Erkenntnisse als »Beleg für eine primitive und automatische adaptive Sensibilität gegenüber selbst dem geringsten Hinweis auf soziale Ausgrenzung«.

Vielleicht ist es ein bisschen weit hergeholt, das Gefühl der Zurückweisung während eines Computerspiels mit dem zu vergleichen, was wir empfinden, wenn wir vom Büroklatsch ausgeschlossen werden. Aber wieso eigentlich? Die Plauderei in der Teeküche ist meist genauso inhaltsleer wie das Hin und Her eines Lichtpunktes auf dem Bildschirm; es geht mehr darum, etwas gemeinsam zu tun, als darum, was man tut. Klatsch kann natürlich auch Informationen enthalten, die für das Überleben am Arbeitsplatz eminent wichtig sind. Aber ganz egal wie wichtig oder unwichtig das Thema ist, wir haben es alle schon einmal erlebt, wie schlimm es ist, von einem Gespräch ausgeschlossen zu werden. Klatsch sollte also noch viel stärkere Gefühle des Ausgeschlossenseins oder der Zugehörigkeit erzeugen als ein bloßes Computerspiel.

Die schlimmste Art des Klatsches ist, wie ein Versicherungsmanager zugibt, »wenn man eine wichtige Information von einem Kollegen erfährt, denn das bedeutet, dass der mit den Großen sprechen durfte und du nicht. Für die Jungs in der Machtkurve, die alles dafür tun, um mit am Tisch zu sitzen, ist das der Todesstoß.«

Welche praktischen Konsequenzen ergeben sich aus diesen Erkenntnissen für unser Arbeitsleben? Genau neun Tipps für besseren Klatsch.

Tipp 1: Tolerieren Sie Klatsch. Ganz egal, wie sehr sich die Personalabteilung auch bemühen mag, es zu unterbinden: Menschen werden immer tratschen. Die Wahrscheinlichkeit, es ihnen abzugewöhnen ist ungefähr so groß wie die, dass Sie Ihrem Hund austreiben, anderen Hunden am Hintern zu schnüffeln.

Tipp 2: Betreiben Sie faire Personalpolitik. Wenn Sie eine Führungskraft sind und Günstlingswirtschaft oder andere unfaire Praktiken betreiben, dann können Sie fast sicher sein, dass Ihre Mitarbeiter dahinterkommen. Also lassen Sie's lieber gleich bleiben, und halten Sie eine gute Erklärung bereit, wenn Sie einen Angestellten befördern und einen anderen nicht.

Tipp 3: Seien Sie ehrlich. Wenn Sie gefährlichen oder demoralisierenden Klatsch hören, sollten Sie ehrlich damit umgehen: »Wir haben alle gehört, dass das Unternehmen überlegt, ob es nicht billiger kommt, bestimmte Tätigkeiten nach Malaysia auszulagern. Nach meinem Kenntnisstand haben wir noch eine gute Chance zu beweisen, dass wir es besser können, und zwar zu einem wettbewerbsfähigen Preis.« Wenn Sie jedoch behaupten, niemand habe über Auslagerungen gesprochen, und zwei Monate später verschicken Sie Maschinen nach Kuala Lumpur, dann haben Sie Ihre Glaubwürdigkeit verspielt. Stattdessen werden alle noch mehr auf die Buschtrommel hören. (Nur dass die Buschtrommel dann in Kuala Lumpur ist, genau wie Ihr Job.)

Tipp 4: Setzen Sie Klatsch konstruktiv ein. Auch wenn das der gängigen Lehrmeinung widerspricht: Manager sollten Klatsch gezielt einsetzen, um bei ihren Mitarbeitern das Gefühl der Zugehörigkeit zu wecken. Was nicht heißt, dass Sie anfangen sollten, Ihre sämtlichen Problemchen vor Ihren Mitarbeitern auszubreiten. Mit negativem Klatsch kommt man als Führungskraft meist nicht sonderlich weit. Aber Klatsch ist meist ja auch nicht negativ. Mit dem rechten Wort zur rechten Zeit können Sie Ihren Mitarbeitern helfen, ihre Zeit produktiver zu nutzen und gleichzeitig ihre Loyalität gewinnen: »Ich habe gehört, bei dem Disney-Auftrag tut sich was. Lassen Sie die Arbeit an dem Projekt lieber noch ein Weilchen liegen.« Achten Sie aber darauf, dass Sie Ihre Informationen möglichst gleichmäßig auf alle Mitarbeiter verteilen.

Tipp 5: Nutzen Sie Tratsch als Informationsquelle. Mit Leuten am unteren Ende der Hierarchieleiter zu tratschen ist nicht nur eine gute Möglichkeit, sie in die Gemeinschaft zu integrieren. Man kann auch einiges von ihnen lernen, denn die unten sehen oft mehr als die oben. Diese Art Klatsch verrät Ihnen, wo Sie Ihre Energien am besten einsetzen, und bei wem.

Tipp 6: Bauen Sie vertrauensvolle Beziehungen auf. Damit Klatsch verlässlich als sozialer Kitt oder Nachrichtenquelle funktioniert, muss die Beziehung gegenseitig und vertrauensvoll sein. Vertrauensvoll, aber nicht naiv: Überlegen Sie genau, wem Sie Ihre Offenheit schenken.

Tipp 7: Geben Sie Klatsch möglichst korrekt wieder. Vertrauen bedeutet auch, dass wir unseren Klatsch so genau wie möglich weitergeben müssen. Auch wenn Klatsch oft mit wilden Gerüchten gleichgesetzt wird – Untersuchungen zeigen, dass die Buschtrommel in 75 bis 95 Prozent der Fälle richtig liegt. Es wäre Energieverschwendung, sich mit falschen Informationen abzugeben, und es würde die Quelle unweigerlich in ein schlechtes Licht rücken. Überprüfen Sie ein Gerücht trotzdem sehr sorgfältig, ehe Sie es weitergeben (besonders wenn es per E-Mail kommt). Wenn Sie hören, dass sich beim Disney-Auftrag etwas tut, und Sie weitererzählen, Minnie und Daisy würden demnächst ihre Lesbenhochzeit verkünden, dann geht es Ihnen bald wie den traurigen Computerspielern, denen niemand mehr einen Ball zuwirft.

Tipp 8: Setzen Sie Klatsch wirkungsvoll ein. Auch wenn Vorstände gern so tun, als stünden sie über dem Klatsch, sollten sie trotzdem wissen, wie man ihn im Konkurrenzkampf einsetzen kann. Vor einigen Jahren befand sich eine US-Versicherungsfirma in einem Bieterwettbewerb um die Übernahme eines europäischen Unternehmens. Gegenspieler war GigantaCorp, und die Versicherungsfirma hatte den Verdacht, die Investmentbanker würden sie nur im Spiel halten, um den Preis hochzutreiben. Sie bot trotzdem. Doch mit dem Gebot gab sie auch ein bisschen Klatsch an das europäische Unternehmen weiter: dass GigantaCorp für gewöhnlich hohe Gebote abgab, um die Konkurrenz aus dem Rennen zu werfen und nach dem gewonnen Bieterwettbewerb mit zahllosen Klauseln und Bedingungen die Summe wieder zu drücken. Die Vorstände der Versicherungsgesellschaft machten es außerdem zur Bedingung, ihre europäischen Kollegen während der Verhandlungen persönlich zu treffen. Diese Gelegenheit, sich kurz zu unterhalten (und Klatsch auszutauschen) genügte, um eine gemeinsame Basis zu schaffen, und die europäische Firma akzeptierte schließlich das niedrigere Gebot.

Tipp 9: Denken Sie daran: Auch Sie können das Ziel von Tratsch und Gerüchten werden. Klatsch sorgt auch auf persönlicher Ebene für Ausgleich. Es ist eine Möglichkeit, uns gegenseitig zu Ehrlichkeit zu zwingen. Der Primatologe Christoph Boehm beschreibt Klatsch »als heimliche Aktivität, mit der wir ständig gegenseitig unsere unmoralischen Dossiers überprüfen. Trotz der Heimlichkeit weiß jeder, dass dauernd getratscht wird und jeder das Ziel sein kann. Allein dieses Wissen wirkt abschreckend.« Auf lange Sicht ist es deshalb klüger, wenn auch nicht ganz so behaglich, sein Leben nach dem Motto von Will Rogers einzurichten und anzunehmen, dass Ihr Papagei einen heißen Draht zum größten Klatschmaul im Dorf hat.

Tiere kommen nicht nur voran, indem sie ihre Artgenossen genau im Auge behalten. Es kommt auch darauf an, die Signale aus dem Off wahrzunehmen. In Botswana beobachtete ich vor einiger Zeit eine Truppe Paviane, die durch eine Wiese marschierte. Sie konnten nichts sehen, denn das Gras reichte ihnen über den runden Schädel. So trabten sie geradewegs auf einen Geparden zu, der sich ihnen geduckt näherte. Dann sah ein Nashornvogel den Geparden und stieß einen Warnruf aus. Der Anführer der Paviane sah auf, stellte fest, von wo die Gefahr kam, und schlug einen sichereren Kurs ein. Nachdem er seine Deckung verloren hatte, drehte auch der Gepard ab (was vermutlich sein Glück war, denn eine Horde wilder Paviane kann einen Geparden recht alt aussehen lassen). Räuber und Beute bekamen einander nie zu Gesicht. Sie verstanden es jedoch, die Zeichen in ihrer Umgebung zu deuten.

Büroklatsch funktioniert oft ähnlich. Aus dem Tonfall eines Kollegen schnappte ein freier Mitarbeiter eines Unternehmens auf, dass die Firma kurz vor dem Verkauf stand. Also arbeitete er einige Nächte durch und lieferte sein Projekt vor Ablauf der Frist ab. Der verantwortliche Projektleiter überwies ihm sein Honorar und zahlte ihm obendrein noch einen Bonus, denn es kam ja nicht mehr darauf an. Die Alternative wäre gewesen, von einem neuen Projektleiter verfrühstückt zu werden, der sich gleich zum Einstand einen Namen als effektiver Kostendrücker machen will ■

Mich laust der Affe: Eine Naturgeschichte der Versöhnung

Es ist wie eine Igelhochzeit. Sie müssen es ganz vorsichtig angehen.

Ein Beobachter aus Silicon Valley über die Versöhnung von Sun und Microsoft

Eines Morgens verschickte eine Angestellte des Londoner Büros der internationalen Anwaltskanzlei Dewey Ballantine eine Rundmail, in der sie einen Wurf Hundewelpen anbot. Einer der Seniorpartner schickte dem eine lustig gemeinte Mail an die Belegschaft hinterher, mit der Aufforderung: »Helfen Sie diesen Hündchen, damit sie nicht in einem chinesischen Kochtopf landen!«

Es war ein dummer Witz. Zumal die Firma gerade erst einigen Ärger mit asiatischen Geschäftspartnern gehabt hatte. Bei einem formellen Abendessen hatten einige besonders kindische Anwälte anlässlich der Schließung der Filiale in Hongkong ein abwertendes und beleidigendes Liedchen angestimmt. Es sah schon fast nach einem Muster aus, und die erzürnten Kritiker wollten sich nicht mit einer halbherzigen Entschuldigung abspeisen lassen.

»Einige Kollegen haben einen Fehler gemacht, und sie haben sich dafür entschuldigt«, lamentierte einer der Vorstände der Firma. »Wir entschuldigen uns immer wieder, und ich wünschte, es gäbe eine Möglichkeit, wie wir Sie schnell und einfach überzeugen könnten, dass diese Art des Verhaltens nicht zu unserer Kultur gehört. Aber das scheint nicht möglich.« Es schien dem Herrn nicht in den Sinn zu kommen, dass er die Sache mit seinem Wunsch nach einer schnellen und einfachen Lösung eher noch schlimmer machen könnte.

Der Versuch, einen Tritt ins Fettnäpfchen mit einer einfachen Geste oder ein paar Worten aus dem Weg räumen zu wollen, greift viel zu kurz. Es gibt wenige Transaktionen, die so ausschließlich menschlich zu sein scheinen wie eine Entschuldigung. Und doch reicht diese Kunst bis tief in unserer Biologie hinein. Das erklärt, warum die Worte »es tut mir leid« für uns genau so wichtig sind wie essen und schlafen.

Besonders wichtig sind diese Worte in so konfliktreichen Situationen wie etwa am Arbeitsplatz, wo wir uns oft besonders unbeholfen entschuldigen, wenn überhaupt. Sehen wir uns ein Beispiel an.

Nachdem im Jahr 2004 eine Untersuchungskommission herausgefunden hatte, dass durch mangelnde redaktionelle Kontrolle bei der BBC unbegründete Vorwürfe eines Reporters gegen die Regierung ausgestrahlt worden waren, traten die beiden Intendanten zurück. Der neue Intendant entschuldigte sich »vorbehaltlos«. (Der Reporter hatte berichtet, dass Beamte in der Downing Street einen Geheimdienstbericht über die Lage im Irak »aufgepeppt« hätten, um den Irak-Einsatz zu rechtfertigen. Laut Bericht der Kommission hatte er keinerlei Beweise für diese Behauptung.)

Diese Entschuldigung führte zu wütenden Reaktionen unter den 27000 BBC-Mitarbeitern, von denen viele der Ansicht waren, die Untersuchungskommission versuche, die Politik der Regierung zu rechtfertigen und die BBC zu schwächen. Sie kannten den neuen Intendanten kaum und hatten das Gefühl, er habe nicht das Recht, sich in ihrem Namen öffentlich zu entschuldigen. BBC-Altmeister Sir David Attenborough nannte die Entschuldigung des Intendanten »kriecherisch«, doch ihr unterwürfiger Geist schien nach und nach die gesamte Organisation zu erfassen. Das ging so weit, dass die BBC sich entschuldigte, als einer ihrer bekanntesten investigativen Journalisten einen Polizeichef hartnäckig nach einem unaufgeklärten Mord befragte.

Wenn man dieses Beispiel betrachtet, kann man den Eindruck gewinnen, wir hätten uns die Kunst der Entschuldigung von den Affen abgeschaut, und von ziemlich blöden Affen noch dazu. Doch Entschuldigungen sind eine ernste Angelegenheit. Sie sind Balsam auf den Wunden, die uns das Arbeitsleben beibringt, oder sie sollten es zumindest sein. Entschuldigungen können Spontanheilungen bewirken. Sie können Hass und Wut in Luft auflösen. Sie können auf wunderbare Weise einen tobenden Kunden in ein zahmes Lämmchen verwandeln. Sie können sogar den Zorn einer Mutter über den Tod ihres Kindes besänftigen und fast zu einer Art Freundschaft führen.

Entschuldigungen können sich sogar auf die Bilanz eines Unternehmens auswirken: Im Jahr 1987 führte das Veterans Affairs Krankenhaus in Lexington, Kentucky eine Politik der »extremen Offenheit« ein. Dies bedeutet, Behandlungsfehler einzugestehen, sich für diese zu entschuldigen und einen Entschädigungsprozess einzuleiten, selbst wenn die Familie selbst gar nicht auf die Idee kam, dass der Tod eines Angehörigen auf einen ärztlichen Fehler zurückging. Skeptiker sahen schon eine Entschädigungslawine auf das Krankenhaus zukommen. Stattdessen sanken die Schmerzensgeldzahlungen erheblich. Eine ehrliche Entschuldigung wirkte offenbar besser als Geld, um die Verdächtigungen und Verletzungen bei den Angehörigen und Opfern auszuräumen.

Das Sakrament der Versöhnung

Der Primatologe Frans de Waal war der Erste, der herausfand, dass es so etwas wie eine Naturgeschichte der Versöhnung gibt. Er hatte seine Erleuchtung Mitte der Siebziger im Zoo von Arnhem nach der wüsten Verfolgungsjagd zwischen den beiden Schimpansenmännchen Nikkie und Luit, die ich in Kapitel »Mit Zähnen und Klauen« beschrieben habe. An Schimpansenmaßstäben gemessen war das nichts, sie machten ein bisschen Lärm, wirbelten ein wenig Staub auf und endeten in sicherem Abstand zueinander in den abgestorbenen Ästen einer Eiche. Etwa zehn Minuten später reichte Nikkie, der Alpha der Gruppe, Luit die Hand hin, die Finger ausgestreckt, die Handfläche in einer Friedensgeste nach oben. De Waal fotografierte die Szene und beobachtete die beiden, wie sie in tiefer gelegene Äste kletterten, sich in einer Astgabel umarmten und küssten, dann zum Boden herabstiegen und sich dort gegenseitig lausten.

Die meisten Wissenschaftler hätten diesen Moment vermutlich vergessen oder in einer staubigen Kategorie wie »postkonfliktuale Interaktion« abgelegt. Tieren Gefühle zu unterstellen war damals tabu. De Waal dagegen beschrieb die Geste zwischen Nikkie und Luit mit demselben Wort, mit dem er auch das Verhalten zweier menschlicher Brüder nach einem Kampf beschrieben hätte: Versöhnung.

In der Folgezeit beobachtete de Waal, wie die Schimpansen vor und nach einem ihrer zahlreichen Kämpfe miteinander umgingen. Er führte systematisch Buch über ihr Verhalten nach einem Streit, notierte die kleinen entschuldigenden Gesten und die Versuche, ein gestörtes Verhältnis wieder zu kitten, und kam dabei zu dem Schluss, dass Schimpansen Meister der Versöhnung sind. Im Laufe der Jahre sammelte er mehr als viereinhalbtausend Streitfälle, zehntausend Lausszenen und eintausend Versöhnungen. Schimpansen mögen sich manchmal in »Killeraffen« verwandeln, und tatsächlich brachte Nikkie Luit später um, trotzdem sah de Waals die Tiere als die geborenen Friedensstifter.

Lektion 1: Was wir als Erstes von den Schimpansen lernen können, ist Folgendes: Wenn Schimpansen kämpfen, dann küssen sie sich und vertragen sich wieder, und so sollten wir es auch halten.

Vielleicht klingt das ein bisschen simpel. Doch als de Waal mit seinen Studien begann, stellte er fest, dass die Wissenschaft »über das Versöhnungsverhalten in zwischenmenschlichen Beziehungen so gut wie nichts weiß«.

Sozialpsychologen untersuchen menschliches Verhalten nicht in sozialen Gruppen, sondern meist an Einzelpersonen und im Labor, und dort lassen sich Versöhnungen nur schwer erforschen. Familientherapeuten haben zwar einiges an Erfahrung mit der Moderation von Versöhnungen gesammelt, doch finden diese unter Anleitung und in einer künstlich geschaffenen Situation statt. Niemand kam auf den Gedanken, dass Versöhnung in unseren Genen angelegt sein könnte. »Die Natur kennt keine Vergebung«, erklärte der italienische Bühnenautor Ugo Betti einst, und selbst in der romantischen Literatur wurde die Bedeutung der Versöhnung geleugnet. Eine Beres-Hammond-Schnulze aus dem Film *Love Story* machte einst den unsinnigen Satz populär: »Love means never having to say I'm sorry.« Und genügend Manager haben ihre Karrieren unter das Motto »Keine Entschuldigungen, keine Erklärung« gestellt.

In Wahrheit begegnen wir der Entschuldigung überall in der Natur. Seit de Waals Eingebung haben Wissenschaftler bei 25 Primatenarten, aber auch bei entfernteren Arten wie Delfinen oder Hyänen ähnliche Verhaltensweisen entdeckt. Entschuldigungen wirken sogar über die

Artengrenzen hinweg: Auch Ihr Hund entschuldigt sich bei Ihnen, wenn er angekrochen kommt und um Verzeihung bettelt, nachdem Sie ihn erwischt haben, wie er ein Stück Fleisch von der Anrichte stibitzt hat. Und wenn Sie die leisesten Zweifel daran haben, wie wichtig eine Geste der Versöhnung sein kann, dann beobachten Sie das nächste Mal, wie Ihr Hund sich plötzlich entspannt, wenn Sie sich schließlich erweichen lassen und ihm den Kopf tätscheln.

Denken Sie daran, wenn das nächste Mal einer Ihrer Mitarbeiter Mist baut. Wenn Sie etwas Versöhnliches sagen wie »tut mir leid, ich hätte Sie nicht so anschreien sollen«, dann können Sie beobachten, wie sich sein verspannter Körper vor Erleichterung entkrampft. Wenn Sie genau hinhorchen, können Sie hören, wie das Cortisol abläuft wie das Wasser aus einer Badewanne. Vorausgesetzt allerdings, Ihre Geste war ehrlich.

Es ist gar nicht nötig zu sagen, dass Sie mit Ihrer Beschwerde im Unrecht waren, und der diebische Hund oder der mistbauende Mitarbeiter Recht hatten. Es genügt ein nettes Wort oder (Vorsicht jetzt!) ein freundliches Tätscheln, mit dem Sie den anderen wissen lassen: »Unsere Beziehung ist mir wichtiger als dieses Problem. Wir werden einen Weg finden, zusammen weiterzumachen.«

Die Bereitschaft zu einer solchen Versöhnungsgeste ist oft ein Zeichen der Stärke, nicht der Schwäche. Und wenn Nikkie und Luit das konnten, dann sollten wir erst recht dazu in der Lage sein.

Unüberwindbare Differenzen?

»Menschen versöhnen sich auf Hunderte Arten und Weisen«, schreibt de Waal. »Sie brechen das Eis mit einem Witz, einer sanften Berührung am Arm, einer Entschuldigung, Sex, Blumen oder indem sie das Lieblingsessen des anderen kochen.« Wie die Schimpansen geben wir uns auch einen Kuss, »die Versöhnungsgeste par excellence«. Am Arbeitsplatz ist das weniger angesagt, doch de Waal schreibt: »Ein weiterer Punkt, den wir mit den Schimpansen gemeinsam haben, ist die wichtige Rolle des Augenkontaktes. Unter Affen ist das eine Voraussetzung für jede Versöhnung. Es ist so, als würde ein Schimpanse den Absichten des anderen nicht trauen, ehe er ihm nicht in die Augen gesehen hat. Genauso sehen wir einen Konflikt nicht als beigelegt an, wenn Menschen zur Decke oder auf den Boden sehen, wenn wir in ihre Richtung blicken.«

Eine Wissenschaftlerin berichtet zum Beispiel, sie sei an einem Freitagnachmittag von ihrem Abteilungsleiter ins Büro des Chefs gerufen worden und habe dort eine strenge Abmahnung erhalten, in deren Verlauf der Abteilungsleiter laut geworden wäre und wild herumgefuchtelt hätte. Die Wissenschaftlerin ließ den Tadel nicht auf sich sitzen. »Ich glaube, Sie irren sich«, sagte sie dem Abteilungsleiter. Schlimmer für die Wissenschaftlerin war jedoch, dass der Chef die Lippen schürzte, die Augenbrauen hochzog und ihr so zu verstehen gab, dass er ihr kein Wort glaubte.

Am Montagmorgen liefen sich die Wissenschaftlerin und ihr Abteilungsleiter im Flur über den Weg, und sie grüßte wie üblich. Er zischte jedoch an ihr vorüber, ohne sie eines Blickes zu würdigen. Er konnte sich nicht dazu bringen, ihr in die Augen zu sehen, und sie, die sich zu Unrecht angegriffen fühlte, dachte, dass es nicht an ihr war, sich zu entschuldigen. Nachdem sie 15 Jahre in der Abteilung gearbeitet hatte, schickte sie Bewerbungen los.

Lektion 2: Mit dieser Lektion der Schimpansenversöhnung hätte diese unglückselige Entwicklung verhindert werden können: Manchmal können zwei stolze Gegenspieler sich mithilfe einer gemeinsamen kleinen Lüge wieder versöhnen, die es beiden erlaubt, ihr Gesicht zu wahren. Die Arbeit an einer gemeinsamen Tätigkeit, die nichts mit dem Konflikt zu tun hat, kann die Spannung abbauen und zu einer natürlichen Wiederannäherung führen.

Es passierte zum Beispiel, dass einer von de Waals Schimpansen nach einem Kampf so tat, als habe er etwas Interessantes im Gras entdeckt. »Er tutete laut und blickte sich in alle Richtungen um. Eine Reihe von Schimpansen, darunter sein Gegenspieler, rannten herbei.« Die anderen verloren rasch das Interesse an dem scheinbaren Fund. Doch die beiden Widersacher blieben zusammen, beäugten gemeinsam das angebliche Fundstück, und schnüffelten und tuteten aufgeregt. »Dabei berührten sich ihre Köpfe und ihre Schultern. Nach einigen Minuten beruhigten sie sich und begannen, einander zu lausen. Das Fundobjekt, das ich nie zu Gesicht bekommen habe, war völlig vergessen.«

Die Anekdote ist ein nützlicher Hinweis, dass beide Seiten, Täter wie Opfer, üblicherweise ein großes Bedürfnis nach Versöhnung verspüren. In menschlichen Beziehungen bleibt es leider häufig an der Frau hängen, die gemeinsame kleine Lüge zu erfinden. Natürlich könnte es der Mann genauso gut übernehmen, doch er tut es nicht. In Fall der Wissenschaftlerin sorgte die Tatsache, dass ihr Abteilungsleiter die Beziehungsarbeit ungleich verteilte, für zusätzlichen Verdruss und machte die Versöhnung umso schwieriger.

Doch auch Affen entschuldigen sich nicht immer. Berggorillas machen in rund 37 Prozent der Fälle eine Versöhnungsgeste, Schimpansen in rund 40 Prozent und ihre nahen Verwandten, die Bonobos, werden ihrem Ruf als äffische Softies gerecht und versöhnen sich nach der Hälfte aller Auseinandersetzungen. Einige Wissenschaftlerkollegen sind der Ansicht, de Waal überschätze die Neigung zur Versöhnung. Ein Kritiker bemerkte mit beißendem Spott, er sei sich nicht sicher, wie de Waals Kuscheläffchen »zu den Bildern der Schimpansen passen, die ich neulich Abend im Fernsehen gesehen habe und in denen Schimpansenmännchen kreischende Affenbabys in Stücke rissen und fraßen. Dann habe ich mich daran erinnert, dass die Schimpansen die blutigen Stücke mit anderen geteilt haben. Kooperation ist doch etwas Wunderbares.«

Doch de Waal spricht von Versöhnung innerhalb der eigenen Gruppe, was nichts mit dem Killeraffen-Verhalten gegenüber Beutetieren und rivalisierenden Schimpansengruppen zu tun hat. Jeder Manager sollte verstehen, wie wichtig es ist, innerhalb des eigenen Teams ein gutes Klima zu schaffen, wenn es darum geht, die Konkurrenz zu übertrumpfen. Andere Kritiker meinten, de Waal überschätze die Versöhnung, da er Affen in Gefangenschaft beobachtet habe. (Andererseits sind Schimpansen in Gefangenschaft vermutlich ein besseres Vergleichsmodell für das Verhalten des Büromenschen als ihre Artgenossen in freier Wildbahn.) »Ich glaube, er unterschätzt die Bedeutung unversöhnter aggressiver Interaktionen in der Wildbahn, oder er ignoriert sie bewusst«, meint Richard Wrangham, der in seinem Buch *Bruder Affe* behauptet, das aggressive Verhalten der Schimpansen gebe Aufschluss über den Ursprung menschlicher Gewalt.

Wenn Schimpansen in der Wildnis stritten, so Wrangham, dann versöhnten sie sich in weniger als 13 Prozent aller Fälle. Das mag daran liegen, dass die Streithähne sich aus dem Weg gehen können, oder dass sie sich aus strategischen Gründen nicht versöhnen. Diese Zahlen sind jedoch kaum nachzuprüfen, da die Tiere in den Baumwipfeln schwer zu beobachten sind.

Wrangham selbst schiebt jedoch prompt eine versöhnliche Geste nach und schreibt, er bewundere de Waal dafür, den Beweis erbracht zu haben, dass es im Leben von Primaten nicht nur um Krieg ginge, sondern auch um Frieden.

Die Igelhochzeit

Im April 2004 standen Steve Ballmer und Scott McNealy, die Vorstandsvorsitzenden von Microsoft und Sun Microsystems, zusammen auf einer Bühne, um sich zu versöhnen. Mehr als ein Jahrzehnt lang hatte McNealy Microsoft als »Teufel aus Redmond« beschimpft. Er nannte Ballmer und Microsoft-Chef Bill Gates »Ballmer und Butt-Head« und behauptete, sie würden sich einer öffentlichen Diskussion verweigern, da sie Angst davor hätten, die Wahrheit sagen zu müssen. Ballmer wiederum behauptete von McNealy, er sei »zwei Standardabweichungen von der Realität entfernt« und beschimpfte Sun als »irgendein saudummes Unternehmen« mit Mitarbeitern, deren IQ unter 50 liege.

Die Rivalität machte jedoch bei gegenseitigen Beschimpfungen nicht halt. Microsoft setze alles daran, um das Sun-Programm Java auszubooten. Sun wiederum hetzte Microsoft die Wettbewerbsaufsicht in den USA und Europa auf den Hals.

Was also brachte diese beiden Killeraffen zusammen auf eine Bühne, wo sie sich zwar nicht umarmten, sich aber immerhin die Rechte gaben und die Linke steif auf den Unterarm des jeweils anderen legten? Warum klopften sie sich gegenseitig auf die Schultern und lachten nervös, um ihre Nicht-Aggression zur Schau zu stellen? Warum machten sie Witze darüber, dass sie beide aus Michigan kamen, Kinder von Automanagern waren und in Harvard studiert hatten? Warum tauschten sie Trikots der

Eishockeymannschaft Detroit Red Wings? (»Freundschaft und Partnerschaft beginnen auf dem Eis«, sagte Ballmer und hielt sein Trikot hoch. Er war sich offenbar nicht bewusst, dass Eishockey kein überzeugendes Beispiel für ein friedliches Miteinander ist.)

Die beiden Unternehmen hatten einen Vergleich erzielt, in dem Microsoft fast 2 Milliarden US-Dollar Entschädigung an Sun zahlte und die beiden Unternehmen übereinkamen, in Zukunft Patente zu teilen. Keine der beiden Seiten sprach die Worte »es tut mir leid« aus, doch McNealy versprach immerhin, artig zu sein und keine weiteren Schläge unter Microsofts Gürtellinie zu platzieren.

Es gab zwei gute Gründe für die Versöhnung. Beide Firmen sahen sich den gemeinsamen Konkurrenten Linux und IBM gegenüber. Und sie bekamen Druck von Kunden, Aktionären und Analysten, die das Gefühl hatten, die erbitterte Feindschaft der beiden stelle eine potenzielle Gefahr dar.

Lektion 3: Die Versöhnungslektionen unter Schimpansen zeigen: Unversöhnliche Streitigkeiten schaden beiden Seiten.

Wenn hochrangige Affen miteinander kämpfen, dann leiden auch die unbeteiligten Zuschauer unter erheblichem Stress. Ängstlich verfolgen sie die Auseinandersetzung, wie kleine Kinder, die auf jede Kleinigkeit achten, wenn Papa und Mama sich zanken. Mit großer Unruhe behalten sie die Streithähne aufmerksam im Blick. Das sind gefährliche Momente. Alles kann passieren: Die Machtstruktur kann sich ändern, es kann zur Scheidung kommen, jemand könnte durchknallen.

Die Zuschauer spüren die Spannung auch körperlich, der Cortisolspiegel, die Pulsfrequenz und der Blutdruck schnellen in die Höhe. Der Stress macht die Schimpansen unruhig, sie kratzen sich, zappeln und zupfen an sich herum. (Menschen verhalten sich ganz ähnlich, wenn in einem Meeting ein Streit losbricht. Die Unbeteiligten rutschen auf ihren Stühlen hin und her, fahren sich durchs Haar und streichen sich die Kleider glatt.) Die ganze Gruppe wartet nervös auf den Augenblick der Versöhnung und fürchtet sich vor einem möglichen neuen Konflikt. Eine öffentliche Geste der Versöhnung bewirkt einen Rückgang der körperlichen Stresssymptome. Die ganze Gruppe atmet auf.

Schimpansen werden von unversöhnten Konflikten sogar derart durcheinandergebracht, dass manche Individuen das erhebliche Risiko auf sich nehmen, zwischen die beiden Streithähne zu treten und zu vermitteln. Beim ersten Kofi-Annan-Moment, den de Waal beobachtete, war die Heldin ein gebrechliches altes Mütterchen mit einem »alles verstehenden Blick«. Sie beendete den Kampf zwischen zwei Kontrahenten, indem sie einen Arm um jeden der beiden legte. Ein anderes Mal ging sie auf ein kreischendes Männchen zu und legte ihm einen Finger in den Mund, was unter Schimpansen eine Geste der Beruhigung ist. Dann wandte sie sich seinem Rivalen zu und rief ihn zu einem Kuss zu sich. Danach umarmten sich die beiden Widersacher.

Führungskräfte, die schätzungsweise 42 Prozent ihrer Zeit mit der Schlichtung von Konflikten zubringen, verstehen nur zu gut, wie zerbrechlich ein solcher Moment ist. »Diese Männchen sind angespannt, sie sind dominant und stark und aggressiv«, beschrieb de Waal. »Dazwischenzutreten ist eine riskante Sache. Für mich heißt das, dass dieses Mütterchen sich um die Beziehungen innerhalb der Gemeinschaft sorgt. Schimpansen haben so etwas wie einen Gemeinschaftssinn. Sie leben in der Gruppe und müssen miteinander auskommen. Das Leben jedes Einzelnen wird besser, wenn die Gemeinschaft intakt ist. Das ist reiner Eigennutz. Aber letztlich ist genau das auch die Grundlage der menschlichen Moral: Das Leben jedes Einzelnen wird besser, wenn unsere Gemeinschaft intakt ist.«

Als Vorstandschef Andy Grove bei Intel seinen Ausraster hatte, gingen die Manager, die dazwischentraten, das gleiche Risiko ein wie dieses Mütterchen, und aus demselben Grund. Und als sich die erbitterte Feindschaft zwischen Sun und Microsoft lange genug hingezogen hatte, war es McNealys Ehefrau, die den Versöhnungsprozess einleitete, indem sie Ballmers Gemahlin zu sich nach Hause einlud. (Während eines Interviews bei CNET redeten die stolzen männlichen Streithähne ein wenig um die Frage herum, wie sie denn nun eigentlich genau zusammengefunden hätten. Ballmer: »Wir haben gemeinsame Freunde.« McNealy: »Wir hatten ein gemeinsames Aufsichtsratsmitglied.« Ballmer: »Nun gut, es war Scotts Frau.« McNealy: »Okay, schieben wir ihr die Schuld in die Schuhe.«)

Vergebung wider Willen

Niemand hat je untersucht, warum eine gute Versöhnung alle Beteiligten buchstäblich in ihrem tiefsten Innern befriedigt. Was passiert da im Gehirn? Und was passiert im Bauch? Wenn sie ehrlich gemeint sind, nehmen uns die Worte »es tut mir leid« nicht nur eine schwere Last von den Schultern. Sie führen eine wundersame emotionale Verwandlung herbei.

Nachdem beispielsweise das US-Atom-U-Boot *USS Greenville* durch ein unglückliches Missverständnis ein japanisches Fischerboot versenkt hatte, entschuldigte sich Kapitän Scott Waddle persönlich bei den Angehörigen der neun getöteten Besatzungsmitglieder. Ein Zeuge berichtete später, Waddle habe sich vor den Familien verneigt »und sie sahen, wie seine Tränen auf den Boden fielen. Der Besuch hinterließ einen tiefe Eindruck. Kazuo Nakata, dessen Sohn unter den Opfern war, verstand nicht viel Englisch, doch zwei Worte verstand er sehr deutlich: ›very sorry‹. In diesem Moment löste sich sein Zorn plötzlich in Luft auf.«

Erin Ann O'Hara, Rechtswissenschaftlerin an der Vanderbilt University, erzählt, diese Verwandlung finde »beinahe gegen den Willen des Opfers« statt. Sie erinnert sich, wie sie sich einen Nachmittag lang über etwas ärgerte, das ihr Mann getan hatte. Abends, als sie mit der erbosten Standpauke loslegen wollte, die sie stundenlang einstudiert hatte, entschuldigte sich ihr Mann zutiefst zerknirscht bei ihr. Ihr Ärger verrauchte so schnell, dass sie sich nur noch halbherzig beschweren konnte, sie sei doch noch gar nicht fertig mit ihrem Ärger

Zu einer ehrlichen Entschuldigung gehört oft eine Berührung oder eine Umarmung, und die Erneuerung zerrissener sozialer Bande. Wird in diesem Moment Oxytocin frei, das den Pulsschlag, die Atemfrequenz und den Blutdruck senkt und uns mit einem Gefühl der Wärme und Zuneigung durchflutet? Leider wissen Wissenschaftler bis heute sehr wenig darüber, zum einen weil es so gut wie unmöglich ist, Verletzung und Versöhnung im Labor nachzustellen, aber auch weil sich sie sich nie wirklich dafür interessiert hatten, ehe die Schimpansen sie mit der Nase darauf stießen.

Lektion 4: Diese *Schimpansenversöhnungslektion* lehrt uns, dass der Wunsch nach Versöhnung umso stärker ist, je stärker das Band zwischen den beiden streitenden Parteien.

Die Wahrscheinlichkeit ist sehr viel größer, dass sich Schimpansen und andere Primaten mit ihren Verbündeten und Verwandten aussöhnen als mit bloßen Bekannten. Überraschenderweise versöhnen sich Männchen öfter als Weibchen. Vielleicht haben sie einfach mehr Anlässe zur Entschuldigung. Es kann aber auch sein, dass sich darin die extreme Wichtigkeit von Verbündeten in den endlosen Machtkämpfen der Männchen widerspiegelt. Sie entschuldigen sich, weil sie beim nächsten Streit wieder Unterstützung benötigen. Manchmal machen sie sogar vor einem möglichen Konflikt versöhnliche Gesten, um die Spannungen abzubauen.

Im Primatenforschungszentrum von Yerkes bringen Mitarbeiter das Futter oft in zwei oder drei Bündeln, um zu beobachten, wie Freundschaften und Rangfolgen sich auf die komplizierte Angelegenheit der Futterteilung unter den 20 oder mehr Schimpansen auswirken. Die Fütterungszeit wird so zu einer Zeit der Ängste. So wie Menschen ihre guten Absichten mit einem Handschlag und einer Small-Talk-Einlage unterstreichen, machen auch Schimpansen friedfertige Gesten. Bjorn, das Alphamännchen, erlaubt Socko, seinem wichtigsten Rivalen, an seinem Handrücken zu nagen, und Socko lässt sich von Bjorn in die Schulter zwicken. Sie schlagen einander freundlich auf die Schultern und hüpfen auf und ab. Die drei stärksten Männchen kuscheln sich eng aneinander. Sie sind so bedacht darauf, die Spannung dieses Moments abzubauen, dass sie manchmal gar nicht mitbekommen, wenn die Ballen in den Käfig geworfen werden. Das Futter scheint ihnen völlig gleichgültig zu sein.

Sie sind wie Wall-Street-Banker, die sich zusammen besaufen und sich für die angespannte Zeit kurz vor der Bonus-Verteilung gegenseitige Nicht-Aggression zusichern.

Menschliche Errungenschaften

Natürlich unterscheidet sich unser Versöhnungsverhalten von dem anderer Tiere. Wir befolgen Regeln, die der Gattung Mensch ganz eigen zu sein scheinen. Wir sind beispielsweise viel pingeliger als Schimpansen, wenn es um die Frage geht, wie eine richtige Entschuldigung auszusehen hat. Es ist zwar wichtig, sich die biologischen Wurzeln der Versöhnung anzusehen, aber wir sollten auch ein paar typisch menschliche Nettigkeiten nicht aus dem Auge verlieren.

Sie müssen es schon aussprechen. Und von wenigen Ausnahmen abgesehen ist es besser, wenn Sie sich direkt für Ihren Fehler verantwortlich erklären. Es reicht nicht aus zu sagen: »Es wurden Fehler gemacht« oder: »Es tut mir leid, dass es passiert ist«. Sie müssen schon sagen: »Es tut mir leid, dass ich es getan habe.«

Sie müssen es auch zur rechten Zeit aussprechen. Die Brüder Bob und Harvey Weinstein, Filmproduzenten von Miramax, haben sich im Laufe ihrer Karriere einen Ruf als wüste, unberechenbare Barbaren erarbeitet. Harvey »riss Telefone aus der Wand und schleuderte sie durch die Gegend. Er knallte Türen und warf Tische um«, schreibt Peter Biskind in seinem Buch *Down and Dirty Pictures.* »Alles in ihrer Reichweite wurde zur Waffe – Aschenbecher, Bücher, Filmbänder, gerahmte Familienfotos ...«

Ein früherer Angestellter erinnert sich: »Seit ich sie kenne, war ihr Modus operandi, erst auf dir herumzutrampeln und dir dann wieder aufzuhelfen, dich erst zu beleidigen und sich dann bei dir zu entschuldigen.« Biskind fügt hinzu: »Man hätte einen kleinen Film drehen können mit dem Geld, das Miramax für Blumen mit dem Zettelchen ›Harvey hat's nicht so gemeint‹ ausgab.« Doch der manipulative Charakter des Herumtrampelns und Blumenschenkens war ziemlich durchsichtig. Es ist schwer, eine Entschuldigung als Zeichen eines ehrlichen Wandels zu akzeptieren, wenn der Schuldige am nächsten Tag noch schlimmer auf einem herumtrampelt.

Eine Entschuldigung muss freiwillig erfolgen. Eine Studie mit Vorschulkindern zeigte, dass die Kampfhähne nur in 8 Prozent der Fälle ihre Freundschaft erneuerten, wenn sie von den Kindergärtnerinnen dazu aufgefordert worden waren, sich wieder zu vertragen, jedoch in 35 Prozent der Fälle, wenn die Initiative von ihnen selbst kam. Mit zunehmenden Alter werden wir nicht besser. Zum Leidwesen von Managern, die sich gern in der Rolle des Friedensstifters sehen, halten sich kriegführende Parteien nur selten an einen erzwungenen Friedensschluss.

Aus dem Verhalten von Tieren lassen sich zwei Schlüsse ziehen, die uns Hoffnung machen sollten: In einer Studie mit wilden Pavianen nahmen Wissenschaftler die Rufe von Tieren auf, die einander kannten. Nach einem Kampf zwischen, sagen wir: Freddy und Sam, nahmen die Wissenschaftler einen Lautsprecher und spielten Sams Grunzen ab, das in der Pavianwelt als Entschuldigung durchgeht. Freddy akzeptierte diese Grunzlaute fast immer als ehrlich gemeinte Entschuldigung, und die beiden Gegner näherten sich einander schon bald wieder an und versöhnten sich.

Menschen sind für derlei Suggestionen nicht weniger empfänglich. Liebesbeziehungen beginnen oft damit, dass Freunde behaupten, eine der Parteien sei in die andere verknallt. Versöhnungen können damit beginnen, dass ein Chef oder ein Kollege einem der beiden Kontrahenten erzählt, dem anderen tue es schrecklich leid, er wisse nur nicht, wie er es sagen solle.

Versöhnung ist ansteckend. Rhesusmakaken sind nicht besonders gut darin, sich wieder zu vertragen. Doch wenn sie zusammen mit Stummelschwanzmakaken aufwachsen, die ein sehr versöhnliches Gen haben, werden auch Rhesusmakaken zu vorbildlichen Friedensstiftern. Und wenn der Chef die Angewohnheit hat, sich für Übergriffe zu entschuldigen, dann strecken auch seine Mitarbeiter mit größerer Wahrscheinlichkeit die Hand zur Versöhnung aus.

Putzerfische sind die Kosmetiker des Meeres und gehören obendrein zu den besten Entschuldigern. Diese Fischchen, die als Berufskleidung eine Livree mit einem schwarzen Streifen an der Seite tragen, bewohnen kleine Territorien oder Reinigungsstationen in Korallenriffen. Andere Fische kommen bis zu 30 Mal am Tag vorbei, um sich die Schuppen säubern zu lassen. Der Putzerfisch inspiziert seine Kunden und sammelt Fischläuse, Asseln, Plattwürmer und andere Parasiten ab.

Manchmal wird der Kosmetiker jedoch ein wenig übereifrig, besonders, wenn der Kunde nicht genug Parasiten mitbringt, um eine ordentliche Mahlzeit abzugeben. Dann kann es schon einmal passieren, dass der Putzerfisch seinen Kunden selbst anknabbert. Verständlicherweise reagiert der Kunde ungehalten über diese Art der Behandlung. Also hat der Putzerfisch eine Geste der Entschuldigung entwickelt. Er schwebt ein paar Zentimeter über dem Rücken des Kunden, in sicherer Entfernung zu dessen Zähnen, und flattert mit den Brust- und Hüftflossen, um ihn zu besänftigen.

Diese kleine Geste wirkt offenbar so beruhigend auf die Gemüter, dass der Putzerfisch sie auch einsetzt, um Kunden zu werben. Wenn das Geschäft nicht so läuft, stellt er sich vor den Laden und gibt möglichen Kunden so eine kleine Gratismassage, um sie zu überzeugen, sich bei ihm ein wenig vom Alltagsstress zu erholen ■

Die Grimassenschneider: Ein kurzer Leitfaden zur menschlichen Mimik

Wer je das Gesicht eines Affen beobachtet hat, wenn dieser beleidigt oder von seinem Besitzer gekrault wird, der wird zugeben müssen, dass das Spiel seiner Gesichtszüge und seine Gesten kaum weniger ausdrucksstark ist als das des Menschen.

Charles Darwin

Betrachten Sie Ihr Gesicht im Spiegel. Lächeln Sie. Schneiden Sie eine Grimasse. Machen Sie ein ängstliches Gesicht.

Sie haben Ihr ganzes Leben mit diesem zugleich zauberhaften und erschreckenden Fenster zur Seele zugebracht, und wahrscheinlich sind Sie felsenfest davon überzeugt, dass diese vertrauten Zuckungen, diese verführerischen Grübchen, dieser trocken nach oben gezogene Mundwinkel Ausdruck Ihrer ganz individuellen Persönlichkeit ist und noch dazu völlig Ihrem Willen gehorcht.

Doch die Bewegungen unseres Gesichts sind rein tierische Verhaltensweisen.

Mit seinen 43 Muskeln kann das menschliche Gesicht rein theoretisch rund 10000 mögliche Gesichtsausdrücke produzieren, von denen ungefähr 3000 tatsächlich eine Bedeutung haben. Diese Bedeutung ist in jedem Unternehmen, in jeder Kultur, in jedem Land dieser Erde ungefähr dieselbe. Ob wir zu BMW ans Fließband gehen oder einen Stamm in den entlegendsten Tälern Papua Neuguineas besuchen – dieselben Muskelbewegungen verraten, was wir fühlen. Sie verraten unsere Emotionen auch dann, wenn wir es am wenigsten wollen. Und wenn wir genau genug hinschauen, dann können wir in ihnen auch die Gefühle der Menschen in unserer Umgebung ablesen.

Darwins Hund

Die biologischen Wurzeln unserer Gesichtsausdrücke reichen Millionen von Jahren und eine Vielzahl von Gattungen zurück. Jeder, der andere Säugetiere, Vögel, ja sogar Fische betrachtet, der wird dies leicht bemerken. Kein anderes Tier kann mit seinem Mienenspiel so viele verschiedene Gefühle ausdrücken wie der Mensch, trotzdem kommunizieren die Gestik und Mimik der Tiere unmissverständlich Gefühle von Zorn bis Zärtlichkeit.

Diese Ähnlichkeit mit unserem eigenen Gefühlsleben ist das, was die Menschen an den Tieren in Zoos oder an ihren eigenen Haustieren am meisten begeistert. »Ich hatte einmal einen großen Hund, der wie alle Hunde gern spazieren ging«, schrieb Charles Darwin in seinem Buch *Der Ausdruck der Gemütsbewegungen beim Menschen und den Tieren.* »Er zeigte mir seine Freude, indem er mit großen Schritten vor mir her lief, wobei er den Kopf hoch trug, die Ohren leicht aufstellte und den Schwanz hob. Nicht weit von unserem Haus zweigt ein Pfad nach rechts ab und führt zu unserem Gewächshaus, und ich ging oft dort hinunter, um kurz nach dem Rechten zu sehen. Für den Hund war dies immer eine herbe Enttäuschung, und sobald ich die leisesten Anstalten machte, nach rechts abbiegen zu wollen (ich habe dies gelegentlich auch nur spaßeshalber angedeutet) veränderte sich sein ganzer Ausdruck sofort in einer Art und Weise, die mich zum Lachen brachte. Die ganze Familie kannte seinen bekümmerten Blick und nannte ihn sein ›Gewächshausgesicht‹. Er senkte den Kopf weit nach unten, der ganze Körper sackte in sich zusammen, und er blieb reglos stehen, Ohren und Schwanz knickten von einem Moment auf den anderen ein. Auch sein Blick veränderte sich, und es schien mir, als wären seine Augen weniger hell. Er sah bedauernswert niedergeschlagen aus, und das, obwohl der Anlass doch so nichtig war.«

Darwin vermutete, diese Ähnlichkeit zur menschlichen Mimik und Gestik sei kein Zufall, sondern das Ergebnis einer langen gemeinsamen Evolution durch Jahrmillionen der natürlichen Selektion. Neueste Erkenntnisse bestätigen, dass er mit seiner Vermutung richtig lag. Heute wissen wir zum Beispiel, dass Primaten und Nagetiere denselben Vorfahren hatten, ehe sie sich vor rund 65 Millionen Jahren auseinander entwickelten. Und wenn die Kollegin am Nachbarschreibtisch aufspringt wie ein Murmeltier und den Mund über etwas verzieht, was Sie gerade gesagt haben, dann verbindet sie dieser Gesichtsausdruck mit dem biologischen Erbe, das wir mit den heute lebenden Nagern gemein haben. Wissenschaftler der University of Utah haben gezeigt, dass die Muskelbewegungen im menschlichen Gesicht mit denselben drei oder vier Genen zusammenhängen, die einer Maus die Fähigkeit geben, die Augen seitwärts zu rollen, die Schnurrhaare zu bewegen, die Ohren zurückzulegen und zu blinzeln. Die so genannten Hox-Gene sind bei allen Säugetieren für die Entwicklung der Nervenzellen im Gehirn verantwortlich, die diese Muskelbewegungen steuern.

Affenforscher erkennen bei ihren Studienobjekten natürlich eine sehr viel größere Verwandtschaft zur menschlichen Mimik. Affen weinen zwar nicht aus Trauer, und sie drücken auch keinen Ekel aus, so wie wir es tun. Doch unser Lächeln hat dieselben Wurzeln wie ihr Angstgrinsen, mit dem sie Unterwerfung und Besänftigung ausdrücken. Und unser Lachen ist verwandt mit ihrem »Spielgesicht«, was wiederum die gleichen Ursprünge hat wie das entspannt geöffnete Maul des Hundes, der sich freundlich balgen will.

Nicht blinzeln

Wir glauben oft irrtümlich, Gesichterlesen sei so einfach, wie herauszufinden, was unser Hund von uns will. Vor allem Handelsvertreter halten sich gern an Volksweisheiten, wie sie bis heute in der einschlägigen Ratgeberliteratur nachzulesen sind: »Wenn er nach oben rechts schaut, dann lügt er.« Die erstaunliche Wahrheit ist, dass die meisten von uns erbärmlich schlecht sind, wenn es darum geht, das Mienenspiel anderer Menschen zu deuten, insbesondere bei Fremden. Meistens machen wir uns nicht einmal die Mühe, genau hinzuschauen. Und wenn wir einmal bewusst darauf achten, haben wir keine Ahnung, was ein bestimmter Gesichtsausdruck bedeutet. In wissenschaftlichen Studien schneiden Polizeibeamte kein bisschen besser ab als Normalsterbliche, wenn es darum geht zu erkennen, ob jemand lügt oder die Wahrheit sagt. Ärzte erkennen den Schmerz auf dem Gesicht eines Patienten weniger häufig als so mancher Amateur. Und Manager scheinen vollends unfähig, Gesichtsausdrücke zu lesen. Das ist ein bisschen, als wären Sie ein Zoowärter, der nicht weiß, dass der Leopard, der die Ohren anlegt, darüber nachdenkt, ob er Sie zum Essen einladen soll. Ein Kurs im Gesichterlesen sollte für jeden Manager Pflicht sein, ehe er in den Käfig klettert.

In einem Klassenzimmer in San Francisco schob eines Morgens ein milder, leicht gebückter Professor namens Paul Ekman eine CD in einen Computer. Auf der Leinwand sahen seine Schüler eine Abfolge von Gesichtern. Jedes dieser Gesichter drückte ein Gefühl aus, und die Aufgabe der Schüler bestand darin, herauszufinden, ob es sich um Ärger, Ekel, Angst, Überraschung, Freude oder Verachtung handelte. Wie im wirklichen Leben waren die Gesichter nur eine Sekunden lang zu sehen – in der Regel ist ein natürlicher Gesichtsausdruck zwischen einer halben und zweieinhalb Sekunden lang.

Eigentlich hätte die Aufgabe leicht zu lösen sein müssen. Ekmans Schüler waren selbst Lehrer, die Kindern Jahre lang in die Gesichter geblickt und dort nach Anzeichen von Interesse, Verständnis und (seit Neustem) mörderischer Wut gesucht hatten. Doch wie die meisten Gruppen interpretierte auch diese die Hälfte aller Bilder falsch. Die Gründe dafür sind naheliegend.

Wie Ekman ihnen später erklärte, verwechseln wir oft Ärger und Ekel, denn bei beiden senkt sich die Augenbraue. Er zeigte ein Foto mit einem ärgerlichen Gesicht und deutete auf eine zweite entscheidende Eigenschaft: Ist jemand ärgerlich, dann presst er die Lippen zusammen, bis sie fast weiß sind. Als Nächstes zeigte er ein Gesicht mit den gesenkten Augenbrauen und mit dem typischen Anzeichen für Ekel, der gerunzelten Nase. Nachdem er einmal auf diese Kennzeichen hingewiesen hatte, war es schwer, den Unterschied nicht zu sehen.

»Warum ist das Überraschung, nicht Angst?«, fragte er beim nächsten Bild. Auf beiden Gesichtern schießt die Augenbraue nach oben und der Mund öffnet sich. »Weil die Lippen entspannt sind. Mein Mutter nannte das ›Fliegenfangen‹.« Bei Angst spannen sich die Lippen und werden in Richtung der Ohren gezogen.

Je geübter seine Schüler wurden, desto weniger Zeit ließ Ekman ihnen für jedes der Bilder.

»Ärger«, rief jemand.

»Ich habe nichts gesehen«, protestierte jemand anders.

»Nicht blinzeln«, riet Ekman.

Es war eine anstrengende Unterrichtseinheit. Doch Ekmans Schüler sind üblicherweise nach weniger als einer Lehrstunde in der Lage, das Mienenspiel anderer Menschen erheblich besser zu deuten als vorher. In einem seiner Experimente lies Ekman seine Testpersonen eine 23-minütige Übungs-CD durcharbeiten. Danach zeigte er ihnen Nachrichtenbilder von bekannten Persönlichkeiten, und die Teilnehmer deuteten mehr als die Hälfte aller Gesichtsausdrücke richtig.

Natürlich ist die Hälfte immer noch reichlich wenig. Diese Trefferquote reicht beispielsweise dem Vertreter eines Autozulieferers noch längst nicht aus, um zu wissen, ob er dabei ist, den Hyundai-Vertrag zu verlieren. Doch gegenüber den 10 Prozent, die ungeübte Personen richtig deuten, ist das ein beachtlicher Fortschritt.

Was also geht hier vor? Gesichtsausdrücke gehören zu unserem biologischen Erbe. Sollten wir da nicht auch die Fähigkeit mitbekommen haben, sie zu verstehen?

Das Grinsen von Buzz Lightyear

Vor Paul Ekman waren die Gefühle, die über unser Gesicht huschen, ungefähr so schwer zu analysieren wie Wellen, die die Oberfläche des Meeres kräuseln. Doch in den sechziger Jahren entwickelten Ekman und sein Kollege Wallace Friesen, beide Psychologen an der University of California in San Francisco, eine wissenschaftliche Methode, um jede erdenkliche menschliche Gesichtsregung zu erkennen und zu interpretieren.

Ihr Facial Action Coding System, kurz FACS, das in Buchform 500 Seiten umfasst, bricht jeden Gesichtsausdruck in seine Muskelbewegungen oder »Aktionseinheiten« herunter. Dieser Katalog ist heute das Standardwerk für alle, die sich wissenschaftlich mit dem menschlichen Gesicht befassen. Inzwischen hat Ekman auch zahlreiche populärwissenschaftliche Bücher veröffentlicht, darunter *Gesichtsausdruck und Gefühl*, *Warum Lügen kurze Beine haben* und *Gefühle lesen*. Seine

Erkenntnisse helfen Ekman zu verstehen, welche Rolle das Gesicht in jedem unserer Lebensbereiche spielt, von der Kommunikation zwischen Mutter und Kind bis zu dem Moment, an dem ein Selbstmordattentäter auf den Knopf drückt.

Kritiker halten Ekman vor, er überschätze den Zusammenhang zwischen einem Gesichtsausdruck und dem zugrundeliegenden Gefühl. Doch Desmond Morris, Autor des Buches *Der nackte Affe* lobt ihn, er habe »ein Gebiet mit wissenschaftlicher Genauigkeit erforscht, das bis dahin als unwesentlich abgetan wurde«.

Im Laufe seiner Forschungsarbeit hat Ekman eine merkwürdige Anhängerschaft um sich geschart. Der Dalai Lama spendete ihm Geld, damit er einen Kurs zur Erlangung des emotionalen Gleichgewichts entwickeln konnte. Andererseits arbeitet Ekman mit Geheimdiensten zusammen, um ihre Mitarbeiter für Verhöre von Terroristen der al-Qaida zu schulen. Als wäre das noch nicht genug, haben die Trickfilmer der Pixar-Studios Ekmans Arbeit verwendet, um Buzz Lightyear in *Toy Story* und Hunderten anderer Trickfilmfiguren beizubringen, die Augenbrauen zu heben und Grimassen zu schneiden, so als wären sie lebende Menschen. Pete Docter, der die Regie des Pixar-Films *Die Monster AG* führte, sagte, der FACS-Atlas habe Dinge ermöglicht, von denen man vorher nicht einmal wusste. Es habe geholfen, die winzigen Kleinigkeiten festzuhalten, durch die sich zum Beispiel ein überhebliches von einem freundlichen Grinsen unterscheidet.

Kultivierte Ausdrücke

Als ich Ekman in seinem Zuhause in den Hügeln von Oakland besuchte, trug er einen zerknitterten, bunten Pullover. Er ist Mitte siebzig, hat dünnes graues Haar, weiße Koteletten und trägt eine rahmenlose Brille. Typisch für ihn ist ein zufriedener Gesichtsausdruck, seine Augen glänzen, die Mundwinkel gehen leicht nach oben, doch nicht ohne einen Anflug von Pedanterie. Einige Minuten zuvor, als er nach Hause kam und ich ihn bereits in der Einfahrt erwartete, sagte mir etwas in dem Blick, den er aus dem Autofenster warf, dass ich seinen Parkplatz besetzt hatte.

Rasch fuhr ich meinen Wagen weg. Wir gingen in sein Wohnzimmer mit Panoramafenstern, von denen aus man einen beeindruckenden Blick über die San Francisco Bay und die Golden Gate Bridge hat.

Ekman gab sich professionell und bescheiden. Schnell hatte er sich warmgeredet. Für seine Arbeit habe er ein natürliches Talent mitgebracht. »Meine Mutter sagte immer zu mir: ›Hör auf, Gesichter zu schneiden, irgendwann bleibt das so, und was dann!‹ Weniger als 2 Prozent der Bevölkerung kann das«, erklärte er und hob abwechselnd die rechte und die linke Augenbraue. Ekman kann auch mit beiden Ohren wackeln, und zwar unabhängig voneinander. Sein extrem bewegliches Gesicht ist das Ergebnis einer genetischen Veranlagung.

»In meiner Kindheit galt das hier als besonders kultiviert«, meinte er, legte den Kopf schief und zog die äußere linke Augenbraue hoch (in seinem Katalog nennt sich das »Aktionseinheit U2L«, was für einen Muskel mit dem einprägsamen Namen »unilateraler äußerer linker Frontalis« steht). Dann zog er die rechte innere Augenbraue ein wenig nach innen und unten (Aktionseinheit U4R, für einen Muskel namens »innerer rechter Corrugator«). Das Ergebnis war der Inbegriff selbstzufriedener Skepsis. »Es ist rein mechanisch. Was Sie sehen, sind Muskeln unter der Oberfläche, die die Haut hin und her bewegen. Das erzeugt den Gesichtsausdruck.«

Ekman begann seine Arbeit an der menschlichen Mimik als junger Psychologe. Das Verteidigungsministerium gab ihm ein Stipendium, um herauszufinden, welche nicht-verbale Kommunikation kulturell bedingt war und welche universelle Gültigkeit hatte. Bald fand er sich in Papua Neuguinea bei einem isolierten Volk wieder, das heute noch so lebt wie in der Steinzeit. Seine Testpersonen hatten ihre Kultur nie verlassen, sie hatten nie zuvor einen Kinofilm oder auch nur ein Foto gesehen. Doch sie hoben überrascht die Augenbrauen, zogen die Augenringmuskeln vor Freude zusammen und starrten ärgerlich, genau wie wir es tun. Nachdem er eine Reihe von Experimenten durchgeführt hatte, kam Ekman zu dem Schluss, dass unsere Gesichtsausdrücke universell und biologisch bedingt sind.

Seinerzeit waren Verhaltensforscher noch überzeugt, die jeweilige Kultur sei wichtiger als das biologische Erbe. Einige Anthropologen machten sich über seine Arbeit lustig. Ekman erinnert sich, dass sich einige Kollegen sogar beim Verteidigungsministerium beschwerten, hier würden Steuergelder zum Fenster hinausgeworfen, um die Gesichtsausdrücke von Wilden zu untersuchen.

Unbeirrt tat sich Ekman mit Wallace Friesen zusammen, und die beiden brachten sieben Jahre damit zu, Grimassen zu schneiden. Mediziner hatten längst unter die Oberfläche des Gesichts geblickt und die Gesichtsmuskulatur kartographiert. Doch niemand hatte je festgestellt, was diese Muskeln machen. Ekman und Friesen katalogisierten jede mögliche Bewegung, indem sie lernten, jeden Muskel ihrer Gesichtsmuskeln einzeln und bewusst zu steuern.

Ehrliche Signale

Nach und nach kam Ekman zu dem Schluss, dass unser Mimik nicht nur biologisch bedingt ist, sondern dass sie auch eng mit unseren Gefühlen zusammenhängt und Empfindungen wie Ärger oder Angst ausdrückt, wenn wir das am wenigsten wollen. Es dauert gerade einmal zwei Zehntelsekunden, bis ein Reiz einen Gesichtsausdruck auslöst. Dagegen dauert es mehr als doppelt so lange, bis der Reiz in unserem Bewusstsein ankommt, von einer bewussten Reaktion darauf ganz zu schweigen.

Ekman behauptet, dieser enge Zusammenhang sei entstanden, da Gesichtsausdrücke ursprünglich dazu gedient hätten, »ehrliche Signale« zu geben. Unsere Vorfahren lebten in kleinen Gruppen von Freunden und Verwandten zusammen, wo Täuschungsmanöver leicht dazu hätten führen können, in eine feindliche Welt verstoßen zu werden. Ekman erzählt, bei den Stämmen in Papua Neuguinea sei »alles auf Kooperation aufgebaut. Wer ausgeschlossen wird, ist schon fast tot.«

Kein ehrliches Signal ist wichtiger als das Lächeln. Es ist so wichtig, dass wir Menschen die verschiedensten Varianten entwickelt haben, um ein breites Spektrum von Bedeutungen von Kooperation über Zustimmung bis zu höflicher Toleranz auszudrücken. Der frühere US-Präsident Clinton habe zum Beispiel gern gute Miene zum bösen Spiel gemacht, so Ekman. Dabei presste er die Lippen zusammen, zog die Mundwinkel nach oben und runzelte das Kinn. »So lächeln Sie Ihren Zahnarzt an, wenn er Ihnen eine Wurzelbehandlung vorschlägt.« Beim koketten Lächeln dagegen sehen wir weg, heben die Backenmuskeln zu einem »gefühlten Lächeln«, blicken dann hin und wieder weg, gerade lange genug, um bemerkt zu werden. Das »gefühlte Lächeln« ist eines, bei dem sich die Ringmuskulatur um die Augen zusammenzieht, etwas, was die wenigsten Menschen bewusst steuern können. Menschen erkennen ein Lächeln eher als jeden anderen Gesichtsausdruck, selbst über einen Fußballplatz hinweg, denn es handelt sich offenbar um eine Möglichkeit, schon von Weitem zu erkennen, ob jemand eine gute oder eine schlechte Nachricht bringt.

Ein Lächeln misszuverstehen, kann schlimme Folgen haben. Das höfliche Lächeln der Ehefrau, bei dem die Mundwinkel nach oben gehen, aber die Muskeln um die Augen herum entspannt bleiben, kann ein Warnsignal sein, dass gleich Teller fliegen. Doch selbst innerhalb der eigenen Familie entgehen uns diese Zeichen meist. Ekman erzählt, wenn seine Frau die Kinder gefragt habe »Wo wart ihr gestern Nacht?« und dabei die Augenbrauen nach unten zog, dann sei das ein sicheres Anzeichen gewesen, dass sie die Antwort nicht wusste. Nur wenn die Augenbrauen oben waren, half keine Ausrede. Doch die Kinder hätten diesen subtilen Unterschied nie bemerkt.

Wenn es um die Gesichter unserer Kollegen geht, sind wir noch viel hilfloser, auch wenn die Folgen durchaus tragisch sein können. Nach einem Amoklauf, einem Selbstmord oder auch schon nach einer überraschenden Kündigung berichten die Kollegen häufig, sie hätten vorher keinerlei Warnsignale bemerkt. Aber warum nicht? Wenn unser Gesicht schon in der Lage ist, derart ausgefeilte Botschaften zu übermitteln, warum können wir sie dann nicht besser lesen?

Die Sprachbarriere

Vielleicht sind wir einfach Opfer der jüngsten Etappe unserer Evolution. Manche Genetiker behaupten, die menschliche Sprache sei gerade einmal 50000 Jahre alt, und es scheint, als würden uns die vielen Worte davon ablenken, das ältere Kommunikationsmedium des Gesichts wahrzunehmen. Eine Studie zeigte, das Schlaganfallpatienten und andere Menschen mit gestörtem Sprachzentrum viel weniger auf Sprache und mehr auf Gesichtsausdrücke achteten. In 73 Prozent der Fälle erkannten sie eine Lüge – eine Quote, die sonst nur besonders geschultes Geheimdienstpersonal erreicht.

Der Zufall will es, dass meine Mitarbeiterin Helen Starkweather, die mir bei der Arbeit an diesem Kapitel geholfen hat, mit einer starken Schwerhörigkeit zur Welt kam. Sie kompensiert ihre Behinderung, indem sie besonders auf Mimik und Gestik achtet. »Manchmal denke ich, dass jemand etwas gesagt hat, auch wenn es gar nicht der Fall war, nur weil sein Gesicht so deutlich gesprochen hat«, erzählt sie. »Das kann manchmal peinlich sein, wenn Menschen versuchen, ihre tatsächlichen Gedanken zu verbergen. Ich muss dann um den heißen Brei herumreden und so tun, als hätte ich nichts bemerkt.«

Diskretion und der Lärm des modernen Lebens sorgen dafür, dass wir nicht sonderlich auf Gesichter achten. Wir lernen, das Gesichterlesen zu verlernen, so Ekman, denn wir leben in einer Welt, die sich radikal von der unterscheidet, in der sich unser Mienenspiel entwickelt hat. Wir verbringen nicht mehr unser ganzes Leben mit der Hand voll bekannter Gesichter eines kleinen Stammes, wir begegnen Tag für Tag Hunderten von Menschen und gehen mit dieser Reizüberflutung um, indem wir Fremden nicht mehr ins Gesicht blicken.

Die Regeln des modernen Lebens lassen es zudem ratsam erscheinen, die »ehrlichen Signale« des Gesichts so weit wie möglich zu unterdrücken. Wir setzen unser Pokerface auf, um Kontakt zu vermeiden, unsere Privatheit und Anonymität zu wahren und unser Ding zu machen. »Wenn ich ins Büro komme und meine Sekretärin frage, wie es ihr geht, dann interessiert es mich nicht, ob sie sich am Abend zuvor mit ihrem Mann gestritten hat«, gibt Ekman zu. »Ich will wissen, ob sie ihre Aufgaben erfüllen kann. Aber wenn ich ihr sage: ›Wanda, du siehst heute aber schlecht aus‹, und sie fängt an zu heulen, dann muss ich damit umgehen. Aber dazu bin ich nicht ins Büro gekommen. Ich bin da, weil ich meine Arbeit erledigen muss.«

Schalten Sie den Ton ab. In der Schule haben wir gelernt, wie gefährlich es sein kann, einen Moment lang nicht zuzuhören, denn just dann, wenn unsere Aufmerksamkeit zum Fenster hinauswandert, ruft uns der Lehrer auf. Nehmen Sie das Risiko trotzdem einmal in Kauf und schalten Sie bei der nächsten Konferenz den Ton ab. Üben Sie vorher zuhause mit dem Fernseher, indem Sie bei einer emotionsgeladenen Talkshow auf stumm schalten. Was Sie an Inhalt verlieren, das gewinnen Sie doppelt an nicht-verbalen Signalen.

»Bei Besprechungen besteht meine Umgebung aus Gesichtern«, erzählt der schwerhörige Handelsvertreter eines Spirituosenfabrikanten. »Um wach zu bleiben, schaue ich mich um und versuche herauszufinden, ob ich applaudieren, lachen oder überrascht sein soll, wenn der Vertriebsleiter die Zahlen präsentiert.«

Bei einer dieser Besprechungen kam ein früherer Vertriebsleiter zu Besuch, der inzwischen befördert worden war. Der neue Chef »steht auf, legt uns die Zahlen vor und trichtert uns ein, ›wir *müssen* besser werden, wir *müssen* besser werden als letztes Jahr. Wir *müssen* 10 Prozent mehr machen.‹ Während dieser Tirade werden die Gesichter der Leute immer länger. Sie starren nur noch vor sich hin und blinzeln kaum noch.«

Der frühere Vertriebsleiter macht ebenfalls ein langes Gesicht, als er sich im Raum umsieht. »Er weiß, was Hass ist. Und er ist als Nächster dran. Er ist nicht gerade beglückt.

Als er vorn steht, tut er das einzig Richtige: Er erzählt Witze. Er erzählt uns, dass wir ihm an seiner neuen Stelle fehlen. Und das ist alles ehrlich gemeint. Wir schauen ihm in die Augen und sehen, dass er die Wahrheit sagt. Er bewegt sich selbstsicher. Er benutzt seine Hände und Arme, um diese Ehrlichkeit rüberzubringen.

Sein Nachfolger hat bis heute nichts von dieser Selbstsicherheit. Der Typ ist ein Anzug mit nichts drin. Er läuft rum wie John Wayne, stellt sich vor dich hin, macht die Beine breit und verschränkt die Arme. Aber er schaut dir nicht in die Augen, nicht einmal wenn du direkt vor ihm stehst und ihm die Hand schüttelst. Er erinnert sich auch nicht an deinen Namen. Er erinnert sich nur an die schlechten Sachen. Du schaust ihn an, und du weißt, das ist ein Lügner, der steht nicht hinter dir, wenn's mal nicht gut läuft.«

Achten Sie auf diese visuellen Signale. So können Sie nach und nach lernen, wie Sie mit Jabba der Hutte oder einem Möchtegern-John Wayne umgehen können. Und wenn Sie schon nicht über ihn triumphieren, dann können Sie ihn wenigstens besänftigen.

Wie aber schaffen wir es, diese Sprachbarriere zu überwinden, wenn wir nicht taub sind? Wie können wir lernen, auf Gesichtsausdrücke zu achten, die gerade dann wichtig sind, wenn die Wogen um uns her am höchsten schlagen? Es ist gar nicht so schwer, diese verschüttete Begabung wiederzufinden. In Ekmans Kurs zur Erlangung des emotionalen Gleichgewichts lernen die Teilnehmer sehr schnell, die Gefühle hinter einem Gesichtsausdruck zu erkennen. Zu Anfang haben sie eine Sekunde Zeit, um sich ein Bild anzusehen, dann weniger als eine Fünftelsekunde. Diese »Mikroausdrücke« können in einem Gespräch die wichtigste Informationsquelle sein, sagt Ekman, da sie unwillkürlich sind und Dinge verraten, die nicht ausgesprochen werden.

Ekman und Friesen entdeckten diese Mikroausdrücke, als sie sich ein Band der Patientin einer geschlossenen psychiatrischen Anstalt ansahen, die ihren Arzt darum bat, übers Wochenende nach Hause zu dürfen. Sie wirkte stabil. Doch in Zeitlupe erkannten die Wissenschaftler, wie ihr erst ein Ausdruck tiefster Hoffnungslosigkeit übers Gesicht huschte, die Mundwinkel nach unten schossen und die Innenseiten der Augenbrauen sich nach oben krümmten, und wie dieser Mikroausdruck dann hinter einem Lächeln verschwand. Einige der Ärzte hatten ihre Verzweiflung offenbar auch erkannt, denn sie hatten ihr Veto eingelegt. Später gestand die Frau, dass sie vorgehabt hatte, sich zuhause das Leben zu nehmen. Diese Art Durchbruch unserer wahren Gefühle ist besonders häufig, wenn Menschen uns belügen.

Natürlich sind eine Zeitlupenaufnahme oder Ekmans Trainings-CD (in der ein Bild mit dem Mikroausdruck nahtlos zwischen zwei Bildern desselben Gesichts mit normalem Ausdruck gezeigt wird) nur bedingt hilfreich, wenn es darum geht, die verwirrende Vielfalt von Gesichtsausdrücken zu interpretieren, denen wir im Gewühl des Alltags begegnen. Doch Ekmans Kursteilnehmer scheinen beglückt und sagen, es eröffneten sich ihnen mit einem Mal völlig neue Möglichkeiten. Es komme ihnen vor, als hätten sie plötzlich eine neue Dimension entdeckt.

Mit der ganzen Bandbreite der Sinne

Die überraschenden Erkenntnisse des Gesichterlesens lassen viele Leute ins Schwärmen geraten, und sei es nur ob der schier grenzenlosen Möglichkeiten, damit Geld zu verdienen (Sie haben doch nicht im Ernst gedacht, dass es irgendjemanden interessiert, wie Wanda sich wirklich fühlt?) Dan Hill, Gründer der Firma Sensory Logic, arbeitete als Marketingberater, als er einen Artikel über Ekmans FACS-Katalog las. Seinerzeit hatte er es mit einem Vorstandsvorsitzenden zu tun, der an seinen Fokusgruppen zweifelte, denn die Teilnehmer dieser Gruppen neigen bekanntermaßen dazu, das zu sagen, was der Sponsor hören will. »Es ist ein kulturelles Ding«, erklärte ein Marketingexperte der Versicherungsgesellschaft Nationwide, einer der Klienten von Sensory Logic. »Gerade auf dem Land mögen die Leute alles, was man ihnen zeigt. Es fällt ihnen schwer, sich von jemandem 60 US-Dollar pro Stunde zahlen zu lassen und ihm dann zu sagen, dass ihnen sein Produkt nicht gefällt.«

Doch ihre Gesichter sagen die Wahrheit, so Hill, der gern ein Bonmot von Oscar Wilde zitiert: »Nur oberflächliche Menschen urteilen nicht nach Äußerlichkeiten.« Hill versucht, bei Sensory Logic die übliche Dynamik der Fokusgruppen aufzubrechen, er zeichnet bei Verbraucherbefragungen die Gesichtsausdrücke auf Video auf und verwendet Biofeedbacksensoren an Stirn und Lächelmuskeln sowie Sensoren zur Messung der Schweißdrüsentätigkeit.

In einem Beta-Test bat das Unternehmen die Testpersonen, eine Hundefutterpackung zu beurteilen. 70 Prozent gaben an, die Packung gut zu finden. Doch ihre unbewusste Reaktion war »total negativ«, so Hill, und das war kein Wunder, denn der Hund auf der Packung habe ausgesehen, »als hätte er die Räude«.

Für eine Bausparkasse testete er die Reaktion des Publikums auf ein Video mit einem süßen kleinen Mädchen. Die verbalen Reaktionen fielen zu 80 Prozent positiv aus, doch die Gesichter sagten etwas anderes. In den nachfolgenden Interviews gaben einige Testpersonen an, sie fühlten sich manipuliert, wenn ein niedliches Kind für Hypotheken werben sollte. Andere erklärten, sie hätten einfach nur noch gewollt, dass das Mädchen die Klappe hält, weil es eine derart nervige Stimme gehabt habe.

Hill, der in Literaturwissenschaften promoviert hat, glaubt heute, dass Worte keinerlei Bedeutung haben. »Wenn wir wissen wollen, was in den Köpfen unserer Testpersonen vorgeht, müssen wir wissen, was in ihren Körpern vorgeht«, schreibt er, und für diese Reise nach innen sind Gesichter geeigneter als Worte. Hill zitiert weithin bekannte Statistiken, wie etwa die, dass 95 Prozent allen Denkens unbewusst abläuft. Viele Menschen wüssten gar nicht, was sie fühlen, und könnten es deshalb nur schwerlich in Worte fassen.

Eine Vorliebe für ein bestimmtes Produkt sei fast ausschließlich emotional und habe wenig mit dem Verstand zu tun, so Hill. Er zitiert eine weitere Studie, nach der 70 Prozent aller Kaufentscheidungen »aus dem Moment heraus erfolgen und innerhalb von 5 Sekunden getroffen werden«. Wenn man die Gesichter von potenziellen Kunden beobachte, um zu verstehen, wie ein Mensch auf eine Verpackung oder eine Aufmachung reagiert, könne das entscheidend für die Zukunft eines Produkts sein. »Der menschliche Körper ist für einen Lebensstil gemacht, der eher dem einer Hauskatze entspricht«, meint Hill. »Wir reagieren schnell und intuitiv auf alles, was Angst oder Freude auslöst. Wir sind keine Computer, die eine Checkliste abarbeiten und dann rational abwägen, ob sie sich für ein bestimmtes Angebot entscheiden oder nicht.«

Hill vertritt die Auffassung, dass nur der Einsatz der gesamten Bandbreite unserer Sinne, besonders die Beobachtung von Gesichtsausdrücken, es uns ermöglicht, diese Auslöser für Angst oder Freude zu erkennen. Er sieht große Vorteile für Marketing, Werbung und andere Wirtschaftsbereiche, in denen es darum geht »einen besseren Draht zu Konsumenten zu bekommen, um dadurch den Marktanteil zu steigern«.

Manche Wissenschaftler und Regierungsbehörden glauben, Computer könnten irgendwann in der Lage sein, wirklich zu erkennen, was in den Köpfen der Menschen vorgeht, nicht nur in Fokusgruppen, sondern auch auf öffentlichen Plätzen. Da mit Hilfe des FACS sich jede Gesichtsregung in ihre Einzelteile zerlegen lässt, müsste es recht einfach sein, Computern beizubringen, Gesichter zu lesen. Die Hoffnung geht dahin, man könne die Sicherheitskameras in einem Flughafen an Computer anschließen, in die das FACS programmiert ist, und auf diese Weise den Luftpiraten an seinem bösen Blick oder seinem verräterischen Mikroausdruck der Verachtung erkennen.

»Ich glaube tatsächlich, dass eine Maschine menschliche Gesichtsausdrücke lesen kann, vielleicht sogar besser als Menschen selbst das können«, erklärt Takeo Kanade, Entwickler an der Carnegie Mellon University, der dort ein Regierungsprogramm zur automatischen Erkennung von Gesichtsausdrücken leitet. Doch er gibt zu, dass das Programm noch seine Macken hat und frühestens in 20 oder 30 Jahren einsatzbereit wäre.

Ein Problem ist, dass das Programm anfängt zu mucken, sobald die beobachtete Person den Kopf ein wenig zur Seite dreht, so wie das Köpfe nun mal tun. Das ist einer der Gründe, warum der Computer nur einen Bruchteil der Mikroausdrücke wahrnimmt. Ein weiteres Problem ist, dass jeder Mensch von vorneherein einen anderen »normalen« Gesichtsausdruck hat, von dem die anderen ausgehen.

Ein Anzeichen für möglichen Ärger ist beispielsweise eine Sequenz von Ekmans Aktionseinheiten Nummer 12 und 15, wenn die Mundwinkel erst nach unten gehen und dann schnell nach oben gezogen werden. Einige Experten sagen, dies sei ein Zeichen für chronischen Ärger, der sich hinter einem Lächeln verbergen will. Ein Computer auf der Suche nach Osama bin Laden könnte sich statt dessen leicht auf einen ehrgeizigen Manager einschießen.

Kulturelle Querschläger

Kritiker halten die Idee für völligen Humbug, Gesichtsausdrücke könnten verborgene Gefühle sichtbar machen, ganz abgesehen davon, dass es nach einem Orwell'schen Albtraum klingt, wenn demnächst Computer ohne unsere Zustimmung unsere Gesichtsausdrücke auswerten sollen. Sie sind der Ansicht, wir hätten unsere Gesichtsausdrücke weit besser im Griff, als Ekman behauptet. »Wenn wir uns die Kulturen der Welt ansehen – lächeln glückliche Menschen? Legen ärgerliche Menschen die Stirn in Falten?«, fragt der Psychologe James A. Russel vom Boston College. »Für diese Annahmen gibt es keinerlei Beweise.« Es gibt Kulturen, die jegliche Zurschaustellung von Gefühlen vermeiden. In Japan sind die »traditionelle Selbstkontrolle, Distanz und das Verbergen von

Gefühlen« tief in der Geschichte verwurzelt, so Anthropologe Edward Hall: »In der Zeit der Samurai trug es zum Überleben bei, sich beherrschen zu können, denn ein Samurai hatte das Recht, jeden hinzurichten, der ihm nicht gefiel oder ihm nicht ausreichend Respekt erwies.«

Heutzutage können Flugbegleiter oder Sicherheitsleute am Flughafen jeden Verdächtigen entfernen, weshalb der erfahrene Reisende sein Flughafengesicht aufsetzt, das trotz fortgesetzter Angriffe auf die Würde des Reisenden gleichbleibend leer und ausdruckslos ist. Und wenn der gewöhnliche Reisende das hinbekommt, wieso dann nicht auch der Terrorist, der fest daran glaubt, dafür mit dem Paradies belohnt zu werden?

Ekmans Kritiker vertreten die Auffassung, beim Lesen von Gesichtern seien die kulturellen Faktoren mindestens ebenso wichtig wie die biologischen. So zeigen zum Beispiel fast alle Studien, dass Frauen häufiger lächeln als Männer und es sich zur Aufgabe machen, so eine Untersuchung, »Anspannungen zu lösen und die Menschen in ihrer Umgebung aus den Klauen sozialer Peinlichkeiten zu retten«.

Einige Evolutionsbiologen behaupten, für Frauen sei die ausgeprägtere Neigung zum Lächeln eine Folge der Belastungen der Mutterschaft, denn mit ihrem Lächeln beruhigten sie den Nachwuchs und hielten das zerbrechliche Netzwerk von Partner, Großeltern und Freunden zusammen. Feministinnen argumentieren, Frauen lächelten, weil die Gesellschaft von ihnen erwarte, die gesamte »Gefühlsarbeit« zu übernehmen. (Wie dem auch immer sei, Männer dürfen ausdruckslos dreinstarren, grunzen, mit bösen Blicken um sich werfen und sich ganz und gar der grimmigen Aufgabe widmen, andere Männer unter ihren Daumen zu bekommen.)

Die Psychologin Marianne LaFrance von der Universität Yale sieht den Streit zwischen Kultur und Natur etwas entspannter. Sie hält fest, dass die Geschlechterunterschiede sich je nach Abstammung, Kultur und Alter unterscheiden – und dass diese Unterschiede geringer werden, wenn Männer und Frauen dieselbe Tätigkeit ausüben und dieselben Positionen einnehmen. In angespannten Situationen lächeln Frauen noch immer häufiger als Männer. Doch das Spannungsverhältnis von Kultur und Natur ist wie immer hochkompliziert.

»Gesichter sind starke Werkzeuge«, erklärt LaFrance. »Aber wir können sie nicht isoliert betrachten. Sie sind Teil eines ganz bestimmten Körpers, und dieser Körper befindet sich zu einer ganz bestimmten Zeit an einem ganz bestimmten Ort. Manchmal gelingt es uns, all diese Dinge zusammen zu betrachten, und manchmal kommen wir zu vorschnellen Urteilen über einen Menschen.« Sie zitiert ein bekanntes Beispiel: In der New Yorker U-Bahn kamen Teenager auf einen Mann namens Bernard Goetz zu. Sie lächelten, als sie ihn aufforderten, seine Brieftasche herauszurücken. Goetz verstand das Lächeln als den Hohn eines Raubtiers, zog eine Pistole und schoss. »Es war wohl kaum möglich, in diesem Fall das Lächeln als freundliche Geste misszuverstehen«, sagt LaFrance.

Ihr Lieblingszitat zum Thema Lächeln stammt von Herman Melville, der sagte: »Ein Lächeln ist das Medium der Wahl für jegliche Mehrdeutigkeit.«

Ekman bezeichnet seine Kritiker als Ewiggestrige, die sich nicht damit abfinden könnten, dass die Biologie für das Verhalten große Bedeutung habe. Nationale Unterschiede wie der geradezu sprichwörtliche Stoizismus der Briten oder die japanische Unterdrückung von Gefühl seien nicht mehr und nicht weniger als »kulturelle Darstellungsregeln«. Sie haben einen gewissen Einfluss darauf, wie, wo und in welchem Maße Gefühle gezeigt werden, aber nicht auf die universellen biologisch bedingten Gesichtsausdrücke als solche.

Außerdem ist Ekman der Auffassung, der beste Leser des menschlichen Gesichts sei nicht der Computer, sondern noch immer der Mensch selbst, besonders jene Hand voll Menschen, die eine besondere Gabe dafür besitzen. Im Laufe der Jahre hat Ekman etwa 30 dieser Individuen aufgespürt, die bei seinen einstündigen Lügenerkennungstests dauerhaft eine Trefferquote von 90 und mehr Prozent erreichen. Er nennt diese Gruppe das »Diogenesprojekt«, nach dem griechischen Philosophen, der auf der Suche nach dem ehrlichen Menschen seinen Athener Mitbürgern nachts mit der Laterne ins Gesicht leuchtete. Ekman hält große Stücke auf diese Männer und Frauen, die meist im Polizeibereich arbeiten, wo auch Ekman häufig als Berater tätig ist.

Doch selbst die Mitglieder des Diogenesprojekts sind keine »lebenden Lügendetektoren«, erklärt einer der Gruppe, Sergeant Robert Harms aus Los Angeles. Es handelt sich einfach um Menschen, die sich angewöhnt haben, genauer hinzuhören und -zusehen, weil das ihr Beruf ist. »Das hat nichts mit Magie oder Voodoo zu tun«, meint Harms. »Es ist nur eines der Werkzeuge, die wir in unserem Repertoire haben.«

Harms ist vorsichtig, denn er will keine falschen Erwartungen wecken – besonders bei Leuten, die nach einer simplen Möglichkeit suchen, Lügen zu entdecken. Er nennt es das »Pinocchio-Syndrom«, die irrige Annahme, Menschen müsste eine lange Nase wachsen, wenn sie lügen. Ein Artikel über Ekmans Arbeit im *New Yorker* behauptet beispielsweise, ein Polizist mit der Diogenesgabe habe einen Angreifer erschießen können, weil er eine Vorahnung gehabt habe, »ein Gefühl für die Situation und das Verhalten des Mannes«, und weil er im Gesicht des Mannes gesehen habe, was dieser gleich aus der Tasche ziehen würde.

Eine 90-prozentige Trefferquote im Diogenestest ist noch nicht totsicher. Der Polizist war Robert Harms, der aus dem Wagen ausstieg und den Angreifer im Arm hielt, bis dieser starb. Harms sagt, was er in Wirklichkeit gesehen habe, und zwar lange genug, um den Markennamen lesen zu können, war eine Haarspraydose in der einen Hand des Angreifers, und eine Feuerzeug in der anderen. Es war ein improvisierter Flammenwerfer, der ausgereicht hätte, um Harms und seinen Kollegen die Gesichter zu verbrennen. »Dazu musste ich ihm nicht in die Augen sehen«, erzählt Harms. »Die ganze Situation war überhaupt nicht misszuverstehen.«

Auch Diogenestypen müssen sich in den meisten Fällen hinsetzen und reden, um zu verstehen, was wirklich hinter dem Gesicht eines Verdächtigen vor sich geht. »Sie suchen nicht nach Lügen«, sagt J. J. Newbury, ein pensionierter Polizist, der in den Diogenestests regelmäßig unter den Besten liegt. »Sie suchen nach wunden Punkten«, nach Themen, die eine Empfindung über das Gesicht des Verdächtigen huschen lassen. In einem Fall von Brandstiftung sah Newberry, wie der Täter die Lippen zusammenpresste, weil er sich ärgerte, dass er für den Geschäftsmann hängen sollte, der ihn beauftragt hatte. Es war nur ein winziger Mikroausdruck, doch er reichte aus, dass Newbury nachhakte und so lange bohrte, bis der Täter mit der Wahrheit herausrückte. Der Geschäftsmann kam acht Jahre hinter Gitter, der Brandstifter saß ein Jahr ein.

Gute Befrager suchen nach Unstimmigkeiten, nach Situationen, in denen Worte, Gesichtsausdrücke und Körpersprache nicht zusammenpassen. In seinem Buch *Weshalb Lügen kurze Beine haben* erinnert sich Paul Ekman an einen solchen Moment in der Zeugenaussage des Vizeadmirals John Poindexter während der Anhörungen zum Iran-Contra-Skandal. Poindexter war seinerzeit Sicherheitsberater in der Regierung von Ronald Reagan. Während seiner Aussage schien ihn nichts aus der Ruhe zu bringen.

Doch auf Fragen über ein Mittagessen mit dem CIA-Chef reagierte er mit »zwei Mikroausdrücken des Ärgers, seine Stimme klang höher, er schluckte vier Mal, machte viele Pausen und wiederholte sich mehrmals«. Doch den Abgeordneten schien es nicht aufzufallen, dass ihn die Erinnerung an diese Begegnung aus der Ruhe brachte, und sie versäumten die Gelegenheit nachzuhaken.

Doch wenn es schon im Scheinwerferlicht einer Anhörung schwer ist, an die Wahrheit zu kommen, wie soll das alles – ein sorgfältiges Abwägen von Worten, Mimik und Gestik – im schnellen Tagesgeschäft oder in einer überfüllten U-Bahn funktionieren? Oder in einem Flughafenterminal, in dem Stunde für Stunde Tausende von Reisenden ein und aus gehen?

Seien Sie aufmerksam. Was wir Normalsterblichen von Ekmans Arbeit wohl am ehesten lernen können, ist schlicht und einfach aufmerksam zu sein. Gesichterlesen ist nicht das Privileg von ein paar Hochbegabten oder Geheimdienstlern. In jedem von uns schlummert diese Fähigkeit, wir haben sie nicht verloren, nur vergessen. Mit ein bisschen Einsatz bekommen wir sie zurück, auch wenn wir dazu etwas tun müssen, vor dem sich die meisten von uns fürchten: sich mit wildfremden Menschen auf öffentlichen Plätzen zu unterhalten. Ein schrecklicher Gedanke. Doch kein Sicherheitsprogramm und kein Computer kann es an Effektivität je mit Millionen von Menschen aufnehmen, die einander in die Augen sehen.

Vor einigen Jahren beugte sich eine Zollbeamtin namens Diana Dean auf einer Fähre im US-Staat Washington in ein Autofenster, um den Fahrer kurz zu befragen. Sie stellte ihm vier einfache Fragen. Seine Antworten waren wirr, und er verhielt sich merkwürdig. Sie wies ihre Kollegen an, den Kofferraum zu durchsuchen, doch die fanden nichts.

Dann entdeckten sie neben dem Ersatzrad mehrere Päckchen mit einem Pulver und ein Einmachglas mit einer honigartigen Flüssigkeit.

Der Fahrer sprang aus dem Auto und lief davon, doch die Beamten erwischten ihn und sperrten ihn auf dem Rücksitz ihres Streifenwagens ein. Als sie sich wieder dem Pkw zuwandten, bemerkte Dean, dass der Verdächtige sich hingelegt hatte und immer wieder mit weit aufgerissenen Augen über den Rand der Tür hinauslugte. Einer der Agenten hielt das Glas hoch und schüttelte es. Sie waren der Ansicht, es sei wohl irgendeine Droge.

Tatsächlich handelte es sich um Nitroglycerin, mit dem der Festgenommene den Flughafen von Los Angeles in die Luft jagen wollte. Dean, die von sich sagt, dass sie keinerlei Ahnung von diesen Dingen hat, erkannte nachträglich, dass der Gesichtsausdruck des Mannes im Streifenwagen die blanke Angst gewesen war. Er hatte sich auf den Rücksitz gelegt, um sich in Deckung zu bringen, denn er dachte, sie würden jeden Moment in die Luft fliegen.

Die wenigsten von uns werden je einem Terroristen begegnen und zahllose Leben retten, wie Dean. Doch die Moral von der Geschicht ist klar: Schauen Sie den Menschen ins Gesicht, und wenn Sie denken, alles ist vorbei, der Böse ist sicher hinter Schloss und Riegeln, dann schauen Sie ihm immer noch ins Gesicht. Es ist das beste Fenster zum Tier im anderen Menschen.

Wenn der Chef auf Sie zukommt, und der Ärger ist ihm buchstäblich ins Gesicht geschrieben, dann stammt sein Gesichtsausdruck direkt von dem ab, was Primatologen bei Schimpansen als »Gesicht mit zusammengepressten Lippen« oder bei Makaken und Pavianen als »Gesicht mit angespanntem Maul« beschreiben. Weisen Sie ihn darauf hin, und beobachten Sie das, was bei Affen »Schreigesicht« heißt.

Die Gesichter anderer Primaten sind häufig extrem ausdrucksstark und erinnern uns bisweilen an unser eigenes. Die Blaumaulmeerkatze, ein bunter Blätterfresser aus Westafrika, hat beispielsweise das, was Biologen als »eindrucksvolles, künstlerisches Gesichts-Make-up« beschreiben. Wie andere Primaten schmatzt die Blaumaulmeerkatze mit den Lippen. Dabei handelt es sich um eine ritualisierte Imitation des Lausens, wenn der Affe mit seinen Lippen den Pelz eines Partners nach Insekten und Dreck absucht. Schmatzt ein Affe einem anderen auf Distanz zu, dann will er damit sagen: »Ich will dich lausen, ich will dein Freund sein, ich bin keine Bedrohung.« Wir sagen fast dasselbe und in fast derselben Art und Weise, wenn wir Freunde oder Kollegen mit einem Luftküsschen begrüßen ■

Dahinter steckt sicher ein kluger Kopf: Was Ihr Gesicht mit Ihrer Karriere zu tun hat

Jeder sieht, was du scheinst, doch kaum einer weiß, was du bist.

Niccolò Machiavelli

Physiognomie ist Schicksal.

Und Physiognomie ist Quatsch.

Das ist eine der merkwürdigeren Widersprüche, auf die wir stoßen, wenn wir uns durch die Brille der Verhaltensbiologen betrachten. Vom alten Griechenland bis zum Europa des 19. Jahrhunderts galt die Lehre von der menschlichen Körperform als Wissenschaft, und sie war genauso systematisch wie unlogisch. Ihre Vertreter behaupteten, sie könnten den Charakter eines Menschen nicht an Gesichtsregungen, sondern an Haut und Knochen des Kopfes ablesen. Aristoteles vertrat zum Beispiel die Auffassung, die Größe der Augen verrate etwas über das Temperament eines Menschen. Und der Kapitän der *HMS Beagle* wäre beinahe an der Unsterblichkeit vorbeigesegelt, weil er felsenfest überzeugt war, die Nase von Charles Darwin lasse auf einen faulen Menschen schließen, der für die Strapazen einer Weltumseglung völlig ungeeignet sei.

Heute wissen wir es besser, genauso wie wir nicht mehr an Astrologie glauben. Trotzdem praktizieren wir diese falsche Wissenschaft noch immer unbewusst, wenn wir Menschen aufgrund ihrer Gesichtszüge beurteilen. Wir entlassen Leute, weil uns buchstäbliche ihre Nase nicht passt, und wir besetzen die Stelle nach denselben Kriterien neu. Aus diesem Grund hat Ihr Unternehmen möglicherweise einen Vorstandsvorsitzenden, dessen einzige Qualifikation es zu sein scheint, dass er aussieht wie ein Fotomodell von Ralph Lauren. Aus diesem Grund legt Ihr Gegenspieler mit dem kantigen Profil einen kometenhaften Aufstieg hin, während Sie mit Ihren Pausbäckchen in die Personalabteilung abgeschoben werden.

Unser Gesicht ist unser Schicksal, und daran ist vor allem die Evolution schuld. Sie hat uns so eingerichtet, dass wir bestimmte Gesichtsausdrücke mit bestimmten Emotionen in Zusammenhang bringen. Und dann verallgemeinern wir und lesen permanente Gesichtszüge als Zeichen für dasjenige Gefühl, dem sie zufällig ähneln. Da Lippen bei sexueller Erregung anschwellen, halten wir offenbar eine nach einem Bienenstich geschwollene Lippe für ein Zeichen der Paarungsbereitschaft. Also tun wir so, als stünden Menschen mit vollen Lippen stets am Rande des Orgasmus, während dünnlippige Zeitgenossen vor lauter Beterei mit den Knien ihre Matratzen durchscheuern.

Die Evolution hat uns gleichermaßen damit ausgestattet, beim Anblick eines Kindergesichts weich zu werden: Auf diese Weise bringt uns die Natur dazu, unseren Nachwuchs zu versorgen. Und wenn das Kindergesicht uns bis ins Erwachsenenalter erhalten bleibt (eine Erscheinung, die Biologen als Neotonie bezeichnen), dann bleiben uns auch die Reaktionen erhalten. Einem solchen Menschen schenken wir eher unser Vertrauen. Also ist jemand mit einem Kindergesicht in der Personalabteilung tatsächlich besser aufgehoben als jemand mit einer gestrengen Stirn.

Und genau das ist das Gemeine: Weil Menschen auf stereotype Weise auf unser Gesicht reagieren, hat dies wiederum Auswirkungen auf unser Verhalten und unseren Lebensweg. Die Physiognomie hat also doch Recht.

Kampfaffen

In einer Studie wurden die Absolventen der Militärakademie West Point aus dem Jahr 1950 auf einer Skala von dominant- (üblicherweise mit hervorstehenden Augenbrauen und starkem Kinn) bis unterwürfig-aussehend (mit großen Augen, hohen, schmalen Augenbrauen und einem runden Gesicht) eingeordnet und während ihrer Karriere verfolgt. Während sie sich durch die mittleren Ränge hochdienten, war keinerlei Unterschied erkennbar, denn auf dieser Ebene werden Beförderungen oft per Federstrich an einem weit entfernten Schreibtisch beschlossen.

Doch der Gesichtstyp spielte eine gewaltige Rolle bei der Frage, wer es schließlich zum General brachte. Die obersten Ränge gingen überwiegend an Männer mit dominantem Gesichtstyp.

Eine mögliche Erklärung haben die Wissenschaftler Allan Mazur und Ulrich Mueller vorgeschlagen. Ihrer Meinung nach könnten diese Gesichter denen von Primaten ähneln, die »sich zum Kampf bereit machen: schmale Lippen, zurückgezogene Mundwinkel, gesenkte Augenbrauen mit teilweise geschlossenen Augen (um sie gegen Verletzungen zu schützen) und zurückgeklappten, klein wirkenden Ohren«. Daher gehen die obersten Ränge »möglicherweise hauptsächlich an die Offiziere, die sich als zähe Krieger präsentieren«. Die Leute, die für die Beförderungen verantwortlich sind, sehen einen dominanten Gesichtstyp offenbar als verlässliches Anzeichen für »die Fähigkeit, Macht über andere Menschen auszuüben, selbst wenn diese Fähigkeit in anderen gesellschaftlichen Zusammenhängen eher zurückhaltend und symbolisch eingesetzt werden darf«. Diese irrationale Annahme könnte trotzdem ihre Logik haben, denn es sieht ganz so aus, als würden sich Untergebene lieber von jemandem führen lassen, der aussieht wie General Patton, als von jemandem mit dem Gesicht von Oliver Hardy.

Ein Kindergesicht kann natürlich auch seine Vorteile haben, wenngleich in anderen Bereichen. Eine Untersuchung von mehr als 500 Gerichtsurteilen stellte fest, dass Angeklagte mit großen Augen und Pausbacken in Strafverfahren über geringen Streitwert in der Regel freigesprochen werden. Bei vorsätzlichen Straftaten wurden Angeklagte mit markanten Gesichtszügen in 92 Prozent aller Fälle schuldig gesprochen, Angeklagte mit Kindchenschema dagegen nur in 45 Prozent. Die Psychologin Leslie Zebrowitz von der Brandeis University erklärt, die Juroren stünden offenbar unter dem Eindruck, »dass Menschen mit Kindergesichtern zu ehrlich und naiv sind, um den Vorsatz zu einer Straftat zu fassen«. Es scheint, als könnten sie sich alles herausnehmen, zumindest jedenfalls einen kleinen Diebstahl. (Der düpierte Kläger kann sich bestenfalls mit einem Griff in die Wissenschaftskiste Genugtuung verschaffen: »Du kleiner neotoner Scheißer ...!«)

Dass das aber bitte der Richter nicht hört. Überhaupt sollte man diese ganze Denke vermutlich vergessen, denn aller Intuition zum Trotz ist es schlicht und einfach dumm, jemanden aufgrund seiner Gesichtszüge zu beurteilen. Wie dumm, das sehen wir tagtäglich an den zahllosen Organisationen, die sich für einen General-Patton-Imitator entscheiden, nur um nachher festzustellen, dass er in seinem Innern ein Oliver Hardy ist. Er ist nicht imstande, einen hungrigen Hund zu seinem Napf zu führen. Aber weil er sich halt im Fernsehen gut macht, ist der so genannte Gesichtsmensch, dieses wandelnde potemkinsche Dorf, in den Führungsetagen der großen Unternehmen so häufig anzutreffen. Zebrowitz nennt es das »Prinzip des passenden Gesichts«. Damit meint sie die Tendenz, für eine Stelle nach Bewerbern mit dem adäquaten Gesicht zu suchen. In den Vereinigten Staaten gingen Unternehmen bis Ende der vierziger Jahre nach diesem Prinzip vor und verwendeten dazu das so genannte Merton-System, um über die dort aufgelisteten stereotypischen Gesichtsmerkmale den perfekten Manager zu finden.

Bis heute halten sich manche Unternehmen so genannte Gesichtsexperten, die ihnen bei der Auswahl der Bewerber helfen sollen. Mac Fulfer, ehemaliger Anwalt aus Texas, erzählt, er sei von Unternehmen wie Sprint, Sun Microsystems, Bell Helicopter, Quaker Oats und New York Life angeheuert worden. Vor Gericht habe er früher die Persönlichkeiten von Juroren nach ihren Falten im Gesicht beurteilt, heute schule er Unternehmen, wie sie dieselbe Technik bei der Auswahl von Bewerbern anwenden können.

Die Klienten leisten sich Fulfer, da seine Theorie auf den ersten Blick gar nicht unvernünftig erscheint. Die Falten seien ja nicht zufällig ins Gesicht gekommen, argumentiert er. Sie ergeben sich durch die Art und Weise, wie wir unsere Gesichtsmuskeln bewegen, es sind »verfestigte, gewohnheitsmäßige Denk- und Fühlmuster«. Man kann Fulfer außerdem zugute halten, dass er jegliche Verabsolutierung vermeidet: »Ich glaube nicht, dass man irgendeinen Test, sei es der Typenindikator von Myers-Briggs, Gesichterlesen, Handschriftenanalyse oder was auch immer hernehmen kann, um jemanden wirklich festnageln und sagen zu können: ›Das bist du.‹ Menschen sind zu komplex. Ich versuche auch gar nicht, Menschen in starre Kategorien zu pressen. Ich sage nur, wie sie ihre Muskeln verwendet haben.«

Doch wenn er loslegt, hört er sich ein bisschen an wie das Horoskop aus einer Frauenzeitschrift. Die hohen Augenbrauen auf einem Foto der früheren Hewlett-Packard-Chefin Carly Fiorina zeigten beispielsweise, dass »sie eine Strategin [ist], sie nimmt Informationen sehr sorgfältig auf und macht einen Plan. Sie wird nicht gern überrascht.« Ihre schmalen Wangen ließen auf »große Energie für Kurzsprints« schließen. Schließlich fügt Fulfer hinzu, die Ohrform zeige, dass sie in der Lage sei, Muster zu erkennen, und schon sind wir wieder im Land von Darwins fauler Nase.

Einmal nahm Fulfer an einem Essen mit dem potenziellen Vizepräsidenten eines Herstellers für Veterinärpharmazeutika teil; der Bewerber bekam den Job unter anderem deshalb, weil Fulfer ihm die »Augenbrauen einer Führungskraft« bescheinigte. (Als der Automanager Robert Lutz bei General Motors Karriere machte, wurde er von einem der Topmanager für seinen militärisch aussehenden Mecki gelobt, der sich vom üblichen Managerhaarschnitt abhob. Das Unternehmen ging bei der Auswahl ihrer Führungskräfte offenbar nach dem Dilbert-Prinzip vor: »Also, er kann nicht programmieren, er kann kein Netzwerk entwickeln, und er taugt nicht als Verkäufer. Aber er hat eine gute Frisur.«)

Fulfer gibt seinen Klienten auch gern den Hinweis, Menschen mit einer durchgängigen Augenbraue seien »große Denker, deren Gehirne immer weiterdenken. Fragen Sie sie nach ihren Ideen.« Und: »Dieses Kinn deutet darauf hin, dass dieser Mensch kein Problem damit hat, Macht und Autorität auszuüben, und zwar mit unglaublicher Energie. Wenn der einmal zubeißt, lässt er nicht mehr locker, wie ein Kampfhund.« Und schließlich dieses unwiderstehliche Bonmot: »Schauen Sie sich diese weiten Nüstern an. Das ist ein Mensch, der die ganze Bandbreite der Gefühle ausleben kann.«

Man sieht förmlich den Bericht der Kommission an den Aufsichtsrat vor sich: »Dies ist unser Spitzenkandidat für die Position des Vorstandsvorsitzenden. Wir empfehlen einen Sonderbonus von 16 Millionen US-Dollar in Form von Aktienpaketen für seinen prächtigen Zinken.« Das würde einiges in der modernen Unternehmensgeschichte erklären.

Schlüsselreize

Wer bei der Neubesetzung einer Stelle nach diesen Kriterien vorgeht, handelt ungefähr so klug wie die Familie, die in der Zoohandlung einen Hund kauft. Zuerst fallen Sie und Ihre Kinder auf das unwiderstehliche Kindchenschema herein und verlieben sich in das Hündchen mit den großen Augen und der platt gedrückten Nase. Zwei Wochen später, nachdem Ihre Kinder das Tier bereits ins Herz geschlossen haben, stellen Sie fest, dass das neue Familienmitglied, mit dem Sie die nächsten zehn Jahre das Haus teilen werden, ein fieser, kläffender, wadenbeißender Dreckskröter ist. Herzlichen Glückwunsch! Sie sind das jüngste Opfer eines Betruges geworden, den Verhaltensforscher als »Schlüsselreiz« bezeichnen. Damit meinen sie einfache akustische oder visuelle Signale, die eine automatische und völlig irrationale Reaktion hervorrufen.

Im Falle des Kindchenschemas reagieren wir mit einer Steigerung des Fürsorgetriebs und einer Verringerung der Aggression, auch wenn wir es tausendmal besser wissen sollten. Schlüsselreize sind in der Tierwelt weit verbreitet, und ihre Wirkung ist erstaunlich. In ihrem Buch *Reading Faces* beschreibt Zebrowitz folgendes bewegendes Beispiel: Der Ruf eines Truthahnkükens weckt in der Mutter den Fürsorgeinstinkt. Diese Reaktion ist angeboren, die Mutter muss nicht lange darüber nachdenken. Wenn die Mutter jedoch taub ist und diesen Schlüsselreiz nicht wahrnimmt, dann bringt sie ihr Kleines mit großer Wahrscheinlichkeit um. Andererseits, wenn die Truthenne den Ruf des Kükens (oder eine Aufnahme davon) von einer ausgestopften Wildkatze vernimmt, dann wird sie diese Wildkatze – einen natürlichen Feind der Truthähne – ummuttern, als wäre sie ihr kleines Flaumbällchen.

Primaten neigen zu etwas mehr Distanz als diese Truthenne, doch auch sie reagieren auf Schlüsselreize. Pavianjunge tragen beispielsweise bis zum Alter von rund zwölf Wochen ein schwarzes Fell, ehe es sich in das aschblonde der Erwachsenen verwandelt. Die Mutter beschützt und füttert das Kleine, solange es sein schwarzes Fell hat, doch sobald es die Färbung der Erwachsenen annimmt, wird es ihr gleichgültig. Affen erkennen auch Gesichtszüge, insbesondere das runde Kindergesichtchen mit den großen Augen, als Schlüsselreiz, genauso wie Hunde, Hasen, Vögel und viele andere Tierarten, deren Junge den Schutz der Eltern benötigen.

Der Heiligenschein der Attraktivität

Im Büro ist es für gewöhnlich wenig klug, sich wie ein Truthahn zu verhalten. Aus der Geschichte der Schlüsselreize lernen wir, *weniger* – und nicht *mehr* – auf unveränderliche Gesichtszüge zu achten. Und das schaffen wir, indem wir uns unserer Vorurteile und unserer evolutionären Programmierung bewusst werden, um über den äußeren Schein hinwegzukommen und uns das Verhalten der betreffenden Person genauer anzusehen.

Beispielsweise fallen wir alle auf das herein, was Psychologen den »Heiligenschein der Attraktivität« nennen. Wir haben die Vorstellung im Kopf, genauer gesagt in den Genen (ja, okay, auch in der Hose), dass attraktive Menschen automatisch auch bessere Menschen sind. In einer Studie gaben Wissenschaftler einer Gruppe von männlichen Testpersonen Fotos von attraktiven Frauen, eine zweite Gruppe von Männern bekam Fotos von unattraktiven Frauen. Dann durfte sich jeder Mann per Telefon mit einer weiblichen Stimme unterhalten. Die Männer, die davon ausgingen, dass sie es mit einer attraktiven Frau zu tun hatten, behandelten ihre Gesprächspartnerin so, als sei sie außerdem warmherzig, intelligent und offen (die Wissenschaftler, die die Unterredungen später auswerteten, stellten fest, dass die Frauen daraufhin tatsächlich warmherziger reagierten). Die Männer, die dachten, sie hätten es mit der Vogelscheuche zu tun, waren, sagen wir, weniger großzügig.

Das ist nicht nett. Aber ehe Sie darüber schimpfen, was für elende Chauvinisten Männer doch sind, lassen Sie mich rasch einschieben, dass Babys sich keinen Deut anders verhalten, wenn Sie sich mit Ihren Dutzidutzis über ihre süßen Bäckchen beugen. Schon im Alter von gerade einmal zwei Tagen reagieren Säuglinge negativer auf unattraktive Gesichter.

Dieses eingebaute Vorurteil ist völlig normal. Jede Gattung entwickelt sich durch sexuelle Auslese (den Konkurrenzkampf um die Gunst des anderen Geschlechts) und durch natürlich Auslese (den Überlebenskampf). Einige der Eigenschaften, die Menschen attraktiv erscheinen lassen, sind pure Modeerscheinungen und ändern sich mit dem Wetter, wie Nasenringe oder Armanianzüge. Andere sind biologisch bedingt und unveränderlich.

Wir haben uns so entwickelt, dass wir symmetrische und »durchschnittliche« Gesichter als besonders schön empfinden. Das mag daran liegen, dass krumme Gesichter verdächtig nach Inzucht aussehen. Sei dem wie es sei, Menschen mit attraktiven Gesichtern werden häufiger von Säuglingen angelächelt und öfter zum Rendezvous eingeladen als Menschen, die schielen, um nur ein Beispiel zu nennen.

Sie bekommen auch die besseren Jobs. Zahlreiche Studien belegen, dass Hässlichkeit ein echtes Karrierehindernis ist.

Arbeit für Unattraktive

Es gibt Fälle, in denen kann das Aussehen durchaus eine Qualifikation sein. »Wenn Sie Kosmetikartikel verkaufen, liegt es nahe, dass Sie attraktive Frauen einstellen«, gibt Zebrowitz zu, »denn wer würde schon einer hässlichen Frau Schönheitsartikel abkaufen?« Natürlich ist es Ihr gutes Recht, keine Menschen einzustellen, von denen Sie glauben, sie seien mit Hässlichkeit geschlagen, solange es nichts mit deren Geschlecht, Religion oder Hautfarbe zu tun hat. Das ist allerdings ein Drahtseilakt.

Diese Art der Diskriminierung kann aber auch schädlich sein. Auch wenn jemand so hässlich ist, dass es Ihnen wehtut: Attraktivität ist für die wenigsten Jobs ein Auswahlkriterium. Ein Programmierer mit kraterförmigen Aknenarben kann seine Arbeit genauso gut verrichten wie ein braungebrannter Sonnyboy und ist möglicherweise motivierter.

Trotzdem sitzt unser Vorurteil gegen Hässlichkeit tief. »Ich glaube, dass attraktive Menschen tatsächlich bessere Menschen sind«, schrieb mir ein Manager aus einem Mobilfunkunternehmen per E-Mail. »Sie sind nicht von Geburt an bessere Menschen, doch sie werden während ihrer Kindheit und Jugend besser behandelt und auf diese Weise besser sozialisiert. Hässliche Menschen entwickeln Komplexe aufgrund der Verletzungen und Erniedrigungen, die sie über die Jahre hinweg erdulden müssen. Es ist wie bei Hunden: Wenn Sie Ihren Hund schlagen, dann wird er gemein, und wenn Sie ihn hätscheln, dann liebt er jeden. Ich bin der Ansicht, ein Unternehmen sollte bei der Anstellung von unattraktiven Menschen vorsichtig sein.«

Das war so unverblümt, dass ich fast versucht war, ihn in meiner Antwortmail zur Ordnung zu rufen. Doch in diesem Moment erhielt ich eine weitere E-Mail von einer leitenden Angestellten eines großen Technologieunternehmens. »Ich sehe nicht aus wie ein Fotomodell von Ralph Lauren. Ich habe kein starkes Kinn. Ich habe auch keine hervorstehenden Augenbrauen. Ich bin klein, und ich bin eine Frau. Und ich bin laut.« Es war unmöglich zu überhören, wie verbittert sie darüber war, dass man sie ihr Leben lang aufgrund von Schlüsselreizen übersehen oder verletzt hatte: Körpergröße, Attraktivität (beziehungsweise Mangel derselben) und Geschlecht. »Seit 30 Jahren spreche ich laut und vernehmlich«, schrieb sie. »Verlassen Sie sich drauf, mich hört jeder. Ich verlange, dass Sie mir zuhören. Und wenn Sie mir nicht zuhören, dann bekommt es jeder mit, denn Sie können mich noch fünf Gänge weiter hören.«

Sie berichtete mir außerdem, sie sei eine der führenden Klägerinnen gegen die geplanten Pensionskürzungen ihres Arbeitgebers gewesen. Das Gericht habe den Fall zu ihren Gunsten entschieden und das Unternehmen dazu verdonnert, mehrere Milliarden US-Dollar Entschädigung zu zahlen und eine besonders clevere Modifizierung des Rentenmodells aus den neunziger Jahren wieder zurückzunehmen. Diese Geschichte lässt sich auf zweierlei Weise deuten: Zum einen bietet sie ein handfestes Argument gegen die Einstellung von hässlichen, verbitterten Menschen. Oder es ist eine kostspielige Warnung an die Adresse cleverer Buchhalter und Manager, die sie daran erinnern soll, die hässlichen Menschen, die sie wohl oder übel einstellen müssen, nicht fortdauernden Beleidigungen und Erniedrigungen auszusetzen. Zugegeben gefällt mir letztere Lesart erheblich besser.

Auch wenn es in der Praxis oft schwer umzusetzen ist: Es ist keine schlechte Idee, biologische Fallstricke wie das Kindchenschema oder den Heiligenschein der Attraktivität möglichst zu umgehen. Nur wie? Zebrowitz empfiehlt Arbeitgebern, Vorstellungsgespräche möglichst aufzuschieben und zunächst mit anderen Mitteln so viel Information wie möglich über die Kandidaten zu sammeln – durch die Bewerbungsunterlagen etwa, durch Empfehlungen, E-Mails und Telefongespräche. Was in der Liebe funktioniert, kann auch in der Arbeit klappen: Heutzutage machen immer mehr Menschen die ersten Schritte über Chats im

Internet, um herauszufinden, was der andere denkt, ohne dabei durch fleischliche Reize abgelenkt zu werden. Diese Vorabkommunikation kann dem ersten Eindruck viel von seinem falschen Glanz oder seinem Stachel nehmen.

Es kann auch hilfreich sein, sich an die möglichen eigenen Vorurteile zu erinnern, schreibt Zebrowitz: »Bin ich der Ansicht, dass diese Person den Anforderungen der Führungsposition nicht gewachsen ist, weil ihr die Qualifikationen dazu fehlen? Oder bin ich durch ihr Äußeres voreingenommen?« Das Vorurteil muss nicht einmal ausgesprochen werden, um bei der Einstellung eine Rolle zu spielen. In einer Studie, die schon in den siebziger Jahren durchgeführt wurde, waren weiße Führungskräfte bei Vorstellungsgesprächen mit schwarzen Bewerbern nervöser und abweisender, was zur Folge hatte, dass auch die schwarzen Bewerber unsicherer waren und schlechter abschnitten. Nachdem die Wissenschaftler den Führungskräften perverserweise beigebracht hatten, sich in Gegenwart der weißen Bewerber genauso nervös und abweisend zu verhalten, schnitten diese genauso schlecht ab.

Zebrowitz meint, diese unbewusste Verzerrung gehe weit über Fragen der Hautfarbe hinaus. Leiter eines Vorstellungsgespräches gingen mit dem kindergesichtigen Kandidaten offener um oder spielten dem Bewerber mit dem starken Kinn mehr Bälle zu.

Anke von Rennenkampff, eine von Zebrowitz' Assistentinnen, gab Personalleitern eine Liste mit 18 Fragen an die Hand, die sie Kandidaten für Führungspositionen stellen konnten. Neun davon waren positiv (zum Beispiel: »Was empfinden Sie persönlich als Ihren größten Erfolg an der Universität?«) und neun negativ (»Was war Ihr größter Misserfolg an der Universität?«). Sie stellte fest, dass die Fragesteller umso mehr positive Fragen aus der Liste auswählten, je maskuliner der Bewerber auf dem Foto wirkte. »Die Teilnehmer wollten nichts über den Bewerber herausfinden«, sagt von Rennenkampff. »Sie wollten ihren ersten Eindruck bestätigen. Sie wollten ihre Meinung bestärkt sehen, nicht objektive Informationen sammeln.«

Wie Sie das Schicksal des Gesichts austricksen können

Was, wenn Sie auf Jobsuche sind und mit einem Kindergesicht geschlagen oder aus anderen Gründen Opfer Ihres Gesichts sind? Was, wenn Sie – sprechen wir es doch aus! – potthässlich sind? Die Versuchung ist groß, sein Äußeres zu verändern, und manchmal kann das durchaus etwas bewirken. »Ein Mann fragte mich: ›Warum halten mich eigentlich alle für schwach?‹«, erzählte mir Paul Ekman bei unserem Gespräch. »Also schaue ich mir sein Gesicht an und sehe, dass seine Augenbrauen innen nach oben gehen.« Das heißt, sein Blick ähnelte dem Gesichtsausdruck, den wir machen, wenn wir uns traurig und unsicher fühlen. »Ich riet ihm: ›Zupfen Sie sich die Augenbrauen‹, und siehe da, es funktionierte.« Männer mit schwachem Kinn können sich einen Bart stehen lassen, fügt Zebrowitz hinzu, und Frauen können sich die Augenbrauen dunkler färben, um reifer auszusehen.

Es ist eine ehrenwerte Tradition, sein bestes Gesicht aufzusetzen und es ein wenig zu verschönern. Sir Isaac Newton verteilte Porträts von sich, auf denen er mit stechendem Blick und hoher Denkerstirn zu bewundern war, und ließ sich auch nicht von der Bemerkung eines Freundes beirren, im wirklichen Leben habe er »nichts von dieser durchdringenden Weisheit«. Schauspieler und Zeitungskolumnisten lassen gerne Fotos von sich abdrucken, die vor rund 20 Jahren gemacht wurden. Aber warum auch nicht? Es ist schlichtweg unannehmbar, dass unsere Physiognomie Schicksal spielen und wir zum Spielball evolutionärer Grillen und unbewusster ererbter Vorurteile unserer Zeitgenossen werden sollen.

Wählen Sie einen angemessenen Gesichtsausdruck. Sinnvollerweise sollte das Gesicht, das Sie aufsetzen, ein anderes sein, je nachdem für welchen Job Sie sich bewerben.

Es scheint, als wären bei der Besetzung von Führungspositionen männliche Züge ganz besonders gefragt. Der Grund mag eine genetische Anlage sein und mit der Biologie einer von Männern dominierten Gattung zusammenhängen. Vielleicht ist es auch nur eine dumme Angewohnheit, die darauf zurückgeht, dass wir die letzten 10000 Jahre von Männern herumkommandiert wurden, die, wie Carly Fiorina einmal sagte, »einen Stiernacken und ein Spatzenhirn« haben.

So oder so, der Wunsch nach maskulinen Zügen bei Führungskräften bleibt selbst dann ungebrochen, wenn sich nur Frauen bewerben. Anke von Rennenkampff bat 120 Testpersonen, sich vorzustellen, sie hätten eine Führungsposition zu vergeben und es hätten sich vier Kandidatinnen beworben. Sie legte ihnen vier identische Bewerbungen vor, die sich nur durch das Foto unterschieden. Eine der Bewerberinnen hatte ein von Natur aus maskulines Gesicht mit einer hohen, eckigen Stirn, starkem Kinn, schmalen Lippen und hervorstehenden Augenbrauen. Die andere Kandidatin hatte ein weiblicheres Gesicht mit runderen Wangen, einer kleineren Nase und großen, runden Augen. Von Rennenkampff verwendete jeweils zwei Fotos der Frauen, einmal in maskuliner Kleidung mit schwarzem Rollkragenpullover, ohne Make-up und zurückgebundenem Haar, und einmal in femininer Aufmachung mit offenem Haar, Lippenstift, Perlenkette und einem Pullover mit Ausschnitt. Wie vorherzusehen war, bekam die Dame mit den männlichsten Eigenschaften den Zuschlag, und die weiblichste schnitt am schlechtesten ab. Es war das »Prinzip des passenden Gesichts« in Aktion. Als von Rennenkampff die Teilnehmer bat, eine Kandidatin für eine Stelle in der Personalabteilung zu wählen, in der Kommunikationsfähigkeit und Sensibilität für die Bedürfnisse anderer Menschen gefragt sind, kehrte sich das Ergebnis um, und die Dame mit den weiblichsten Eigenschaften kam zum Zug.

Die gute Nachricht ist, dass eine Frau mit weiblichen Gesichtszügen, die sich auf eine Führungsposition bewirbt, sich von Platz vier auf Platz zwei katapultieren kann, indem sie sich einfach maskuliner kleidet. Mit ein paar kleinen Tricks ist es möglich, dem Schicksal des Gesichts ein Schnippchen zu schlagen. Von Rennenkampff selbst hat sich diese Lektion offenbar zu Herzen genommen. Sie ist eine große, schlanke, junge Frau mit großen, braunen Augen und glatter Haut. Doch sie hat ihr Haar zurückgebunden, verwendet kaum Make-up, trägt kleine Ohrstecker, eine langärmelige, hochgeschlossene Bluse unter einem dunklen Pullunder und dazu dunkle Hosen.

Wirken Sie dem Stereotyp entgegen. Sie können den Schubladen auch entkommen, indem Sie Ihr Verhalten oder einfach nur Ihren Gesichtsausdruck ändern. Das Stereotyp greift nur, solange das Gesicht in Ruhe ist – sobald es in Bewegung gerät, ändert sich alles.

Ich zum Beispiel habe eine gestrenge Stirn, und man fragt mich oft, worüber ich mich denn ärgere. Frauen steigen ungern allein mit mir in den Aufzug. Glücklicherweise habe ich ein freundliches, offenes Lächeln, und ich bilde mir ein, dass dieser Gegensatz absolut entwaffnend wirkt. (Stellen Sie sich vor, die Sonne geht rot und groß über den Müllhalden der Sumpfebene von New Jersey auf, wo ich groß geworden bin.)

Frauen steigen zwar trotzdem ungern allein mit mir in den Aufzug. Doch Zebrowitz behauptet, durch Gegensätze wie diese könnten bestimmte Verhaltensweisen umso stärker zur Geltung kommen, einfach weil niemand mit ihnen rechnet. Eine Frau kann als die bessere Führungskraft wahrgenommen werden, weil ihr selbstbewusstes Auftreten in auffälligem Gegensatz zu ihrem Kindergesicht steht. Und ein Mann, der aussieht wie General Ursus aus dem Film *Planet der Affen*, kann sich mit kleinen, unerwarteten Gesten des Entgegenkommens viele Freunde machen. (Stellen Sie sich zum Beispiel vor, wie es wäre, wenn Donald Rumsfeld über eine freundliche Geste lächeln würde.)

Natürlich ist die Versuchung groß, sich unters Messer zu legen. Doch gesünder ist es, bei dem Gesicht zu bleiben, das unsere Mutter uns mitgegeben hat, und mit ein paar klugen Kniffen die stereotypen Reaktionen unserer Zeitgenossen auszutricksen.

Stehen Sie zu Ihren Fältchen. Wenn sich Krähenfüße auf unserem Gesicht breit machen und das Kinn sich allmählich verdoppelt, können Sie das selbstverständlich als öffentliche Bekanntmachung verstehen, dass Sie das Verfallsdatum nun endgültig überschritten haben. Sie können Ihre Runzeln aber auch geschickt einsetzen, um sich bei Ihren Mitmenschen größeren Respekt zu verschaffen. Alternde Anwälte bringen gern etwas zum Einsatz, was ein gerupfter Klient mit folgenden Worten beschreibt: »Wie bei einem Frosch zieht sich eine Falte von den Mundwinkeln nach unten. Er spitzt die Lippen und drückt sie nach oben, um besonders salomonisch zu wirken. Oder nachdenklich. Oder skeptisch.« Das Schöne mag gut sein und das Gute schön. Aber im Anwaltsgeschäft geht es vor allem darum, möglichst viele Stunden abzurechnen, und für ein weises Aussehen lässt sich schon mal die eine oder andere Stunde mehr in Rechnung stellen.

Nutzen Sie die Vorteile, die sich ergeben. Wenn Sie mit einem Kindergesicht geschlagen sind, dann haben Sie es möglicherweise leichter, sich in die Herzen Ihrer Mitmenschen zu stehlen. Das kann durchaus von Vorteil sein. Enron-Vorstandsvorsitzender Kenneth Lay jedenfalls kamen seine freundlichen Augen und sein bescheidenes Auftreten sehr zupass. Andererseits kann die Kontrastwirkung das Kindergesicht umso finsterer und boshafter wirken lassen, wenn es bei üblen Machenschaften ertappt wird. Deshalb ist der Killer mit dem Kindergesicht eine so reizvolle Krimifigur.

Spannen Sie Kollegen ein. Wenn Sie dagegen ein vierschrötiges Gesicht haben, können Sie einen kindergesichtigen Kollegen oder einen warmherzigen Personaler einspannen, um Ihren Mitarbeitern mitzuteilen, dass ihre Jobs mit sofortiger Wirkung nach Chongqing ausgelagert werden. Menschen mit Kindergesicht lösen weniger häufig soziopathische Wutanfälle aus. Diese Strategie ist tief im Primatenverhalten verwurzelt. Jedes Kind kennt sie, das schon einmal ein süßes Geschwisterchen vorgeschickt hat, um Mama zu beichten, dass beim Fußballspiel im Wohnzimmer ihre Lieblingsvase zu Bruch gegangen ist.

Natürlich lässt sich den Stereotypen über das menschliche Gesicht auch mit dem Skalpell beikommen. Schönheitschirurgen machen uns glauben, dass sich noch aus jedem Schweineohr ein Seidentäschchen nähen lässt. Fulfer berichtet von einer Fahrkartenkontrolleurin einer texanischen Busgesellschaft, deren Karriere wegen eines fliehenden Kinns nicht aus dem Depot kam. Dann aber habe sie sich das Kinn operieren lassen und sei schließlich Direktorin der Busgesellschaft geworden.

Leider sind die Menschen außerhalb des öffentlichen Personennahverkehrs sehr geübt darin, Fälschungen zu entlarven. Ihr Gegenspieler ein paar Bürotüren weiter wird sich vermutlich einen Spaß daraus machen, überall den Namen des Chirurgen auszuplaudern, der Ihnen die Nase gerichtet hat. Und Ihre Feinde werden in der Teeküche zusammenstehen und tuscheln: »Diese Oberlippe ist ja scheußlich. Ist bestimmt Gore-

Tex. Habt ihr gesehen, die bewegt sich ja nicht mal.« Schlimmer, sie werden Sie wegen Ihrer aufgespritzten Lippen »Fischmäulchen« nennen. Ihre Brustvergrößerungen gehen vielleicht noch als Geschenk der Natur durch, doch die Reaktionen, die Sie darauf bekommen, sind mehr von der Art, die Sie in die Waagerechte befördern und nicht senkrecht die Karriereleiter nach oben. Und die Botox-Einspritzungen mögen die Falten auf Ihrer Stirn glätten, doch sie sorgen auch dafür, dass Sie zu Tode gelangweilt wirken, während die Kollegen überrascht und erfreut über jedes Witzchen des Chefs die Augenbrauen hochziehen.

Kann sein, dass ein Schönheitschirurg Sie vor der Dummheit des Schubladendenkens rettet. Doch wenn Sie Pech haben, geht es Ihnen wie Michael Jackson, und Sie sehen nachher ungefähr so menschlich aus wie eine Bauchrednerpuppe.

Die Entscheidung liegt bei Ihnen.

Junge Schimpansen tragen etwa bis zum Alter von drei Jahren weiße Haarbüschel am Hintern. Erwachsene Männchen erdulden die Sperenzchen der Kleinen, solange sie in dieses Babykostüm gekleidet sind. Unter dem Schutz dieses Schlüsselreizes kann es sich ein Schimpansenjüngling sogar erlauben, über den großen Papa herzufallen, während dieser mit Mama kopulieren will. Dies ist jedoch einer der Fälle, in denen Sie besser nicht von der Tier- auf die Menschenwelt schließen sollten. Um es ganz deutlich auszusprechen: Selbst wenn Sie ein noch so niedliches Kindergesicht haben, sollten Sie dieses Verhalten nicht nachahmen, wenn Sie den großen Boss und seine Sekretärin *in flagranti* erwischen. Erwarten Sie stattdessen fürs kommende Jahr eine hübsche Beförderung (wie wär's mit einem Führungsposten?) ■

Wenn *ein* Affe ins Wasser springt: Die Macht der Imitation

Wir verehren nicht die Grazien und nicht die Parzen, sondern die Mode. Wenn der Oberaffe in Paris eine Batschkappe aufsetzt, dann tun es ihm hierzulande alle Affen gleich.

Henry David Thoreau

»Ich kann mich nicht daran erinnern, was die Frauen anhatten«, notierte Lou Gerstner nach seinem ersten Meeting mit der Unternehmensführung nach seiner Ernennung zum Vorstandsvorsitzenden von IBM. »Es war jedoch offensichtlich, dass alle Männer im Raum weiße Hemden trugen. Außer mir. Mein Hemd war blau. Für einen IBM-Manager war das unerhört und noch nie da gewesen!« Als dieselbe Gruppe ein paar Wochen später wieder zusammenkam, trug Gerstner ein weißes Hemd, um sich der Firmenkultur anzupassen. Leider waren diesmal sämtliche seiner Mitarbeiter in farbigen Hemden erschienen.

Natürlich ist es immer wieder ein Genuss, sich darüber lustig zu machen, welche Blüten der Konformismus der Nadelstreifenträger treiben kann. Doch damit machen wir es uns ein bisschen zu einfach. Denn in Wirklichkeit ahmen nämlich fast alle in Herden, Rudeln und Schwärmen zusammenlebenden Tiere einander nach. Nicht nur die Affen springen alle ins Wasser, wenn einer von ihnen vorangeht. »Hühner, die eigentlich satt sind, beginnen erneut zu fressen, wenn sie mit hungrigen Hühnern zusammenkommen, die gierig in einem Haufen Körner herumpicken«, schreibt Elaine Hatfield, Psychologin an der University of Hawaii und Koautorin des Buches *Emotional Contagion*. »Ameisen arbeiten mehr, wenn sie mit anderen Arbeitsameisen zusammen sind.«

Und Menschen? Auch wenn wir uns noch so viel auf unseren Individualismus einbilden – in der gesamten Tierwelt sind wir die Weltmeister der Nachahmung. Wenn bei der Fußballübertragung im Fernsehen der

Stürmer auf das gegnerische Tor schießt, dann schießen wir mit. Wir imitieren das traurige Gesicht der Mutter, die im Tsunami ihr Kind verloren hat. Und mit Unterstützung der Lachkonserve amüsieren wir uns selbst über unlustige Vorabendserien.

Es ist einer unserer wichtigsten und gleichzeitig einer unserer am meisten unterschätzten Triebe: Wir wollen so sein wie die anderen, oder zumindest so wie diejenigen, die wir uns zu Wahlverwandten auserkoren haben. Deshalb kleidet sich ein Unternehmensanwalt so wie andere Unternehmensanwälte und ein Anarchist so wie andere Anarchisten. Deshalb sind Zeitungsreporter meist schlampige Säcke, denen etwas fehlt, wenn sie sich ihr Hemd nicht mit Zigarettenasche voll gekrümelt haben. Tatsächlich tun wir alles, um andere Menschen nachahmen zu können. Gibt es eine andere Erklärung für eine ansonsten so verhaltensauffällige Freizeitbeschäftigung wie die Polonaise beim Firmenfest? Und wie sonst erklärt es sich, dass Fabrikarbeiter in Peking so viel Spaß daran finden, vor Beginn der Frühschicht gemeinsam zum Tai Chi anzutreten?

Imitation ist ansteckend und ihre Macht allgegenwärtig. Durch die Beobachtung der Menschen in unserer Umgebung lernen wir, eine Arbeit zu verrichten, uns sozialverträglich zu verhalten und unseren Platz in der Gemeinschaft zu finden. Die längste Zeit unserer Geschichte als Stammesangehörige war mangelnde Anpassung an die örtlichen Gepflogenheiten sicherer Selbstmord (»Mann, der Spinner will sich sein Gesicht nicht blau anmalen! Komm, den werfen wir den Wölfen vor.«) Die natürliche Auslese sorgte also dafür, dass Konformismus und Nachahmungstrieb fest in unserem genetischen Erbe verankert wurden. Besondere Zellen im Gehirn, so genannte Spiegelneuronen, helfen uns, unbewusst die Menschen in unserer Umgebung nachzuahmen und auf diese Weise sogar deren Gefühle zu teilen. Wir müssen uns gar keine Gedanken darüber machen, ob dieses Verhalten gut ist oder nicht – Nachahmung fühlt sich einfach gut an. Etwas im Gleichklang mit anderen Menschen zu tun, lässt unser Gehirn zutiefst befriedigt schnurren.

Zum Imitieren geboren

Säuglinge beginnen schon eine Stunde nach ihrer Geburt, Gesichtsausdrücke zu imitieren, und bis zum letzten Atemzug ahmen wir Worte, Mimik, Gestik, Kleider, Moden und Marotten der Menschen in unserer Umgebung nach. Hatfield zählt eine erstaunliche Anzahl von Parametern auf, die wir allein in Unterhaltungen imitieren, angefangen beim Dialekt, über die Sprechgeschwindigkeit, Lautstärke, Stimmhöhe und die Pausen bis hin zur Schnelligkeit, mit der wir antworten. Hat die dominante Person in einem Gespräch eine Art Maschinengewehrstil, rattern auch die anderen schneller. Spricht sie laut, brüllen die anderen mit. Dieses Verhalten zeigt sich nicht nur in kontrollierten Laborversuchen, sondern auch in Vorstellungsgesprächen, Pressekonferenzen, der Kommunikation zwischen Astronauten und der Bodenstation und dem Bürogeplauder unter Kollegen.

In *Die Helden der Nation* beschreibt Tom Wolfe, wie Testpilot Chuck Yeager den Sprechstil einer ganzen Generation prägte, da jeder seine Coolness in Stresssituationen imitieren wollte. Seine Stimme »schwebte von hoch oben herab, von hoch über der Wüste Kaliforniens weiter und weiter und weiter herunter, von den obersten Etagen der Bruderschaft durch alle Schichten der amerikanischen Luftfahrt ... Militärpiloten und bald auch zivile Piloten, Piloten aus Maine und Massachusetts, aus den Dakotas und Oregon und von überall sonst her begannen, mit den lang gezogenen Vokalen aus den Bergen West Virginias zu sprechen, so nahe sie ihren Dialekt eben in diese Richtung verbiegen konnten. Es war der Dialekt eines rechtschaffenen Mannes, der aus dem Stoff war, aus dem die heldenhaftesten aller Helden gemacht werden: Es war der Dialekt von Chuck Yeager.«

Weiter und weiter und weiter unten auf dem festen Erdboden verirrt sich die Imitation gelegentlich in weniger heldenhafte Gefilde. Ein Manager lässt sich ein so rechtschaffenes Unwort wie »Angebotsoptimierung«, »Flexibilisierung« oder »Humankapital« einfallen, und schon plappern es ihm munter alle nach.

Noch auf dem Heimweg von der Arbeit imitieren wir uns gegenseitig. Wir bremsen, weil es auf der Autobahn vor uns stockt – zum Beispiel weil der Zubringer zu einem Autobahnkreuz verstopft ist –, und ehe wir es uns versehen, entsteht auf diese Weise ein Phantomstau, der sich fortsetzt, auch wenn die Ursache bereits längst verschwunden ist. Wir haben alle schon die ärgerliche Erfahrung gemacht, am Ende eines Staus anzukommen und dann festzustellen, dass da gar nichts ist. Kein Unfall. Kein Rettungswagen. Nicht ein einziger verdammter Grund für diesen Stau. Wir treten aufs Gaspedal und verfluchen die bescheuerten Idioten vor uns. Und fünf Minuten später machen andere Fahrer dieselbe ernüchternde, durch Nachahmung verursachte Erfahrung und schimpfen auf uns.

Wir sind derart geübte Anpasser und Nachahmer, dass Soldaten lernen müssen, aus dem Tritt zu marschieren, wenn sie eine Brücke überqueren, um sie nicht durch die Schwingungen zum Einsturz zu bringen. Wir imitieren einander bis hinunter zur Molekülebene: Frauen, die über längere Zeiträume zusammenarbeiten oder -wohnen, kommunizieren unbewusst über ihre Pheromone miteinander und harmonisieren auf diese Weise nach und nach ihre Menstruationszyklen.

Es gibt zahlreiche Erklärungsversuche für diesen Herdentrieb, und nicht alle erwähnen geschwisterliche Liebe oder die Sehnsucht nach einem Leben in friedlicher Harmonie. Einer der Gründe, warum wir gern mit anderen Menschen zusammen sind und ihnen möglichst ähnlich sein wollen, ist, dass wir uns in der Gruppe sicherer fühlen. In einem Aufsatz mit dem Titel »Geometrie der egoistischen Herde« argumentiert der Biologe William Hamilton, Tiere bildeten deshalb häufig dichte Schwärme, Herden, Rudel, Rotten, Meuten oder Koppeln, weil jedes Individuum versucht, möglichst immer einen Artgenossen zwischen sich und dem Wolf vor der Tür zu haben. (Leider gibt es zu jeder Verteidigungsstrategie immer auch eine Gegenstrategie des Räubers. Zackenbarsche schießen beispielsweise mitten in einen Schwarm von Beutefischen, treiben ihn auseinander und greifen sich dann den Schwanz einer der beiden neuen Schwärme. Fische, die sich eben noch wohl behütet in der Mitte eines Schwarmes wähnten, müssen als Erste dran glauben.)

Wenn wir das tun, was alle anderen auch tun, ganz egal wie dämlich das einem Außenstehenden erscheinen mag, ist das oft eine Möglichkeit, gefährliche Situationen zu vermeiden. So gibt es zum Beispiel einen arktischen Seevogel namens Trottellumme, der an steilen Klippen brütet. Wenn die Jungvögel das Nest verlassen, stürzen sie sich alle auf einmal die Klippe hinunter ins Wasser. Warum ist das so? Wenn nur ein paar einzelne Jungvögel springen würden, dann würden sie mit großer Wahrscheinlichkeit von den räuberischen Möwen gefressen. Wenn sich aber alle auf einmal ins Wasser werfen, dann werden zwar immer noch einige von ihnen gefressen, doch die Möwen sind wahrscheinlich zu stark abgelenkt oder zu satt, um alle zu erwischen. Ein Biologe nannte diese Strategie »verfüttere deinen Nächsten, nicht dich selbst«.

Defensive Herdentriebe wie dieser gehören zu unserem biologischen Erbe. Das ist übrigens einer der Gründe, warum es so schwer ist, Firmen oder Individuen dazu zu bringen, etwas Neues auszuprobieren oder etwas Vertrautes aufzugeben, das in der Vergangenheit gut funktioniert hat. Unbewusst befürchten wir, wenn wir nicht das tun, was alle anderen tun, dann müssen wir diese Abweichlerei mit dem Leben bezahlen.

Manchmal stimmt das sogar. Wenn wir zum Beispiel die Mimik der Menschen in unserer Umgebung nachahmen, dann ist das ein nützlicher Überlebensmechanismus. Stellen Sie sich vor, Sie stehen mit ein paar Kollegen zusammen im Flur und hören sich das Gejammer einer Kollegin über Ihren Chef mit dem schönen Spitznamen Spatzenhirn an, der alles tut, um sie zu schikanieren. Sie blicken den Gang hinunter und sehen, wie sich Spatzenhirn drohend nähert. Ein Ausdruck des Entsetzens huscht über Ihr Gesicht. (Wie wir aus dem vorletzten Kapitel wissen, vergehen zwischen der Wahrnehmung der Bedrohung und dem Gesichtsausdruck gerade einmal zwei Zehntelsekunden.) Der identische Gesichtsausdruck springt auf die Gesichter der Menschen in Ihrer Umgebung über, und auch sie verspüren mit einem Mal ein Gefühl der Angst. Die Unterhaltung erstirbt gerade rechtzeitig und noch ehe irgendjemand flüstern kann: »Psst, er kommt!«

Da unser Bewusstsein rund eine halbe Sekunde benötigt, um eine Bedrohung zu erkennen, könnte die eben beschriebene Kommunikation stattfinden, ehe überhaupt irgendjemand eine Ahnung hat, wovor sich alle fürchten. Diese unbewusste Form der Verständigung beschränkt sich jedoch nicht auf das Gefühl der Angst. Runzeln Sie spaßeshalber in der Cafeteria mal die Nase und machen ein angeekeltes Gesicht – in Windeseile werden um Sie herum die Kaubewegungen eingestellt und bleiben Gabeln in der Luft schweben. Diese schnellen Reaktionen, auch bekannt als emotionale Ansteckung, sind einer der Gründe, warum wir als soziale Gattung so erfolgreich sind.

Mit dieser Fähigkeit sind wir jedoch keineswegs allein. In einer Studie lernte ein Rhesusaffe, ein visuelles Signal als Warnung zu erkennen, dass er gleich einen Stromstoß bekommen sollte. Der Affe konnte den Stromstoß jedoch abwenden, wenn er rechtzeitig einen Hebel herunterdrückte. Ein zweiter Affe in einem Nachbarkäfig konnte das Signal nicht sehen, wohl aber eine schwarz-weiße Videoaufnahme des Gesichts des ersten Affen. Wenn der erste Affe vor Schreck die Augen aufriss, rannte der zweite Affe los und drückte seinen Hebel, um den Stromstoß zu verhindern. Merkwürdigerweise hatten die Tiere diesen Instinkt nicht, wenn sie in Isolation aufgewachsen waren. Primaten wie wir scheinen eine Sozialisierung in der Gruppe zu benötigen, um zu lernen, wie unsere angeborenen Gesichtsausdrücke uns den Hals retten können.

Sex und der überfüllte Parkplatz

Für Menschen und andere Tiere gibt es eine ganze Reihe weiterer Gründe, sich an das Verhalten der Herde zu halten. Imitation ist oft der direkte Weg zum Erfolg. Denken Sie zum Beispiel an die bewährte Fernfahrerregel: Halte nie an einer Raststätte mit einem leeren Parkplatz. Der Grund dafür ist weniger, dass wir so gern auf einen freien Tisch warten. Wir interpretieren den überfüllten Parkplatz, die Menschenansammlung und selbst die lange Warterei als Zeichen dafür, dass das Essen gut ist. Oder zumindest, dass hier in der jüngeren Vergangenheit niemand an Lebensmittelvergiftung gestorben ist. Tiere verhalten sich nicht anders. Stare suchen beispielsweise dort nach Futter, wo schon andere Vögel erfolgreich picken. Und Ratten wühlen nach den süßen Häppchen, die sie am Mundgeruch ihrer Mitbewohner identifiziert haben.

Unser Hang zur Nachahmung wirkt sich selbst auf unsere Partnerwahl aus. Guppys, Moorschneehühner und alleinstehende Frauen in den Bars von Downtown Manhattan zeigen dem einsamen Wolf am Tresen die kalte Schulter und behalten die Männer im Auge, die mit Freundin hereinkommen.

Die Grundüberlegung ist dieselbe wie bei der Fernfahrerregel: Wenn schon jemand vor mir da ist, kann's so schlecht nicht sein. Und wenn der Mann auf andere Frauen attraktiv wirkt, dann könnte es tatsächlich sein, dass er ein paar positive Eigenschaften hat. Ein findiger New Yorker Geschäftsmann hat aus dieser Erkenntnis eine Geschäftsidee entwickelt und einen neuartigen Escort-Service eingerichtet: Männer zahlen 50 US-Dollar pro Stunde, um in Restaurants und an öffentlichen Plätzen neben attraktiven, freundlichen Frauen sitzen zu dürfen, denn, wie das Unternehmen auf seiner Homepage schreibt: »Jeder Mann weiß doch, dass es sehr viel leichter ist, eine Frau zu treffen, wenn man in Begleitung anderer Frauen ist.«

Ein anderer Grund für unsere Nachmacherei ist das beruhigende Gefühl der Nähe, die sie uns vermittelt. Zwei Menschen, die sich angeregt unterhalten, gleichen sich häufig in ihrer gesamten Gestik an, bis hinunter zu den überkreuzten Knöcheln und dem Fußwippen. Mit dieser Spiegelung der Körperhaltung vermitteln wir dem anderen ein Gefühl der Verbundenheit und Zuneigung. Wenn es unbewusst passiert, dann fühlt es sich für beide Partner gut an, so als würden sie einander versichern: »Ich bin dein Freund.«

Studien, die diesen Effekt belegen sollen, sind so angelegt, dass die beobachteten Personen nicht bemerken, dass sie nachgeahmt werden. Die Ergebnisse bestätigen, dass wir einen Gesprächspartner sympathischer finden, der uns auf subtile Weise spiegelt. Wenn wir imitiert werden, sehen wir andere Menschen insgesamt positiver: Wir bekommen das Gefühl, im Einklang mit der gesamten Menschheit zu stehen.

Möglicherweise klingt das nach kuscheligem Eins-Sein mit der ganzen Welt oder nach einem gefräßigen, unersättlichen Ego. Skeptiker haben vielleicht schon den viel imitierten Vorstandsvorsitzenden vor Augen, der Blumen streuend über die Schreibtische hinwegtanzt und Halleluja singt, während die Vizepräsidenten pflichtschuldigst zu ihrem Herrn aufblicken, stumm die Worte nachformen und sich fragen, wie sie selbst auch in diesen Genuss kommen können. Doch das Gefühl der Verbundenheit, das entsteht, wenn Menschen einander spiegeln, kann äußerst praktische Auswirkungen haben.

Zum Beispiel beginnen Menschen durch den Nachahmungseffekt, ihre Bewegungen zu synchronisieren. Wenn eine Person am Tisch nach ihrem Glas greift, dann nimmt wenige Momente später jeder ein Schlückchen. Eine Person im Großraumbüro streckt sich, und schon reckt sich auch der Nachbar, und die beiden genießen eine kurze gemeinsame Auszeit. Ein Reporter beginnt seine Geschichte in die Maschine zu hämmern, und schon bald erwacht das ganze Büro zum Leben und wuselt in ansteckender Betriebsamkeit durcheinander, während der Redaktionsschluss immer näher rückt.

Der Anthropologe Edward Hall beschreibt, wie Bauarbeiter einen Anbau an sein Haus errichten. »Sie redeten ununterbrochen miteinander. Es gab nie eine Pause in der Unterhaltung. Der Inhalt spielte dabei keine Rolle. Sie redeten, um zu reden. Wenn das Gespräch stockte, kam auch die Arbeit zum Stillstand. Zwei oder drei Männer konnten auf engstem Raum nebeneinander arbeiten, ohne dass einer dem anderen in die Quere kam, und sie arbeiteten sehr eng beieinander. Egal ob sie eine Mauer hochzogen, Wände verputzten oder den Zement glatt strichen – es war wie ein Ballett, und der Rhythmus des Gesprächs war die unbewusste Partitur, die die Gruppe zusammenhielt und verhinderte, dass sie sich gegenseitig in die Quere kamen.«

Ein Team, dass auf diese Weise seinen gemeinsamen Arbeitsrhythmus findet, scheint zu verschmelzen, die Teile eines Projekts fügen sich nahtlos und wie von Geisterhand ineinander. Einer beginnt einen Satz, ein anderer führt ihn zu Ende. Einer hat eine neue Produktidee, der andere gibt ihr einen brillanten Dreh. Es ist wie der Hackenpass auf den freien Mitspieler, der im Rücken des Stürmers aufgetaucht ist und den Ball aus vollem Lauf in die Maschen jagt. Oder wie Jazzmusiker, die bei ihrem Solo in die letzte Ecke der Bühne wandern und dann wieder in die Bühnenmitte zurückkommen, um gleichzeitig und in der gleichen Tonlage zum Refrain anzusetzen: »I'm gonna tell you how it's gonna be ...« Ihnen läuft ein Schauer den Rücken hinunter, und Sie bekommen eine Gänsehaut, denn die Evolution hat es so eingerichtet, dass wir Momente absoluter Harmonie genießen.

Das Merkwürdige ist nicht nur, dass Menschen einander nachahmen, sondern dass sie auch beobachten, inwieweit andere einander nachahmen, und daraus komplexe Schlüsse ziehen, ohne sich dessen je bewusst zu werden. In einem Experiment sahen Testpersonen 50 einminütige Videoaufzeichnungen, in denen jeweils ein Mann und eine Frau an einem Tisch einander gegenübersaßen und sich unterhielten. Die Aufgabe bestand darin, herauszufinden, wie sehr sich die Partner wirklich mochten. Die Testpersonen sagten nachher, sie hätten darauf geachtet, wie nah die beiden beieinander gesessen hätten, wie oft sie lächelten und nickten, welche Gesten sie machten und wie sie sonst ihre Gefühle zum Ausdruck gebracht hätten. Zwei Drittel sagten aus, sie hätten nicht darauf geachtet, inwieweit einer die Bewegungen des anderen spiegelte.

Frank Bernieri von der Oregon State University, der das Experiment leitete, ließ die Aufzeichnungen daraufhin von seinem Team auswerten und genaue Aufstellungen machen, wie nah die Paare beieinander saßen, wie oft sie lächelten und inwieweit sie einander nachahmten oder sich in Einklang miteinander bewegten. Es stellte sich heraus, dass die Paare, die nach Ansicht der Testpersonen am besten zueinander passten, nicht etwa die waren, die am meisten lächelten oder nickten, sondern dass die Testpersonen sehr viel stärker auf Spiegelungen geachtet hatten, als ihnen bewusst war.

Unser Hang zur Imitation bleibt jedoch nicht an der Oberfläche, sondern berührt uns auf der tiefsten emotionalen Ebene. Wenn wir Gesichtsausdrücke, Stimmen, Körperhaltungen und Bewegungen der Menschen um uns herum nachahmen, dann fühlen wir auch das, was sie fühlen.

Als die Psychologen Paul Ekman und Wallace Friesen in den sechziger Jahren ihre eigenen Gesichter benutzten, um die Muskelbewegungen bei Gesichtsausdrücken zu katalogisieren, stellten sie fest, dass bestimmte Bewegungen bei ihnen bestimmte Gefühle auslösten. Bei einem Lächeln, das ehrliche Freude ausdrückt (und bei dem sich die Augenringmuskeln zusammenziehen), fühlten sie sich tatsächlich glücklicher. Und nach einem Tag, an dem sie traurige Gesichter einstudiert hatten, kamen sie niedergeschlagen nach Hause. Zahlreiche Studien haben seither diese Feedbackschleife bestätigt: Gefühle lösen Gesichtsausdrücke aus, und Gesichtsausdrücke wecken umgekehrt Gefühle oder verstärken sie.

Der biologische Mechanismus dahinter ist möglicherweise ganz einfach. Ein Lächeln kühlt beispielsweise das Gehirn. Die Muskelbewegungen, die ein echtes Lächeln erzeugen, erhöhen gleichzeitig die Luftzufuhr durch die Nase und reduzieren die Temperatur der Arterien in dieser Region. Und eine etwas niedrigere Temperatur des Blutes im

Gehirn sorgt für gute Laune. Taffe Geschäftsmänner, die ihren finstersten Blick aufsetzen, machen also genau das Falsche, wenn sie, wie sie gern von sich behaupten, mit kühlem Kopf Entscheidungen fällen wollen.

Epidemie im Büro

Emotionale Ansteckung – die Spiegelung von Gesichtsausdrücken und Gefühlen der Menschen in unserer Umgebung – verbreitet sich durch unseren gesamten Arbeitsalltag wie eine Epidemie, und noch dazu eine besonders heimtückische, die niemand zu bemerken scheint. Die Krankenpflegerin, die den ganzen Tag mit kranken und deprimierten Menschen zu tun hat, kommt abends selbst niedergeschlagen nach Hause. Und der Kundendienstmitarbeiter, der sich mit einem unzufriedenen Kunden herumgeschlagen hat, gibt die giftige Stimmung prompt an den nächsten in der Schlange weiter.

Das Gegenteil trifft natürlich genauso zu: Es gibt auch Menschen, die ihre Mitmenschen mit ihrer guten Laune anstecken. Doch selbst in emotional neutralen Jobs sind schlechte Schwingungen oft ansteckender als gute, da unser eingebauter Pessimismus dafür sorgt, dass wir Bedrohungen eher erkennen und stärker darauf reagieren.

Die Psychologen Elaine Hatfield und Richard Rapson berichten von einer ihrer Klientinnen, einer außergewöhnlich gut gelaunten und energiegeladenen Frau. Sie war Zahnärztin und schaffte den Balanceakt, fürsorglich zu sein, ohne die Schmerzen ihrer Patienten mit nach Hause zu nehmen. Doch eines Tages erschien sie völlig niedergeschlagen in der Sitzung mit den Psychologen. Ihre Angestellten hatten sich gestritten, und sie hatte versucht, das Problem zu lösen, indem sie bis spät in die Nacht hinein an einem neuen Arbeitsplan mit klaren Stellenbeschreibungen getüftelt hatte. Zwei ihrer Angestellten hatten den Plan gesehen und prompt gekündigt.

Im Gespräch mit den Psychologen erzählte die Zahnärztin nach und nach, dass eine ihre Assistentinnen Eheprobleme hatte und in Tränen aufgelöst zur Arbeit erschien. Ihre Sekretärin war sauer, weil sie das

Gefühl hatte, sie hätte in der neuen Bürogehilfin keinerlei Unterstützung. Und die Bürogehilfin schließlich fühlte sich verkannt, weil ihr die Sekretärin keine anspruchsvollen Aufgaben anvertraute. Das Problem hatte nichts mit der Organisation zu tun, es war eine rein emotionale Angelegenheit. »Während wir uns unterhielten, wurde klar, dass unsere Klientin von dem Orkan an Gefühlen in ihrem Büro durcheinander gewirbelt wurde. Sie hatte sich sämtliche Sorgen ihrer Mitarbeiter wie einen Virus eingefangen.«

Eine Chefin, die weiß, dass es so etwas gibt wie emotionale Ansteckung, versteht besser, was hinter den Schwingungen im Büro stecken mag, und was sie dagegen unternehmen kann, so Hatfield. Die Zahnärztin nahm sich zwei Tage Urlaub, um ihre eigene Stimmung wieder ins Lot zu bekommen. Wieder in der Praxis, lud sie ihre Angestellten einzeln zum Mittagessen ein. Statt die Stimmung von ihrer unglücklichen Assistentin diktieren zu lassen, steckte die Zahnärztin ihre Mitarbeiterinnen bewusst mit ihren eigenen positiven Emotionen an, und nach und nach kam wieder gute Laune auf.

Diese mysteriöse Fähigkeit, im positiven Sinne ansteckend zu wirken, macht manche Führungskräfte so mitreißend. In seiner Biografie von Franklin D. Roosevelt zitiert der Historiker Geoffrey Ward einen Bericht über den Besuch Roosevelts, der damals gerade zum Unterstaatssekretär der Marine ernannt worden war, auf einem der kleineren Schiffe der US-Flotte: »Kaum an Bord, stellte Roosevelt sofort unter Beweis, wie sehr er auf dem Wasser zu Hause war. Statt sich bequem ins Heck zu setzen, wie man das hätte erwarten können, ging er während der gesamten Überfahrt zum Marinehafen zwischen Bug und Heck der Barkasse auf und ab. Mit großem Sachverstand und begleitet von Ausrufen der Bewunderung begutachtete er das gesamte Schiff von der Kombüse zum Maschinenraum. Als wir in die Bugwellen eines anderen Schiffes gerieten und die Gischt hoch über die Reling spritzte, duckte er sich nur, lachte und zeigte seinen Begleitern, wie gut die Barkasse die Welle nahm. Binnen weniger Minuten hatte er die Herzen aller Anwesenden gewonnen, so wie er in den kommenden Jahren die Mannschaft jedes Schiffes gewinnen sollte, das er besuchte. Immer wieder stellte er seine unendlich wertvolle Eigenschaft der ansteckenden Begeisterung unter Beweis.«

Menschen, die nicht über dieses natürliche Charisma verfügen – und das sind die meisten von uns –, können zumindest gelegentlich innehalten und überlegen, wie sich ihre Stimmung auf die Menschen in ihrer Umgebung auswirkt. Jeder Gesichtsausdruck, jeder Tonfall ist so etwas wie ein emotionaler Nieser. Bei jeder Begegnung zwischen Menschen werden emotionale Viren ausgetauscht, zum Beispiel am Bankschalter zwischen Kassierer und Kundin. In einer Studie in 39 Filialen einer Regionalbank stellte der Wissenschaftler S. Douglas Pugh aus North Carolina fest, dass Kassierer, die häufiger lächelten und mehr Augenkontakt herstellten, die Laune der Kunden hoben und ihnen das Gefühl gaben, gut bedient worden zu sein.

Mancher Filialleiter könnte diesen Hinweis dankbar aufnehmen und sein Schalterpersonal abkommandieren, den ganzen Tag zu lächeln. Doch dieser Schuss ginge nach hinten los. Denn auch die Gefühle des Filialleiters wirken ansteckend. Wenn Sie also zufriedenere Kunden wollen, dann erreichen Sie das am besten, wenn Sie Ihren Angestellten Grund zum Lächeln geben.

Ein Einzelner kann ohne weiteres die Stimmung einer ganzen Gruppe beeinflussen. Sigal Barsade, Professorin an der Wharton School der University of Pennsylvania, gab kleinen Testgruppen die Aufgabe, eine Bonuszahlung untereinander aufzuteilen. Jeder Teilnehmer einer Gruppe sollte ein Plädoyer für einen Mitarbeiter aus seiner imaginären Abteilung halten. Barsade platzierte in jeder der Gruppen einen Schauspieler, der immer denselben Redebeitrag lieferte. Doch in jeder Gruppe wählte er eine andere Stimmung: freundlich und energisch, freundlich und gelassen, aggressiv und gelassen oder aggressiv und energisch. Der Schauspieler sprach immer zuerst, und seine Stimmung sprang auf den Rest der Gruppe über.

Barsade interessierte sich weniger dafür, mit welcher Stimmung sich ihr Mann am ehesten durchsetzte. Doch wie zu erwarten war, sorgte der freundliche und energische Ton für ein zufriedeneres und kooperativeres Klima in der Gruppe. Barsade gibt unumwunden zu, dass die Zufriedenheit der Beteiligten keineswegs automatisch zu besseren Entscheidungen führt. Doch sie zitiert andere Studien, nach denen Menschen in einem angenehmen Umfeld ein Thema ausführlicher diskutieren und verstärkt aktive Problemlösungsstrategien anwenden.

Vorbeugende Maßnahmen gegen Epidemien

Die moderne Technologie kann manchmal helfen, die emotionale Ansteckungsgefahr zu minimieren. Einem Sektionschef einer Versicherungsfirma wurde gekündigt, weil er nicht auf die aggressive Preispolitik der Konkurrenz reagierte. Der Nachfolger war ein alter Hase im Geschäft, doch er galt als Günstling, da sein Vater mit dem Vorstandsvorsitzenden befreundet war. Dazu kam, dass er mit seinem schrägen Sinn für Humor leicht arrogant wirkte. Die Führungskräfte standen noch hinter ihrem alten Chef, und Besprechungen gingen bald in gegenseitigen Anschuldigungen und wüsten Schreiereien unter. Niemand wollte auch nur einen Fingerbreit von seiner Position abrücken. Rasch war die gesamte Sektion in einer Endlosschleife aus immer neuem, ansteckendem Ärger gefangen. Nichts ging mehr.

An diesem toten Punkt schlug eine der Führungskräfte vor, Verhandlungen per E-Mail zu führen, um einen gewissen Sicherheitsabstand einzuhalten. E-Mails sind inzwischen etwas in Verruf geraten, weil gerade hier sämtliche Hemmungen fallen und kein Blatt vor den Mund genommen wird. In diesem Fall wirkte es jedoch beruhigend auf die Gemüter, und die Führungsmannschaft dachte objektiver über die Vorschläge des neuen Chefs nach.

Wenn der menschliche Körper ausgeschaltet wird, fallen auch einige der Tücken des Herrschaftsverhaltens weg. »Natürlich sieht man in der Absenderzeile, von wem eine E-Mail kommt. Doch der Bildschirm scheint eine gewisse Gleichberechtigung zu befördern«, meint ein Manager aus Silicon Valley. Und in von Männern dominierten Gruppen werden Frauen und Unterlinge per E-Mail eher wahrgenommen ■

Mimikry für Geld

Es liegt auf der Hand, dass sich gute Gefühle auszahlen, zum Beispiel wenn der Kassierer einer Bank die Kunden anlächelt. Doch auch die bewusste Nachahmung von Klienten und Kunden ist in der Geschäftswelt verbreitet, spätestens seit in den Sechzigern eine Flut von Ratgebern zum Thema Körpersprache veröffentlicht wurde. Es gehört zum Beispiel zu den Mythen der Autohändler, dass die Spiegelung der Körpersprache des Kunden der Schlüssel zum Verkaufserfolg ist. Auch Therapeuten ahmen gern Mimik, Gestik und Stimme der Patienten nach, was einen gelegentlich auf die Palme bringen kann. Wenn der Patient beispielsweise sagt: »Das verstehe ich einfach nicht«, dann erwidert der Therapeut reflexartig: »Sie fühlen sich verwirrt.«

Einige Studien behaupten, bewusste Spiegelung könne tatsächlich den gewünschten Erfolg haben. Und was Autohändler schon immer geahnt haben: Es kann sich sogar in klingender Münze auszahlen. In einer Studie namens »Mimikry für Geld« stellten niederländische Wissenschaftler fest, dass Bedienungen mehr Trinkgeld bekommen, wenn sie die Bestellungen der Gäste Wort für Wort wiederholen. Die Autoren vermuten, »Mimikry könnte ein wichtiges Werkzeug sein, um positive Beziehungen zwischen Menschen herzustellen und zu erhalten«, und zwar in jeder Situation.

Bewusste Imitation kann jedoch durchaus auch unerwünschte Nebenwirkungen haben. Meistens ahmen wir das Verhalten und die Gefühle der Menschen in unserer Umgebung automatisch nach, und dieser Prozess ist so natürlich wie das Atmen. Wir verschwenden keinen Gedanken darauf und werden uns dessen auch nicht bewusst. Wenn es uns aber auffällt, dann wird uns das schnell peinlich, zum Beispiel wenn Sie mitten im Gespräch feststellen, dass Sie die Arme genauso hinter Ihrem Rücken verschränken wie Ihr Boss. (»Seit wann bin ich denn ein derartiger Schleimer?«)

Schlimmer noch, wenn wir das Gefühl haben, dass unser Gesprächspartner uns imitiert, beschleicht uns das unangenehme Gefühl, er wolle uns auf den Arm nehmen oder manipulieren. Wenn jemand stottert, dann kann es beispielsweise passieren, dass die Menschen in seiner Umgebung die Lippen bewegen, um ihm auf die Sprünge zu helfen, oder dass sie selbst anfangen zu stottern. Damit ist keinerlei böse Absicht verbunden, es handelt sich um einen unbewussten Akt der Empathie. Doch wenn wir bemerken, dass uns jemand absichtlich imitiert, wie etwa der Autohändler, der seinen Kunden nachäfft, dann ist das Gespräch möglicherweise sehr schnell zu Ende. (Nutzen Sie die emotionale Ansteckung für sich. Stehen Sie auf und gehen Sie zur Tür. Der Verkäufer wird ebenfalls aufstehen, hinter Ihnen hergehen und Ihnen vermutlich einen besseren Preis bieten.) Die Psychologin Elaine Hatfield geht davon aus, dass bewusste Imitation eher zu Disharmonie denn zu Harmonie führt. »Nehmen wir an, Sie konzentrieren sich darauf, drei Verhaltensweisen nachzuahmen«, erklärt sie. »Währenddessen passieren aber noch ungefähr 10000 andere Dinge, die Sie nicht bewusst nachmachen können. Es fehlt der gemeinsame Rhythmus. Das Ergebnis ist kein Tanz zwischen zwei Menschen im Gleichklang, sondern ein Roboter, der versucht, sich wie ein Mensch zu bewegen.«

Den Boss zu spiegeln kann sehr nützlich sein. Aber nur in gewissen Grenzen. Desmond Morris warnt vor den Gefahren allzu getreuer Imitation der Oberen: »Wenn Sie es darauf anlegen, können Sie Ihren Chef mit Ihrer Nachahmerei völlig aus der Ruhe bringen. Statt sich ganz vorn auf die Kante zu setzen oder sich begierig nach vorn zu beugen, lümmeln Sie sich breitbeinig auf den Stuhl und imitieren Sie die Statuspose, die Sie vor sich sehen. Selbst wenn Sie sich ausdrücken wie die Höflichkeit in Person, werden Sie einen unvergesslichen Eindruck hinterlassen. Dieses Experiment sollten Sie sich jedoch für den Moment kurz vor Ihrer Kündigung aufsparen.«

Das Markenzeichen von Hollywoodproduzent Brian Grazer ist beispielsweise eine unverkennbare Igelfrisur. Eines Tages erschien einer seiner jüngeren Mitarbeiter mit demselben unmöglichen Haarschnitt am Set. Es grenzte an eine Parodie, und der ambitionierte junge Mann wurde auf der Stelle wieder nach Hause geschickt.

Aber wie ähnlich wollen wir unserem Boss denn überhaupt sein? Als Melville Bell Grosvenor in den sechziger Jahren Herausgeber und Präsident der National Geographic Society war, nannten ihn seine Mitarbeiter wegen seiner Ausbildung an der Marineakademie und seiner Segelleidenschaft nur freundschaftlich »Skipper«. Seine Unterlinge legten sich selbst Segeljollen zu und kamen im Seemannslook zur Arbeit. Auch der Fotograf und Autor Luis Marden kaufte sich ein Boot, doch er meinte nur trocken: »Gott sei Dank betätigt sich der Skipper in seiner Freizeit nicht als Fakir.«

Das Bedürfnis nach Imitation statt Innovation ist ein bestimmender Faktor in der Wirtschaft und betrifft nicht nur einzelne Menschen, sondern ganze Unternehmen. Jedes erfolgreiche neue Produkt wird sofort geklont – Festplattenrekorder, iPod und Viagra sind die bekanntesten Beispiele aus jüngster Zeit. Es gibt Firmen, deren einzige Strategie darin besteht, die Produkte der Konkurrenz zu imitieren. Matsushita war beispielsweise in Japan lange als »Maneshita« bekannt, was etwa »Kopierklang« bedeutet, da der Businessplan ausschließlich darin bestand, Produkte zu kopieren, die Sony erfolgreich auf den Markt gebracht hatte.

Clevere Firmen imitieren sich selbst, sie basteln immer wieder an ihren besten Ideen, um sie noch weiter zu verbessern, oder sie übertragen ein erfolgreiches Produkt auf andere Bereiche. Wunder der menschlichen Erfindungsgabe: Der drehende Lolli stand Pate für die elektrische Zahnbürste, und die wiederum für die elektrische Spülbürste. Und diese Selbstimitation zahlt sich aus: Procter & Gamble macht allein mit der Zahnbürste weltweit einen Umsatz von 200 Millionen US-Dollar pro Jahr.

Es gibt Firmen, die sich mit allen Mitteln gegen Nachahmer zur Wehr setzen. Mit Hilfe von Gerichtsverfahren, Schweigeverpflichtungen und eifriger Lobbyarbeit ist es beispielsweise dem Pharmakonzern Wyeth gelungen, sein Monopol auf das Hormonpräparat Premarin weit über den üblichen vom Patentrecht garantierten Schutz hinaus zu halten.

Andere Firmen dagegen ermutigen die Konkurrenz zur Imitation ihrer Produkte. IBM ging zum Beispiel diesen Weg, um seinen Personal Computer zum Industriestandard zu machen. Heute unternimmt der Konzern denselben Versuch mit seinem BladeCentre Motherboard und mit der jüngsten Freigabe von 500 Patenten für OpenSource Softwareentwickler.

Einige scheinbar besonders kreative Industriezweige leben nur von der Imitation. Bollywood und Filmemacher aus Hongkong kupfern Hollywood ab, und Hollywood wiederum bedient sich eifrig bei diesen. Und alle äffen sie sich selbst nach und produzieren Fortsetzungen, Vorsetzungen und Reloadeds zum Erbrechen. Erfolgreiche Entführungen und Banküberfälle finden genauso ihre Nachahmer wie lukrative Abfindungspakete für Vorstandsvorsitzende. Kaum zwei Monate nachdem Jack Welch seinen Vertrag bei General Electric unterschrieben hatte, mit dem er bis an sein Lebensende den Hintern gepudert bekommt, unterzeichnete Larry Bossidy, Welchs Freund und früherer Mitstreiter, einen ähnlichen Vertrag bei AlliedSignal. Sechs Monate später handelte sich Charles Knight, der eben noch im Aufsichtsrat von General Electric für den Vertrag von Welch gestimmt hatte, ein Nachahmerpaket bei Emerson Electric heraus und nur einen Monat darauf gab IBM (Knight hob wieder die Hand) Lou Gerstner einen Vertrag, der dem von Welch entsprach und ihm bis weit über die Pensionierung hinaus Zugang zu Firmenjets, -autos, -büros und -wohnungen zusicherte. Auch Börsenhändler handeln nie allein auf Wall Streets weiter Flur. Sie kaufen und verkaufen das, was auch alle anderen kaufen und verkaufen, und verhalten sich laut einer Studie der Zeitschrift *Physical Review Letters* wie eine Herde Gnus, die über die Weiten Afrikas galoppiert.

Warnung an alle Nachahmer

Solange wir Plagiarismen vermeiden und Copyright und Patente respektieren, gibt es doch eigentlich keinen Grund, sich vor Imitation zu fürchten oder sich dafür zu schämen, oder?

Nachahmung ist etwas völlig Natürliches. Wir sind so gestrickt. Wir müssen nur aufpassen, dass wir nicht gedankenlos nachäffen. Aber das kann uns doch nicht passieren, wenn wir Erfolg nachahmen, wie etwa im Fall der Autobahnraststätte? Doch auch unser natürlicher Instinkt, Fehler zu fürchten und Erfolge nachzuahmen hat so seine Tücken. In einem Aufsatz mit dem schönen Titel »Auf der Suche nach Qualität: Moden, Erfolgsstorys und adaptive Nachahmung« machen die beiden Wissenschaftler David Strang und Michael W. Macy von der Cornell University unsere geradezu krankhafte Faszination von unternehmerischen Erfolgsgeschichten dafür verantwortlich, das eine Managementtheorie nach der anderen gehypt wird, nur um kurz darauf auf dem Müllhaufen der Geschichte zu landen.

»Erfolgsstorys dominieren den Wirtschaftsdiskurs, ohne dass je ein Vergleich oder eine Analyse vorgenommen würde«, insbesondere wenn eine neue Theorie in Umlauf kommt, so die Autoren. Diese ausschließlich Konzentration auf das Ergebnis führe dazu, dass erst massenhaft sinnlose Innovationen übernommen würden, nur um wenig später wieder über Bord geworfen zu werden.

Ein gutes Beispiel sind die Quality Circles, die in den achtziger Jahren eingeführt wurden und dafür sorgen sollten, dass Fließbandarbeiter aktiv an der Qualitätskontrolle beteiligt würden. Angeblich handelte es sich bei den Quality Circles um das große Managementgeheimnis hinter dem sagenhaften Erfolg japanischer Unternehmen. In zahlreichen Artikeln wurde der Triumph von Firmen wie Lockheed gefeiert, die bei der Umsetzung der Theorie eine Vorreiterrolle übernahmen: »Kosteneinsparungen von 3 Millionen US-Dollar, ein Reduzierung der Fehlerquote um 90 Prozent, Investitionsgewinne von 600 Prozent, 90 Prozent Mitarbeiterzufriedenheit.«

Als die Quality Circles zum neuen heißen Trend wurden, interessierte sich laut Strang und Macy niemand für deren Probleme. Und als Anfang der achtziger Jahre die Fortune-500-Unternehmen von einem regelrechten Quality-Circle-Fieber erfasst wurden, schien niemand zu bemerken, dass der gefeierte Vorreiter Lockheed die Fertigungstechnik 1979 bereits wieder aufgegeben hatte. Bis zum Jahr 1988 hatte sich das Thema dann auch bei den meisten Großkonzernen erledigt.

Was ist da schief gelaufen? Strang und Macy zeigen anhand verschiedener mathematischer Modelle, wie selbst noch die dümmste Idee durch Imitation zum heißen neuen Managementtrend werden kann. Oder mit ihren Worten: »Angenommen, jede Firma setzt eine andere Innovation um, von denen alle nutzlos sind, und angenommen, jede Firma hat im freien Wettbewerb die gleichen Chancen, dann ist es nur eine Frage der Zeit, bis Marktführer aus verschiedenen Branchen dieselbe Innovation benutzen.«

Beobachter nehmen an, weil der Erfolg nach der Innovation eintrat, müsse die Innovation die Ursache für den Erfolg sein. »Wenn nur einige wenige mutige Firmen die Marktführer kopieren, dann wird die Wahrscheinlichkeit immer größer, dass auch ein dritter Gewinner dieselbe Technik verwendet. Bald verwenden drei der Marktführer diese Technik, und selbst Skeptiker werden hellhörig.«

In der wirklichen Welt gehen hochbezahlte Berater längst mit dieser neuen revolutionären Idee (die eben noch völlig nutzlos war) von Tür zu Tür. Strang und Macy nennen sie »Wirte«, und wie infizierte Hühner verbreiten sie die neue revolutionäre Idee rasch und gründlich auf dem gemeinsamen Marktplatz. Im Falle der Quality Circles »stieg die Beratertätigkeit dramatisch von zwei Beraterfirmen mit insgesamt elf Vollzeitberatern im Jahr 1980 auf sechzig Firmen mit 469 Beratern im Jahr 1983. Fünf Jahre später waren zwei Drittel der Firmen wieder vom Markt verschwunden.« Die meisten davon hatten sich der nächsten revolutionären Idee verschrieben, sei es »Total Quality Management« oder »Re-Engineering«.

Strang und Macy gehen davon aus, »dass Manager hochintelligent sind und zugleich unter enormem Erfolgsdruck stehen, und dass Berater Höchstpreise verlangen, um die neueste Innovation umzusetzen«. Das macht die Modehörigkeit der Wirtschaft umso überraschender. Doch die Autoren kommen zu dem Schluss, »dass diese Modehörigkeit nicht trotz des Erfolgsdrucks und der hohen Beraterkosten zustande kommt, sondern gerade deshalb. Berater feiern ihre Gewinner, nicht ihre ›ferner liefen‹. Und den Managern sitzen Aufsichtsräte und Aktionäre im Nacken, den anderen Wettbewerbern an Erfolg nicht nachzustehen.« Die revolutionäre Idee verschwindet nach und nach, je mehr Firmen feststellen, dass sie den angeblichen Erfolg in ihrem Unternehmen nicht umsetzen können. Zu diesem Zeitpunkt haben die ursprünglichen Befürworter längst das Weite gesucht, und der Arbeiter am Fließband hat die ganze Sache mit einem Achselzucken abgetan und geht wieder seiner eigentlichen Arbeit nach.

Wenn es also völlig normal ist, Erfolge zu imitieren, und wenn Manager unter dem ständigen Druck stehen, neue Erfolge für ihr Unternehmen zu erzielen, wie können sie sich dann vor der kostspieligen Fehlinvestition in die nächste revolutionäre/nutzlose Idee schützen? Strang und Macy fassen die Ergebnisse ihrer Forschung in »Montaignes Heuristik« zusammen.

Eine Heuristik ist nichts weiter als eine einfache Regel für die beste Marschroute in einer unsicheren Welt. »Montaignes Heuristik« geht auf ein Gleichnis zurück, das der französische Essayist Michel Montaigne in einem seiner Aufsätze schildert: Ein Atheist, der die griechische Insel Samothrake besucht, bewundert die Opfergaben, die Überlebende von Schiffsunglücken dort zurückgelassen haben. Ein Gläubiger fragt ihn, wie er angesichts dieser zahlreichen von den Göttern geretteten Menschen noch in seinem Atheismus verharren könne. Die Antwort des Atheisten ist einfach: Die Zahl der Ertrunkenen ist größer. Sie hatten nur weniger Gelegenheit, ihre Opfergaben dazulassen.

Strang und Macy raten: Wenn also der nächste Berater mit der neuesten revolutionären Idee in der Tür steht, »zählen Sie nicht nur die Gläubigen, die gerettet wurden, sondern auch die größere Zahl der Ertrunkenen. Oder um es in einem zeitgemäßeren Vergleich zu sagen, schauen Sie auf der Suche nach den besten Methoden nicht nur nach den Intels und Microsofts, sondern auch nach den Wangs und Digitals.«

Stellen Sie kritische Fragen und sehen Sie sich auch die Kehrseite der Medaille an. Zwingen Sie die Berater dazu, ihre Werbeschallplatte abzuschalten: »Okay, und jetzt erzählen Sie uns von ein paar Firmen, wo die Idee nicht funktioniert hat, und erklären Sie uns, warum.« Versuchen Sie herauszufinden, ob Sie die Erfolge der anderen tatsächlich nachahmen können. Funktioniert die Umsetzung nur unter bestimmen Bedingungen? Oder nur unter der Führung einer Hand voll wahrer Gläubiger? Die Imitation der Erfolgreichen kann nach wie vor eine nützliche Strategie sein, aber nur, wenn Sie vorher einige kritische Fragen stellen. Leider, so schließen Strang und Macy, »geht der Trend in der Business-Community in die andere Richtung«.

Aber vielleicht ist das auch alles gar nicht so wichtig, wie es auf den ersten Blick erscheint. Vielleicht bewirken die Modewellen, die in den Köpfen der Vorstandsvorsitzenden und Berater herumspuken, ungefähr so viel wie die La-Ola-Welle des Publikums auf den Rängen eines Fußballstadions. Das Spiel auf dem Rasen geht weiter. Beobachter sehen das Verhalten von Angestellten und Kunden ohnehin immer weniger als Ergebnis von Vorgaben aus der Chefetage und immer mehr als sich selbst organisierende Netze, ein Phänomen, das wiederum am einfachsten mit einem Blick in die Natur zu verstehen ist.

Keine Vizepräsidenten

Es ist ein Winterabend an einem Wasserloch im Okavango Delta in Botswana. Von den Nilpferden sind nur die Augäpfel zu sehen. Die Sonne verschwindet im Osten und zeichnet einen orangefarbenen Streifen an den Horizont. Plötzlich flattert ein Strom kleiner Vögel heran, Zehntausende, dicht zusammengedrängt fliegen sie in Bögen und Wellen wie ein einziger flüssiger Organismus. Ein Falke stößt in den Strom, um sich sein Abendessen herauszupicken, und der Schwarm jagt in eine andere Richtung. Dieses plötzliche Ausweichmanöver erfolgt, wie alle Bewegungen des Schwarms, in absolutem Gleichklang, und die Vögel, die einer Vogelart namens Webervögel angehören und im Ruf stehen, gefiederte Heuschrecken zu sein, kommen in immer größeren Mengen. Zuerst glimmen die Schilfhalme noch wie Kerzen in der untergehenden Sonne, dann neigen sie sich unter dem Gewicht der heimkehrenden Vögel immer tiefer zum dunklen Untergrund hinab.

Wie machen die das nur? Wie kommt bei einem Schwarm von Vögeln, Fischen oder Insekten diese perfekte Choreographie zustande? Wer dirigiert sie? Wo ist der Tanzmeister? Neiderfüllte menschliche Beobachter nahmen lange an, diese perfekte Harmonie sei ohne zentrale Kontrolle undenkbar, irgendwo müsse doch ein anonymer Vizepräsident die Zugseile in der Hand halten und das Ganze lenken und führen. Oder wenn man bedenkt, dass ein Heringsschwarm oft Kilometer lang sein und aus mehreren Millionen Individuen bestehen kann, waren es vielleicht mehrere, eine ganze Hierarchie von Kapitänen, Lotsen, Steuermännern, Aufsehern und Ausfegern. Doch diese Annahme war falsch.

Die Individuen eines Schwarms finden mehr oder weniger eigenständig heraus, was als Nächstes zu tun ist, ohne dass ihnen irgendjemand mitteilt, wann oder wie. Wissenschaftler sprechen von Selbstorganisation: Mit einigen wenigen Grundregeln, die in ihre Gene programmiert sind, erzeugen Tiere hochkomplexe Strukturen. Die perfekte Harmonie ergibt sich aus Tausenden von Individuen, die sich unabhängig und eigenständig bewegen, auf ihre nächste Umgebung reagieren und oft einfach ihre Nachbarn nachahmen. Das sollte uns nicht überraschen. Welche Hierarchie wäre schnell genug, um blitzartig eine harmonische Reaktion eines ganzen Schwarms auf plötzlich auftretende Bedrohungen wie einen herabstoßenden Falken hinzubekommen?

In der Vergangenheit hatte man jedoch für dieses Phänomen keine andere Erklärung als zentrale Kontrolle. Die Vorstellung, dass komplexe Verhaltensweisen durch Selbstorganisation entstehen könnten, kam erst in den fünfziger Jahren auf. Seinerzeit begannen Wissenschaftler zu untersuchen, wie aus einfachen chemischen und physikalischen Reaktionen komplexe Muster entstehen können, etwa wenn Wind über Dünen streicht oder Öl in einer Pfanne erhitzt wird. Andere Wissenschaftler weiteten die Suche nach sich selbst organisierenden Systemen auf das Tierreich aus und begannen mit Ameisen, Bienen und anderen staatenbildenden Insekten.

Vielen Nicht-Wissenschaftlern ging ein Licht auf, als Craig Reynolds, Experte in der Computeranimation von komplexen Verhaltensweisen, Mitte der achtziger Jahre begann, das Auf und Ab und Hin und Her eines Vogelschwarms zu simulieren. Zu diesem Zeitpunkt waren sich Biologen bereits einig, dass die einzelnen Vögel nicht auf ein zentrales Kommando hörten, sondern sich an den Bewegungen ihrer unmittelbaren Nachbarn orientieren. Reynolds fand heraus, dass er computerisierte Vogelwesen (die er Vogeloide oder Voide nannte) dazu bringen konnte, alle Verhaltensweisen eines Schwarmfluges zu simulieren, wenn er sie nach drei einfachen Regeln programmierte: Vermeide den Zusammenstoß mit deinen Nachbarn. Halte dich an ihre Richtung und Geschwindigkeit. Und bleib dicht dran.

Die Schwärme, die er auf diese Weise simulierte, legten sich so täuschend echt in die Kurve oder setzten zum Sturzflug an, ihre quecksilbrigen und doch scheinbar exakt choreographierten Bewegungen wirkten so realistisch, dass selbst Ornithologen darauf hereinfielen. Seither wurde voidartige Software in Kinofilmen von *Batman* bis *Findet Nemo* verwendet, um animierte Pinguine und Fische weitgehend ohne menschliche Kontrolle in großen Schwärmen schwimmen zu lassen. In den letzten Jahren wurden diese selbstorganisierenden Verhaltensweisen in fast allen Bereichen der Natur entdeckt.

Angewandte Demokratie

Selbst bei Gattungen mit klaren Hierarchien und relativ hoher Intelligenz zeigen Tiere eine ausgeprägte Neigung, sich selbst zu organisieren. Manche Wissenschaftler gehen so weit, von Demokratie zu sprechen. Rothirsche laufen zum Beispiel nicht dann los, wenn der Leithirsch das will, sondern wenn rund 60 Prozent der erwachsenen Tiere dafür »stimmen«, indem sie aufstehen und unruhig wirken. Trompeterschwäne signalisieren ihren Wunsch zum Aufbruch durch nickende Kopfbewegungen, und die Gruppe hebt erst dann ab, wenn genügend der Anwesenden die Entscheidung abgenickt haben. Selbst Gorillas benötigen eine Mehrheitsentscheidung der stimmberechtigten Erwachsenen, ehe sie sich auf den Weg machen.

Sämtliche dieser Arten leben in Gruppen mit klaren Hierarchien. Doch die beiden Biologen Larissa Conradt und Tim Roper von der University of Sussex nehmen an, es hätte zu viele Nachteile, wenn das Alphatier der Gruppe seinen Willen aufnötigen würde. Gelegentlich sind hochrangige Individuen in der Lage, die Gruppe in eine bestimmte Richtung zu lenken oder das Gruppenverhalten auszunutzen, aber es gelingt ihnen selten, das Verhalten zu bestimmen.

Und bei uns Menschen? Wir sind keine Schule von Pinguinen und kein Fischschwarm. Wir können darüber nachdenken, was wir tun und ständig neue Methoden erfinden, um unsere Handlungen zu optimieren. Doch unter bestimmten Umständen organisieren auch wir uns selbst, zum Beispiel mit Nachahmungsverhalten wie dem Phantomstau. Laut Tim Roper ist es auch eine Form von Selbstorganisation, wenn die Teilnehmer einer Besprechung beginnen, mit ihren Papieren zu rascheln oder die Hände flach auf den Tisch legen. Die Botschaft ist so klar wie die Abstimmung im Hirschrudel: »Diese Sitzung dauert jetzt schon lange genug.« Ein Manager, der diese Zeichen missachtet, tut dies auf eigene Gefahr.

Die empfindliche Balance zwischen Hierarchie und Selbstorganisation verschiebt sich üblicherweise mit zunehmender Größe eines Unternehmens. Eine kleines Wespennest von einem Dutzend Mitarbeitern wird straff geführt. Die Königin kennt ihre Pappenheimer und kann das ganze Nest inspizieren, um herauszufinden, welche Arbeiten als Nächstes anstehen. Doch je größer das Nest, desto schlaffer die Hierarchie und desto größer der Grad der Selbstorganisation. Die Königin kann schließlich nicht überall gleichzeitig sein, und die Kontrolle des Nests geht mehr und mehr auf die Arbeiterinnen über.

Im Unternehmen ist das nicht anders. In den Anfangsjahren der Fluggesellschaft Southwest Airlines war Gründer Herbert D. Kelleher die Seele des Betriebs. »Er scherzte gern mit seinen Angestellten und begrüßte sie mit Handschlag und Küsschen«, schreibt das *Wall Street Journal.* »Die erste Generation der Angestellten, von denen viele sagten, sie hätten ihn mehr als einen Vater denn als einen Boss gesehen, wollten ihm gefallen und ihm nacheifern.« Doch als er im Jahr 2001 in den Ruhestand ging, hatte die Fluggesellschaft 35 000 Angestellte. Nun kontrollierten sich die Angestellten gegenseitig, überprüften zweifelhafte Krankmeldungen, Schwund an Büromaterial und Anträge auf Überstundenausgleich wegen »Kinkerlitzchen«.

Mit dem Schlagwort von der Selbstorganisation am Arbeitsplatz ist heute meist gemeint, dass Menschen entscheiden, wie sie sich einbringen und zusammenarbeiten. Die Hierarchie nimmt keinen Einfluss mehr auf das Verhalten der Einzelnen. Der Soziologe Michael Macy von der Cornell University meint, ein solcher Arbeitsplatz ähnele weniger einem großen Sinfonieorchester, in dem jeder Musiker seinen festen Platz einnimmt und sich an die Noten hält, sondern mehr einer Jam Session beim Jazz, in der jeder Musiker seinen eigenen Weg gehen muss und trotzdem alle zusammen etwas schaffen, dass nicht bloß zufälliger Lärm ist. »Sie müssen genau hinhören, was die anderen Musiker tun. Ihr Part muss zu den anderen passen, aber er muss trotzdem eigenständig sein.« Wieder einmal sind die ehrwürdigen Kräfte der Nachahmung, Spiegelung und emotionalen Ansteckung am Werk.

Die Spitze der Hierarchie soll nur noch die groben Regeln vorgeben. Wissenschaftler, die sich mit der Selbstorganisation beschäftigen, sprechen von Weichenstellungen, womit sie subtile Anpassungen und Veränderungen meinen, die zu einer »Bifurkation« führen, einem Sprung zu einer völlig anderen Form des selbstorganisierten Verhaltens. In der Natur werden die Weichen von Umweltfaktoren gestellt. Wenn die Temperatur unter eine bestimmte Marke fällt, kommt es zur Bifurkation und Wasser verwandelt sich in Eis. In menschlichen Gruppen wird diese Umwelt jedoch häufig von Führungskräften vorgegeben und verändert. Verkehrsexperten stellen zum Beispiel eine Weiche, wenn sie während der Hauptverkehrszeit die Maut für eine stark befahrene Straße erhöhen und damit eine plötzliche Veränderung der Verkehrsmuster bewirken. Architekten stellen Weichen, wenn sie Büroräume so entwerfen, dass sie soziale Kontakte ermöglichen oder

Angestellte isolieren. Unser Verhalten organisiert sich oft unbewusst um diese Weichenstellungen herum.

Einige der erfolgreichsten Unternehmen des vergangenen Jahrzehnts haben unter Ausnutzung des Internets Netzwerke entwickelt, die sich scheinbar selbst organisieren. Amazon, Apple iTunes und Netflix haben alle mehr oder weniger offene Gemeinschaften ermöglicht, in denen Kunden Bücher, CDs und Filme besprechen und auf diese Weise das Kaufverhalten der anderen Kunden beeinflussen.

Sich selbstorganisierende Netzwerke haben auch gezeigt, dass sie Produkte entwickeln und verbessern können, selbst wenn kein Vorstandsvorsitzender am Ruder sitzt. Das bekannteste Beispiel ist vermutlich das Betriebssystem Linux, das Linus Torvalds erfand und dann ins Netz stellte, um es von der Open Source Community verändern und verbessern zu lassen. Im Jahr 1991 spielte Torvalds Linux als »nur ein Hobby« herunter, das nie »groß und professionell« würde.

Heute überflügelt Linux Microsoft auf dem Markt der Internetserver, außerdem steuert das Betriebssystem heute eine ganze Reihe von so genannten Embedded Devices in Geldautomaten, Festplattenrekordern, Linksys Routern und Palms. Dem selbstorganisierten Netzwerk gehören Freiwillige in aller Welt an, die vor allem von den alten Stammestugenden Prestige, Vertrauen und Gegenseitigkeit motiviert werden. Im *Harvard Business Review* war vor Kurzem zu lesen, Linux sei »die erste und einzige Kraft auf dem Markt, die in der Lage ist, den hierarchischen Softwareentwicklern von Microsoft Paroli zu bieten«.

Sich selbstorganisierende Netzwerke und Communitys gibt es aber auch außerhalb des Internets. Es gehört zum menschlichen Verhalten wie zu dem der Tiere. Informelle Kollaboration ist typisch für Start-ups, so Kathleen Carley, die sich an der Carnegie Mellon University mit Selbstorganisation befasst. Es ist auch bei kleinen Zulieferfirmen die Regel, die wie ein Vogelschwarm jäh die Richtung ändern können. Ein oder zwei Angestellte basteln an einer Idee und holen schließlich ihre drei übrigen Kollegen mit ins Boot. Dann suchen sie sich einen Kunden. Mit einem Mal haben sie einen Auftrag und müssen mehr Leute anstellen, und mit ziemlich großer Wahrscheinlichkeit nimmt das Projekt eine Richtung, an die vorher keiner gedacht hatte.

Als Beispiel nennt Carley die Entwicklungsfirma BBN aus Massachusetts, die als Akustikdesigner begannen. Doch später entwickelte das Unternehmen das ARPAnet, einen Vorläufer des Internets und das erste E-Mail-Netzwerk. Unlängst erarbeitete das Unternehmen ein Programm zur Transkribierung von gesprochenen Texten in Spanisch, Englisch, Chinesisch oder Arabisch, das die Internetsuche nach Tondokumenten ermöglicht.

Selbst in Großkonzernen sehen moderne Manager ihre Aufgaben immer weniger im Kommandieren oder Kontrollieren von Mitarbeitern und immer mehr darin, deren informelle Selbstorganisation zu erleichtern und in geordnete Bahnen zu lenken. David Ticoll, ein Unternehmensstratege aus Toronto, nennt die Kasinokette Harrah's als Beispiel. In den Kasinos werden minütlich Memos über den Aufenthaltsort und das Spielverhalten von VIP-Gästen verteilt, sodass ihnen die Mitarbeiter ganz nach eigenem Gusto besondere Aufmerksamkeit zukommen lassen können, wenngleich nach »klaren Regeln und Erfolgszielen«.

Als British Petrol Ende der neunziger Jahre verstärkte Anstrengungen unternahm, den Ausstoß von Treibhausgasen zu reduzieren, vermied das Unternehmen das übliche hierarchische Management und gründete statt dessen einen internen Marktplatz, auf dem die verschiedenen Abteilungen Emissionszertifikate kaufen und verkaufen konnten. Mit dieser Strategie der Selbstorganisation übertraf BP seine Emissionsziele, und das zu geringeren Kosten als geplant. Das Unternehmen bereitet gegenwärtig den Gang auf den externen Markt für Emissionszertifikate vor, wo mehr Mitspieler mehr Möglichkeiten eröffnen. Das System der Selbstorganisation bleibt jedoch dasselbe.

Ticoll sieht diese Fallbeispiele als erste Anzeichen für ein neues Unternehmensmodell, einer Mischung aus kontrollierter, hierarchischer Produktion und Distribution sowie Elementen der chaotischen Selbstorganisation. Er behauptet, Firmen wie Amazon, Apple iTunes oder Netflix »ermöglichten den selbstorganisierten Austausch«, doch gleichzeitig »gestalten sie das Konsumerlebnis auf brillante Art und Weise komplett durch, mehr noch als jeder der herkömmlichen hierarchischen Einkaufsläden«.

Carley warnt, dass Selbstorganisation noch lange nicht auf jedes Unternehmen passt. Manche Manager reagieren mit Sorge, wenn sie Kontrolle abgeben müssen, besonders im Technologiesektor, wo Macht- und

Informationsstränge häufig eng miteinander verwoben sind. In einem offenen, kooperativen Umfeld, in dem jeder Zugang zu allem hat, kann es auch leicht passieren, dass ein Angestellter das Unternehmen verlässt und lebenswichtiges geistiges Eigentum mitnimmt. »Selbstorganisation hat nicht nur Vorteile«, fügt sie hinzu.

Doch sie gibt zu, dass selbstorganisierte Verhaltensweisen »die Phantasie der PR-Abteilungen anregen«. Neueste Software ermöglicht es, Selbstorganisation mit der Art von knallig bunten Grafiken und Filmchen zu simulieren, die noch den schläfrigsten Manager wachrütteln. Unternehmensberater haben ihre Köfferchen bereits gepackt.

Mit anderen Worten, Selbstorganisation hat das Zeug dazu, die nächste revolutionäre Idee zu werden. Nachahmer sollten, wie immer, auf der Hut sein.

In seiner Zeit als Psychologe an der Yale University in der ersten Hälfte des 20. Jahrhunderts stattete Robert M. Yerkes seine Schimpansenkäfige mit Trinkwasserspendern aus, wie sie in dieser Zeit in den Büros in Mode kamen. Zunächst fürchtete er, er würde jedem Affen einzeln beibringen müssen, wie man das Gerät bediente. Doch selbst Neuankömmlinge schauten sich die Technik in kürzester Zeit von den anderen ab. In seinen Aufsätzen beschreibt Yerkes die Ereignisse am Trinkwasserspender als einen Moment im kulturellen Leben der Schimpansen.

Aber irgendwie ist es mehr als das, oder? Der Moment, in dem der erste haarige Finger den Knopf eines typischen Bürowasserspenders berührte, verlangt nach einem Tusch, nach Wagner, aber *fortissimo,* um die Geburt des Büroprimaten zu feiern.

Wenig später setzte sich eine Gruppe von Schimpansen zusammen und erfand die Kaffeepause ■

Das Reich der Angst: Warum Fieslinge (scheinbar) erfolgreich sind

> Wenn Sie ein Pony beim Beginn Ihrer Bekanntschaft auf die Schnauze schlagen, dann wird es Sie zwar nicht mögen. Aber es wird fürderhin ein besonderes Interesse an jeder Ihrer Bewegungen zeigen.
>
> *Rudyard Kipling*

Vor einigen Jahren ging der Vorstandsvorsitzende einer bekannten Bekleidungskette auf Inspektionstour durch die Filialläden in North Carolina. Der Manager, damals Mitte 50, hatte gerade eine Schönheitsoperation hinter sich, doch in der typischen Art des Machers wischte er das ärztliche Reiseverbot beiseite. Sein Gesicht war dick mit Vaseline beschmiert, seine Augenwinkel waren entzündet und die frisch gedehnte Haut von kränklich gelber Färbung. Und er war stinkwütend. Stinkwütend über die Auslagen, stinkwütend über die Präsentation der Ware im Laden und stinkwütend über die Farbe eines Pullovers vor einem Stapel Hemden. »Er hat jeden angebrüllt«, erinnert sich ein früherer Angestellter. »Er hat gebrüllt: ›Das ist die falsche Farbe! Das ist widerlich! Das sieht ja beschissen aus!‹«

Die jungen Angestellten waren verwirrt und schockiert. Sie starrten dem Boss ins Gesicht. Klar, dachten sie, die falsche Farbe. Und sie rannten los, um einen anderen Pullover zu holen.

»Es war völlig egal, was es war«, erzählt der frühere Angestellte. »Er hätte am nächsten Tag reinkommen können, und genau die Farbe wiederhaben wollen, über die er sich eben noch aufgeregt hat.«

Der Vorstandsvorsitzende gehört zu der Sorte Führungskraft, die in der Wirtschaftspresse gern als harter Hund gefeiert wird. Nachdem er die Zügel in die Hand genommen hatte, verwandelte er die angestaubte Bekleidungskette in einen trendigen Klamottenladen für Schüler und Studenten. Er hatte die Zahl der Filialen vervierfacht und dabei jedes

Jahr Gewinnzuwächse verbuchen können. In einem Managementhandbuch wurden seine Methoden als vorbildhaft beschrieben.

Niemand käme auf den Gedanken, dem Mann zu unterstellen, er habe seine Erfolge durch Nettigkeit erreicht. Wörter wie »Entschlossenheit« oder »Besessenheit« kommen einem da schon eher in den Sinn. Er hatte ganz klare Vorstellungen davon, wie was gemacht zu werden hatte. Sein Morgenritual bestand darin, den Wagen quer vor dem Eingang der Firmenzentrale zu parken, das Gebäude durch die Drehtür zu betreten, drinnen ein Stückchen Papier auf den Boden zu werfen, das Gebäude durch eine zweite Drehtür zu verlassen, und schließlich durch die erste wieder hineinzugehen. Im Büro trug er seine Glücksschuhe, ein Paar Wildledermokassins, die so alt und zerschlissen waren, dass seine Füße überall herausquollen. Er machte sich Notizen mit seinem Glücksfüller, aus dem ihm die Tinte über die Finger lief. Er verlangte von den Angestellten, in den Kleidern der Kette zur Arbeit zu erscheinen. Schwarze Kleidungsstücke waren strikt verboten, wer in schwarz erschien, riskierte, wieder nach Hause geschickt zu werden, aber erst, nachdem er sich den firmenüblichen Motivationsspruch angehört hatte: »Du Idiot, bist du denn völlig bescheuert?!«

Vertriebsmeetings begannen am Montagmorgen um 8:00 Uhr und gingen manchmal bis Mitternacht, unter anderem, weil Angestellte, die auf eine Frage keine Antwort parat hatten, losgeschickt wurden, um diese zu suchen, während die anderen warteten. Unbezahlte Überstunden waren selbstverständlich. »Gehst du heute früher?« war die Standardfrage, wenn ein Kollege abends um halb sieben das Büro verließ. Wenn Angestellte zwei Tage hintereinander dieselben Kleider anhatten, dann nicht, weil sie dem jugendlichen Image des Katalogs nacheiferten und bis zum Morgen in der Disco getanzt hatten, sondern weil sie die ganze Nacht am Schreibtisch durchgearbeitet hatten.

»Wenn Sie hier anfangen, geben Sie alles auf: Ihr Privatleben, Ihre Gesundheit und Ihre Selbstachtung«, sagte eine frühere Angestellter. »Die nehmen's dir einfach weg. Du bist im Grunde nur der Idiot.« Was man im Gegenzug bekommt, ist zumindest eine Lernerfahrung. »Weil die Fristen so kurz sind, lernt man, was Lieferanten oder Fabriken wirklich leisten können. Du lernst, wie du ein Unternehmen führst, und richtig führst. Das können sie. Und du lernst, wie man mit Menschen umgeht, denn davon haben sie überhaupt keine Ahnung.«

Viele der Angestellten kündigten, nachdem sie eine Beleidigung oder ein Büroutensil zu viel an den Kopf bekommen hatten. Sie suchten das Weite, auch wenn das bedeutete, dass sie eine Umzugshilfe von 6000 US-Dollar zurückzahlen mussten. Angestellte, die heirateten und Kinder bekamen, verließen das Unternehmen, denn man ließ sie wissen, dass sie nun zu alt seien, um den Jugendmarkt zu verstehen. Dies schien ganz im Sinne der Unternehmenspolitik. Wie ein Firmensprecher sagte: »Wir wollen nicht mit unseren Kunden älter werden.«

Viele Alphamenschen finden diese Strategie sympathisch, auch und gerade in Fortune-500-Firmen. Doch sie sprechen höchstens hinter vorgehaltener Hand darüber, dass es ein strategischer Vorteil sein kann, ein Fiesling zu sein. Sie wissen nur zu gut, dass die Leute, die es zu oft und zu laut aussprechen, wie etwa der berüchtigte Al Dunlap, am Ende unter ihrer eigenen Kettensäge landen. Sie wissen auch, dass allzu tyrannisches Gebaren gegen die Unternehmenspolitik verstößt, auch wenn Vorgesetzte gern beide Augen zudrücken und ihre schützende Hand über Peitschenschwinger halten, solange die Zahlen stimmen. Unternehmenspolitik hin oder her, es macht oft den Eindruck, als kletterten Führungskräfte mit dem primitiven Kettensägenstil unaufhaltsam nach oben, während nettere Zeitgenossen auf der Strecke bleiben.

Ein Vizepräsident eines US-Telekommunikationsunternehmens provozierte beispielsweise Ende der Achtziger einen Kollegen zu der Aussage, er sei »der größte Widerling, dem ich je in einem Unternehmen begegnet bin. Es macht ihm Spaß, jedes Gespräch mit einem Rüffel oder einer Beleidigung zu beginnen, nur um dich daran zu erinnern, dass er wichtig ist und du nicht.« Auch wenn er selbst seine Sekretärin in sein Büro gerufen hatte, herrschte er sie zuerst an: »Was wollen Sie hier?«

Wenn Sie das Pech hatten, eine Besprechung eröffnen zu müssen, dann drehte er sich demonstrativ weg, kümmerte sich um eine dringende Angelegenheit in seinem Computer und schnauzte: »Haben Sie eine Ahnung, was dieses Meeting das Unternehmen kostet?« Damit meinte er vermutlich sein Gehalt, nicht das Taschengeld, das Sie bekamen.

»Leute, die für ihn arbeiteten, machten offen Witze darüber, dass auf jeder Tagesordnung Zeit für ein paar Minuten ›Machtspielchen‹

eingeräumt werden musste.« Der Vertriebsleiter meinte einmal unter Freunden: »Ich wünschte, er würde mich einfach anpinkeln, damit wir's hinter uns bringen.«

Obwohl er fast jeden mit seinen Attacken gegen sich aufbrachte, schien das dem Fiesling nicht zu schaden. Seine Organisation war effektiv und erbrachte die gewünschten Zahlen, und mehr interessierte den Konzern nicht, solange das Verhalten nicht draußen bekannt wurde. Dieser Mensch ist inzwischen Vorstandsvorsitzender einer bekannten privaten Krankenkasse. Trotz schwacher Ergebnisse am Aktienmarkt lag sein Jahresgehalt 2003 bei 4,2 Millionen US-Dollar, die Option auf 450000 Aktien noch nicht mitgerechnet. Schwein sein zahlt sich also offenbar aus.

Woher kommen diese Leute? Wieso führen die sich so auf? Wissenschaftler experimentieren gelegentlich mit einer Maus, deren Oxytocin-Gen abgeschaltet wurde. Aus diesem Grund leidet diese so genannte Knockout-Maus unter sozialer Amnesie, sie hat keinerlei Erinnerungen an ihre Mitmäuse und kann keine normalen Beziehungen eingehen. Sie verwandelt sich in eine Mausmaschine, die sich nur noch für Fressen, Schlafen und Sex interessiert. Man ist versucht, sich vorzustellen, dass einige unserer Führungskräfte in Wirklichkeit Knockout-Mäuse seien. Zum Beispiel der Abteilungsleiter, der bei der 17. Begegnung mit Ihrem Ehemann immer noch sagt: »Schön, Sie kennen zu lernen«. (Wenn es das nächste Mal passiert, sollte der unsichtbare Partner vielleicht antworten: »Das Vergnügen ist ganz auf meiner Seite, Herr Knockout-Maus.« Danach wird sich der Abteilungsleiter ganz bestimmt an Ihren Mann erinnern, wenn auch nicht in einer Weise, die Ihrer Karriere besonders dienlich wäre.)

Doch genetische Mutation ist nur eine der vielen Möglichkeiten, wie eine solche Persönlichkeit entstanden sein kann. Die wirklich beunruhigende Frage ist, wieso diese Leute überleben und sogar erfolgreich sind.

Leidende Kollegen haben meist eine plausible Erklärung parat: Ekelpakete haben keine Freunde und kein Privatleben, sie können ihre ganze hinterfotzige Energie in die Arbeit stecken. Widerlinge setzen ihre Ellenbogen ein, wenn es um Beförderungen geht, während ihre netteren Kollegen sich zurückhalten. Fieslinge verstehen es, sich ihren Vorgesetzten von der besten Seite zu zeigen und gleichzeitig auf ihren Mitarbeitern herumzutrampeln. Oder aber sie wissen, dass es dem Chef gefällt, einen

Widerling an der Hand zu haben, der ihm den Feldwebel macht, damit er selbst den netten Kumpel spielen kann. Am Beunruhigendsten ist aber, dass Fieslinge Erfolg haben, weil ihre Organisation effektiv funktioniert. Angst motiviert offenbar stärker, als wir uns eingestehen.

Willkürliche Grausamkeiten

Es kann strategisch durchaus sinnvoll sein, durch willkürliche und grundlose Gewalttaten Angst und Schrecken zu verbreiten. (Ich spiele gelegentlich gern den Advokaten des Teufels.) Wir erwarten Streitigkeiten, wenn es um so wichtige Dinge wie Futter, Territorium, Rangordnung oder einen potenziellen Geschlechtspartner geht. Wenn es zum Konflikt kommt, gehen wir davon aus, dass er nach klaren Regeln abläuft und die Gegenspieler in festgelegten Ritualen ihre Stärke und ihre Absichten zur Schau stellen: Einer der Kontrahenten schaut grimmig, der andere starrt zurück. Falls nötig, folgt Schritt zwei, in dem die beiden aufeinander zugehen, und Schritt drei, bei dem sie sich schubsen und anstänkern. Das Ganze ist ein sorgfältig durchchoreographiertes Hin und Her von Signalen, bis einer der beiden einlenkt und sagt: »Lass gut sein, du hast ja Recht.« Auf diese Weise werden die Machtverhältnisse geklärt, ohne dass einer der Beteiligten allzu großen Schaden nimmt.

In der wirklichen Welt läuft es jedoch nicht immer so gesittet ab. Paviane und ein bestimmter Managertypus gehen manchmal ohne jeden ersichtlichen Grund aus dem Stand zum Frontalangriff über. Es ist ein fauler Nachmittag in der Savanne. Die Paviane lungern im Schatten herum, lausen sich gegenseitig oder durchkämmen das Gras auf der Suche nach essbaren Häppchen. Ein junges Weibchen sitzt mitten zwischen den anderen und denkt an nichts Böses. Aus heiterem Himmel stürzt sich ein Alphaweibchen mit wütendem Gekreisch auf sie. Das entsetzte Pavianmädchen springt in die Luft, ein Adrenalinschub explodiert in ihren Adern, ihre Haare sträuben sich, ihre Augen quellen hervor, und sie rennt auf der Suche nach Schutz durchs Unterholz, die Angreiferin dicht auf den Fersen. Was ist da los? Und was nützt uns diese Geschichte, um ähnliche Verhaltensweisen am Arbeitsplatz zu verstehen?

In einem Artikel mit dem ironischen Titel »Greifen Sie zu willkürlichen Grausamkeiten und grundlosen Einschüchterungen: Die Logik von Statuskämpfen in sozialen Gruppen« beschreibt die Anthropologin Joan B. Silk von der University of California die Vorteile, die es haben kann, sich wie ein Widerling zu verhalten. Sie schreibt, für Paviane seien »willkürliche Angriffe auf willkürlich ausgewählte Gruppenmitglieder Teil einer hochentwickelten Strategie, die von der natürlichen Auslese gefördert wurde«, da Angriffe dieser Art »es dem Angreifer ermöglichen, dem Opfer das größtmögliche Leid zuzufügen und selbst den geringstmöglichen Schaden davonzutragen«. Der überraschte Untergebene hat keine Gelegenheit zu entkommen, einen Gegenangriff einzuleiten oder Verbündete zu Hilfe zu holen, das Risiko für den Aggressor ist denkbar gering.

Doch für das Opfer ist der Schaden beträchtlich. Eine Attacke verursacht weitaus mehr Stress, wenn sie überraschend erfolgt. Das Opfer weiß nie, wann es in Sicherheit ist. Also ist der Pegel der Stresshormone dauerhaft hoch. Langfristig wird damit der eigene Angriffstrieb des Opfers unterdrückt. Es versucht nicht einmal, Widerstand zu leisten, und genau das will der Fiesling offenbar: Rivalen, die aus dem Weg springen, und Untergebene, die seinen Befehlen ohne Widerspruch Folge leisten.

Seine Handschrift in Ihren Neuronen

Neue Führungskräfte geben sich gern kurz nach ihrer Anstellung besonders rabiat, vermutlich eingedenk Kiplings Ermahnung, einem Pony bei der ersten Begegnung erst mal eins auf die Schnauze zu geben. Und auf der molekularen Ebene scheint das Kalkül sogar aufzugehen, denn das Gehirn des Opfers macht sich zum willigen Komplizen des Täters.

Ein etwas bösartiges Experiment, das schon fast ein Jahrhundert alt ist, illustriert, wie es dämonischen Chefs und anderen Schreckgestalten gelingt, sich im autonomen Nervensystem ihrer Opfer einzunisten. Der Schweizer Psychologe Édouard Claparède hatte eine Patientin mit einem Hirndefekt, durch den ihr bewusstes Erinnerungsvermögen ausgeschaltet war. Jedes Mal, wenn Claparède den Raum betrat, musste er sich bei ihr vorstellen, weil sie ihn nicht kannte. Der Psychologe interessierte sich brennend für das, was im Kopf der Patientin vorgehen mochte. Vielleicht ging sie ihm auch einfach auf die Nerven. Jedenfalls kam er eines Tages in ihr Zimmer, stellte sich wie immer bei ihr vor und gab ihr die Hand. Die Patienten zuckte sofort zurück, denn Claparède hielt eine Nadel zwischen den Fingern. Als Claparède ihr das nächste Mal die Hand reichte, weigerte sich die Patientin, sie zu schütteln. Auch wenn sie sich sonst an nichts erinnerte – sie wusste, dass Claparède ein schlimmer Finger war.

Durch diese eher zufällige Entdeckung war Claparède über die Erkenntnis gestolpert, dass das Gehirn unterschiedliche Dinge unterschiedlich abspeichert. Namen, Orte und die letzten Quartalszahlen gehen direkt in die Großhirnrinde, die für so gewichtige Dinge wie Sprache, problemlösendes Denken und Impulskontrolle zuständig ist. Die Großhirnrinde ist das, was uns zum Menschen macht, ihre Größe hat sich seit den Tagen unserer schimpansenähnlichen Vorfahren verdreifacht. Auch schmerzhafte Handschüttler und andere Anlässe für Schmerz, Angst und Gefahr werden bewusst in der Großhirnrinde abgelegt – außer bei Menschen, deren Großhirnrinde beschädigt ist, wie bei Claparèdes Patientin.

Doch bei uns allen werden Anzeichen für Angst und Gefahr zuerst zu einer kleinen mandelförmigen Region namens Amygdala geschickt. Wenn uns das Großhirn zum Menschen macht, dann ist die Amygdala der Teil des Gehirns, der uns am eindeutigsten mit der Tierwelt verbindet. Hier wohnt die Angst.

Anfang des 20. Jahrhunderts, als man irrtümlich annahm, das Gefühl der Angst entstünde in den sensorischen und motorischen Frontallappen in der Großhirnrinde, führten Wissenschaftler ein makabres Experiment durch, bei dem sie Laborkatzen die Frontallappen entfernten. Zu ihrer Überraschung reagierten die Katzen auf Bedrohung noch immer, indem sie sich duckten, einen Buckel machten, die Ohren anlegten, ihre Krallen ausfuhren, fauchten und bissen. Der Neurowissenschaftler Joseph LeDoux von der New York University sieht die Erklärung darin, dass Angst eben nicht in den Frontallappen, sondern in der Amygdala entsteht.

Unsere Amygdala reagiert automatisch auf natürliche Reize wie etwa Schlangen, die in der Frühphase der menschlichen Evolution eine Bedrohung darstellten. Wenn Sie eine Schlange sehen, dann feuert die

Amygdala automatisch ein Signal ab, das Sie erstarren lässt. Dieses Signal hat eine Reihe weiterer Auswirkungen im ganzen Körper: Die Adrenalindrüsen geben Stresshormone ab. Die Augenbrauen schießen in die Höhe, und die Pupillen weiten sich, damit sie die Bedrohung besser sehen können. Blutgefäße verengen sich, und das Herz schlägt schneller, um Ihnen eine rasche Flucht zu ermöglichen. Blase und Darm bereiten sich auf die Entleerung vor. Ihr ganzer Körper stellt sich darauf ein, entweder zu kämpfen oder zu fliehen. Ungefähr an diesem Punkt sagt Ihnen Ihr vergleichsweise schläfriges Bewusstsein endlich: »Oh. Schlange!« Wenn Sie sich darauf verlassen müssten, wären Sie längst tot.

Die Amygdala reagiert aber auch auf erlernte Reize aus dem Alltag. Wenn jemand oder etwas Sie erschreckt hat, dann sorgt die Amygdala dafür, dass Sie sich erinnern und in Zukunft sofort auf dieselbe Bedrohung reagieren. Das ist ein einfacher Überlebensmechanismus. Die Amygdala speichert nicht ab, warum dieser und jener Mensch eine Schlange ist. Der erlernte Reiz – der Klang der Stimme, die Form des Gesichts, der Geruchs des Aftershaves – löst sofort die Kampf-oder-Flucht-Reaktion aus.

Das Signal der Amygdala kann außerdem Reaktionen von Neuronen in anderen Teilen des Gehirns auslösen und eine Flut von Erinnerungen aus der Großhirnrinde freisetzen, was den Grad und die Komplexität der automatischen Reaktion beeinflusst. Diese Assoziationen können extrem schwer zu löschen sein. Wenn ein Betriebspsychologe es wider Erwarten schaffen sollte, Ihren tyrannischen Boss in ein frommes Lämmchen zu verwandeln, dann stehen Ihnen trotzdem nach wie vor die Haare zu Berge, wenn er den Raum betritt. Er hat Ihnen seine Lektion buchstäblich ins Gehirn eingebrannt.

Das ist nur einer der Gründe, warum willkürliche Aggression ein so unheilvolles Instrument ist, insbesondere in Gruppen, in denen Menschen zusammenarbeiten sollen. Auch wenn das Ekelpaket es nicht wahrhaben will: Sein Verhalten schadet auch ihm selbst. Unter Pavianen, so Silk, ist der größte Nachteil der willkürlichen Gewaltaktionen, dass es »für Dominante schwierig wird, mit den Untergebenen zu interagieren, selbst wenn sie friedliche Absichten hegen«. Die Untergebenen springen aus dem Weg und grinsen vor Angst, um den Boss zu beschwichtigen.

Die Angst vor dem Boss kann sogar ein Unternehmen zerstören.

Fausto Tonna, Finanzvorstand des italienischen Molkereikonzerns Parmalat, war beispielsweise für seine Wutausbrüche berühmt. Als die Firma nach einem riesigen Betrugsskandal ihren Bankrott erklären musste, kommentierte einer der Angestellten: »Wenn einer der Abteilungsleiter die Wahl hatte, einen Fehler zu machen oder Tonna um Rat zu fragen, dann entschied er sich für den Fehler.«

Vom Nutzen eines Beißholzes

Wenn sich willkürliche Aggression erst einmal in einem Unternehmen eingeschlichen hat, wirkt sie ansteckend und breitet sich rasch aus. Das liegt daran, dass wir als Säugetiere einen eingebauten Mechanismus haben, der uns Stress abbauen lässt, indem wir ihn an andere weitergeben. Der Psychologe Robert Sapolsky von der University of Stanford beschreibt es folgendermaßen: »Zahlreiche Studien belegen, dass unter belastenden oder unbefriedigenden Umständen ein Großteil der einsetzenden Stressreaktion abgebaut werden kann, wenn der Organismus ein Ventil für seine Frustration findet. Bekommt eine Ratte Stromstöße, schüttet ihre Nebennierenrinde Glucocorticoide aus, doch die Ausschüttung wird verringert, wenn die Ratte ein Stück Holz zum Nagen, ein Laufrad oder – das effektivste Ventil – eine andere Ratte zum Beißen hat.«

Moderne Chefbüros sind selten mit Beißhölzern ausgestattet. Stattdessen gehen schlechte Chefs auf ihre Mitarbeiter los, und die Folgen der Stresssituation sind nur allzu absehbar. Nehmen wir an, der Große Boss fällt über Ihren Abteilungsleiter her (»Sie Idiot, sind Sie denn völlig bescheuert?!«). Ihr Abteilungsleiter lässt seine Frustration an Ihnen aus, Sie machen Ihren Sekretär zur Schnecke, der schreit seine Freundin an und so weiter und so fort. Es ist eine traurige Tatsache, dass unsere Stresshormone abgebaut werden und es uns besser geht, wenn wir unseren Frust auf andere abladen, und sei es, indem wir unseren blöden Hund treten. Und schauen Sie sich den Hund an: Der lässt es jetzt vermutlich an der blöden Katze aus, oder er beißt einen Stock zu Brei.

Eine nicht besonders einflussreiche Führungskraft aus dem mittleren

Management eines Konzerns hat ihre ganz eigene Art der Aggressionsumleitung entwickelt. Sie schneidet ein Foto ihres Gegenspielers aus der Firmenzeitung aus und steckt es in die Gefriertruhe. Manchmal zerschneidet sie es auch in kleine Schnipselchen und gefriert diese zu Eiswürfeln, die sie dann nach dem Abendessen in ihren Whisky wirft. Das ist fast so gut wie ein Beißholz.

»Jemanden in Eiswürfel zu packen, ist ein echt krasser Schritt«, warnt sie. »Das ist nur für die schlimmen Fälle, in denen jemand Ihre körperliche und geistige Gesundheit bedroht.« Auf die Frage, ob sie das Eis zwischen den Zähnen zerbeißt, antwortet sie: »Das wäre plump.« Und nach einer Pause: »Manchmal.« Dann erklärt sie wie zur Beruhigung: »Aber im Moment hab ich niemanden im Eisfach.«

Unsere Biologie schreibt uns die Strategie der Aggressionsumleitung jedoch nicht vor, und sie rechtfertigt sie auch nicht. Sie erklärt sie nur. Wer diesen natürlichen Impuls versteht, kann ihn vermeiden. Studien zeigen, dass ein freundlicher Abteilungsleiter im Laufe der Zeit den Stil seines aggressiven Chefs übernimmt. Eine gute Nummer zwei, die sich dieser Gefahr bewusst ist, kann den Prozess abkürzen und die Leute in seiner Abteilung vor weiterem Stress bewahren. Und wenn ihm seine eigene Gesundheit am Herzen liegt, dann lässt er seinen Frust an einem Sandsack, einem Fahrrad oder einem Eiswürfel aus. Es scheint, als seien Frauen eher in der Lage, mit dem Stress umzugehen, unter anderem, weil sie sich öfter Hilfe bei Freundinnen suchen.

Wie dem auch sei, »es ist alles andere als erstrebenswert«, so Sapolsky, »in einer sozialen Gruppe zu leben, in der das Stressmanagement darin besteht, Magengeschwüre zu vermeiden, indem man anderen welche verursacht«.

Der Kult der Angst

Der gute Boss weiß, dass Angst am Arbeitsplatz schlecht ist. Und wenn er es nicht selbst herausgefunden hat, hört er es immer und immer wieder von Beratern. Angst führt zu einem hohen Krankenstand, schlechter Arbeitsmoral, körperlichen und psychischen Krankheiten, einer hohen

Wechselrate, Sabotage und dergleichen mehr. Das Pony, das zu Beginn einer Beziehung eins auf die Schnauze bekommen hat, wartet möglicherweise nur auf einen günstigen Moment, um seinem Schinder einen kräftigen Tritt in den Hintern zu verpassen.

Aber irgendwo in einer primitiven Ecke ihres Gehirns wollen viele Chefs das nicht wahrhaben. Andy Grove von Intel schreibt beispielsweise: »Der Qualitätsguru W. Edwards Deming verlangt, im Unternehmen müsse Angst ausgerottet werden. Diese Aussage scheint mir naiv. Die wichtigste Aufgabe des Managers ist es, eine Umgebung zu schaffen, in der Menschen mit Leidenschaft versuchen, den Markt zu gewinnen. Angst spielt eine wichtige Rolle, diese Leidenschaft zu erzeugen und zu erhalten. Angst vor der Konkurrenz, Angst vor dem Bankrott, Angst vor Fehlern und Angst zu verlieren, das alles können starke Motivatoren sein.«

Unternehmensführer fördern daher oft einen Kult der Angst und arbeiten mit Drohungen und Einschüchterungen, offenbar in der Hoffnung, dass sie ihre Truppen damit zu hochmotivierter Raserei anstacheln. Es klingt wie die perfekte Methode, einfache Lohnsklaven in eine zu allem entschlossene Kampftruppe zu verwandeln. Der Wirtschaftswissenschaftler Richard D'Aveni meint, »den Feind platt machen« klinge nun mal nach einer aufregenderen Mission als »Marktführer werden«. Andererseits erinnert die hochmotivierte Raserei an die Mitglieder einer Bande räuberischer Schimpansen, die auf und ab springen, kreischen und Exkremente durch die Gegend schleudern, um sich auf einen Angriff einzustimmen.

Leslie Wexner vom Bekleidungshersteller The Limited Inc. startete eine Kampagne namens »Win at Retail« (»Gewinnt im Verkauf«), abgekürzt WAR. In einer Veranstaltung für die Vertriebsmannschaft des Unternehmens zeigte er auf einer Großbildleinwand Kriegsszenen, dann stampfte er über die Bühne wie General Patton und brüllte: »Verkauf ist Krieg!« Es ist unklar, wie das Bild von explodierenden Granaten und zerfetzten Leibern zu einem Modehersteller passt, der für die Frau produziert, »die sich in jeder Situation sexy und selbstsicher fühlen will«. Das Unternehmen benannte die Kampagne später in »Must Win« um (der Spruch wird noch immer mit zusammengebissenen Zähnen hervorgestoßen, doch der Tötungsgedanke steht nun etwas weniger im Vordergrund), weil man sich offenbar bewusst wurde, dass dieser Widerspruch ein gewisses Unbehagen bei den Kundinnen auslösen könnte.

Der Verkauf von Négligés hat nichts mit Krieg zu tun. Wirtschaft hat nichts mit Krieg zu tun. Es ist gefährlich, Menschen in diese kriegerische Rage zu versetzen, denn nur allzu leicht treten tierische Emotionen an die Stelle rationaler Verhaltensweisen. Das Sich-auf-die-Brust-Schlagen und die Aufforderung, Konkurrenten zu zertreten, zu killen oder auf eine wie immer geartete Weise platt zu machen, führt nur zu oft auch zu einer aggressiven Unternehmenskultur.

Bei WBBM, einem Regionalsender von CBS in Chicago, hetzte das Management die verschiedenen Nachrichtensendungen nicht nur gegen die Konkurrenzsender auf, sondern auch gegeneinander. Wenn der Produzent der Sechs-Uhr-Nachrichten einen Tipp bekam, dann schmuggelte er eine Crew aus dem Haus, um die Geschichte zu bekommen. Der Produzent der Fünf-Uhr-Nachrichten musste dann während dieser Sendung nicht nur feststellen, dass er angeschmiert worden war, sondern auch, dass seine Kollegen ihm eine wichtige Nachricht vorenthalten hatten.

Der Produktionsleiter stachelte die Mitarbeiter gegeneinander auf. Er hatte die Angewohnheit, in den Redaktionssitzungen die Namen von Mitarbeitern aufzurufen und diese vor versammelter Mannschaft rund zu machen: »Das ist der schlimmste Blödsinn, den ich je gesehen habe. Wenn du so weitermachst, landest du im Wochenendmagazin.« (Man beachte, wie geschickt der Chef zwei Fliegen mit einer Klappe schlägt und die Leute vom Wochenendprogramm gleich noch mit verunglimpft.) Gegen sexuelle Gegenleistungen vergaben Produzenten bessere Geschichten an ihre Bildschirmtalente.

Doch der Kult der Angst hält sich bei solchen Unternehmen hartnäckig, denn er scheint zu funktionieren. Ein Veteran erzählt, WBBM war »der beste Nachrichtensender des Landes und der gestörteste Ort auf dem gesamten Planeten. Es war voller Hinterfotzigkeiten und Ellenbogen, aber jeder hat immer alles für die Qualität und den Ruf des Produkts gegeben. Auf Partys hat nie jemand gesagt: ›Ich bin Fernsehproduzent‹, es hieß: ›Ich bin Produzent bei den WBBM-Nachrichten‹.« Und ein früherer Produzent fügt hinzu: »Die Leute waren so aufgestachelt, dass sie erstaunliche Qualität und Quantität produziert haben. Aus Angst.«

Frühere Angestellte bei Miramax berichten ebenfalls gern, die Arbeit dort sei die aufregendste Erfahrung ihres gesamten Arbeitslebens gewesen, und das obwohl die Bosse Bob und Harvey Weinstein als die Verkörperung von Zorn und Terror galten (und das will etwas heißen in einer Branche, die ganz im Geist der Aggressionsumleitung agiert). Dennis Rice, früherer Marketingleiter bei Miramax, erzählte dem Autor Peter Biskind: »Die Leute hassen ihre Arbeit dort, aber ihnen gefällt das, wofür Miramax steht, ihnen gefällt die Magie des unabhängigen Filmproduzenten. Es ist ein berauschendes Gefühl, es macht süchtig, also blendet man die Umstände aus und vergisst die Opfer, die auf der Strecke bleiben.« Jack Foley, früherer stellvertretender Vertriebsleiter bei Miramax, erinnert sich an die Arbeit mit den Weinsteins so: »Sie waren explosiv in ihrer Energie, in ihrem Zorn, selbst in ihrer Bösartigkeit, aber dabei zu sein war das Größte.«

Was passiert da nur? Ist dieser Kult der Angst nicht von vorne bis hinten widersprüchlich?

Ein Plädoyer für die Tyrannei?

Jeder weiß, wie unendlich leidvoll es sein kann, für einen Tyrannen zu arbeiten. Zudem gibt es zahlreiche Belege, dass despotisches Verhalten ebenso verbreitet wie teuer ist. In einer unlängst durchgeführten britischen Studie wurden Arbeitnehmer befragt, ob sie im Laufe des vergangenen Jahres schikaniert worden seien. Die Antworten reichten von 4 Prozent bei Stahlarbeitern bis zu 38 Prozent im Gesundheitswesen. (Diese Unterschiede hängen zum Teil mit der Definition des Begriffs »schikanieren« zusammen, der vom bösen Blick bis zur körperlichen Züchtigung gehen kann. Dazu kommt, dass manche Industriezweige und Nationen sensibler sind als andere. Und schließlich gehen Vorgesetzte vermutlich etwas vorsichtiger mit einem Stahlarbeiter um als mit einer Zahnarzthelferin.) Man kann davon ausgehen, dass 20 Prozent der arbeitenden Bevölkerung für einen tyrannischen Boss arbeiten.

Kaum einer von ihnen berichtet, es sei »berauschend« oder »das Größte«. Das sagt man vielleicht im Nachhinein und aus sicherer Entfernung, wenn überhaupt. Ein Studie zeigt, dass die Hälfte der Opfer von Schikanen am Arbeitsplatz viel Zeit darauf verwenden, sich über ihre Behandlung Sorgen zu machen und ihren Gegenspieler zu meiden. 12 Prozent wechseln den Arbeitsplatz.

Die versteckten medizinischen Kosten lassen Schikane am Arbeitsplatz wirtschaftlich und moralisch noch inakzeptabler erscheinen. »Tatsächliche körperliche Grausamkeit ist selten«, sagt Joel H. Neuman von der State University of New York. »Doch das andere ... Es ist wie chinesische Wasserfolter, der stete Tropfen höhlt aus. Wenn Ihnen jemand sagt, Sie sind ein Idiot, oder wenn man Ihnen keine sinnvolle Arbeit gibt, dann fließt ja kein Blut. Der hohe Blutdruck ist unsichtbar. Aber wer weiß, wie viele Schlaganfälle auf das Konto von Vorgesetzten gehen?«

Was willkürliche Grausamkeit aus Sicht des schlechten Chefs so attraktiv macht, ist die Tatsache, dass ihm diese Kosten selten in Rechnung gestellt werden und seinem Ruf nichts anhaben können. Es kann manchmal Jahre dauern, bis sich Folgen wie überhöhter Blutdruck, reduzierte Funktion des Immunsystems, niedrigere Werte von HDL-Cholesterin (das »gute« Cholesterin), Herzrhythmusstörungen, Arteriosklerose, Fruchtbarkeitsstörungen und andere Symptome auftreten. Doch die Kosten für das Unternehmen sind real und lassen sich in Ausfallzeiten und Produktivitätsverlust einer demoralisierten und körperlich geschwächten Belegschaft messen.

Leider ist es sehr viel schwerer nachzuprüfen, ob der Kult der Angst zu einer Steigerung der Produktivität führt. Doch um noch einmal den Advokaten des Teufels zu spielen: Hätte Intel je diese Stellung erreicht, wenn Andy Grove kein paranoider Teufel wäre? Wäre Miramax je die wichtigste und einflussreichste unabhängige Filmgesellschaft der neunziger Jahre geworden, wenn Harvey Weinstein der nette Junge von nebenan wäre? Das ist ein bisschen so, als würde man fragen, was passiert, wenn man eine Hyäne plötzlich auf streng vegetarische Kost umstellen würde. Trotzdem sollten wir uns genauer ansehen, warum schlechtes – oder sagen wir schwieriges – Benehmen zumindest kurzfristig fast allen nutzen kann.

Raubtiere halten die Herde gesund

Auch wenn das unserer Intuition widerspricht: Es kann auch extrem demoralisierend sein, unter Vorgesetzten zu arbeiten, die zu nett sind. Als Lew Platt in den neunziger Jahren Vorstandsvorsitzender bei Hewlett-Packard wurde, war sein wichtigstes Ziel, den Konzern in ein möglichst kuscheliges Arbeitsumfeld zu verwandeln. Er verwendete so viel Energie darauf, den Arbeitnehmern ein Gefühl der Wertschätzung und Sicherheit zu vermitteln, dass sich Hewlett-Packard allmählich in einen Beamtenapparat verwandelte.

»Manche Leute brachten vier, fünf Jahre hintereinander weg miserable Leistungen«, beklagte sich später einer der Vorstände beim Wirtschaftsjournalisten George Anders. »Aber es war fast so schwer, diese Leute wieder loszuwerden, wie einen verbeamteten Lehrer. Viele hatten das Gefühl, sie hätten eine Lebensstellung.« Platt war von der Überzeugung beseelt, man dürfe Angestellte nicht hart anfassen, um dem Unternehmen nicht zu schaden. Doch die Natur lehrt uns, dass das nur bis zu einem bestimmten Grad richtig ist.

Gruppen von Tieren werden häufig von den Raubtieren zusammengehalten, die ihnen an die Gurgel wollen. Das gefällt ihnen zwar bestimmt nicht, und sie müssen immer wieder kurzzeitig die Angst ertragen, als eines der schwächeren Mitglieder der Herde ausgelesen zu werden. Doch ein gewisses Bedrohungsgefühl ist durchaus gesund, die Tiere bleiben rege und halten die Augen offen. Langfristig wird die Herde stärker, weil die weniger flinken und wachsamen Herdenmitglieder in einem zugegebenermaßen schmerzhaften Prozess von Raubtieren aus der Herde entfernt werden. Ohne Raubtiere werden sie fett und faul.

Wissenschaftler untersuchten beispielsweise eine Gruppe Guppys, die aus einer Gegend mit vielen Fressfeinden in eine Region übersiedelt wurden, in der sie fast keine Feinde hatten. Binnen weniger als 15 Jahren oder 30 Guppy-Generationen führte das Fehlen der Raubtiere zu einem »auffälligen Verlust der Fluchtfähigkeit«. Wachsamkeit kostet Kraft, und die Guppys profitierten kurzfristig davon, sich plötzlich entspannen zu können. Doch letztlich wurden sie immer schwächer und verwundbarer. Ganz ähnlich empfanden die Angestellten bei Hewlett-Packard kurzfristig vermutlich ein Gefühl der Erleichterung, als Platt ans Ruder kam. Doch langfristig verfettete das Unternehmen.

Es ist natürlich irreführend, Unternehmensführer mit Raubtieren zu vergleichen, die in ihrer eigenen Firma wildern. Sie sind besser vergleichbar mit Hirten, die die schwächeren Tiere aus der Herde ziehen und sie, mh, sagen wir, flexibilisieren. Sie sind wie Schäferhunde, die ihre Angestellten beschützen und sie gleichzeitig in die Waden kneifen, um sie in die richtige Richtung zu lenken.

Als Schäferhund war Platt eine Null. Der Wirtschaftsautor Anders beschreibt in seinem Buch *Perfect Enough* Platts gescheiterten Versuch, bei einer Vorstandssitzung in Monterey notwendige Reformen durchzusetzen: »Nach sechs Jahren der Fürsorglichkeit waren weder Angestellte noch Führungskräfte willens, einen radikalen Schritt zu unternehmen, ehe nicht alle ausführlich darüber diskutiert hatten und zu dem Schluss gekommen waren, dass ihnen die neue Richtung zusagte. Das Unternehmen war in ›tödliche Nettigkeit‹ verfallen. Platt hätte sich genauso gut vor das Konferenzzentrum stellen und versuchen können, die Möwen von den Felsen zu vertreiben. Die Möwen hätten ein bisschen mit den Flügeln geschlagen, aber weiter wäre nichts passiert.«

Die unerklärliche Magie des Tyrannen

Wider jede Vernunft üben Ausbeuter und Tyrannen eine magische Anziehungskraft auf Menschen aus. Auf den ersten Blick scheint das eine der traurigeren Eigenschaften des Menschen zu sein. Wissenschaftler, die sich in den siebziger und achtziger Jahren mit machiavellistischem Verhalten befassten, stellten oft mit einer gewissen Bestürzung fest, dass ihre Testpersonen sich stark zu Manipulatoren und Despoten hingezogen fühlten. In einem Fall mussten die Wissenschaftler selbst beschämt eingestehen, dass sie dem Charisma dieser Hochtourer erlegen waren.

Zunächst dachten sie, Machtmenschen seien nur besonders gut darin, sich zu verkaufen und mit ihrem Charme und ihrer Cleverness ihren Willen durchzusetzen, ohne dass die anderen es bemerkten. Also entwickelten die Wissenschaftler schriftliche Tests, um die persönlichen

Faktoren auszublenden. In einer Studie wurden Testpersonen gebeten zu beschreiben, was sie machen würden, wenn sie mit zwei Geschlechtsgenossen auf einer einsamen Insel gestrandet wären. Die Niedrigtourer schrieben herzerwärmende Geschichten darüber, wie sie die begrenzten Vorräte teilen wollten. Eine Hochtourerin schrieb dagegen: »Mary und Jane sind doofe Zicken, die dauernd nur herummeckern. Als ich großen Hunger bekam, überlegte ich, wie ich sie mit unseren wenigen Küchenutensilien kochen könnte.«

Verständlicherweise beurteilten Testpersonen die Figuren in den Geschichten der Hochtourer als »egoistisch, gleichgültig, rechthaberisch, arrogant, nicht vertrauenswürdig, aggressiv, unzuverlässig und verdächtig«. Laut Spieltheoretiker David Sloan Wilson, der die Tests durchführte, gaben die Testpersonen an, keine Wohnung mit diesen Leuten teilen zu wollen, ganz zu schweigen von einer einsamen Insel. Doch sie akzeptierten diese Figuren in Rollen, die im weitesten Sinne mit der Zusammenarbeit einer Gruppe und der Manipulation von anderen zu tun hatten – also in Rollen aus der Unternehmenswelt.

Was nicht heißen soll, dass die Testpersonen Unterdrücker bewunderten. Sie fühlten sich eher zu Manipulatoren und Intriganten hingezogen, die schlau genug waren, sie auszubeuten, ohne dabei allzu brutal vorzugehen. Soziologen unterscheiden üblicherweise zwischen Tyrannen, die durch Unterdrückung herrschen, und eher »prosozial« orientierten Individuen, die ihren Willen auf sozialverträglichere Art und Weise durchsetzen.

Das kann jedoch eine Gratwanderung sein. Viele Chefs neigen dazu, in ihrem Herrschaftsstil zwischen prosozialen und unterdrückerischen Methoden zu wechseln, je nach Publikum, Situation oder danach, was sie zum Mittagessen getrunken haben. Der nette und freundliche Leiter einer Notaufnahme kann Befehle bellen oder einen unfähigen Mitarbeiter anschreien, wenn an einem Samstagabend ein Dutzend Schwerverletzte aus einem Verkehrsunfall hereinkommt. Der kumpelhafte Verkaufsleiter einer Softwarefirma kann gegen Quartalsende aggressiv und fordernd werden und bringt seine Mitarbeiter damit häufig dazu, einen Gang zuzulegen.

In einer Studie mit Jugendlichen stellte Patricia Hawley von der University of Kansas fest, dass es unter den dominanten Individuen nicht nur Prosoziale oder Tyrannen gab, sondern auch solche, die beide Strategien fuhren. Diese Doppelstrategen handelten prosozial, indem sie unaufgefordert Hilfe anboten, Gefälligkeiten erwiderten und Bündnisse eingingen. Doch wenn es ihnen passten, schalteten sie auf den Tyrannenmodus mit Drohungen, sozialer Ausgrenzung, zerstörerischem Klatsch und körperlicher Aggression um. Wie zu erwarten, hielten Gleichrangige und Untergeordnete die prosozialen Typen für die attraktivsten. Doch auch die Doppelstrategen waren überraschend beliebt, weit populärer als jeder schwerfällige Unterling, und das obwohl die Befragten sich sehr bewusst darüber waren, von ihnen unterdrückt oder manipuliert zu werden.

Diese Anziehungskraft des tyrannischen Freundes oder Chefs ist nicht einfach masochistisch. Es hat auch nichts damit zu tun, dass wir genetisch programmiert sind, dominanten Individuen zu folgen. Die Doppelstrategen bringen echte soziale Fähigkeiten mit, so Hawley. Es ist aufregend, sich in ihrer Nähe aufzuhalten. »Diese Kinder wirken keineswegs abstoßend, wie man vielleicht meinen könnte. Wenn man nicht gerade ihr Feind ist, können sie gute Freunde sein.« Niemand hat sich je die Mühe gemacht, darüber nachzudenken, welche materiellen Vorteile eine Freundschaft mit einem solchen manipulativen, ausbeuterischen und tyrannischen Menschen haben könnte. Doch der Nutzen könnte den Schaden tatsächlich überwiegen. Gerade in Unternehmen kann es sich auszahlen, sich in der Nähe eines Menschen aufzuhalten, der alles unternimmt, um große Mengen Beute heranzuschaffen.

Dazu kommt, dass wir oft mehr für einen fordernden und kritischen Chef tun. Natürlich ist es möglich, Menschen zu motivieren, ohne auf ihnen herumzutrampeln. Doch es scheint Momente zu geben, in denen wir eine Beleidigung als das richtige Mittel hinnehmen. Wenn der Ruderachter in die letzten 500 Meter geht, dann brüllt der ansonsten friedliche Steuermann mit einem Mal Beschimpfungen der übelsten Sorte, und die Ruderer legen noch einen Schlag zu. Ein liebenswürdiger Steuermann ist beim nächsten Rennen bestimmt nicht mehr dabei.

Ebenso erinnern sich die früheren Angestellten bei WBBM und Miramax bestimmt nicht an die Verletzungen, Beleidigungen und Erniedrigungen, sondern daran, dass sie mit ihren Leistungen über sich hinausgewachsen sind. Weil sie angetrieben wurden. Aus Angst.

Ein Primatologe fuhr durch eine abgelegene Ecke in Kenia, als plötzlich sein Geländewagen liegen blieb. Er hatte keine andere Wahl, als einige Stunden zu Fuß durch die Savanne zu marschieren, um zurück zum Camp zu kommen. Unglücklicherweise erspähte ihn unterwegs ein Rudel Löwen. Der Primatologe kletterte eilends den nächsten Baum hinauf und blieb dort, bis sich die Löwen schließlich gelangweilt trollten. Als er später auf dem Rückweg zu seinem Wagen wieder an der Stelle vorbeikam, sah er sich den Baum noch einmal genauer an. Es war kaum mehr als ein Stamm, es gab kaum Äste oder Zweige, an denen man sich festhalten konnte. Nie im Leben hätte er es geschafft, diesen Baum hochzuklettern, wenn ihm nicht ein Löwe auf den Fersen gewesen wäre.

Zeit, sich zu benehmen

Doch genug davon. Packen wir den Advokaten des Teufels weg, und kehren wir zurück zur Realität. Mit einem Schreckensregiment gewinnen Bosse vielleicht auf kurze Sicht, doch langfristig verlieren sie und treiben ihre Firmen in Bankrott. So geschehen bei Sunbeam, Enron oder K-Mart. Menschen, die den Konfrontationsstil zu sehr pflegen, finden oft selbst ein schlimmes Ende oder müssen unerwartete Karrierepausen einlegen. Oder wie es Joel Neuman von der State University of New York mit wissenschaftlicher Präzision ausdrückt: »Irgendwann holt dich der Mist ein.«

John J. Mack, wegen seines herrischen Führungsstils und seiner Großtaten als Kostenreduzierer auch bekannt unter dem Namen »Macky Messer«, verlor einen erbarmungslosen Machtkampf um die Führung von Morgan Stanley. Bald schon tauchte er bei der Credit Suisse Gruppe auf, die er rasch sanierte und wieder in die schwarzen Zahlen führte. Doch mit seinem aggressiven Führungsstil eckte er überall an. Einmal verlangte Mack von den Aufsichtsräten in Zürich eine Anhebung der Bezüge für seine New Yorker Vorstände. Als die Direktoren ihn um eine Begründung baten, schnauzte er: »Ich tue das hier nicht für Geld. Ich habe das Geld nicht nötig. Ich bin reicher als jeder einzelne von euch. Ich brauche das Geld, um die Leute hier zu halten.«

Kann ja sein, dass er Recht hatte. Wenig später beförderten die Aufsichtsräte Mack jedoch an die Luft. In der Erklärung war von Differenzen hinsichtlich der strategischen Ausrichtung der Gruppe die Rede. Drei Informanten berichteten jedoch dem *Wall Street Journal*, das »reicher als ihr« sei den Aufsichtsräten sauer aufgestoßen. Diese krude Dominanzgeste muss den etwas diskreteren europäischen Kollegen ziemlich gegen den Strich gegangen sein.

Sanjay Kumar, Sohn eines Verhaltensbiologen aus Sri Lanka, baute ein Imperium bei Computer Associates nach einem Modell auf, das er selbst für darwinistisch hielt. Er förderte eine Kultur der extremen Konfrontationen und entließ auf der Stelle jeden Angestellten, der unterdurchschnittliche Leistungen brachte. Selbst Kunden kamen schon mal unter die Räder. Als die Supermarktkette Albertson's sich 1999 weigerte, einen mehrjährigen Lizenzvertrag zu unterzeichnen, drohte Kumar, die gesamte bestehende Software abzuschalten, von der immerhin die komplette Logistik des Unternehmens abhing. Innerhalb eines Jahres stiegen die Umsätze bei Computer Associates um 33 Prozent. Doch das Unternehmen stand bald für Zwistigkeiten, Misstrauen und üble Geschäftspraktiken. Ein Bilanzskandal zwang Kumar und andere Topmanager schließlich zum Rücktritt, und Investoren verklagten ihn, mehr als eine Milliarde US-Dollar veruntreut zu haben.

Was sich ein Unternehmen durch derart aggressive und eklige Verhaltensweisen verspielt, wird selten publik. Menschen verschließen sich einfach. Es passiert jeden Tag hunderttausende Male, ohne dass der Tyrann je etwas davon mitbekommt. Manchmal ist der Schaden trivial: Neulich konnte ich in einem Musikladen beobachten, wie ein miesepetriger Kunde den Verkäufer anschnauzte, er solle doch gefälligst im Computer nachsehen, ob die CD XY nicht da wäre. Der gepestete Angestellte tippte in die Suchzeile: »Verpiss dich, lass mich in Ruh, stirb, stirb, stirb!« Dann blickte er den Kunden bedauernd an und sagte in seinem freundlichsten Ton: »Tut mir leid, mein Herr, diese CD haben wir leider nicht da.«

Der Schaden kann aber auch katastrophal werden, etwa wenn Mitarbeiter ihrem arroganten Chef ihre Kritik vorenthalten. Während des letzten Fluges des Spaceshuttles *Columbia* im Februar 2003 hielten verschiedene Mitarbeiter der NASA mit ihrer Sorge über den Schaden an der Raumfähre zurück, weil sie Angst hatten »von ihren Vorgesetzten lächerlich gemacht zu werden«, die vor allem an *business as usual* interessiert waren. Das Management hatte diese engstirnige Kultur einreißen lassen, und das obwohl die Unterdrückung von kritischen Stimmen schon für die Explosion der *Challenger* 1986 mitverantwortlich gewesen war.

Der Kult der Angst kann Arbeitnehmer auch zu Racheakten provozieren. In einer Chemiefabrik in New Jersey entließ das Management 50 Arbeitnehmer. Einer von ihnen, ein Abteilungsleiter mit einem Jahresgehalt von 186000 US-Dollar und 30 Jahren Berufserfahrung fühlte sich erniedrigt, weil das Unternehmen Wachmänner einsetzte, »um uns wie Verbrecher vom Gelände zu führen«. Kaum zuhause, sabotierte er das Computersystem des Unternehmens und verursachte einen Schaden von 20 Millionen US-Dollar.

Bei Unternehmen wie Miramax oder WBBM funktionieren aggressive Führungsmethoden – oder sie scheinen zu funktionieren –, weil die Mitarbeiter an relativ kurzfristigen kreativen Projekten arbeiten. Es fällt ihnen leicht, »sich mit den Kreativen zu identifizieren, und das idiotische Management zu erdulden«, vermutet Führungscoach Terry Pearce. »Und wenn das Produkt was taugt, dann kann man den Rest seines Lebens draufzeigen und sagen, da war ich dabei.« Doch für die meisten Menschen sieht die Arbeit anders aus. »Wenn Sie an einem Bankschalter arbeiten, oder wenn Sie Ihren Lebensunterhalt damit verdienen, Pommes zu frittieren, dann ist es schwer, sich in dem Maße mit einem Projekt zu identifizieren, dass Sie jeden Tag heiß darauf sind, aus dem Haus zu kommen, um es fertig zu machen.« Im Alltagstrott einer ganz gewöhnlichen Arbeit, die keine Freiräume für kreative Entfaltung bietet, brauchen Menschen einen Chef, der ihre Arbeit wertschätzt, und keinen Fiesling.

Pearce hat sich darauf spezialisiert, die aggressiven und arroganten Neigungen der Unternehmenshäuptlinge abzumildern. Er beginnt mit anonymisierten Befragungen unter den Mitarbeitern und lässt den Chef dann wissen, was die Menschen in seiner Umgebung von seinem Führungsstil halten. Das kann ein ziemlicher Schock sein. Die meisten Bosse wissen gar nicht, wie herrisch sie sein können, »sie tun es einfach«.

Dann zeigt Pearce dem Boss, wie sich sein Verhalten auf die Organisation auswirkt. »Sie können mit Angst arbeiten«, sagt Pearce, »wenn Sie ein Unternehmen wollen, in dem Menschen nur das tun, was sie gesagt bekommen und nur 75 Prozent dessen leisten, was sie sonst bringen könnten, die sich zwar beugen, aber nicht committen, die ihre kreativen Ideen zurückhalten und die dauernd ihre Bewerbungen verschicken.«

Die meisten seiner Klienten erkennen, dass dies nicht die Art von Unternehmen ist, die sie führen wollen. Oder zumindest, dass dies nicht die Art von Unternehmen ist, das sich die Aufsichtsräte wünschen. Also beginnt ein schmerzhafter Prozess der Veränderung. Aber nicht immer. Einer von Pearce' Klienten hörte sich die vernichtenden Kritiken über seinen Kettensägenstil an und fragte dann unschuldig: »Muss ich mich wirklich verändern?«

»Nicht, wenn Sie gehen wollen«, antwortete Pearce.

»In Ordnung, das ist fair«, erwiderte der Klient.

»Mit Ihrem Stil bekommen Sie schnell kurzfristige Erfolge. Aber die Leute werden nicht lange für Sie arbeiten«, erklärte ihm Pearce. »Wenn Sie der Turnaround-Spezialist sein wollen, oder wenn Sie niemanden führen wollen, dann ist das natürlich Ihre Wahl.«

Pearce erzählt weiter: »Und das hat er dann auch gemacht. Zwei oder drei Monate später hat er das Unternehmen verlassen. Er ist der Turnaround-Typ. Er geht ein paar Monate in einen Laden, räumt auf, lässt Köpfe rollen und macht sich dann aus dem Staub. Ist er erfolgreich? Er verdient eine Menge Geld. Firmen zahlen ihn, um die Drecksarbeit zu erledigen. Aber er ist keine Führungskraft.«

Wenn ein Pavian das kann ...

Sich einen neuen Führungsstil zuzulegen, ist keine einfache Sache. Es kann aber passieren, dass jemand, der sich bislang mit Rücksichtslosigkeit und Aggression hochgearbeitet hat, nun plötzlich zuhören, lernen, mitfühlen, mit anderen Menschen auf emotionaler Ebene (und nicht auf der des Schreckens) kommunizieren und Vertrauen erwecken muss.

Es ist ein bisschen so, als würde Al Capone eines Morgens aufwachen und feststellen, dass er künftig die Rolle von Kofi Annan übernehmen soll.

Vielleicht ist das kein besonderer Trost, doch selbst übellaunige, angriffslustige Paviane sind keine großen Freunde von Tyrannen und können gut ohne sie leben. Und selbst unter Pavianen kann die Gruppenkultur ein Alphatier zähmen, das ansonsten vielleicht ein Riesenekelpaket wäre. Robert Sapolsky und Lisa J. Share haben die letzten 25 Jahre damit zugebracht, Savannenpaviane im Masai Mara Reservat in Kenia zu beobachten. Mitte der Achtziger fraßen die größten und fiesesten Männchen einer der Gruppen mit Rindertuberkulose infiziertes Fleisch, das sie sich aus einer Müllgrube einer Touristenhütte geangelt hatten, und starben daran. Die Weibchen und liebenswürdigeren Männchen überlebten, da sie sich nicht einmal in die Nähe der Grube gewagt hatten.

Die Wissenschaftler unterbrachen die Beobachtung der Gruppe für eine Weile. Als sie 1993 zurückkamen, machten sie eine seltsame Entdeckung. Sie fanden eine entspannte, fürsorgliche und gesellige Kultur vor. Die dominanten Männchen verbrachten ungewöhnlich viel Zeit in der Nähe der erwachsenen Weibchen, Säuglinge und Jungaffen. Statt sich zu schlagen und zu beißen, schienen ihnen vor allem Zuneigung und gegenseitiges Lausen wichtig zu sein.

Das heißt nicht, dass sie sich urplötzlich in fromme Lämmchen verwandelt hätten. »Wir sprechen immer noch über Paviane«, erklärt Sapolsky. (Einmal fasste er das Sozialleben dieser Affen so zusammen: »Paviane bringen rund vier Stunden pro Tag damit zu, sich die Mägen vollzuschlagen. Damit bleiben ihnen noch acht Stunden, um sich gegenseitig zu piesacken.«) Doch sie waren selektiver – fast möchte man sagen, »rationaler« – in ihrer Piesackerei. In den meisten Paviangruppen verbringen die dominanten Männchen den größten Teil des Tages damit, sich untergeordneten Männchen zu nähern und diese von ihrem Platz zu verscheuchen. Das ist pure Schikane, da die untergeordneten Männchen keinerlei Bedrohung darstellen. Doch die dauernde Tyrannei sorgt dafür, dass die Untergeordneten dauerhaft unter einem erhöhten Pegel des Stresshormons Cortisol stehen.

Auch in der beobachteten Gruppe verbrachten die dominanten

Männchen viel Zeit damit, andere Männchen zu vertreiben. Doch sie richteten sich ausschließlich gegen Männchen, die ihnen im Rang nahe standen und tatsächlich Rivalen waren. Dadurch entgingen die untergeordneten Männchen den üblichen Stresskrankheiten. In menschlichen Begriffen gesprochen, waren die untergeordneten Männchen produktiver und besser in der Lage, auf tatsächliche Bedrohungen zu reagieren.

Was Sapolsky und Share am meisten beeindruckte, war die Tatsache, dass keines dieser verhältnismäßig gutmütigen dominanten Männchen zu den liebenswürdigeren Männchen aus den Tagen vor der Tuberkulose gehörte. Wenn Pavianmännchen ins Jugendlichenalter kommen, verlassen sie ihre angestammte Gruppe und suchen sich einen Platz in einer Nachbarsippe. Die führenden Männchen waren durchweg Neuankömmlinge. Irgendetwas an dieser Gruppe schien sie dazu gebracht zu haben, nicht den üblichen Pavianweg einzuschlagen und zu gemeinen Widerlingen zu werden.

Sapolsky und Share beobachteten, dass die Weibchen, die die Kultur einer Paviangruppe von Generation zu Generation weitergeben, Neuankömmlinge in derselben freundlichen Art und Weise behandelten, wie die bereits anwesenden Männchen, auch wenn diese Neuankömmlinge sich ihnen gegenüber zunächst aggressiv verhielten. Das soziale Kapital dieser gesünderen und fürsorglicheren Gemeinschaft gab den Weibchen offenbar das Selbstbewusstsein, die schlechte Behandlung wegzustecken, während der »fiese Neue« langsam feststellt, »dass wir das hier anders machen«.

Wiederum in menschlichen Begriffen ähnelte dieses Verhalten dem der Assistentin, die genug Vertrauen in sich und ihre Kollegen hat, um ihrem Chef zu sagen: »Sie dürfen nie, nie, *nie* wieder so mit mir reden, denn so können wir einfach nicht zusammenarbeiten.« Oder dem von Schwestern in einem Krankenhaus, die auf den Wutausbruch eines Arztes gegenüber einer Kollegin reagieren, indem sie sich neben die Angebrüllte stellen und den Arzt still und mit großen Augen anschauen. Die meisten Ärzte (wie die neuangekommenen Paviane) stellen rasch fest, dass diese öffentliche Zurschaustellung von Aggression nicht der beste Weg ist, um in einer zivilisierten Gesellschaft Ziele zu erreichen.

Schulterklappen lassen ihren Träger größer und stärker aussehen, als er wirklich ist. Die Rotrückenamsel trägt Schulterklappen aus genau dem entgegengesetzten Grund, nämlich um harmloser zu wirken. Das Männchen ist durchaus in der Lage, ordentlich männlich und soldatisch aufzutreten. Es hat hellrote Flecken auf den Schultern, die es wenn nötig benutzt, um einen Eindringling aus dem eigenen Territorium zu verjagen. Doch dieses Statusabzeichen provoziert mitunter wüste Attacken von rivalisierenden Männchen.

Also haben die Rotrückenamseln eine Schulterklappe entwickelt, die den roten Fleck vollständig bedeckt. Das erlaubt es dem Männchen, in Zivil aufzutreten, wenn es auf der Suche nach einem besseren Territorium ist oder wenn es beim Nachbarn herumschleicht, um dessen Harem zu inspizieren.

Selbst zu Hause spielen die Vogelmänner gern ihren Rang herunter. Als Forscher einigen Rotrückenamseln die Schulterklappen entfernten, signalisierten diese dauerhafte Kampfbereitschaft und hatten mit einem Mal alle Hände voll zu tun, Angriffe von benachbarten Männchen abzuwehren. Diese Amseln wurden so behandelt, »als hätten sie den nachbarschaftlichen Friedensvertrag gebrochen und wären somit keine Partner mehr in der gemeinsamen friedlichen Nutzung von Grenzzonen«.

Manchmal zahlt es sich einfach nicht aus, den wilden Mann zu markieren ■

Der mit dem Rudel tanzt: Warum der einsame Wolf verliert

Es ist wie ein Ameisenhaufen. Eine neues Geschäft fällt auf den Boden, 5 000 Menschen stürzen sich darauf, und wenn es weg ist, verschwinden alle auf der Suche nach einem anderen Projekt.

Ein Angestellter über die Unternehmenskultur von Intel

Warum sind so viele Menschen am Arbeitsplatz unglücklich? Warum arbeiten sie uneffektiv?

Das hat zum Teil damit zu tun, dass viele Angestellte gar nicht wissen, was sie eigentlich tun. Sie haben keine Ahnung, wie ihre Arbeit mit dem großen Ganzen zusammenhängt. Schlimmer, oft genug kennen sie nicht einmal die Menschen, mit denen sie zusammenarbeiten sollen.

Und beides hat nicht nur mit den ausufernden Dimensionen und der Unübersichtlichkeit des modernen Lebens zu tun. Ursache ist vielmehr die Annahme, dass wir unsere Natur als gesellige und gefühlsgesteuerte Tiere einfach beiseite schieben können, ohne dass das irgendwelche Auswirkungen hat.

Und wer, bitteschön, sind Sie?

Die meisten Lebewesen verbringen ihr Leben innerhalb einer Gemeinschaft und finden sehr schnell heraus, wer wer ist und wer wohin gehört. Selbst Schafe können 50 verschiedene Gesichter auseinander halten (Schafsgesichter natürlich). Doch der moderne Konzernmensch wechselt den Job so oft und ist innerhalb ein und desselben Jobs so viel unterwegs, dass er mitunter nicht einmal den Namen des Kollegen am Nachbarschreibtisch oder auf der anderen Seite des Konferenzzimmers kennt. Es kann sogar passieren, dass ihm beim gelegentlichen Besuch zu Hause die Namen seiner Kinder oder Stiefkinder nicht auf Anhieb einfallen.

Das Gefühl, nicht mehr zu sein als ein austauschbares Rädchen in einem riesigen Getriebe, ist für den Fabrikarbeiter schon seit Frederick Taylor und der Einführung seiner wissenschaftlichen Betriebsführung am Anfang des 20. Jahrhunderts ein alter Hut. Doch diese irritierende Anonymität hat inzwischen selbst den Spitzenmanager erreicht, dessen Abteilung heute über den ganzen Erdball verstreut arbeiten kann. Eine ehrliche Stellenausschreibung für die Position einer gehobenen Führungskraft müsste heute so aussehen: »Der Bewerber sollte in der Lage sein, mit einem Fallschirm vom Dach eines Hochhauses zu springen, beim Vorüberfliegen die Vorgänge in jeder einzelnen Etage zu analysieren und kosteneffiziente Prozessoptimierungen umzusetzen, ehe er unten ankommt.« Dann rollt er seinen Fallschirm ein, geht zum nächsten Gebäude, und das Ganze geht von vorn los.

Als Michael Capellas den Posten des Vorstandsvorsitzenden bei WorldCom, des inzwischen insolventen Telekommunikationsunternehmens, übernahm, lud er die 100 wichtigsten Führungskräfte des Unternehmens zu einer Besprechung ein und fragte, wer in der Lage sei, jeden im Raum zu identifizieren. Niemand hob die Hand. Das änderte sich auch nicht, als Capellas fragte, wer die Hälfte der Leute im Raum kannte. Capellas hätte sagen können: »Bitte Leute, das können selbst Schafe.« Stattdessen entschied er sich, die Spitzenmanager im Firmenhauptquartier in Virginia zusammenzuziehen, damit sie auf Tuchfühlung gehen konnten und sich verantwortlicher fühlten, ihre Teamkollegen nicht hängen ließen – alles Eigenschaften, die bei WorldCom offenbar nicht sonderlich ausgeprägt waren.

Capellas war auf der richtigen Spur. Keine menschliche Organisation funktioniert oder überlebt gar besonders lange, wenn sie außer Acht lässt, dass der Mensch ein Herdentier ist. Das heißt nicht unbedingt, dass sich alle an einem Ort versammeln müssen. Doch jede Organisation muss eine Möglichkeit finden, den dauernden Veränderungen und unüberschaubaren Dimensionen des modernen Lebens etwas entgegenzusetzen und das Bedürfnis der Mitarbeiter nach Zugehörigkeit zu befriedigen. Menschen sind von der Evolution so angelegt, ihr Leben in einer Familie, einem Klan, einem Stamm und in einer weitgehend unveränderlichen natürlichen Umgebung zu leben, mit bekannten Gesichtern, die eine gemeinsame Geschichte haben und oft zudem untereinander verwandt sind. Über Jahrtausende und Jahrmillionen kannte jeder den Menschen, mit dem er Seite an Seite arbeitete, und vertraute ihm. Diese Beziehung war oft lebensrettend. Unsere Biologie ist nach wie vor darauf ausgerichtet, dass wir in diesen kleinen, eng verbandelten Gruppen zusammenarbeiten.

In der modernen Welt, in der die traditionellen Formen des Zusammenlebens weitgehend verschwunden sind, ist der Arbeitsplatz oftmals der Ort, an dem wir unser Bedürfnis nach Gemeinschaft befriedigen wollen. Viele von uns verbringen mehr Zeit im Büro oder Labor als zu Hause. Liebesbeziehungen, Freundschaften und rund 40 Prozent aller Ehen beginnen am Arbeitsplatz. Doch unsere Beziehung zu der Gemeinschaft am Arbeitsplatz ist häufig sehr vage. Unternehmen präsentieren sich gern als »eine große, glückliche Familie«, doch jeder weiß, dass sie bestenfalls ein schwaches Trostpflaster sind. Früher versprach ein Unternehmen eine Lebensstellung von der Wiege bis zur Bahre, und Angestellte identifizierten sich tatsächlich mit ihrem Arbeitgeber. Doch in einer globalen Wirtschaft ist diese feste Beziehung immer weniger gefragt, weil Unternehmen und Kunden sich vor allem eine Frage stellen: »Kann ich das woanders nicht noch billiger bekommen?« In den meisten Familien versuchen Papa und Mama, ohne Drohungen dieser Art auszukommen: »Timmy, wenn du deinen Spinat nicht isst, dann können wir das Essen in Zukunft auch an hungernde Kinder in Indien outsourcen.«

Groß ist schwer, aber nicht unmöglich

Kollegen kennen zu lernen, eine Beziehung zu ihnen zu entwickeln – von einem Gefühl gegenseitiger Verantwortung ganz zu schweigen – scheint unmöglich, wenn das Unternehmen sich über Ländergrenzen hinweg ausdehnt und Horden von Menschen beschäftigt, die sich nie im Leben begegnen werden. Ein Mensch, der von der Evolution ausgestattet wurde, in Gemeinschaften von maximal 150 Individuen zusammenzuleben, geht in einem Unternehmen der zehntausendfachen Größe leicht unter. Daher rührt die typisch moderne Angst vor Ereignissen, die wir nicht mehr kontrollieren können.

Selbst in der größten Organisation liegt unsere Rettung in der kleinen Gemeinschaft. In großen Menschenansammlungen sind wir nicht mehr als austauschbare Nummern. Doch in kleinen Gruppen, selbst innerhalb der größten Organisation, werden wir zu Menschen. »Wir können Menschen überzeugen, den Markennamen ihres Unternehmens positiv zu sehen«, erklärt Nigel Nicholson von der London Business School. »Doch wirkliche Identifikation findet in erster Linie innerhalb der kleinen Gemeinschaft statt, zu der diese Menschen gehören. Nur in solchen Gruppen können wir Menschen überzeugen, sich für das Unternehmen als Ganzes einzusetzen.«

Selbst im stumpfsinnigsten Arbeitsalltag ist die soziale Bindung zwischen den Kollegen die Grundlage für den Erfolg einer Gruppe. In einem guten Team leisten Menschen mehr und sind besser, als sie es sich je erträumt hätten. Die Bindung entsteht spontan, nicht durch Anordnung von oben, sondern vor allem durch unverbindliche Unterhaltungen und die Zeit, die man miteinander verbringt. Kluge Führungskräfte wissen, dass dieser soziale Austausch einer der wichtigsten Schlüssel zum Erfolg sein kann. Schwache Führungskräfte fühlen sich dagegen häufig bedroht und versuchen sogar gelegentlich, den Austausch zu unterbinden.

Bei NYNEX, einer regionalen US-Telefongesellschaft, brach beispielsweise Anfang der neunziger Jahre die Abteilung zur Installation von Hochgeschwindigkeitsverbindungen zusammen. Ohne die Leute vor Ort zu befragen, hatte das Management ein Computersystem installiert, um die Arbeit zu automatisieren und sie schneller und effizienter zu machen. Das Ergebnis war, dass zwischen dem Eingang des Auftrags und der Installation der Verbindung nun mehr als einen Monat verging. Wichtige Kunden wanderten ab, das Unternehmen verlor Marktanteile.

Das Management hatte gedacht, das neue Computersystem wäre die Lösung aller Probleme. Doch als die Unternehmensanthropologin Patricia Sachs den Fall untersuchte, stellte sie fest, dass es sich um den typischen Fall eine Firma handelte, die sich nur um Kosten und Zeitaufwand kümmert, sich aber nicht ansieht, wie die Arbeitnehmer tatsächlich ihre Aufgaben erledigen. NYNEX war nach dem guten alten Taylorismus vorgegangen, hatte die Arbeit in kleine Schritte zerlegt, diese digitalisiert und die einzelnen Arbeiter so behandelt, als seien sie Maschinen, denen man auf der einen Seite etwas eintrichtert, und dann wartet, dass auf der anderen etwas herauskommt.

Arbeiter berichteten Sachs, früher hätten sie einfach zum Telefon gegriffen, wenn sie vor einem Problem standen, und hätten gesagt: »Hey Jack, ich komm da nicht weiter, kannst du mir helfen?« Die beiden unterhielten sich ein paar Minuten, und der Fall war erledigt. Das Management hatte den Verdacht, die Mitarbeiter vertrödelten wertvolle Zeit mit Klatsch. Das neue System sollte derartige Gespräche von vorneherein unterbinden. Wenn ein Arbeiter eine Frage hatte, dann sollte er ein Formular abschicken, und ein anonymer Kollege sollte es innerhalb einiger Stunden auf elektronischem Wege beantworten. Ein Gespräch fand nicht mehr statt. Damit ging auch die Gemeinschaft verloren, denn niemand wusste mehr, mit wem er in einer bestimmten Aufgabe zusammenarbeitete. Und niemand machte sich mehr die Mühe, neue Mitarbeiter einzuweisen, denn innerhalb dieses Systems hatte niemand mehr einen Nutzen davon.

Unterm Strich dauerte die Arbeit nun erheblich länger als vor der Einführung der Automatisierungen. Die Lösung des Problems bestand darin, das informale soziale Netzwerk wiederherzustellen. Das bedeutete, Verkäufer und Techniker in ein und demselben Raum unterzubringen. Zunächst sorgte das für einige Missstimmung, da sich nun ganz gewöhnliche Arbeitnehmer und Führungskräfte einen Raum teilen sollten. Um herkömmliche Hierarchievorstellungen zu befriedigen, wurden die beiden Gruppen in benachbarten Räumen untergebracht, doch immerhin waren sie nun in Rufweite.

Dies machte es leichter, die Arbeit zu koordinieren und die Kollegen zu einem Team zusammenzuschweißen. Die Lösung sah auch einen Koordinatoren vor, der dafür sorgte, dass bei der Bearbeitung eines Problems die richtigen Leute zusammenkamen. Arbeiter, die vorher enttäuscht waren, identifizierten sich wieder mit ihrer Arbeit und ihrer Gruppe. Und Kunden bekamen ihre Verbindung innerhalb von drei Tagen.

Ich soll meine Mama vor den Zug stoßen?

Ist es denn wirklich ein Unterschied, ob man die Leute am Arbeitsplatz kennt? Ist es den ganzen Aufwand wert, wenn man weiß, dass die Beziehung ohnehin nur kurz sein wird, weil man sowieso nur mit dem Fallschirm an den Fenstern vorbeidüst? Gehen wir soziale Bindungen ein, auch wenn wir wissen, dass wir aus rein zweckmäßigen Gründen handeln?

Vielleicht sollte ich das anders formulieren, sodass es auch ein Manager versteht. Im Zentrum für Hirnforschung an der Princeton University führten Neurowissenschaftler einen Test mit dem Namen »Straßenbahndilemma« durch: Wenn ein Straßenbahnwagen auf einer Schiene weiterfährt, dann bringt er fünf Menschen um. Wenn Sie jedoch einen Hebel umlegen, dann wird der Wagen auf ein anderes Gleis gelenkt und tötet nur eine Person. Würden Sie den Hebel betätigen? Die meisten Testpersonen antworten automatisch mit ja.

Aber stellen wir uns vor, Sie stehen auf einer Fußgängerbrücke und sehen hinunter auf die Schienen. Diesmal haben Sie keinen Hebel, doch wenn Sie nicht handeln, dann werden gleich fünf Menschen sterben. Neben Ihnen auf der Brücke steht ein Mensch von ungewöhnlichem Körperumfang, dessen schiere Masse ausreichen würde, den Wagen aufzuhalten und die fünf Menschenleben zu retten. Natürlich ist klar, dass dieser Mensch neben Ihnen nicht freiwillig auf die Geleise springen wird, um den Wagen zu stoppen. Würden Sie ihn hinunterstoßen? Die meisten Testpersonen antworten automatisch mit nein.

Philosophen vertreten oft die Ansicht, wir träfen Entscheidungen wie diese aufgrund von rein rationalen Überlegungen. Die Vernunft sagt uns, dass die Folge in jedem der beiden Fälle dieselbe ist: Ein Mensch stirbt, fünf werden gerettet. Wo ist also der Unterschied?

Die Neurowissenschaftler aus Princeton benutzen Magnetresonanztomographen (MRT), um festzustellen, wie das Gehirn auf diese beiden Situationen reagiert. Wenn die Opfer nichts weiter sind als anonyme Zahlen, die irgendwo auf einer weiter entfernten Schiene stehen, wie im ersten Fall, dann zeigen die Hirnregionen, die mit sozialer Intelligenz und Gefühlen befasst sind, keinerlei Reaktion, und wir betrachten das Problem wie eine Rechenaufgabe. Wenn aber eine persönliche Beziehung besteht, dann werden auch unsere Gefühle angesprochen. Die entsprechenden Regionen – der posteriore cingulate Gyrus, der superiore temporale Sulcus und der medialfrontale Gyrus – waren im zweiten Fall sehr viel aktiver. Der Neurowissenschaftler Josh Greene spekuliert, dass unsere lange Evolution in kleinen sozialen Gruppen unser Gehirn so gepolt hat, »dass wir an Menschen interessiert sind, mit denen wir persönlich umgehen, nicht jedoch an abstrakten Statistiken«.

Warum sollte das eine Rolle spielen? Das Straßenbahndilemma macht klar, wie wichtig »face time« ist, denn es verdeutlicht, wie stark emotionale Bindungen jeden Aspekt unseres Arbeitslebens beeinflussen. Wenn ein Kumpel in einem Stollen eingeschlossen ist, dann gibt eine Firma oft Millionen aus, um ihn herauszuholen, so Greene. Doch dieselbe Firma hat möglicherweise vorher jeden Cent zweimal umgedreht, als es darum ging, neue Sicherheitseinrichtungen zu installieren, um einem solchen Unfall vorzubeugen. Wenn Sie etwas wollen, geben Sie ihm also ein Gesicht. Wichtiger noch, zeigen Sie Ihr eigenes Gesicht im Büro. Unterhalten Sie sich (ohne Zeit zu vertrödeln). Bauen Sie ein Netzwerk (ohne dabei nur nach Zweckmäßigkeit vorzugehen). Gehen Sie nicht leichtfertig mit Ihrer elektronischen Kommunikation um.

Das Beispiel NYNEX zeigt, dass die persönliche Verbindung oft weit effektiver ist, wenn es darum geht, eine Aufgabe zu erledigen. Und wenn wieder einmal die Zeit der Einsparmaßnahmen gekommen ist und 300 Arbeitsplätze gestrichen werden sollen, dann sind Sie nicht nur eine Nummer auf irgendeiner Schiene. Sie haben ein Gesicht, und die Entscheider müssen sich schon die Hände schmutzig machen und Sie von der Brücke stoßen.

Oh je. Damit sind wir schon wieder beim Thema kooperatives Verhalten.

Virtuelle Flitterwochen

Kleine Gruppen ermöglichen nicht nur Nähe und »face time«. Sie sind vor allem dann am effektivsten, wenn es ihnen gelingt, klein zu bleiben. Teamspezialist und Psychologe Richard Hackman, hat eine »Faustregel, die ich kompromisslos bei allen Projektgruppen an der Universität einfordere: Ein Team darf nicht mehr als sechs Teilnehmer haben«. Auf den ersten Blick mag es relativ gleichgültig erscheinen, ob nun noch ein oder zwei Leute mehr teilnehmen. Doch mit jeder zusätzlichen Person nimmt auch die Zahl der 1:1-Beziehungen sprunghaft zu und mit ihr die Anforderungen an unsere emotionale und intellektuelle Aufmerksamkeit. »In einem Team mit sechs Teilnehmern gibt es 15 Einzelpaare«, rechnet Hackman vor, »aber in einem siebenköpfigen Team sind es schon 21. Daraus ergibt sich ein spürbarer Unterschied in der Art und Weise, wie die beiden Teams zusammenarbeiten.«

Wenn eine Gruppe 20 Mitglieder hat, »dann muss ich meine Beziehung zu 19 anderen Personen im Auge behalten. Insgesamt gibt es 171 Beziehungskonstellationen zu den anderen 19 Gruppenmitgliedern«, erklärt der Anthropologe Robin Dunbar von der University of Liverpool. Da verschwimmt es einem vor den Augen. Ausgehend von anatomischen Überlegungen empfiehlt Dunbar dieselbe Gruppengröße wie Hackman. Er stellt fest, dass das Hörverständnis umso schlechter wird, je weiter sich der Hörer vom Sprecher entfernt. »Unter besten Bedingungen liegt die Grenze, jenseits der ein Zuhörer nicht mehr genug mitbekommt, bei anderthalb Metern. Bei einem minimalen Schulterabstand von 20 Zentimetern können sich gerade einmal sieben Personen in einen Kreis mit einem Durchmesser von anderthalb Metern setzen.« (Der Verkaufsleiter, der meinte, Konferenztische seien deshalb rund, damit alle bei der Tötung zuschauen könnten, würde auf diese Weise auch noch *hören* können, wie das Opfer gerissen wird.) Es gibt zahlreiche Studien, die als Größe eines effektiven Teams sechs bis acht Teilnehmer empfehlen, selbst im Falle eines Aufsichtsrates.

Warum also blasen sich Teams am Arbeitsplatz oft derartig auf? Laut Hackman geht es dabei nicht darum, das Team effektiver zu machen, sondern darum, Verantwortung (mit anderen Worten, die Schuld) auf möglichst viele Schultern zu verteilen, oder damit politisch korrekt möglichst alle vertreten sind, die auch nur im Entferntesten mit der Sache zu tun haben. Er warnt, solche Teams seien häufig nicht einmal in der Lage, »ein Minimalergebnis zu erzielen, geschweige denn, originelle Lösungen zu finden«. Doch Manager sind oft kleinmütig, und die Gruppen demzufolge groß. Die Frage »Und wer bitteschön sind Sie?« gehört zum Alltag. Und weil wir gern so tun, als seien wir doch alle eine wunderbare Familie, traut sich in vielen Fällen niemand, diese Frage zu stellen.

Im Tierreich sind erste Begegnungen zwischen Tieren, die einander nicht kennen, oft spannungsgeladen. Der Pegel des Stresshormons Cortisol steigt rapide. Nach dem gängigen Vorurteil gehen die Fremden sofort aufeinander los, um die Rangfolge zu klären. Biologen behaupten jedoch neuerdings, Affen täten bei einer ersten Begegnung alles, um keinen Konflikt aufkommen zu lassen. Sie vermeiden es, sich aufzuspielen und große Töne zu spucken. Kommt es zur Aggression, ist sie meist ritualisiert.

»Ernsthafte Kämpfe sind beim Erstkontakt offenbar selten, und aggressive Gesten werden kaum beantwortet«, berichtet Sally P. Mendoza, Primatologin an der University of California. In einer Untersuchung von Totenkopfäffchen, einer extrem geselligen Affenart aus Südamerika, stellte Mendoza fest, dass Weibchen bei einer ersten Begegnung *niedrigere* Cortisolspiegel hatten, »und zwar über Monate nach Bildung einer neuen Gruppe«. Sie erklärt, dass jede Gattung ihre eigenen Regeln und Gewohnheiten hat, die die Gründung neuer Gruppen befördern und die Spannung so gering wie möglich halten, während die Rollen innerhalb der Gruppe geklärt werden.

Diese »Flitterwochen«, in denen menschliche Gruppenteilnehmer sich zurücklehnen, in ruhigem Ton miteinander sprechen und sich gegenseitig respektieren, könnten also typisch für Primaten sein. Kluge Manager sollten Mittel und Wege finden, den natürlichen Kennenlernprozess zu erleichtern, damit nicht jede Besprechung so vage bleibt wie die erste. Je schneller die Mitglieder einer Gruppe miteinander bekannt werden und Vertrauen fassen, desto eher können sie sich an die Bewältigung der wirklichen Aufgaben machen.

Um Menschen zu helfen, in den sich ständig verändernden Zusammensetzungen der Gesichter ihren Platz zu finden, sollten wiederverwendbare Namensschildchen zur Standardausstattung jedes Konferenzraumes gehören, und sei es nur, um »Tom – Datenverarbeitung« darauf schreiben zu können. Das klingt vielleicht nach einem albernen Gimmick, aber es hilft. Genauso, wie jeden im Raum zu bitten, sich vorzustellen und zum Beispiel in einem Satz zu sagen, was sein größter persönlicher oder beruflicher Erfolg war.

Solche einfachen Methoden funktionieren auch dann, wenn die Gruppe sich nur im Intranet begegnet. Ann Majchrzak, Professorin für Wirtschaft an der University of Southern California, untersuchte solche virtuellen Teams. Sie berichtet von einer Arbeitsgruppe bei Unilever, die sich über fünf lateinamerikanische Länder erstreckte und deren Mitglieder sich in einer ersten Telefonkonferenz mit Hinweis auf den Typenindikator von Myers-Briggs vorstellten: »Ich bin Estefan, und ich denke gern laut.«

Die Gruppe verschmolz und entwickelte sogar ihre eigene Sprache, Portuñol, eine Mischung aus Portugiesisch und Spanisch, um sich zu verständigen.

Majchrzak berichtet weiter, bei Shell habe eine Arbeitsgruppe einen virtuellen Arbeitsraum eingerichtet und Fotos in Form eines runden Konferenztisches angeordnet. Gruppenmitglieder, die in ihrem Büro vor dem Computer saßen, hatten ein Bild des Konferenzzimmers auf dem Bildschirm und stellten sich als »Kate, auf zehn Uhr« oder »Ibrahim auf drei Uhr« vor. In diesem virtuellen Konferenzzimmer hatten die Teilnehmer auch Zugang zu Dokumenten und Sitzungsprotokollen. Sie konnten ihre Bilder mit Texten hinterlegen, in denen sie zum Beispiel ihre berufliche Erfahrung und ihre Interessen beschrieben.

In einer virtuellen Welt, die sich über 24 Zeitzonen erstreckt, mag das Telefon altmodisch erscheinen, doch es wirkt nach wie vor Wunder, wenn es darum geht, eine Gruppe zusammenzubringen. Die Stimme vermittelt Nuancen und Gefühle, die anders verloren gehen. Am Telefon hören Sie nicht nur die Worte, sondern auch die Pausen. Sie hören, ob jemand wirklich begeistert ist oder nur pflichtschuldig zustimmt.

Direkte soziale Kontakte – Kaffee und Hörnchen am Morgen oder ein Bier nach der Arbeit – sind immer noch der beste Klebstoff für eine Gemeinschaft. In der virtuellen Welt ist das leider nicht immer möglich. Majchrzak beschreibt ein Team eines Chemieunternehmens, an dem 40 Spezialisten aus fast allen Teilen der Welt beteiligt waren. Nachdem die Gruppe ihr Projekt abgeschlossen hatte, ohne sich je von Angesicht zu Angesicht getroffen zu haben, hielt der Teamleiter eine Konferenz ab, um den Erfolg zu feiern. Dazu ließ er an jede Niederlassung einen Kuchen schicken. Die Party war virtuell. Aber wenigstens der Kuchen war echt.

Die Gruppe

Ob vorsätzlich oder zufällig – am Arbeitsplatz bilden wir ganz natürlich Gruppen und Grüppchen. Wir tun uns abteilungsweise oder nach bestimmten Tätigkeiten zusammen, nach Nationalität und Geschlecht oder nach Freizeitinteressen wie Fußball oder Chorgesang. Wir bilden Cliquen mit Gleichgesinnten, Gleichbezahlten und Gleichgestellten. Indem wir uns von Außenseitern abgrenzen und uns mit »unseren Leuten« zusammentun, schaffen wir uns das engmaschige soziale Netz, wie wir es auch bei Höhlenmenschen oder Schimpansenhorden antreffen. Auf dieses Weise bereiten wir den Boden für Vertrauen, Zusammenarbeit und Gegenseitigkeit.

Eine beliebte Methode, das Zusammengehörigkeitsgefühl einer Gemeinschaft zu stärken, ist, alles Trennende herunterzuspielen. So wird das Gefühl vermittelt, dass alle an einem Strang ziehen und eine große Familie sind. Die weißen Hemden wurden bei IBM eingeführt, um den Geschäftspartnern, die ebenso gekleidet waren, ein heimeliges Gefühl zu vermitteln. Sie verschwanden wieder, als eine neue Generation leger gekleideter Kunden das weiße Hemd für verstaubt und überholt hielt.

Anpassung gibt uns das Gefühl, eine solidarische Gemeinschaft zu sein. Manchmal erfolgt die Anpassung in einem einzigen ritualisierten Moment, etwa wenn die Mitglieder einer Fußballmannschaft sich alle die Haare abrasieren. In den meisten Fällen entwickeln sich Codes jedoch im Laufe der Zeit und scheinen die Gruppe ganz allmählich zu durchdringen, so wie Mann, Frau und der Hund der Familie sich im Laufe der Jahre immer ähnlicher sehen, ohne dass sie das je geplant hätten.

Bei Enron war der Parketthandel das Biotop einer solchen fest verschworenen Gemeinschaft. Die Händler waren »launisch, unbeirrbar und eng miteinander verbrüdert«, schrieb Brian Cruver, der kurz vor dem Absturz der Firma aufs Parkett kam. »Das Erste, was mir auffiel, war, dass sich die Händler bei Enron alle ähnlich sahen. Die meisten von ihnen hatten ein Ziegenbärtchen, eine Mischung aus Grunge und sauberem Naturburschen-Look. Wer nicht jeden Tag ein blaues Hemd trug, der konnte nicht zum Team gehören.«

Nachdem er sich am ersten Arbeitstag einem Dutzend Händler in identischen blauen Hemden gegenübersah, erkannte Cruver nicht nur die Kultur, der diese Männer bewusst oder unbewusst angehörten. Er beging auch den Fauxpas, sich abfällig darüber zu äußern. »Wo werden die den ausgegeben?«, fragte er die Blauhemden.

Niemand lachte.

Viele Gruppen haben außerdem ihre ganz eigene Sprache. Oft ist diese gespickt mit technischen Ausdrücken, die zur Bearbeitung der alltäglichen Aufgaben nötig sind. Doch sie dient auch der Identifikation der Gruppenmitglieder, sie bindet diese ein und schließt Eindringlinge aus. Wenn die Computerprogrammiererin Ellen Ullman schreibt, als sie mit einem Kollegen schlief, habe sie sich gefühlt wie eine »User-Exit-Routine«, dann sagt sie damit in erster Linie etwas über ihre Gruppenzugehörigkeit aus. Ein Außenstehender kann nur raten, dass der Typ im Bett ziemlich mies war.

Auch die Händler von Enron hatten natürlich ihre Gaunersprache. Ein »Buck«, in der amerikanischen Umgangssprache ein Dollar, stand für eine Million US-Dollar. »Kotzen« bedeutete, einen Posten mit Verlust zu verkaufen. Schimpfwörter waren ein besonderes Markenzeichen der Gruppe. Als sich ein etwas empfindlicher Partner pikiert beim Vizepräsidenten Sherron Watkins beschwerte, er habe das Wort »Arschficken« noch nie in einer geschäftlichen Besprechung gehört, meinte dieser nur, er solle doch mal aufs Parkett gehen. Mit anderen Worten: Ich gehöre dazu – und was ist mit Ihnen?

»Alles war ein Insiderwitz«, schreibt Cruver in seinem Buch über Enron. »Die Witze wuchsen und veränderten sich und überlebten über Jahre hinweg.« Cruver bemerkte recht schnell, dass man nicht Teil einer Kultur wird, indem man Bemerkungen über sie macht, sondern indem man sich ihr anpasst: »Wenn man den Witz nicht verstand, lachte man trotzdem, denn nur so erklärte es einem irgendwann mal jemand.«

Die Bereitschaft von fast allen Mitarbeitern, sich der Gruppe anzupassen und den Witz mitzumachen, führte schlussendlich zum Untergang des Unternehmens. Es ist eine Warnung, wie stark und wie gefährlich das Bedürfnis sein kann, in der Identität einer Gruppe ganz aufzugehen.

Blut ist dicker als Wasser

Die traditionelle Methode, das Zusammengehörigkeitsgefühl einer Gruppe zu stärken, ist die Verwandtschaft. Primaten sind geborene Vetternwirtschaftler. Wie die Windsors, die Oetkers oder die Quandts der menschlichen Welt, bevorzugen auch Affen ihre nächsten Verwandten. Bei vielen Arten springen hochrangige Mütter und Großmütter ihren Sprösslingen bei, wenn diese von untergeordneten Gruppenmitgliedern attackiert werden. Sie greifen auch ins Spiel der Kleinen ein, um sicherzustellen, dass der kleine George-W.-Makake oder die kleine Charles-Meerkatze die schönsten Spielsachen bekommen. Es ist interessant zu beobachten, dass sich auch nachrangige Weibchen den Erben der Mächtigen andienen. Diese Aushilfstanten haben offenbar ihr ganz eigenes Interesse am Erhalt des Status quo.

So gewöhnt sich die heranwachsende Erbengeneration daran, auf den Mitgliedern aus untergebenen Familien herumzutrampeln, und der Herrschaftsstatus wird von einer Generation an die nächste weitergereicht. Daher haben Makaken, Paviane, Meerkatzen und andere Primatenarten ihre Dynastien, die jeweilige Generation begründet ihren Status mit der Macht der Familie, und nicht etwa mit Verdienst – auch nicht dem Verdienst, die schärferen Krallen oder das unleidigere Temperament zu haben.

Vetternwirtschaft entwickelte sich, weil man Familienmitgliedern am ehesten vertrauensvolle Zusammenarbeit zutraut. Wir fühlen uns wohler in der Umgebung von Menschen, die so sind wie wir selbst, und niemand ähnelt uns mehr als unsere nächsten Verwandten. Daher springt oft spontan der Funke über, wenn junge Cousins und Cousinen zusammen spielen.

Die Theorie der verwandtschaftlichen Selektion besagt, dass unser Interesse am Wohlergehen unserer Sippschaft auch biologische Ursachen hat. Wir teilen die Hälfte unserer Gene mit unseren Geschwistern und Kindern, ein Viertel mit unseren Neffen und Nichten, und ein Achtel mit unseren Cousins. Wenn wir den Verwandten helfen, helfen wir irgendwo auch uns selbst, in Hinblick auf die generationenübergreifende Evolution genauso wie auf die Zahlen des laufenden Quartals.

In einem bekannten Maschinenbauunternehmen in den Vereinigten Staaten sitzt die zweite Frau des Gründers im Aufsichtsrat, zwei der Söhne aus erster Ehe sind Vizepräsidenten der Forschungs- und der Produktionsabteilung, eine Neffe ist Firmenpräsident und ein Schwiegersohn leitet die Getriebeproduktion. Die Vetternwirtschaft beschränkt sich jedoch nicht auf die Ebene der Topmanager oder der Gründerfamilie. Ein ungeschriebenes Firmengesetz lautet, dass bei jeder Stellenausschreibung die Familienmitglieder von Angestellten Vorrang haben. Die meisten der in diesem Unternehmen tätigen Frauen sind Gemahlinnen oder Ex-Gemahlinnen der dort beschäftigten Männern. »So arbeiten alle mittelständischen Unternehmen«, sagt ein Mitglied der Gründerfamilie ■

Experten sind sich uneins, ob die Familie tatsächlich eine solide Grundlage für ein wirtschaftliches Unternehmen ist. Verwandtschaft steht für Vertrauen und Zusammenarbeit. Doch wer nicht zur Familie gehört, wird unfairerweise ausgeschlossen und entmutigt. Ressentiments entstehen vor allem dann, wenn eine Familie mehr Stimmrechte hat als Aktienanteile und auf diese Weise mehr Kontrolle ausübt, als ihr eigentlich zustünde. Etwa, wenn Wolfgang Wagner, Chef der Bayreuther Festspiele, die Festspielleitung an allen Trägern und Stiftern vorbei in die Hände seiner unerfahrenen Tochter Katherina legt.

Eine Studie des *Journal of Finance* hat herausgefunden, dass sich Papiere von Aktiengesellschaften, die sich in Familienhand befinden, üblicherweise erheblich besser entwickeln als die anderer Unternehmen. Dahinter steht die Annahme, dass das Vertrauen, die Zusammenarbeit und die persönliche Investition in einem Familienbetrieb für bessere Leistungen sorgen. Eine neuere Untersuchung differenziert noch einmal zwischen Familienunternehmen, die vom Gründer geführt werden, und solchen, die sich bereits in zweiter oder dritter Generation in Familienbesitz befinden. Wie abzusehen war, wurden gründergeführte Unternehmen höher bewertet als Nicht-Familienunternehmen. Die Wirtschaftswissenschaftler stellten jedoch auch fest, dass Erben Werte »vernichten«, besonders die der zweiten Generation.

Gibt es jedoch abgesehen von den Börsenbewertungen wissenschaftlich fundierte Gründe, warum ein Unternehmen in der Familie bleiben sollte? Wenn der Gründer sich entscheidet, sein Unternehmen an seine Kinder weiterzugeben, dann steckt dahinter die Annahme, dass diese sein finanzielles Gespür geerbt haben. Das kann natürlich sein, doch Erkenntnisse von Biologen lassen vermuten, dass genetische Veranlagung allein nicht die Ursache für ein bestimmtes Talent ist.

Selbst bei Tieren hat die Vetternwirtschaft offenbar eher mit Erziehung denn mit der genetischen Veranlagung zu tun. Hunde erben das neurale und olfaktorische Rüstzeug, das sie zu guten Schnüfflern macht. Hundezüchter bedienen sich seit Jahrhunderten der Genetik, um diese Eigenschaft in Rassen wie dem Schäferhund zu verstärken. Es ist also nicht weiter ungewöhnlich, dass 85 Prozent der Welpen, die von Drogenspürhündinnen geworfen und aufgezogen werden, ebenfalls ein Näschen zum Erschnüffeln von Kokain und Heroin mitbringen.

Das Überraschende kommt erst noch: Wenn dieselben Hündchen von untrainierten Müttern großgezogen werden, dann entwickeln nur 19 Prozent diese Anlage zur Spürnase. Das heißt, selbst wenn Hunde eine genetische Veranlagung für das Familienhandwerk mitbringen, erlernen sie das Geschäft vor allem, indem sie bei der Mutter bleiben und die Augen (beziehungsweise Nasen) offen halten. William S. Helton, Psychologe am Wilmington College in Ohio behauptet, diese Bedeutung der Erziehung erkläre, »warum sich bestimmte Fähigkeiten innerhalb einer Familie weitervererben, wie etwa das musikalische Talent der Bachs oder das mathematische Genie der Bernoullis«.

Der Vergleich mit Hunden ist gar nicht so weit hergeholt, wie ein entrüsteter Bach-Liebhaber annehmen könnte. Wie Hundezüchtung war auch die Partnerwahl bei Königshäusern wie bei Handwerkerfamilien häufig ein ganz bewusster Versuch der selektiven Züchtung. Immer wieder haben Eltern nachfolgende Generationen dazu gedrängt, sich Partner mit den gewünschten Eigenschaften zu suchen. In den Jahrzehnten nach der Gründung der Investmentfirma Goldman Sachs heirateten die Gründerfamilien Goldman und Sachs immer wieder untereinander. Es ist auch kein Zufall, dass der heutige Vorstandschef von Ford nicht nur ein Urenkel von Autobauer Henry Ford ist, sondern auch von Harvey Firestone, dem Gründer der Reifenfirma.

Wie bei Hundezüchtern haben Gründerfamilien sogar versucht, ihre wertvollen Eigenschaften durch Generationen der Inzucht zwischen

Cousins ersten und zweiten Grades weiterzugeben. Die Rothschilds und die du Ponts sind bekannte Beispiele, und beide haben über lange Zeiträume hinweg wirtschaftliche Erfolgsgeschichte geschrieben. Ehen unter Cousins und Cousinen und die enge Verknüpfung von wirtschaftlichen und familiären Interessen sind bis heute in Nordafrika und Zentralasien gang und gäbe.

Vermutlich ist es völlig egal, was Wirtschaftsexperten davon halten. Menschen begünstigen ganz automatisch ihre Kinder und Kindeskinder. Es ist völlig natürlich. Eine Studie fand heraus, dass bei einem Drittel der S&P-500-Firmen die Gründerdynastie bis heute in irgendeiner Form eine Rolle spielt. Eine weitere Studie unter rund 3 000 Unternehmen in Ostasien stellte fest, dass zwei Drittel von Familien oder Einzelpersonen kontrolliert werden. Die Langlebigkeit und Stabilität einiger Familienunternehmen spricht für sich. Das älteste Hotel der Welt, das Hōshi Ryokan in der japanischen Stadt Awazu, wird bis heute von derselben Familie geführt, die es vor fast 1 300 Jahren im Jahr 717 gründete.

Was tue ich hier?

Das Zugehörigkeitsgefühl ist am stärksten in der kleinen, verschworenen Gemeinschaft. Doch auch in einem Großkonzern ist es möglich, eine kollektive Identität herzustellen. Der Mensch ist emotional und sozial so gestrickt, dass ihn selbst eine Unternehmenskultur motivieren kann, in der der Platz des Juniors am Tisch (und der Platz hinter dem Junior) von immer neuen Arbeitern aus den jeweils billigsten Billiglohnländern besetzt wird.

Warum sollte sich jemand so einem Arbeitgeber gegenüber zur Loyalität verpflichtet fühlen?

Nehmen wir nur einmal an, ein Unternehmen entscheidet, es könne es sich einfach nicht mehr leisten, seinen Mitarbeitern ein Einkommen zu zahlen, das deren Überleben sichert. Vergiss Maslow. Jetzt ist Sam Walton König, und die einzige Möglichkeit, wie Wal-Mart den angeblichen Preisvorstellungen seiner Kundschaft entsprechen kann, ist, die Produktion in eine verlassene Weltgegend zu verlagern. Und selbst dort bezahlt das Unternehmen nicht genug, um den Arbeitern ein Auskommen für sich und ihre Familie zu ermöglichen.

Eine Firma, die sich schon nicht um die körperlichen Bedürfnisse ihrer Mitarbeiter kümmert, kann vermutlich auch getrost deren soziale Bedürfnisse vergessen, richtig? Die Beziehung ist eine rein finanzielle, keine der beiden Seiten geht darüber hinaus irgendwelche Verpflichtungen ein. Es wäre doch absurd anzunehmen, dass Arbeiter einem solchen Unternehmen gegenüber auch noch Loyalität aufbringen, oder? Doch ich habe Autoarbeiter in den Wellblechhütten um Ciudad Juárez im Norden von Mexiko getroffen, die sich trotz allem in gewissem Maße mit ihrem Arbeitsplatz identifizierten. Diese Identifikation hatte zum großen Teil mit den Kollegen am Fließband zu tun. Doch es waren sogar Ansätze eines Firmenstolzes zu spüren.

Statt diese sozialen Bedürfnisse zu ignorieren oder gar zu unterdrücken, tut ein Unternehmen gut daran, herauszufinden, wie es sie erfüllen kann. Eine Möglichkeit ist, die Arbeiter in die Unternehmenskultur einzubinden. Das Mindeste, was man erwarten sollte, ist eine kurze Einführung in die Ziele und Werte des Unternehmens, um dem neuen Mitarbeiter jenseits der Handgriffe an seinem Arbeitsplatz ein Gefühl der Zugehörigkeit zu vermitteln. Zu den Werten eines Unternehmens sollte es allerdings auch gehören, mit der Entlohnung das Auskommen der Arbeiter und ihrer Familien zu sichern. Daneben bietet die Firmenkultur den Arbeitern eine Art Zuhause – es ist vielleicht keine Familie, doch zumindest eine vage Erinnerung an unsere alten Stammeskulturen.

Es ist völlig normal, dass selbst unterbezahlte Arbeiter das Bedürfnis verspüren, Teil dieser Kultur zu sein. Im Tierreich muss eine Meerkatze, ein Wildhund oder ein Pavian, der sein Rudel verlässt, um sich einer neuen Gemeinschaft anzuschließen, oft Monate lang Ungewissheit und Misshandlungen erdulden. Er lebt am Rand der Gemeinschaft und hofft darauf, dass ein paar Krumen der Mahlzeit für ihn abfallen. Er wird angegiftet und angegriffen. Doch er lässt es geduldig über sich ergehen und harrt aus. Vielleicht passt er sich der Gruppe an, vielleicht gewöhnt diese sich auch einfach an ihn. Jedenfalls öffnet die Gemeinschaft irgendwann ihre Arme und nimmt ihn auf.

Selbst dann gibt es Arten, bei denen dem Neuankömmling bestimmte sexuelle Privilegien verwehrt werden und er Jahre lang in einem Stadium der Unreife gehalten wird. (Ein bisschen wie Arbeiter, die es sich nicht leisten können, eine Familie zu gründen.) Doch unterm Strich lohnt sich die Duldsamkeit, denn die Gruppe bietet Schutz gegen Raubtiere, gelegentlich einen Happen zu essen, das befriedigende Gefühl, Teil von etwas Größerem zu sein, und die Aussicht, dass eines Tages auch der niedrigste aller Neuankömmlinge aufsteigen und Macht ausüben kann.

Dies soll keine Rechtfertigung für die Unterbezahlung und Misshandlung menschlicher Arbeitskräfte sein. Doch es nicht unwichtig, sich klar zu machen, wie viel eine Unternehmenskultur mit den Kulturen in der Tierwelt gemeinsam hat. Ameisen erkennen beispielsweise ihre Kolonie und andere Ameisen am Geruch. Schimpansen leben und sterben nach den Regeln der Gemeinschaft. Walfamilien und Singvogelschwärme haben ihre Dialekte, die sie in der Kindheit lernen, und die sich im Laufe ihres Lebens verändern können. Der Unterschied zu der Kultur von Sanofi-Aventis, Siemens oder Toyota ist gar nicht so groß.

Des Lied ich sing

Bei Herdentieren reicht es nicht aus, einfach nur Angehöriger derselben Art zu sein. Mit dem richtigen Lied, Geruch oder Dialekt gibt sich ein Individuum als Teil einer bestimmten Gruppe zu erkennen und sichert sich damit möglicherweise das Überleben. Unter Pottwalen garantiert das unverwechselbare »Klicken« der eigenen Gruppe den Erfolg bei der Nahrungssuche. Unter Staren singen die jungen Männchen zunächst relativ willkürlich, erst wenn sie den örtlichen Dialekt treffen, bekundet das Weibchen sein Interesse. Diese Form der Verstärkung setzt bei den Männchen einen bemerkenswert schnellen Lernprozess in Gang. Und unter den Dachsammern haben die Männchen, die den Slang vor Ort beherrschen, mehr Partner und mehr Nachwuchs.

Und wie sieht es bei uns aus? Das japanische Unternehmen Matsushita hat tatsächlich eine Firmenhymne, die die Mitarbeiter vor Beginn ihrer Schicht singen. Leider ist nicht bekannt, ob das irgendwelche Auswirkungen auf ihr Sexualleben hat. Doch es gehört zum normalen menschlichen Verhalten, nach Zeichen kultureller Zugehörigkeit zu suchen und daraufhin die betreffende Person entweder diskret zu meiden oder entspannt das wohlige Gefühl der neugefundenen Verwandtschaft zu genießen.

Jan English-Lueck, Anthropologin an der San Jose State University, studiert seit mehr als einem Jahrzehnt das Brauchtum der wilden Stämme in Silicon Valley. Wenn sich zwei Unbekannte aus der Technologieindustrie auf dem Spielplatz begegnen, berichtet sie, dann sei das, als träfe ein Tuareg mit seiner Sippschaft in der Sahara auf einen Fremden. »Ist er ein Gläubiger? Vielleicht sogar ein entfernter Verwandter? Oder ist das jemand, der mir heute Nacht die Kehle durchschneidet? Auch die beiden Fremden in Silicon Valley tauschen Small Talk aus und sind in Wirklichkeit auf der Suche nach einem gemeinsamen Arbeitgeber irgendwo in ihren Lebensläufen oder nach einer anderen beruflichen Gemeinsamkeit.«

Inzwischen sollte eigentlich jedem klar sein, wie wichtig es ist, Mitarbeiter in die Unternehmenskultur einzubinden: Wenn Menschen Werte und Ansichten teilen, koordinieren sie ihre Arbeit besser, sie sind zielstrebiger und dem Unternehmen gegenüber loyaler. Trotzdem versäumen es nach wie vor viele Organisationen, ihren Mitarbeitern den Weg in ihre Kultur zu weisen. Vielleicht erscheint ihnen ihre Kultur zu selbstverständlich. Vielleicht halten sie es aber auch einfach für Zeitvergeudung, da es nicht direkt zu den Quartalsergebnissen beiträgt. Oft verstehen sie ihre eigene Kultur gar nicht, oder sie wissen nicht einmal, dass sie eine haben. »Kultur verbirgt mehr, als sie zeigt«, erklärte der Anthropologe Edward T. Hall einmal. »Und dass sie etwas verbirgt, verbirgt sie vor allem vor ihren eigenen Angehörigen.«

Warum auch immer, Tatsache ist, dass die meisten Unternehmen ihre Kultur schlecht oder gar nicht vermitteln. Ein Manager arbeitete lange Zeit in einem Technologieunternehmen, das sich seiner Kultur sehr bewusst war und alle Führungskräfte mit denselben Methoden und Begrifflichkeiten einführte, um die Kommunikation zu erleichtern und Einigkeit darüber herzustellen, was für dieses Unternehmen einen Erfolg ausmachte. Dann wechselte er den Job und ging an eine der größten Universitäten der Welt mit einer 300 Jahre alten Kultur, Efeu an den Hauswänden und einem Glockenspiel, das jeden Abend vom Turm des Repräsentationsbaus erklingt. Der Manager beschreibt seine Einführung in die Kultur dieser Universität so: »Man sagte mir, wo sich mein Büro befand. Finden musste ich es selber.« Es kostete ihn einige Jahre, die Sprache zu lernen und die Kultur zu verstehen, Zeit, in der er sehr viel weniger produktiv arbeitete, als er es mit einer vernünftigen Einführung gekonnt hätte.

Culture Spotting

Fragen Sie in einer x-beliebigen Organisation herum, und Sie können sicher sein, dass die Mehrzahl der Angestellten keine Ahnung hat, was die wichtigsten Ziele des Unternehmens sind oder warum es gut ist, dass sie für dieses Unternehmen arbeiten. »Ich bin nur die Empfangschefin«, werden sie mit einem Achselzucken sagen. »Ich arbeite nur hier.« Oder fragen Sie die Kollegen in Ihrer eigenen Firma. Fragen Sie gleich jetzt. Die Kollegen werden Sie anschauen, als wären Sie vom Affen gebissen. Oder sie werden zugeben, sich nie wirklich zugehörig gefühlt haben, weil ihnen nie jemand gesagt, wovon genau sie Teil sein sollen.

Das gehört eigentlich in das Mission Statement eines Unternehmens. Der Autor Richard Saul Wurman führte eine informelle Befragung bei 36 Firmen durch, indem er anrief und die Person am anderen Ende der Leitung bat, ihm das Mission Statement zu nennen. Gerade einmal fünf waren dazu in der Lage, und weniger als die Hälfte konnte jemanden herbeizaubern, der ein Mission Statement greifbar hatte. Wurman bekam Antworten wie »Ich hätte schwören können, dass ich das hier irgendwo im Computer habe, aber ich kann es im Moment nicht finden« oder »Was ist ein Mission Statement?«.

Das Internet erleichtert es, herauszufinden, was eine Firma über sich selbst denkt. Doch auf den wenigsten Firmen-Websites ist ein Mission Statement zu finden oder erst nach umständlicher Sucherei. Und dann ist es in den meisten Fällen völlig geistlos und austauschbar: »In Respekt für menschliche Werte dienen wir dem Kunden mit Integrität durch innovative Lösungen, indem wir Tag für Tag nachdenken« ist beispielsweise auf der Website des indischen Informationstechnologieunternehmens Wipro zu lesen. Das Unternehmen, das diese gleichermaßen furchtlose wie unverständliche Botschaft hervorgebracht hat, scheint der Ansicht, dass Nachdenken allein schon etwas ist, was es aus der Masse der Konkurrenz hervorhebt. Es wäre natürlich ganz schön zu wissen, worüber die Kollegen so nachdenken, noch dazu Tag für Tag. (Vielleicht wäre es in diesem Zusammenhang klüger gewesen, die geisttötende Monotonie ihrer Arbeit nicht in der großen Vision der Firma aufzunehmen.)

So oder so, überzeugender als ein Mission Statement sind allemal die Menschen, denen wir von Angesicht zu Angesicht begegnen. Enron verpflichtete sich per Mission Statement zu »Respekt, Integrität, Kommunikation und Exzellenz«, und in einer einfältigen Aktion verteilten die Manager T-Shirts mit dem Slogan an die Mitarbeiter. Sie selbst hatten sich derweil der Mission verschrieben, Großmüttern die Handtaschen zu klauen.

Manche Konzerne sind einfach zu groß, als dass die Angestellten eine emotionale Bindung zur Unternehmenskultur herstellen könnten. Wal-Mart muss seine großartigen Ziele an weltweit 1,4 Millionen Mitarbeiter kommunizieren. Und da die Hälfte davon sowieso dauernd auf dem Absprung ist (da ihr Wohlergehen möglicherweise nicht zu den großen Zielen des Konzerns gehört), müssen im kommenden Jahr wieder 600000 neue Angestellte eingewiesen werden. Bei derartigen Größenordnungen gerät die Unternehmenskultur leicht aus dem Ruder. Echte Bekehrte von Wal-Mart mögen der Überzeugung sein, die größten Preisbrecher der Welt zu sein. Doch die öffentliche Wahrnehmung des Unternehmens hat sich geändert, wie ein früherer Vorstandsvorsitzender unlängst eingestand: Wal-Mart ist nicht mehr der sympathische Underdog, sondern der arrogante Topdog.

Wirtschaftszyklen und das normale Wachstum eines Unternehmens können einer Unternehmenskultur ebenfalls zusetzen. JetBlue Airways wirkt immer noch jung und hip. Bei American Airlines dagegen, einst die stolze Elite, sind die Passagiere offenbar zu einem Ärgernis geworden. Eine unglückliche Stewardess jammerte neulich in der *New York Times*, der inoffizielle Firmenslogan sei: »Kannst du dir den Bus nicht leisten, flieg mit uns!« Sie fuhr fort: »Niemand beschwert sich über JetBlue, Southwest oder andere fliegende Wal-Marts, denn bei denen erwartet niemand Luxus. Bei den großen Gesellschaften pochen die Passagiere immer noch auf Spielkarten, Magazine, Erdnüsse, Mahlzeiten und hübsche Stewardessen, die ihnen den Hintern pudern. Aber die Zeiten sind vorbei.«

Die Botschaft dieser Kultur (wenn wir uns wie ein Ornithologe vorsichtig heranrobben, hören wir den hohen mehrstimmigen Gesang des Ameisenvogels) ist mit anderen Worten: »Setz dich hin. Halt die Klappe. Gib uns dein Geld, und erwarte nicht, dass wir uns auch noch erkenntlich zeigen.«

Die Metapher des Vogelguckers ist gar nicht so abwegig. Kunden, Geschäftspartner und Bewerber tun gar nicht schlecht daran, die Kultur eines Unternehmens auszuspähen, ehe sie sich mit ihm einlassen. Doch Firmen tun in der Regel alles, um nach außen ihr bestes Gesicht aufzusetzen und glückliche Familie zu spielen. So zum Beispiel ein kalifornisches Technologieunternehmen; eine Managementassistentin fragte während ihres Vorstellungsgesprächs ausdrücklich nach der Unternehmenskultur. Ihr Gesprächspartner antwortete: »Ach, so was haben wir hier gar nicht. Uns geht es darum, unsere Arbeit zu erledigen.«

Die Managementassistentin nahm die Stelle an und bemerkte zu spät, dass ihr diese Aussage eine Warnung hätte sein sollen. Sie stellte fest, dass die Unternehmenskultur »hart, heuchlerisch und beckmesserisch« war. Sie hätte sich drei unglückliche Arbeitsjahre sparen können, wenn sie sich die Zeit genommen hätte, die Kultur genauer unter die Lupe zu nehmen. Manchmal reicht es aus, sich ein wenig abseits zu halten und zu beobachten, wie sich die Tierchen verhalten – wie sie in der Cafeteria miteinander umgehen oder welchen Blick sie aufsetzen, wenn sie morgens ins Büro kommen. Sind die Bürotüren offen oder geschlossen? Sind die Gänge und Gemeinschaftsräume voller Leben, oder blicken sich die Angestellten verstohlen um und hasten vorbei? Unterhalten sich die Tischnachbarn in Großraumbüros oder kauern sie vor ihren Bildschirmen?

Richard Gallagher, ein Kundendienstberater, machte einmal den Fehler, einen Laptop von einem Hersteller zu kaufen, »deren Service bestenfalls schludrig zu nennen war«. Auf einer Geschäftsreise stellte Gallagher zufällig fest, dass der betreffende Computerfabrikant den Mitarbeiterparkplatz mit einem seiner Kunden teilte. »Am nächsten Morgen kam ich früh zu meinem Kunden, suchte mir einen Fensterplatz und beobachtete, wie die Angestellten der beiden Firmen zur Arbeit kamen. Die Mitarbeiter meines Klienten gingen aufrecht, winkten ihren Kollegen auf dem Parkplatz zu, lachten und machten Witze, während sie zusammen das Gebäude betraten. Die aus der anderen Firma schlurften über den Platz, viele ließen die Schultern hängen und schauten auf den Boden. Sie sahen aus, als gingen sie in den Knast.«

Wenn Gruppen sich begegnen

Je genauer man sich die Kultur eines Unternehmens ansieht, desto komplizierter wird sie. Oft gibt es gar keine einheitliche Kultur. In einer Abteilung kann es so hoch hergehen wie in einem Ententeich zur Paarungszeit, und die nächste Etage höher wirkt wie ein Mausoleum im Winter.

Manchmal geraten diese unterschiedlichen Kulturen aneinander, manchmal ergänzen sie sich, oder sie vereinigen sich und verwandeln sich in etwas Neues. Diese gegenläufigen kulturellen Strömungen zu verstehen und herauszufinden, wie sie funktionieren, gehört zu den überlebenswichtigen Herausforderungen. Wenn Sie die Kultur kennen und das richtige Wort zur richtigen Zeit sagen, dann bekommen Sie vielleicht den neuen Locher, hinter dem Sie schon so lange her sind. Aber ein falsches Wort, und Ihr 10-Millionen-Euro-Projekt landet im Klo und Sie dürfen Ihren Hut nehmen. Unternehmenskultur hat nichts Wolleweiches an sich, sie lässt sich in knallharte Zahlen übersetzen.

So könnte man der Ansicht sein, die Ausflüge eines Vorstandsvorsitzenden in die glamouröse Welt der Schönen und Mächtigen hätten nichts mit dem Geschäft zu tun. Im Jahresbericht tauchen sie jedenfalls nicht auf. Doch in der Community sind sie bekannt, und eine Studie aus dem Jahr 1993 zeigte, dass das elitäre Lametta im Falle einer Übernahmeschlacht durchaus von Vorteil sein kann: Ein Unternehmen mit hohem Status erwirbt eher eines mit niedrigerem Status oder erzielt einen besseren Preis, wenn es selbst Ziel einer Übernahme wird. Die Untersuchung einer Fusion zweier australischer Fluggesellschaften zeigte, dass die Angestellten des Unternehmens mit dem niedrigeren Status bei dem Zusammenschluss schlechter wegkamen.

Beim Kulturkampf nach einem solchen Merger geht es oft um den Überlebenskampf zweier Prestigesysteme. Es ist, als träfen zwei Stämme aufeinander, jeder mit seinem Häuptling und seiner Kriegerkaste.

Dieser Kulturkampf findet auf allen Hierarchieebenen statt, er kann sich über Jahre hinziehen und erbarmungslos geführt werden. In der Zeit vor Einführung des Computers fusionierten beispielsweise zwei Zeitungen im US-Bundesstaat New Jersey. Der Nachrichtenchef der kleineren Zeitung wurde zum Chef der Regionalseite herabgestuft und entwickelte einen leidenschaftlichen Hass auf seinen Kontrahenten, der zum Chefredakteur avancierte. In den Redaktionssitzungen saßen die beiden in entgegengesetzten Ecken des Raumes. Der Regionalchef wusste immer schon im Voraus, welche Geschichten seine Reporter über den Ticker an die Redaktion schicken würden. Es war ihm ein Triumph, eine wichtige Meldung bis fünf Minuten vor Redaktionsschluss zurückzuhalten und erst dann weiterzugeben, wenn der Chefredakteur das Layout der Titelseite schon bis ins letzte Detail festgelegt hatte. Dann nahm er die Tickermeldung, ein gelbes Band von etwa einem Meter Länge, legte sie über seine Schere und trug sie mit ausgestrecktem Arm zum Tisch des Chefredakteurs.

»Das kommt gerade von Paterson«, sagte er, legte den Kopf schief, zog an seiner Zigarette und hielt die Schere wie ein Schwert in der Hand. Es war ein perfekter Moment ritualisierter Aggression, die gesamte Redaktion hielt den Atem an und verfolgte die Szene gebannt.

»Ich dachte, das könnte noch was für die erste Seite sein«, sagte er und lächelte.

Betrüblicherweise erkannten die Reporter des Regionalchefs bald, dass ihre Zukunft in Händen des Chefredakteurs lag. In einem Koalitionsmanöver, das jeder Schimpanse sofort erkennen würde, lernten sie schnell, den Chefredakteur heimlich anzurufen und ihn vorzuwarnen, wenn sie dachten, eine Geschichte könnte auf der Titelseite landen. Also ließ der Chefredakteur immer eine Lücke auf Seite eins, ignorierte die auf seinen Hals gerichtete Schere und antwortete mit unendlicher Höflichkeit: »Besten Dank, Al.«

Die anderen

Unter Primaten ist es völlig normal, eine Gruppenidentität zu entwickeln und sich ihr stark verbunden zu fühlen. Die Kehrseite dieses Verhaltens ist jedoch, dass wir alle, die nicht zu »uns« gehören, als »die« abstempeln. Daher konzentrieren sich Unternehmensführer gern auf den Feind, und wenn es keinen gibt, erfinden sie einen, um die Mitarbeiter davon abzuhalten, sich gegenseitig zu zerfleischen, und stattdessen an einem Strang zu ziehen. Um IBM aus seinem Dornröschenschlaf zu rütteln, konfrontierte Lou Gerstner die Mitarbeiter zum Beispiel damit, dass drei prominente Rivalen dem Konzern Marktanteile »entrissen« hätten, und stachelte so ihren Zorn an: »Der Konkurrenzkampf muss instinktiv sein, nicht intellektuell. Er muss aus dem Bauch kommen, nicht aus dem Kopf. Ihre Konkurrenten dringen in Ihr Haus ein und klauen Ihnen das Geld, das Sie für das Studium Ihrer Kinder und Enkelkinder gespart haben. Nichts anderes.«

Die Sache mit den Enkelkindern ist vielleicht immer noch ein bisschen zu flauschig und zu wenig aus dem Bauch. Doch Gerstner zielte eindeutig auf das primitive Gefühl der Bedrohung und Feindschaft zwischen zwei rivalisierenden Stämmen.

Selbst innerhalb eines Unternehmens ist es vollkommen üblich, elitäre Gruppen zu bilden und sie gegen die dominante Kultur aufzustellen. Wenn Konzerne das Gefühl haben, zu verfetten, dann versuchen sie oft, ihre Jugendlichkeit wiederzugewinnen, indem sie so genannte »Skunkworks« einrichten, in denen sie ihre Bilderstürmer an die Arbeit setzen. So erfand Apple den Macintosh, und die Mitglieder dieser Gruppe waren so elitär, dass sie die Drohnen, die am Apple II arbeiteten und ihre Gehälter bezahlten, nicht einmal in ihr Gebäude ließen.

Ein Veteran eines anderen Skunkworks bei Sun Microsystems erinnert sich: »Der Vorstand sagte uns, wir dürften mit niemandem über unsere Arbeit sprechen. Nicht einmal mit anderen Sun-Mitarbeitern. Es gab Seminare, in denen die Kollegen ihre Arbeit vorstellten. Da durfte ich hin, aber ich durfte kein Wort sagen. Das schuf eine Aura. Die Leute in den Skunkworks waren nicht besonders reif. Sie behaupteten, sie müssten sich vor dem Angriff der konzerneigenen Antikörper schützen. Aber ich denke, das hatte viel von ›ich weiß was, was du nicht weißt ...‹« Andererseits schienen sie tatsächlich was zu wissen, denn diese Arbeitsgruppe erfand die Programmiersprache Java, mit der das Unternehmen bis heute riesige Profite macht.

Das Denken in den Kategorien »wir« und »die« ist vollkommen

natürlich. Das soll nicht heißen, dass es auch gesund ist oder dass ein Vorstand die Unternehmenskultur an diesem Denken ausrichten sollte. Der Primatologe Richard Wrangham beschreibt diese Einteilung als dunkle Seite unseres Erbes, das wir von einem mörderischen, schimpansenartigen Vorfahren mitbekommen haben. Es sei oft »dumm und grausam«, schreibt er, doch was wolle man anderes erwarten von »einer Gattung mit einer langen Geschichte der Aggression innerhalb der eigenen Gruppe«.

Ausgehend von seiner These über die Ursprünge der menschlichen Aggression behauptet Wrangham, wir verstärkten die Bindungen innerhalb unserer eigenen Gemeinschaft, um umso besser auf gegnerische Gruppen einschlagen zu können. So mancher blutrünstige Unternehmensführer hört derlei Thesen sicher gern. Sie ist allerdings mehr als fragwürdig.

Eine verschworene Gemeinschaft kämpft zweifelsohne besser. Das erklärt auch, warum unterschiedliche Gruppen innerhalb eines Unternehmens mit großer Heftigkeit aneinander geraten können. Beispielsweise wollten die Manager einer Fertigungsanlage einen freundlichen Wettbewerb zwischen den verschiedenen Schichten befördern. Doch die Rivalität wuchs sich derartig aus, dass es sogar zu Handgreiflichkeiten kam.

Anders als wir

Unterschiedliche Gruppen bekämpfen einander nicht nur. Sie neigen auch dazu, den Mitgliedern der jeweils anderen Gruppe einen Teil ihrer Menschlichkeit abzusprechen. Psychologen sprechen von »Einkapselung« und meinen damit das Phänomen, dass eine Gruppe sich von anderen isoliert und eine gemeinsame Denkart annimmt. Die Mitglieder einer Gruppe teilen Meinungen, Werte, Vokabeln und vieles mehr. Menschen mit der falschen Kleidung oder Sprache können fast unsichtbar werden. Es wird leichter, ihnen Schaden zuzufügen, ohne sich dafür schuldig fühlen zu müssen.

Als beispielsweise General Motors in den achtziger Jahren rapide an

Marktanteilen verlor, entließ der Vorstandschef Roger Smith ohne Anzeichen großer Reue 30000 Fließbandarbeiter. Dann brachte ein Vizepräsident vor, General Motors leide an einem Wasserkopf von mittelmäßigen Führungskräften und schlug vor, 20 Prozent des gehobenen Managements zu entlassen – das waren rund 100 Männer und Frauen mit einem Jahreseinkommen von mindestens 125000 US-Dollar. »Smith wollte nichts davon hören«, schreibt Doron P. Levin in seinem Buch *Irreconcilable Differences*. »Er war überzeugt, er könne General Motors reformieren, ohne einen derartigen Aufruhr zu verursachen.« Warum hielt Smith die Entlassung von 100 Führungskräften für einen »Aufruhr«, die Entlassung von 30000 Fließbandarbeitern aber für eine normale Sache? Ganz einfach: Die 100 waren »wir«, bekannte Gesichter aus dem Heiligtum der Firma im 14. Stock des Bürogebäudes. Und die 30000 Fließbandarbeiter waren offensichtlich »die«.

Wir

All das lässt vermuten, dass die natürliche Unterscheidung in »wir« und »die« ziemlichen Zündstoff bergen kann. Es gibt jedoch durchaus Grund zu der Annahme, dass wir uns nicht nur deshalb in Gruppen zusammentun, um fester auf die anderen einschlagen zu können. Wir tun uns vor allem deshalb mit anderen zusammen, weil das Bedürfnis nach Zugehörigkeit eine universelle Eigenschaft von Herdentieren ist, wie wir es nun einmal sind. Der Mensch als Art zeichnet sich durch »obligatorische Interdependenz« aus, wie die Sozialpsychologin Marilynn B. Brewer schreibt, und das Zusammenleben in der Gruppe ist »unsere fundamentale Überlebensstrategie«.

Wenn wir wollen, dass es uns langfristig gut geht, dann »müssen wir bereit sein, uns auf andere und deren Information, Unterstützung und Ressourcen zu verlassen«, und wir müssen wiederum bereit sein, unsere Information, Unterstützung und Ressourcen zu teilen. Sowohl in Laborversuchen als auch in Beobachtungen in freier Wildbahn kam heraus, dass Gruppen hauptsächlich dazu dienen, eine Atmosphäre des gegenseitigen Vertrauens und Austauschs zu schaffen.

Der Hass auf »die anderen« spielt dabei eine völlig nebensächliche Rolle. Brewer untersuchte beispielsweise 30 ethnische Gruppierungen in Ostafrika, wo wir, geprägt durch unsere Vorurteile, zahlreiche ethnische Konflikte erwarten würden. Sie stellte fest, dass die meisten Testpersonen die Mitglieder ihres eigenen Stammes für vertrauenswürdiger, respektvoller, freundlicher und ehrlicher hielten. Doch das hieß nicht, dass sie deshalb eine schlechte Meinung von den anderen Stämmen hatten. Im Gegenteil, ein Drittel der Stämme fand mindestens einen Punkt, in dem andere Stämme besser abschnitten als der eigene. Sie fand keine Belege für die beliebte Annahme, dass andere Stämme automatisch negativ besetzt sind. Zwar neigen die Menschen dazu, ihre Ressourcen mit der eigenen Gruppe zu teilen. Doch kaum jemand würde die Hand heben, um den anderen direkt zu schaden.

Anders gesagt, die Mitarbeiter von Procter & Gamble lieben ihr Unternehmen nicht deshalb, weil sie damit die Möglichkeit haben, Colgate zu übertrumpfen. Die Mitarbeiter von Land's End sind nicht deshalb so ehrgeizig, weil sie damit ihren kranken Hass auf den Konkurrenten L. L. Bean befriedigen. Und selbst wenn der neue Boss bei J. P. Morgan jede Möglichkeit wahrnimmt, um seinem früheren Boss bei der Citigroup eins auszuwischen, dann heißt das noch nicht, dass seine Mitarbeiter befördert werden, wenn sie Voodoo-Püppchen vom Gegner basteln. Was zählt, sind die Beziehungen innerhalb des eigenen Unternehmens und die Ergebnisse ihrer eigenen Arbeit.

Es mag ganz erheiternd sein, sich dann und wann über einen Erzrivalen zu mokieren. Aber es wird auch schnell lächerlich. In der feinen Welt der Teetrinker pflegte Celestial Seasoning einen bitteren Hass gegen den Rivalen R. C. Bigelow. Das ging so weit, dass Handelsvertreter papierene Untersetzer von Bigelow in ihre Pinkelbecken legten, um sich an ihre Verkaufsziele zu erinnern. Auf einem Workshop bekamen sie Holzhämmer und die hübsch dekorierten Blechdosen von Bigelow. Auf Kommando nahmen sie den Hammer und schlugen die Blechdosen platt.

Vielleicht nennt man das Motivationstraining.

Früher oder später müssen sich aber wenigstens ein oder zwei Leute im Raum umgesehen und sich gefragt haben: »Du lieber Gott, arbeite ich wirklich für diese Firma?«

Der Grund, weshalb wir einer Gruppe angehören wollen, ist das, was in der Gruppe selbst passiert. »Kenne ich diese Leute?« (Oder besser: »Will ich diese Leute wirklich kennen?«) »Würdigen sie meine Leistung? Behandeln sie mich fair? Bewundere ich ihre Arbeit und lerne von ihnen? Habe ich die Möglichkeit, voranzukommen? Beschützen sie mich? Wenn ich mich um sie kümmere, kümmern sie sich dann auch um mich?«

Das sind essenziell menschliche Fragen. Und unterm Strich geht es dabei nur um einen Faktor, der jede Gruppe von Herdentieren zusammenhält: Vertrauen wir einander genug?

Ein beliebtes Gemälde, das sich im 19. Jahrhundert viele US-Bürger in ihre Wohnstuben hängten, stammte von dem polnischen realistischen Maler Alfred von Kowalski Wierusz und hieß *Einsamer Wolf im Februar*. Es zeigte einen Wolf, der nachts allein auf einer schneebedeckten Anhöhe steht. Sein Atem bildet in der eisigen Luft einen bläulichen Schleier, und er blickt hinunter auf eine Hütte, die vom Schein des Feuers im offenen Kamin warm erleuchtet wird. In der Mythologie des Wilden Westens stand der einsame Wolf für den heroischen Siedler, der den Segnungen der Zivilisation den Rücken kehrt und sich weigert, sich ihren kleinlichen Regeln zu unterwerfen.

So eisern sich dieser Mythos von Freiheit und Abenteuer bis heute gehalten hat: Der einsame Wolf ist ein Verlierer. Die Menschen im Wilden Westen hätten das wissen können, denn sie jagten Wölfe mit Fallen, Gift und Gewehren und brachten sie damit an den Rand des Aussterbens. Doch auch in der vom Menschen ungestörten Tierwelt ist der einsame Wolf üblicherweise ein Ausgestoßener. Die anderen Mitglieder des Rudels haben ihn vertrieben, oder er hat sich selbst davongemacht, weil er keinen Platz in der Hierarchie gefunden hat.

Natürlich kann man den einsamen Wolf trotzdem zum Helden stilisieren und ihn mit dem Pionier vergleichen, der sich in unerforschtes Gelände wagt. Doch wenn er dort kein Rudel findet oder wenn er es nicht schafft, selbst ein Rudel zu gründen, dann ist er vermutlich sehr schnell ein toter Held. Nicht nur, weil der einsame Wolf das vermisst, was ein Autor »die kuscheligen Annehmlichkeiten der Wolfsgesellschaft«

nennt, sondern auch deshalb, weil er allein nicht in der Lage ist, einen Elch oder eines der anderen großen Beutetiere zu reißen, die das Rudel gemeinsam erlegt.

Menschen sind nicht weniger voneinander abhängig. Unternehmer, Telependler, Übernahmespezialisten, Abteilungsleiter – jeder von uns sollte gelegentlich innehalten, sich die Leute ansehen, mit denen er oder sie arbeitet und sich dann (nach einem Moment stiller Verzweiflung) an folgende Lektion erinnern: Es ist völlig in Ordnung, eine Zeit lang den einsamen Wolf zu machen. Es ist wunderbar, ein bisschen Abstand zu bekommen zu all dem Gekläffe, den Wadenbeißereien, den Flöhen, der Kuschelei und den schlimmen Momenten des Zähnefletschens und der Beißereien. Doch wenn wir wirklich dem Ruf der Wildnis folgen wollen, dann führt der uns zurück zu unserer natürlichen Gemeinschaft. Der Ruf der Wildnis ist der Ruf zurück zum Clan, zum Stamm, zur Gruppe. Wenn wir auf ihn hören, dann entdecken wir, dass es eine unserer größten Freuden im Leben sein kann, Teil eines guten Rudels zu sein ■

Nachwort: Die neun Wege zur Äffektivität

Wir reiten durch das Leben auf dem Tier in uns.

Luigi Pirandello

Vor nicht allzu langer Zeit bat mich eine Fernsehproduktionsgesellschaft, für die ich früher regelmäßig gearbeitet habe, bei der Präsentation einer Filmidee vor einer Fernsehgesellschaft am Londoner Leicester Square mitzuwirken. Wir benötigten 750 000 US-Dollar, um das Projekt starten zu können, und hatten erst etwa die Hälfte zusammen. Fernsehredakteure sind üblicherweise jung, nervös und haben schreckliche Angst, etwas zuzusagen. Ihre größte Furcht ist, dass ihr Projekt floppen könnte und sie den Zorn des Intendanten auf sich ziehen. Doch wir brauchten in diesem Meeting eine Zusage für einen ziemlichen Batzen Geld, oder das Projekt wäre gestorben.

Der Redakteur führte uns in ein kleines Konferenzzimmer, in dem zahlreiche Spielzeuge herumlagen, wie man sie bei kreativen Unternehmen eben so findet. Eines davon war ein kleiner Aufziehhund, der den Tisch hinuntermarschierte, bellte und dabei den Kopf von einer Seite zur anderen drehte. Alle am Tisch lächelten freundlich ob dieser niedlichen Erinnerung an Kindheitsfreuden.

Dann sagte ich, gewissermaßen zur Einführung: »Wenn ihr ihn noch dazu bringen könnt, auf die Ideen anderer Leute zu pinkeln, dann könnte er sich als Intendant bewerben.«

Alle Anwesenden hielten die Luft an. Okay, sagen wir, sie stöhnten laut auf. Und die Finanzierung des Projekts kam aus irgendwelchen Gründen schließlich doch nicht zustande.

Ich gebe also aus eigener Erfahrung sofort zu, dass Tiervergleiche in einem Wirtschaftsumfeld nicht immer gut ankommen, und dass man ganz schnell auf die Nase fällt. Mancher Leser oder Zuhörer wird Tiervergleiche grundsätzlich für zutiefst beleidigend halten. Und, *mea culpa*, manchmal *sind* sie tatsächlich beleidigend.

Aber auch ein Blick in den Spiegel kann eine Beleidigung sein. Und trotzdem hilft es manchmal, der Wahrheit ins Auge zu sehen. (Ich gebe zu, dass mir diese ganze Sache mit dem Nettsein immer noch schwer fällt, und sei es nur aus strategischen Überlegungen.)

Aber schauen wir uns einen Tiervergleich an, der sich aktuell unter Führungskräften großer Beliebtheit erfreut. Bei der *New York Times* ist es unter Vertriebsmitarbeitern Brauch »sich kleine Stoffelche zu schenken, um auf besonders brennende Probleme aufmerksam zu machen«. (Das Zitat stammt vom *Wall Street Journal* und zielt nicht ohne eine gewisse Häme auf die Beratermätzchen, die beim Rivalen Einzug gehalten haben. Mit geheucheltem Mitgefühl fügt der Autor des *Journal* hinzu, die Nachrichtenleute der *Times* zuckten ob derlei Kindereien zusammen.)

Der Stoffelch bezieht sich auf das Erbauungsbüchlein eines Managementgurus über »den Elch auf dem Tisch«. Oder, in der Variante für den boomenden Markt in Ostasien, »den Wasserbüffel auf dem Tisch«. Beide Versionen klingen verdächtig nach dem »Elefant im Zimmer«, den die Anonymen Alkoholiker als Teil ihres Zehn-Schritte-Programms einsetzen. Dahinter steckt die Vorstellung, dass Menschen zum Essen zusammenkommen und feststellen, dass mitten auf dem Tisch ein riesiges, stinkendes Ungetüm sitzt. Aber niemand spricht darüber. Das Viech ist einfach zu groß und zu peinlich. Es ist viel einfacher, so zu tun, als wäre es nicht da, und zu hoffen, dass es von allein verschwindet.

Besagter Managementguru führt aus, in Unternehmen gäbe es dieselben großen, peinlichen Themen, über die kein Mensch reden will. (Die Mitarbeiter der Verkaufsleiterin leben in Angst und Schrecken vor der Übellaunigkeit ihrer Chefin. Niemand will mit Tom arbeiten, weil er aus dem Mund stinkt. Thelma in der Einkaufsabteilung ist nach 14 Uhr nicht mehr nüchtern. Die Firma trudelt richtungslos, weil der 82-jährige Gründer nicht zugeben will, dass er einen Nachfolger braucht, für den Fall, dass er demnächst tot umfällt.) Bei vielen Firmen ist der Satz »Es steht ein Elch auf dem Tisch« zu einem Codewort dafür geworden, das Gespräch zu unterbrechen und die Frage anzugehen, die allen unter den Nägeln brennt.

Um bei dem Beraterbild zu bleiben: Bei allen Unternehmen ist der wirkliche Elch auf dem Tisch die menschliche Natur. Was auch immer wir sein mögen, ob wir von einem göttlichen Funken beseelt sind oder nicht, die Wahrheit ist, dass wir Menschen noch immer Tiere sind. Affen, um genau zu sein.

Wissenschaftsautor Matt Ridley bringt es auf den Punkt: »Es gibt keinen Knochen im Schimpansenkörper, den wir nicht auch haben. Es gibt keine Chemikalie im Schimpansenhirn, die nicht auch durch unser Gehirn fließt. Es gibt nichts in unserem Verdauungstrakt, im Immun-, im Herz-Kreislauf-, im Lymph- oder im Nervensystem, das nicht auch bei Schimpansen vorkäme, und umgekehrt. Selbst im Schimpansenhirn gibt es keine einzige Windung, die wir nicht auch hätten.«

Wenn wir dieser Verbindung nachgehen und uns ansehen, wo wir unseren Mitprimaten ähnlich sind und wo wir uns von ihnen unterscheiden, können wir viel über jeden Aspekt unseres Lebens lernen. Trotzdem sperren sich viele Menschen gegen diesen Gedanken. Einmal habe ich eine Frau über die Partnerwahl bei Menschen und anderen Tierarten interviewt; sie sah mich an und meinte: »Ich hoffe, Sie wollen nicht andeuten, dass sich Menschen paaren wie Tiere?« Es gab eine lange Pause. Möglicherweise hielt die Dame Paarung für die Begegnung zweier Seelenverwandter, die sich wie zwei Rauchsäulen umeinander winden, während im Hintergrund Harfen erklingen.

»Macht die tierische Natur des Aktes nicht auch einen beträchtlichen Teil seines Charmes aus?«, fragte ich schließlich. Damit war unser Gespräch auch schon fast beendet.

Wenn wir unsere Verwandtschaft mit Tieren im Zusammenhang mit Geschlechtsverkehr anerkennen, um nur ein Beispiel zu nennen, dann heißt das doch noch lange nicht, dass wir Zuneigung, Intellekt oder Spiritualität leugnen müssen. Es ist kein Widerspruch, unsere tierische Natur zu akzeptieren und gleichzeitig Liebe zu empfinden. Und es ist kein Widerspruch, diese tierische Natur zu akzeptieren und gleichzeitig an Gott zu glauben: Gott erschuf den Affen, sah, dass er gut war, und machte dann einen Affen ein bisschen besser als die anderen. Oder auch viel besser. (Wenn wir schon Affen sein müssen, dann wollen wir wenigstens Superaffen sein.)

Es ist sogar möglich, einen gewissen spirituellen Trost in unserer tierischen Natur zu finden, vor allem dank der Erkenntnisse, die Wissenschaftler in den letzten Jahrzehnten zusammengetragen haben. Wir wissen, dass wir Menschen unter der Oberfläche der Zivilisiertheit eben nicht notwendig Killeraffen sind. Zu behaupten, unsere Gene seien »egoistisch«, heißt nicht, dass wir von unseren Genen darauf festgelegt sind, egoistisch zu handeln. Die Evolution hat uns nicht zu rücksichtslosen Mafiakillern gemacht.

Wir sind in Gesellschaft lebende Primaten, nicht mehr und nicht weniger, und wir arbeiten unermüdlich daran, unser Zusammenleben zu gestalten. Das ist ein schwieriges Geschäft, denn wie Schimpansen sind wir eine zänkische Gattung. Doch wir sind viel mehr Herdentiere, als wir oft glauben, denn wir haben eine lange evolutionäre Geschichte des Gruppendaseins, der Zusammenarbeit, der Versöhnung und der Moral hinter uns.

Doch was folgt aus alledem? Was sollten wir an unserem Verhalten ändern, jetzt da wir wissen, wie viel wir mit anderen Primaten gemeinsam haben? Oder, um es in den Worten eines Managementgurus zu sagen: Was sind die wichtigsten Strategien für den effektiven Affen?

Unternehmen Sie etwas, um die schreckhaften Tierchen in Ihrer Umgebung zu beruhigen. Jede neue Aufgabe, jedes neue Gesicht, jede Besprechung ist ein Gang zum Wasserloch, und die Frage, die alle beschäftigt, ist: »Werden sie mich hier mit Haut und Haaren fressen?« Kluge Chefs finden Mittel und Wege, ihren Mitarbeitern zu versichern, dass sie mit heiler Haut davonkommen und sich vielleicht sogar den Durst löschen können. Aber kluge Chefs sind leider rar.

Begehen Sie getrost willkürliche Grausamkeiten, aber erschrecken Sie nicht vor den Folgen. Halten Sie sich am Besten an Rivalen, mit denen Sie nie mehr wieder zusammenarbeiten müssen. Unberechenbarkeit mag für Sie zu einem minimalen Preis zu haben sein und bei anderen maximalen Schaden anrichten. Es zwingt die anderen, ständig nach allen Seiten hin auf der Hut zu sein, weil jederzeit und überall ein Angriff erfolgen kann. Deshalb ist Terrorismus so effektiv. Doch wenn Sie einen Gegenspieler auf diese Weise aus dem Gleichgewicht bringen wollen, riskieren Sie, dass der mit denselben Waffen zurückschießt. Egal ob es sich um

Kunden, Zulieferer oder Mitarbeiter handelt: Ein Unternehmen sollte berechenbar sein und auf Vertrauen und Zusammenarbeit basieren.

Arbeiten Sie mit dem Strom. Denken Sie daran, dass wir Herdentiere sind und erst in der Gemeinschaft wirklich zu Menschen werden. Für die meisten Menschen gibt es am modernen Arbeitsplatz zu viele Gruppen und zu wenig Zeit. Es ist wichtig, Menschen in einer Gruppe drei Dinge zu geben: eine Möglichkeit, sich kennen zu lernen, ein Gefühl für das, was sie gemeinsam erreichen sollen, und die Werkzeuge, um die Aufgabe zu erledigen. Dann sollten Sie freundlicherweise Platz machen. Den Rest bekommen die anderen auch ohne Sie hin.

Denken Sie daran, dass Menschen in Gruppen sich gegenseitig nachahmen, um die Bindung untereinander zu stärken. Das ist gut so, aber nur bis zu einem gewissen Punkt. Das Beste, was ein Chef tun kann, ist, ihnen ein gutes Vorbild in Form einer offenen und entschiedenen Persönlichkeit zu geben (was unter Konzernhäuptlingen mindestens genauso selten ist wie unter Schimpansen, aber es funktioniert). Ein kluger Manager kann eine Gruppe auch dadurch funktionsfähig erhalten, dass er immer wieder unterschiedliche Standpunkte einbringt und so der Tendenz zur einheitlichen Gruppendenke entgegenwirkt. Menschen mit anderen Arbeitsstilen in die Gruppe einzubinden, ist eine subtile Möglichkeit, das Verhalten einer Gruppe durch emotionale Ansteckung zu verändern.

Erwarten Sie Hierarchien. Wenn jemand sagt: »Wir haben hier keine Hierarchien«, dann lächeln Sie freundlich und sagen: »Das ist ja wunderbar. War das Ihre Idee?« Aber glauben Sie kein Wort. Machtkämpfe und Hierarchie gehören unweigerlich zum Leben der Primaten. Auch wenn wir Rangordnungen nicht mögen: Sie sind wertvolle Instrumente, um Menschen zu Höchstleistungen anzuspornen und den häuslichen Frieden zu bewahren.

Wissen Sie immer, wer das Sagen hat und verhalten Sie sich danach. Und wenn Sie der- oder diejenige sind, dann erinnern Sie sich an das Krümelmonsterexperiment und vergessen Sie nicht, dass Macht die Sicht vernebelt. Denken Sie auch daran, dass unnötige Machtdemonstrationen fast immer ein Zeichen von Schwäche sind.

Teilen Sie die Früchte des Erfolges. Um nach oben zu kommen, so die weit verbreitete Volksweisheit, muss man ein rücksichtsloser Egoist sein. Das ist ein Naturgesetz, denken wir. Doch die Verhaltensforschung hat gezeigt, dass Alphamännchen im Tierreich auch durch Großzügigkeit und Fürsorglichkeit führen. Frans de Waal schreibt: »Die Dominanten tun sich nicht durch das hervor, was sie nehmen, sondern durch das, was sie geben.« Das ist das genaue Gegenteil der angeblich so zivilisierten menschlichen Vorstandsvorsitzenden, die ihre Unternehmen plündern und einstecken, was sie kriegen können.

Vertrauen ist gut, aber kontrollieren Sie die Zahlen. Wir wollen Freunde gewinnen und Menschen beeinflussen. Das liegt in unserer Natur. Die persönliche Beziehung fördert das Vertrauen und die Gegenseitigkeit, die notwendig sind, wenn man miteinander ins Geschäft kommen will. Selbst Unternehmen, die ihre Dienste über das unpersönliche Medium Internet anbieten, haben vor allem dann Erfolg, wenn es ihnen gelingt, ihren Kunden Vertrauen zu vermitteln.

Tun Sie sich also mit anderen zusammen. Aber seien Sie gleichzeitig auf der Hut. Erinnern Sie sich, dass diese widersprüchliche Dynamik tiefe Wurzeln in der Natur hat: Nachts kuscheln sich die Schimpansen in den Baumkronen zusammen. Tagsüber lausen sie sich gegenseitig. Aber sie behalten sich auch dauernd gegenseitig im Auge und beschweren sich bei unfairer Behandlung mit lautem Waaa!-Geschrei. Am Arbeitsplatz ist das kaum anders. Sie müssen Vertrauen entwickeln und trotzdem ein wachsames Auge auf Kollegen haben, die eine persönliche Beziehung vielleicht nur dazu nutzen wollen, um Ihnen nahe zu kommen und die Taschen auszuräumen. Ermutigen Sie Mitarbeiter, gute Beziehungen zu ihren Kunden und Lieferanten zu unterhalten, und trotzdem darauf zu achten, wo diese Beziehungen Geld kosten.

Tun Sie immer das Richtige. Moral und Fairness sind nicht nur schöne Themen für Sonntagsreden und ein Luxus, den man sich an manchen Managementschulen leistet. Sie sind Teil unseres biologischen Erbes. Schimpansen leben wie Menschen nach hochentwickelten sozialen Regeln. Sie bestrafen Missetäter, zeigen Mitgefühl mit den Opfern von Ungerechtigkeiten, versöhnen sich nach Streitigkeiten und haben großes

Interesse an guten Beziehungen innerhalb der Gemeinschaft. Das ist die minimale Basis der Moral, die vermutlich fünf Millionen Jahre zurückreicht, in eine Zeit, als der gemeinsame Urahn des Menschen und des Schimpansen durch die afrikanischen Wälder streifte.

Gut zu sein – kooperativ und versöhnlich – ist noch immer eine der besten Voraussetzungen, in einer Gemeinschaft erfolgreich zu agieren, egal ob es sich um eine Schimpansenhorde oder eine Investmentbank handelt. Schlecht sein kann manchmal verführerisch erscheinen. Doch die Evolution hat die Menschen so ausgestattet, dass sie Betrügern gegenüber extrem wachsam sind, was bedeutet, dass irgendjemand früher oder später mitbekommt, was Sie vorhaben. Die Kunde wird sich in Windeseile verbreiten. Und wenn Sie gegen die Moral verstoßen oder einen Verrat begangen haben, dann sorgt unser natürlicher Pessimismus dafür, dass man Ihnen Ihre Tat bis an Ihr Lebensende nicht vergessen wird.

Achten Sie auf das Nonverbale. Ob sie nun 50000 oder 250000 Jahre alt ist – die Sprache ist noch immer relativ neu auf dem Markt, und nicht einmal die Betaversion ist ausreichend getestet. Der allergrößte Teil unseres emotionalen und neuronalen Systems entwickelte sich lange vor Erfindung der Sprache, zu einer Zeit, als unsere Kommunikation noch ohne Worte auskam. Dazu kommt, dass das ältere und das neuere System nicht 100-prozentig kompatibel sind und immer wieder Probleme auftauchen. Mit Worten sagen wir eines. Mit unseren Körpern etwas ganz anderes. Der Körper ist immer der verlässlichere Indikator, nicht nur, um andere Menschen zu verstehen, sondern auch uns selbst. Während unser Vorderstirnlappen damit beschäftigt ist, etwas in schöne Worte zu verpacken (»Ich glaube, ich komme jetzt etwas besser mit dem Chef klar«), sagt unser Körper, was wir wirklich fühlen (»Der Typ hasst mich und ich ihn«). Lernen Sie, darauf zu achten.

Bedenken Sie aber auch, dass Körpersprache verhältnismäßig leicht zu manipulieren ist. Wir wissen beispielsweise schon lange, wie wichtig es ist, einem Menschen in die Augen zu sehen, wenn wir ihn belügen. Doch Gesichtsausdrücke, insbesondere Mikroausdrücke, lassen sich weniger leicht bewusst steuern. Lernen Sie, mit deren Hilfe zu erkennen, was Menschen nicht laut sagen wollen.

Konflikt kann gesund sein. Lassen Sie sich dadurch aber nicht den Appetit verderben. Vielleicht mögen wir den Typen nicht, der mit uns arbeitet. Aber wir halten uns mit Hilfe unseres hochentwickelten Vorderstirnlappens auf Kurs, des Teils des Gehirns, von dem der Physiologe Robert Sapolsky sagt, dass er uns »daran hindert, während einer Hochzeitszeremonie in der Kirche laut zu rülpsen oder jemandem zu sagen, was wir wirklich von dem Essen halten, das er uns gekocht hat«. Es ist der Teil des Gehirns, der dafür sorgt, dass wir die langfristigen Belohnungen im Blick behalten. Der es uns ermöglicht, unsere Differenzen ad acta zu legen und uns auf ein gemeinsames Ziel zu konzentrieren. Der uns hilft, mit einer aufgeschobenen Befriedigung zu leben, und das oft über Jahre.

Das heißt es also, Mensch zu sein. Wir steuern die riesige Maschinerie unseres rationalen Verstandes und versuchen, einigermaßen elegant die Welle der tieferliegenden tierischen Emotionen zu reiten. Wir streiten uns um Territorien, tragen Machtkämpfe aus, schielen lüstern nach Kollegen, üben Macht über sie aus, erdulden Erniedrigungen, hegen Groll und geben der Angst nach.

Dann reißen wir uns zusammen und sind wieder im Rennen. Schließlich sind wir nicht bloß ein Haufen Paviane.

Wir sind Menschen, und wir wissen, was es heißt, uns auf die Gazelle vor uns zu konzentrieren.

Dank

Dieses Buch wäre nicht möglich gewesen ohne die vielen Menschen, die mir von ihren Erfahrungen am Arbeitsplatz berichtet haben und die in ihrem eigenen Interesse hier namenlos bleiben müssen. Vielen Dank Ihnen allen.

Mein besonderer Dank gilt meinem Agenten John Thornton, der mir das Thema für dieses Buch vorgeschlagen hat, und den Lektoren Emily Loose und John Mahaney bei Crown. Dank auch an meine Freunde in der Redaktion des *Smithsonian Magazine,* besonders Jim Doherty, Carey Winfrey, Beth Py-Lieberman, Helen Starkweather und Sally Maran; Dank an Bob Poole, Jennifer Reek und Kathy Maher bei *National Geographic* sowie an Steve Petranek and Dave Grogan beim *Discover Magazine.* Dank auch an die Kollegen vom Fernsehen, insbesondere an Bonnie Benjamin-Phariss von Vulcan Productions, die mich dazu gebracht hat, ganz gegen meinen eigenen Instinkt über den Affiliationsinstinkt nachzudenken. Dank auch an Jason Williams von JWM Productions, Chris Weber von Tiger/Tigress, und Mick Kaczorowski vom Discovery Channel.

Freunde wie Fremde haben mir mit Rat und Tat zur Seite gestanden, darunter Al Vogl, Ben Haimowitz von der Academy of Management, Baba Marietta von der Michigan State University, Melissa Gerald, Amy Solomon, Dan Merchant, Laura Betzig, Gene Murphy und Debby Cassill.

Dank schließlich der knurrenden und bellenden Meute der Conniffs, darunter James C. G., Karen, Greg, Jamie, Ben und Clare, für eure Hilfe, eure Geduld und euren gelegentlichen Spott.

Literatur

Leben im Dschungel

Adams, S. (2003), *Dilbert and the Way of the Weasel,* New York: Harper Business. Deutsche Ausgabe: *Dilbert und die Stunde des Wiesels*, Frankfurt/Main: Redline Wirtschaft.

Bernhard, J. G., und Glantz, K. (1992), *Staying Human in the Organization: Our Biological Heritage and the Workplace*, Westport, Connecticut: Greenwood.

Bryce, R. (2002), *Pipe Dreams: Greed, Ego, and the Death of Enron*, New York: Public Affairs.

de Waal, F. (1997), »The chimpanzee's service economy: Food for grooming«, in: *Evolution and Human Behaviour* 18, S. 37–86.

de Waal, F. (2001), *The Ape and the Sushi Master: Cultural Reflections by a Primatologist*, New York: Basic Books. Deutsche Ausgabe: *Der Affe und der Sushimeister*, München: Hanser.

de Waal, F., und Berger, M. L. (2000), »Payment for labour in monkeys«, in: *Nature* 404, S. 563.

Ekman, P. (2001), *Telling Lies,* New York: Norton. Deutsche Ausgabe: *Weshalb Lügen kurze Beine haben*, Berlin: de Gruyter.

Francis, D. D. und Meaney, M. J. (1999), »Maternal care and the development of stress responses«, in: *Current Opinions in Neurobiology* 9, S. 128–134.

Knutson, B., u. a. (2001), »Anticipation of increasing monetary reward selectively recruits nucleus accumbens«, in: *Journal of Neuroscience* 21, S. 159.

Martel, Y. (2001), *Life of Pi,* New York: Harcourt. Deutsche Ausgabe: *Schiffbruch mit Tiger*, Frankfurt/Main: S. Fischer.

Sapolsky, R. (1994), *Why Zebras Don't Get Ulcers*, New York: Freeman. Deutsche Ausgabe: *Warum Zebras keine Migräne kriegen*, München: Piper.

Schmidt, K. L., und Cohn, J. F. (2001), »Human facial expressions as adaptations: Evolutionary questions in facial expression research«, in: *Yearbook of Physical Anthropology* 44, S. 3–24.

Stephenson, K. (1992), »How to Lead People«, in: *Vital Speeches* LIX.5, S. 138–141.

Ullman, E. (1997), *Close to the Machine,* San Francisco: City Lights Books.

Waldron, D. A. (1998), »Status in Organizations: Where Evolutionary Theory Ranks«, in: *Managerial and Decision Economics,*19 (7/8), S. 505–520.

Der nette Affe

Carter, J. (2002), *Keeping Faith,* Fayetteville: University of Arkansas Press. Deutsche Ausgabe: *Das Beste geben*, Kassel: Oncken.

DeVries, A. C., u. a. (2003), »Social modulation of stress responses«, in: *Physiology and Behavior* 79 (3), S. 399–407.

English-Lueck, J. A. (2002), *Cultures@SiliconValley,* Stanford: Stanford University Press.

Insel, T. R., und Young, L. J. (2001), »The neurobiology of attachment«, in: *Nature Reviews Neuroscience* 2, S. 129–136

McCabe, K., u. a. (2001), »A functional imaging study of cooperation in two-person reciprocal exchange«, in: *Proceedings of the National Academy of Sciences* 98 (20).

Rachels, J. (1990), *Created from Animals: The Moral Implications of Darwinism*, New York: Oxford University Press.

Rilling, J. K., u. a. (2002), »A neural basis for socialcooperation«, in: *Neuron* 35, S. 395–405.

Rolfe, J., und Troob, S. (2000), *Monkey Business,* New York: Warner.

Seeman, T. E. (1996), »Social ties and health: the benefits of social integration«, in: *Annals of Epidemiology* 6 (5), S. 442–451.

Silk, J. B. (2002), »Using the ›F‹ word in primatology«, in: *Behavior* 139 (2–3), S. 421–446.

Spencer, H. (1873), *Principles of Ethics,* Indianapolis: Liberty Classics, 1978. Deutsche Ausgabe: *Auswahl*, Leipzig: Renger.

Szalai, A. (1972). *The Use of Time: Daily Activities of Urban and Suburban Populations in Twelve Countries,* Den Haag: Mouton.

Taylor, S. E. (2000), *The Tending Instinct,* New York: Times Books.

Young, L. J., und Wang, Z. (2004), »The neurobiology of the pair bond«, in: *Nature Neuroscience* 7, S. 1048–1054.

Der geborene Pessimist

Brandenburger, A., und Nalebuff, B. (1996), *Co-opetition,* New York: Doubleday.

Cacioppo, J. T., u. a. (2004), »The affect system: What lurks below the surface of feelings?« in: Manstead, A. S. R., u. a. (Hrsg.), *Feelings and emotions: The Amsterdam conference,* S. 221–240, New York: Cambridge University Press.

Davidson, R. J., u. a. (2000), »Emotion, plasticity, context and regulation: Perspectives from affective neuroscience«, in: *Psychological Bulletin,* 126, S. 890–906.

Davidson, R. J., u. a. (2003), »Alterations in brain and immune function produced by mindfulness meditation«, in: *Psychosomatic Medicine* 65, S. 564–570.

Enrico, R., und Kornbluth, J. (1986), *The Other Guy Blinked,* New York: Bantam.

Gottman, J., und Levenson, R. W. (2000), »The timing of divorce: Predicting when a couple will divorce over a 14-year period«, in: *Journal of Marriage and the Family* 62, S. 737–745.

Jehn, K. A., und Mannix, E. A. (2001), »The dynamic nature of conflict: A longitudinal study of intragroup conflict and group performance«, in: *Academy of Management Journal* 44 (2), S. 238–251.

Kahneman, D., u. a. (1990), »Experimental tests of the endowment effect and the Coase theorem«, in: *Journal of Political Economy* 98 (6), S. 1325–1348.

Losada, M., und Heaphy, E. (2004), »The role of positivity and connectivity in the performance of business teams: A nonlinear dynamics model«, in: *American Behavioral Scientist* 47 (6), S. 740–765.

Luthans, F., und Youssef, C. M. (2004), »Human, social, and now positive psychological capital management: Investing in people for competitive advantage«, in: *Organizational Dynamics* 33 (2), S. 143–160.

Rozin, S., und Royzman, E. B. (2001), »Negativity bias, negativity dominance, and contagion«, in: *Personality and Social Psychology Review* 5, S. 296–320.

Skowronski, J. J., und Carlston, D. E. (1992), »Caught in the act: When behaviors based on highly diagnostic behaviors are resistant to contradiction«, in: *European Journal of Social Psychology* 22, S. 435–452.

Smith, N. K., u. a. (2003), »May I have your attention please: Electrocortical responses to positive and negative stimuli«, in: *Neuropsychologia* 41, S. 171–183.

Symonds, M. (2003), *Softwar,* New York: Simon and Schuster.

Im Reich der wilden Tiere

Aureli, F., und de Waal, F. (Hrsg.) (2000), *Natural Conflict Resolution*, Berkeley: University of California Press.

de Waal, F. (1982), *Chimpanzee Politics*, New York: Harper and Row. Deutsche Ausgabe: *Wilde Diplomaten*, München: Deutscher Taschenbuch Verlag.

de Waal, F. (2000), »Primates: A natural heritage of conflict resolution«, in: *Science* 289 (5479), S. 586–590.

Gilmore, R. G., u. a. (2005), »Oophagy, Intrauterine Cannibalism and Reproductive Strategy in Lamnoid Sharks«, in: Hamlett, W. C. (Hrsg.), *Reproductive Biology and Physiology of Chondrichthyes, Sharks, Batoids, and Chimaeras*. Enfield, New Hampshire: Science Publishers, Inc.

Grove, A. (1996), *Only the Paranoid Survive*, New York: Doubleday.

Jackson, T. (1997), *Inside Intel*, New York: Dutton. Deutsche Ausgabe: *Inside Intel*, Hamburg: Hoffmann und Campe.

Wrangham, R., und Peterson, D. (1996), *Demonic Males*, New York: Houghton Mifflin. Deutsche Ausgabe: *Bruder Affe*, München: Diederichs.

Der Krieg der Krapfen

Barchas, S. (1984), *Social Hierarchies*, Westport, Connecticut: Greenwood Press.

Barkow, J. H. (1975), »Prestige and Culture: A Biosocial Interpretation«, in: *Current Anthropology* 16.4, S. 553–555.

Boone, J. L., und Kessler, K. (1999), »More status or more children: Social status, fertility reduction, and long-term fitness«, in: *Evolution and Human Behavior* 20, S. 257–277.

Boswell, J. (1776), *Life of Samuel Johnson*, Harmondsworth: Penguin. Deutsche Ausgabe: *Doktor Samuel Johnson*, Zürich: Diogenes.

Bryce, R. (2002), *Pipe Dreams: Greed, Ego, and the Death of Enron*.

Buston, S. M. (2003), »Size and growth modification in clownfish«, in: *Nature* 424, S. 145–146.

Cheney, D. L., und Seyfarth, R. M. (1990), *How Monkeys See the World*, Chicago: University of Chicago Press. Deutsche Ausgabe: *Wie Affen die Welt sehen*, München: Hanser.

Cullen, D. (1997), »Maslow, monkeys, and motivation theory«, in: *Organization* 4 (3), S. 355–373.

de Waal, F. (1982), *Chimpanzee Politics* (*Wilde Diplomaten*).

de Waal, F. (1996), *Good Natured*, Cambridge, Massachusetts: Harvard University Press. Deutsche Ausgabe: *Der gute Affe*, München: Hanser.

de Waal, F. (2001), *The Ape and the Sushi Master (Der Affe und der Sushimeister).*
Dunlap, A. (1996), *Mean Business,* New York: Fireside.
Emerson, R. M. (1962), »Power dependence relations«, in: *American Sociological Review* 27, S. 31–41.
Etcoff, N. (2000), *Survival of the Prettiest,* New York: Doubleday. Deutsche Ausgabe: *Nur die Schönsten überleben*, München: Diederichs.
Flanagan, J. G. (1989), »Hierarchy in simple ›egalitarian‹ societies«, in: *Annual Review of Anthropology* 18, S. 245–266.
Gerstner, L. (2002), *Who Says Elephants Can't Dance?*, New York: Harper Business.
Guhl, A. M., und Allee, W. C. (1944), »Some measurable effects of social organization in flocks of hens«, in: *Physiological Zoology* 27, S. 320–347.
Hoffman, E. (1988), *The Right to be Human,* Los Angeles: Tarcher.
Humes, J. C. (1995), *The Wit and Wisdom of Winston Churchill,* New York: Perennial.
Jackson, T. (1997), *Inside Intel* (*Inside Intel*).
Knauft, B. (1991), »Violence and sociality inhuman evolution«, in: *Current Anthropology* 32, S. 391–428.
Langley, M. (2003), *Tearing Down the Walls,* New York: Free Press.
Leavitt, H. J. (2003), »Why hierarchies thrive«, in: *Harvard Business Review,* März, S. 97–102.
Lutz, R. A., (2003), *Guts,* New York: Wiley.
Nishida,T., u. a. (1992), »Meat sharing as a coalition strategy by an alpha male chimpanzee?«, in: Nishida, T., u. a. (Hrsg.), *Topics in Primatology,* Bd. 1, *Human Origins,* S. 159–174. Tokyo: Tokyo University Press.
Slotow, R., u. a. (2000), »Older bull elephants control young males«, in: *Nature* 408, S. 425–426.
Welch, J., *Jack: Straight from the Gut* (2001), New York: Warner. Deutsche Ausgabe: *Was zählt*, Berlin: Econ.
Wrangham, R., und Peterson, D. (1996), *Demonic Males* (*Bruder Affe*).
Young, J. S. (2001), *Cisco Unauthorized: Inside the High-Stakes Race to Own the Future.* New York: Prima Tech.

Mit Zähnen und Klauen

Aureli, F., und de Waal, F. (Hrsg.) (2000), *Natural Conflict Resolution.*
Bernhardt, S. C., u. a. (1998), »Changes in testosterone levels during vicarious experiences of winning and losing among fans at sporting events«, in: *Physiology and Behavior* 65, S. 59–62.

Bradsher, K. (2002), *High and Mighty: SUVs – The World's Most Dangerous Vehicles and How They Got That Way,* New York: Public Affairs.
Bryce, R. (2002), *Pipe Dreams: Greed, Ego, and the Death of Enron.*
Cruver, B. (2002), *Anatomy of Greed: The Unshredded Truth from an Enron Insider,* New York: Avalon.
Dabbs, J. M. Jr., u. a. (1998), »Trial lawyers: Blue collar talent in a white collar world«, in: *Journal of Applied Social Psychology* 28, S. 84–94.
Davidson, R. J. (2000), »Affective style, psychopathology, and resilience: Brain mechanisms and plasticity«, in: *American Psychologist* 55, S. 1196–1214.
de Waal, F. (1982), *Chimpanzee Politics* (*Wilde Diplomaten*).
de Waal, F. (2003), *My Family Album,* Berkeley: University of California Press. Deutsche Ausgabe: *Eine schöne Verwandtschaft,* München: Nymphenburger.
Hellhammer, D. H., u. a. (1997), »Social hierarchy andadrenocortical stress reactivity in men«, in: *Psychoneuroendocrinology* 22 (8), S. 643–650.
Henley, N. M., und LaFrance, M. (1984), »Gender as culture: Difference and dominance in nonverbal behavior«, in: Wolfgang, A. (Hrsg.), *Nonverbal behavior: Perspectives, applications, intercultural insights,* Lewiston, New York: C. J. Hogrefe.
Keltner, D., u. a. (2003), »Power, approach, and inhibition«, in: *Psychological Review* 110 (2), S. 265–284.
Kobler, J. (1993), *Capone: The Life and Times of Al Capone,* New York: Da Capo Press. Deutsche Ausgabe: *Al Capone,* Rastatt: Pabel.
Langley, M. (2003), *Tearing Down the Walls.*
Mazur, A. (1985), »A biosocial model of status in faceto-face primate groups«, in: *Social Forces,* Dezember, S. 377–402.
Mazur, A., und Booth, A. (1998), »Testosterone and dominance in men«, in: *Behavioral and Brain Sciences* 21, S. 353–363.
Rolfe, J., und Troob, S. (2000), *Monkey Business.*
Russell, B. (1938), *Power: A new social analysis,* London: Allen and Unwin.
Sackett, G. S. (1966), »Monkeys reared in isolation with pictures as visual input: Evidence for an innate releasing mechanism«, in: *Science* 154, S. 1470–1473.
Sapolsky, R. (1994), *Why Zebras Don't Get Ulcers* (*Warum Zebras keine Migräne kriegen*).
Sherman, D. K., und Cohen, G. L. (2002), »Accepting Threatening Information: Self-Affirmation and the Reduction of Defensive Biases«, in: *Current Directions in Psychological Sciences* 11 (4), August.
Smith, N. K., u. a. (2003), »May I have your attention please: Electrocortical responses to positive and negative stimuli«, in: *Neuropsychologia* 41, S. 171–183.
Wyatt, W. (2003), *The Fun Factory: A Life in the BBC,* London: Aurum Press.

Auf die Knie und hoch den Hintern

Anderson, C., und Berdahl, J. L. (2002), »The experience of power: Examining the effects of power on approach and inhibition tendencies«, in: *Journal of Personality and Social Psychology* 83, S. 1362–1377.

Chalmers, R. (2003), *Who's Who in Hell,* New York: Grove.

Cheney, D. L., und Seyfarth, R. M. (1990), *How Monkeys See the World,* Chicago: University of Chicago Press. Deutsche Ausgabe: *Wie Affen die Welt sehen*, München: Hanser.

de Waal, F. (1982), *Chimpanzee Politics* (*Wilde Diplomaten*).

de Waal, F. (2003), »Darwin's legacy and the study of primate visual communication«, in: Ekman, P., u.a. (Hrsg.), *Emotions Inside Out: 130 Years After Darwin's »The Expression of the Emotions in Man and Animals«*, New York: New York Academy of Sciences.

Dunbar, R. (1996), *Grooming, Gossip, and the Evolution of Language,* London: Faber. Deutsche Ausgabe: *Klatsch und Tratsch*, München: Goldmann.

Gregory, S. W., und Webster, S. W. (1996), »A nonverbal signal in voices of interview partners effectively predicts communication accommodation and social status perceptions«, in: *Journal of Personality and Social Psychology* 70, S. 1231–1240.

Keltner, D., u. a. (1997), »Appeasement in human emotion, personality, and social practice«, in: *Aggressive Behavior* 23, S. 359–374.

Lakoff, R. (1975), *Language and Woman's Place,* New York: Harper and Row.

Langley, M. (2003), *Tearing Down the Walls.*

Levin, D. (1989), *Irreconcilable Differences,* Boston: Little, Brown.

Lutz, R. A. (2003), *Guts.*

Maccoby, M. (1976), *The Gamesman,* New York: Simon and Schuster.

Masters, R. D., und McGuire, M. T. (Hrsg.) (1994), *The Neurotransmitter Revolution: Serotonin, Social Behavior, and the Law,* Carbondale: Southern Illinois University Press.

Morris, D. (1979), *Manwatching,* New York: Abrams. Deutsche Ausgabe: *Der Mensch, mit dem wir leben*, München: Droemer Knaur.

Raleigh, M. J., u. a. (1984), »Social and environmental influence on blood serotonin in monkeys«, in: *Archives of General Psychiatry* 41, S. 405–410.

Geschnatter im Affenhaus

Boehm, C. (1999), *Hierarchy in the Forest: The Evolution of Egalitarian Behavior,* Cambridge: Harvard University Press.

Boucher, J., und Osgood, C. E. (1969), »The Pollyanna hypothesis«, in: *Journal of Verbal Learning and Verbal Behavior* 8, S. 1–8.

Brosnan, S. F., und de Waal, F. (2003), »Monkeys reject unequal pay«, in: *Nature* 425, S. 297–299.

Daft, R., und Steers, R. M.(1986), *Organizations: A Micro/Macro Approach*, Glenview, Illinois: Scott, Foresman.

Davis, K. (1973), »The care and cultivation of the corporate grapevine«, in: *Dun's Review* 102, S. 44–47.

Dunbar, R. (1992), »Neocortex size as a constraint on group size in primates«, in: *Journal of Human Evolution* 20, S. 469–493.

Dunbar, R. (1996), *Grooming, Gossip, and the Evolution of Languag* (*Klatsch und Tratsch*).

Dunbar, R. (2004), »Gossip in evolutionary perspective«, in: *Review of General Psychology* 8 (2), S. 100–110.

Eisenberger, N. I., u. a. (2003), »Does rejection hurt? An fMRI study of social exclusion«, in: *Science* 302, S. 290–292.

Emler, N. (2001), »Gossiping«, in: Robinson, W. S., und Giles, H. (Hrsg.), *The New Handbook of Language and Social Psychology*, New York: Wiley.

Kurland, N., und Pelled, L. H.(2000), »Passing the word: Toward a model of gossip and power in the workplace«, in: *Academy of Management Review* 25 (2), S. 428–438.

Rozin, S., und Royzman, E. B. (2001), »Negativity bias, negativity dominance, and contagion«, in: *Personality and Social Psychology Review* 5, S. 296–320.

Smith, B. (1996), »Care and feeding of the grapevine«, in: *Management Review* 85 (2), S. 6.

Zadro, L., u. a. (2004), »How low can you go? Ostracism by a computer lowers belonging, control, self-esteem, and meaningful existence«, in: *Journal of Experimental Social Psychology* 40, S. 560–567.

Mich laust der Affe

Aureli, F., und de Waal, F. (Hrsg.) (2000), *Natural Conflict Resolution*.

Biskind, S. (2004), *Down and Dirty Pictures: Miramax, Sundance, and the Rise of Independent Film*, New York: Simon and Schuster.

Bshary, R., und Würth, M. (2001), »Cleaner fish *Labroidesdimidiatus* manipulate client reef fish by providing tactile stimulation«, in: *Proceedings of the Royal Society of London, Series B – Biological Sciences* 268, S. 1495–1501.

Cohen, J. R. (1999), »Apology and Organizations: Exploring an example from medical practice«, in: *Fordham Urb. L. J.* VII, S. 1447–1482.

de Waal, F. (1982), *Chimpanzee Politics* (*Wilde Diplomaten*).

de Waal, F. (1999), *Peacemaking Among Primates,* Cambridge: Harvard University Press.

Kraman, S. S., und Hamm, G. (1999), »Risk management: Extreme honesty may be the best policy«, in: *Annals of Internal Medicine* 131(12), S. 963–967.

Preuschoft, S., u. a. (2002), »Reconciliation in captive chimpanzees: A reevaluation with controlled methods«, in: *International Journal of Primatology* 23 (1), S. 29–50.

Shuman, D. W.(2000), »The role of apology in tort law«, in: *Judicature* 180, S. 180–189.

Tavuchis, N. (1991), *Mea Culpa: A Sociology of Apology and Reconciliation,* Stanford: Stanford University Press.

Wagatsuma, H., und Rosett, A. (1986), »The implications of apology: Law and culture in Japan and the United States«, in: *Law and Society Review* 20 (4), S. 499–507.

Die Grimassenschneider

Darwin, C. (1872 [1998]), *The Expression of the Emotions in Man and Animals*, New York: Oxford University Press. Deutsche Ausgabe: *Der Ausdruck der Gemütsbewegungen beim Menschen und den Tieren*, Frankfurt/Main: Eichborn.

Ekman, P. (2001), *Telling Lies* (*Weshalb Lügen kurze Beine haben*).

Ekman, P., und Friesen, W. V. (1975), *Unmasking the Face*, Englewood Cliffs, New Jersey: Prentice Hall.

Etcoff, N., u. a. (2000), »Lie detection and language comprehension«, in: *Nature* 405, S. 139.

Gaufo, G. O., u. a. (2003), »Hox3 genes coordinate mechanisms of genetic suppression and activation in the generation of branchial and somatic motor neurons«, in: *Development* 130 (21), S. 5 191–5 201.

Hall, E. (1976), *Beyond Culture*, Garden City, New York: Anchor.

Hall, J. A., und Halberstadt, A. G. (1986), »Smiling and gazing«, in: Hyde, J. S., und Inn, M. C. (Hrsg.), *The Psychology of Gender*, Baltimore: Johns Hopkins University Press.

Hill, D. (2003), *Body of Truth*, New York: Wiley.

Kappesser, J., und Williams, A. C. (2002), »Pain and negative emotions in the face: judgements by health care professionals«, in: *Pain* 99 (1–2), S. 197–206.

LaFrance, M., u. a. (2003), »The contingent smile: A metaanalysis of sex differences in smiling«, in: *Psychological Bulletin* 129 (2), S. 305–334.

Preuschoft, S. (2000), »Primate faces and facial expressions«, in: *Social Research* 67, S. 245–271.
Schmidt, K. L., und Cohn, J. F. (2001), »Human facial expressions as adaptations: Evolutionary questions in facial expression research«, in: *Yearbook of Physical Anthropology* 44, S. 3–24.

Dahinter steckt sicher ein kluger Kopf

Anders, G. (2003), *Perfect Enough,* New York: Portfolio.
Fara, S. (2003), »Face values: How portraits win friends and influence people«, in: *Science* 229 (5 608), S. 831–832.
Grammer, K., und Thornhill, R. (1994), »Human *(Homo sapiens)* facial attractiveness and sexual selection: The role of symmetry and averageness«, in: *Journal of Comparative Psychology* 108, S. 233–242.
Lutz, R. A. (2003), *Guts.*
Machiavelli, N. (1515 [2004]), *The Prince,* Harmondsworth: Penguin. Deutsche Ausgabe: *Der Fürst*, Frankfurt: Insel.
Mueller, U., und Mazur, A. (1996), »Facial dominance of West Point cadets as a predictor of later military rank«, in: *Social Forces* 74, S. 823–850.
Sassi, M. M. (2001), *The Science of Man in Ancient Greece,* Chicago: University of Chicago Press.
Slater, A., u. a. (1998), »Newborn infants prefer attractive faces«, in: *Infant Behavior and Development* 21, S. 345–354.
Zebrowitz, L. A. (1997), *Reading Faces: Window to the Soul?*, Boulder, Colorado: Westview Press.

Wenn *ein* Affe ins Wasser springt

Barsade, S. G. (2002), »The ripple effect:Emotional contagion and its influence on group behavior«, in: *Administrative Science Quarterly* 47, S. 644–675.
Ekman, P. (2003), *Emotions Revealed,* New York: Holt. Deutsche Ausgabe: *Gefühle lesen*, Heidelberg: Spektrum Akademischer Verlag.
Gerstner, L. (2002), *Who Says Elephants Can't Dance?*
Grahe, J. E., und Bernieri, F. J. (2002), »Self-awareness of judgment policies of rapport«, in: *Personality and Social Psychology Bulletin* 28 (10), S. 1 407–1 418.
Hall, E. (1976), *Beyond Culture.*
Hamilton, W. D. (1971), »Geometry for the selfish herd«, in: *Journal of Theoretical Biology* 31, S. 295–311.

Hatfield Elaine u. a. (1994), *Emotional Contagion,* Cambridge: Cambridge University Press.

McIntosh, D. N., u.a. (1997), »Facial movement, breathing, temperature, and affect: implications of the vasculartheory of emotional efference«, in: *Cognition and Emotion* 11 (17), S.171–195.

Morris, D. (1979), *Manwatching (Der Mensch, mit dem wir leben).*

Poole, R. (2004), *Explorers House: National Geographic and the World It Made,* New York: Penguin.

Preuschoft, S. (2000), »Primate faces and facial expressions«, in: *Social Research,* 67.

Pugh, S. D. (2002), »Service with a smile: Emotional contagion in the service encounter«, in: *Academy of Management Journal* 44 (5), S. 1018–1027.

Reynolds, C.W. (1987), »Flocks, herds, and schools: A distributed behavior model«, in: *Computer Graphics* 21 (4), S. 25–34.

Strang, D., und Macy, M.W. (2001), »In Search of Excellence: Fads, Success Stories, and Adaptive Emulation«, in: *American Journal of Sociology* 107 (1), S. 147–182.

Strogatz, S. H. (2003), *Sync: The Emerging Science of Spontaneous Order,* New York: Hyperion.

Thoreau, H. D. (1854 [1986]), *Walden,* Harmondsworth: Penguin. Deutsche Ausgabe: *Walden: Ein Leben mit der Natur*, München: Deutscher Taschenbuchverlag.

Van Baaren, R. B., u. a. (2003), »Mimicry for money: Behavioral consequences of imitation«, in: *Journal of Experimental Social Psychology* 39, S. 393–398.

Ward, G. (1992), *A First-Class Temperament: The Emergence of Franklin Roosevelt,* New York: Harper Collins.

Wolfe, T. (1979), *The Right Stuff,* New York: Farrar Straus and Giroux.

Yerkes, R. M. (1943), *Chimpanzees: A Laboratory Colony,* New Haven: Yale University Press.

Das Reich der Angst

Anders, G. (2003), *Perfect Enough.*

Aureli, F., und de Waal, F. (Hrsg.) (2000), *Natural Conflict Resolution.*

Biskind, S. (2004), *Down and Dirty Pictures.*

Claparède, E., in: Rapaport D. (Hrsg.) (1951), *Organization and Pathology of Thought,* New York: Columbia University Press.

D'Aveni, R. (1995), *Hypercompetition,* New York: Free Press.

Enrico, R., und Kornbluth, J. (1986), *The Other Guy Blinked.*

Hansen, A. J., und Rohwer, S. (1986), »Coverable badges and resource defence in birds«, in: *Animal Behaviour* 34, S. 69–76.
Hawley, S. H., u. a. (Manuskript), »The allure of the mean friend: Relationship quality and processes of aggressive adolescents«.
Hawley, S. H. (2003), »Prosocial and coercive configurations of resource control in early adolescence: A case for the well adapted Machiavellian«, in: *Merrill-Palmer Quarterly* 49, S. 279–309.
Keashly, L., und Jagatic, K. (2000), »The Nature, Extent, and Impact of Emotional Abuse in the Workplace: Results of a Statewide Survey«, presented at an Academy of Management seminar, 4.–9. August.
LeDoux, J. (1996), *The Emotional Brain: The Mysterious Underpinnings of Emotional Life,* New York: Simon and Schuster. Deutsche Ausgabe: *Das Netz der Gefühle*, München: Hanser.
O'Steen, S., u. a. (2002), »Rapid evolution of escape ability in Trinidadian guppys (*Poecilia reticulata*)«, in: *Evolution* 56 (4), S. 777–784.
Sapolsky, R. M., und Share, L. J. (2004), »A pacific culture among wild baboons: its emergence and transmission«, in: *Public Library of Science* 2, S. 106.
Silk, J. B. (2002), »Practice random acts of aggression and senseless acts of intimidation: the logic of status contests in social groups«, in: *Evolutionary Anthropology* 11, S. 221–225.
Virgin, C. E., und Sapolsky, R. (1997), »Styles of male social behavior and their endocrine correlates among low-ranking baboons«, in: *American Journal of Primatology* 42, S. 25–39.
Wilson, D. S. (1998), in: Dugatkin, L. E., und Reeve, H. K. (Hrsg.), *Game Theory and Animal Behavior,* New York: Oxford University Press.

Der mit dem Rudel tanzt

Anderson, R., und Reeb, D. M. (2003), »Founding family ownerships and firm performance: Evidence from the S&P 500«, in: *Journal of Finance* 58, S. 1301–1329.
Brewer, M. B. (1999), »The psychology of prejudice: In-group love or out-group hate?«, in: *Journal of Social Issues*, 55 (3), S. 492–544.
Cheney, D. L., und Seyfarth, R. M. (1990), *How Monkeys See the World* (*Wie Affen die Welt sehen*).
Cruver, B. (2002), *Anatomy of Greed.*
D'Aveni, R. A., und Kesner, I. F. (1993), »Top managerial prestige, power and tender offer response: A study of elite social networks and target firm cooperation during takeovers«, in: *Organization Science* 4 (2), S. 123–151.

Dunbar, R. (1996), *Grooming, Gossip, and the Evolution of Language* (*Klatsch und Tratsch*).

English-Lueck, J. A. (2002), *Cultures@SiliconValley.*

Euchner, J., und Sachs, S. (1993), »The benefits of intentional tension«, in: *Communication of the ACM* 36 (4).

Gallagher, R. S. (2003), *The Soul of an Organization*, Chicago: Dearborn.

Gerstner, L. (2002), *Who Says Elephants Can't Dance?*

Hackman, J. R. (2002), *Leading Teams: Setting the Stage for Great Performance*, Boston: Harvard Business School Press.

Hall, E.T. (1959), *The Silent Language*, Garden City, New York: Doubleday.

Helton, W. S. (2004), »The development of expertise: Animal models?«, in: *Journal of General Psychology* 131 (1), S. 86–96.

Levin, D. (1989), *Irreconcilable Differences.*

MacDougall-Shackleton, E. A., und MacDougall-Shackleton, S. A. (2001), »Cultural and genetic evolution in mountain white-crowned sparrows«, in: *Evolution* 55, S. 2 568–2 575.

Majchrzak, A., u. a. (2004), »Can absence make a team grow stronger?« , in: *Harvard Business Review*, Mai, S. 131–137.

Mendoza, S. S. (1993), »Social Conflict on First Encounters«, in: Mason, W. A., and Mendoza, S. S. (Hrsg.), *Primate Social Conflict*, New York: New York University Press.

Nicholson, N. (2000), *Executive Instinct: Managing the Human Animal in the Information Age*, New York: Crown.

Ridley, M. (1999), *Genome*, New York: Harper Collins.

Rolfe, J., und Troob, S. (2000), *Monkey Business.*

Silk, J. B., »The evolution of cooperation in primate groups«, in: Gintis, S. u. a. (2005), *Moral Sentiments and Material Interests: The Foundations of Cooperation in Economic Life*, Cambridge: MIT Press.

Smith V., u. a. (2000), »A role of her own: Female cowbirds, *Molothrus ater*, influence the development and outcome of song learning«, in: *Animal Behaviour* 60, S. 599–609.

Steinhart, S. (1995), *The Company of Wolves*, New York: Vintage.

Swartz, M., und Watkins, S. (2003), *Power Failure: The Inside Story of the Collapse of Enron*, New York: Doubleday.

Taylor, S. E. (2002), *The Tending Instinct.*

Ullman, E. (1997), *Close to the Machine.*

Whitehead, H., und Rendell, L. (2004), »Movements, habitat use and feeding success of cultural clans of South Pacific sperm whales«, in: *Journal of Animal Ecology* 73, S. 190–196.

Wrangham, R., und Peterson, D.(1996), *Demonic Male* (*Bruder Affe*)

Wurman, R. (2001), *Information Anxiety* 2, Indianapolis: Que.

Register